遥感地学概论

YAOGAN DIXUE GAILUN

李志忠　洪增林　汪大明　何凯涛　龙晓平　主编

图书在版编目(CIP)数据

遥感地学概论/李志忠等主编. —武汉:中国地质大学出版社,2023.11
ISBN 978-7-5625-5708-1

Ⅰ.①遥… Ⅱ.①李… Ⅲ.①地质遥感 Ⅳ.①P627

中国国家版本馆 CIP 数据核字(2023)第 215712 号

遥感地学概论	李志忠　洪增林　汪大明　主编
	何凯涛　龙晓平

责任编辑:李焕杰	选题策划:　毕克成　江广长　段　勇	责任校对:宋巧娥

出版发行:中国地质大学出版社(武汉市洪山区鲁磨路388号)　　　　　　邮编:430074
电　　　话:(027)67883511　　　传　　真:(027)67883580　　E-mail:cbb@cug.edu.cn
经　　　销:全国新华书店　　　　　　　　　　　　　　　　　　　　http://cugp.cug.edu.cn

开本:880 毫米×1230 毫米　1/16　　　　　　　　　　　　　　　字数:768 千字　印张:24.25
版次:2023 年 11 月第 1 版　　　　　　　　　　　　　　　　　　印次:2023 年 11 月第 1 次印刷
印刷:武汉中远印务有限公司

ISBN 978-7-5625-5708-1　　　　　　　　　　　　　　　　　　　　　　　　　　　定价:268.00 元

如有印装质量问题请与印刷厂联系调换

《遥感地学概论》编委会

主　　编：李志忠　洪增林　汪大明　何凯涛　龙晓平

副 主 编：付　垒　卫　征　王建华　郑鸿瑞　徐宏根

顾　　问：徐冠华　童庆禧　郭华东　周成虎　成秋明
　　　　　王焰新　吴美蓉　王晋年　刘德长　吴　双

编写人员：（以姓氏拼音为序）

　　　　柴　渊　常睿春　陈圣波　陈伟涛　陈霄燕　党福星
　　　　邓小炼　杜培军　付　垒　高永宝　高振记　葛榜军
　　　　郭　科　韩海辉　韩慧杰　何凯涛　洪增林　纪中奎
　　　　贾　俊　晋佩东　李加洪　李　明　李文明　李增元
　　　　李志忠　李子颖　刘德长　刘茂华　刘银年　龙晓平
　　　　马卫胜　穆华一　穆　遥　邱骏挺　宋宏儒　孙萍萍
　　　　童立强　童勤龙　汪大明　汪雯雯　王建华　王　猛
　　　　王润莲　王　燕　王永江　王智勇　王子涛　卫　征
　　　　肖晨超　徐宏根　杨日红　杨文府　杨燕杰　叶发旺
　　　　张登荣　张　静　张立福　张文龙　张振凯　张　志
　　　　赵慧洁　赵继成　赵　君　赵英俊　郑鸿瑞　周　萍
　　　　周　伟　朱　桦

序

PREFACE

  从太空观察地球是人类长久以来的梦想,而崛起于20世纪60年代的遥感技术将这一梦想变为现实,这也是空间科技创新发展带来的奇迹。遥感科技为人类探索地球、建立地球系统科学体系以及开拓地球信息科学新领域提供了先进的手段,推动了人类进入信息社会和宇宙时代。遥感科技的广泛应用,促进了资源勘探手段的提升,增强了生态环境调查评价的能力,在系统集成的网络环境下,通过创新理念和开拓应用持续赋能社会经济各行业的智能化应用。

  回眸20世纪我国遥感地学应用的累累硕果,成就熠熠生辉。通过遥感、全球定位系统,以及地面观测系统共享平台,人们查明了大量潜在的自然资源,发现了地下深处的关键矿产资源,解决了国家急需的油气能源、再生资源、生物资源等的勘探难题。遥感地学的应用无论是在深度还是在广度上,都将遥感从技术层面提升至科学认知的新水平,为我国国民经济建设发挥了重要的作用。

  由李志忠、洪增林、汪大明、何凯涛、龙晓平等专家主编的《遥感地学概论》,即将由中国地质大学出版社出版发行,这是作者团队在遥感地学领域的创新之作。本书对遥感地学调查,包括基础地质、土地、矿产资源、水资源、能源、生态环境及其地学规律的认知和信息机理,以及快速调查资源与环境,合理开发利用矿产资源、再生资源和保护生态环境等提供了第一手本底数据,这对我国21世纪的数字中国战略、生态文明建设,促进人与自然和谐共生,推动低碳与循环经济发展产业体系建设等都具有一定的科学现实意义。

  理论、方法与技术应用密切相关,没有科学理论指导的技术是盲目的,没有技术支持的理论是落后的。《遥感地学概论》的编者大都是长期从事该领域的第一线科技工作者、专家及学术带头人。该书基于遥感理论、地学机理、多元数据分析,从实践出发探索一些概念、技术与方法以及科学实验,借鉴前人的成果和经验推陈出新,总结了他们长期以来在遥感地学应用方面的宝贵经验与心得,以鲜活案例,图文并举地剖析解决新的实际问题。面对复杂的自然环境与多样化的矿产资源、生物资源和生态环境、灾害等,本书运用地球信息科学及其形成机理,从遥感多源信息综合分析、数据挖掘着手,投入专家知识、融合数字图像、构建模型和集成技术,开展了地形地貌的观测、土地资源清查和监测、矿产和油气资源探测评价、区域和城市环境监测以及地质灾害三维可视化等应用研究。其中油气异常信息航空高光谱遥感探测是我国新拓展的应用领域,通过运用油气烃类光谱测量、数据采集、图谱合一、建模填图以及异常信息提取,从而预测目标区,为我国航空高光谱遥感信息融合、油气资源综合集成探测,开拓了一种致力于数字化、定量化应用的新的技术途径,这势必会带动地质等其他领域的创新发展。足见,高光谱遥感等多源信息集成及地学数据融合多元应用前景广阔、意义深远。

《遥感地学概论》一书凝聚了作者团队集体的智慧,体现了编者在地学领域丰富且深厚的积累,较系统地讲解了我国在遥感地学调查、地质矿产资源探测和环境灾害监测等领域的应用进展。该书面向空间对地观测的应用实际,聚焦重点、结合案例深入浅出地展示了遥感科技研究新篇章。这与我国"天空地井一体化"能源资源战略实施、地学深化应用研究相得益彰!诚然,面对我国人口、资源与环境、生态、灾害、城市等方面的问题,突破其间矛盾与瓶颈约束依然任重道远,有待人们更好地发挥科技创新引领,实现承先启后的科学使命。

总之,遥感信息应用及其产业发展方兴未艾,前景广阔,不仅可以充分挖掘和释放国家空间基础设施的综合效能,为我国加快建设航天强国、数字中国和保障信息安全等提供强大支撑,而且为扩大我国在国际空间领域的交流合作,增强服务国际社会的能力提供重要支持。大力发展遥感科学与技术,培养和壮大人才队伍,建成完备的空间信息产业链,为我国数字经济建设以及人类命运共同体构建而努力奋斗。

中国科学院院士、中山大学教授
2023 年 7 月 26 日

前言
PREFACE

遥感作为一种重要的空间数据采集手段及地球观测工具,在对地观测、星际探测等领域正发挥着越来越重要的作用,已在国土、海洋、气象、环保、水利、测绘、农业、林业等行业得到广泛应用,获得了良好的社会效益和经济效益。未来随着遥感、地理信息系统及空间定位等技术的进步,高空间、高光谱、高时相的遥感数据将愈加普及,遥感技术在各个领域将有更广泛和深入的应用。为了推动遥感在地学领域的应用,普及遥感地学应用基本知识,特筹划编著本书,为遥感应用普及贡献绵薄之力。本书主要读者为从事地学遥感应用领域的学者、技术人员及管理人员,也可为学习及应用遥感的相关人员提供参考。

广义的地学,泛指地球的大气圈、水圈、生物圈、土壤圈和岩石圈所涵盖的研究及应用领域,是对以我们所生活的地球为研究对象的学科的统称,通常有地质学、地理学、海洋学、大气物理学、古生物学等学科。狭义的地学,主要包括地质学和地理学的范畴。本书的应用领域主要指狭义地学范畴,重点阐述了遥感在固体矿产、油气、地质环境、地质灾害及城市生态等领域的应用,采用作者在实际工作中的案例进行分析,具有一定的实用性和针对性,对在相关领域开展工作的研究人员具有一定的参考意义。

全书共计13章,分两大部分。第一部分(上篇)包括第1~4章,重点论述遥感技术发展历程及遥感应用相关基础理论知识。第1章重点论述了遥感类型及遥感发展历史,简述了遥感的特点及应用领域;第2章重点阐述了航天、航空两类遥感系统及相关卫星数据特点;第3章重点论述了遥感数据的特点、遥感数据处理内容及处理方法,并介绍了主流的遥感数据处理软件;第4章重点阐述高空间分辨率、高光谱和微波遥感技术的发展及应用状况,并描述了遥感与GIS和GPS等技术的集成及应用情况。

第二部分(下篇)包括第5~13章,主要结合作者的研究案例阐述遥感在地学领域的应用。第5章主要论述遥感在土地资源监测中的应用情况,分析了土地监测的主要遥感数据源和遥感监测内容,并阐述了遥感土地监测技术体系;第6章重点阐述了金属矿产遥感找矿原理、技术流程及找矿实例,并总结了金属矿产多光谱遥感找矿模式;第7章重点论述了高光谱遥感在油气资源探测中的应用,阐述了遥感油气探测原理和高光谱油气探测技术方法,并给出了具体应用案例;第8章重点从应用领域阐述了遥感作为一种有效手段开展境外矿产调查的应用实例,体现了遥感作为一种非侵入非接触式探测手段的优势和应用效果;第9章重点论述了遥感在石漠化、矿区环境等地质环境调查中的应用;第10章重点分析了遥感在城市格局和生态环境中的应用,阐述了城市遥感应用主要领域并给出了相关应用案例;第11章重点阐述了遥感在地质灾害调查与监测中的应用,并基于GIS等技术分析了三维遥感可视化技术在地质灾害监测与评估中的应用;第12章主要介绍了智能遥感技术及其在绿色高质量发展方面的应用,包括遥感绿色指标选择和应用案例;第13章主要介绍了由作者团队提出的"谱遥感"技术相关概念及其在地球健康诊断方面的相关应用案例。

  本书作者团队为长期从事遥感应用的科研人员,将各自多年来的遥感应用成果及经验编著整理成书,其中难免有纰漏和不当之处,敬请各位读者批评指正。遥感学科正成为与国计民生紧密关联的学科,正在各行业领域发挥重要作用,甚至成为相关行业不可替代的重要支撑技术!在本书撰写修订过程中,特别感谢赵文津院士、张国伟院士、徐冠华院士、童庆禧院士、薛永琪院士、郭华东院士、李建成院士、周成虎院士、吴一戎院士、成秋明院士、王焰新院士、顾行发院士、王晋年院士、吴双研究员、林明森院士、吴美蓉院士、卫征博士等专家的关心支持。感谢科学技术部国家遥感中心、自然资源部科技发展司、中国遥感应用协会、中国地质调查局科技外事部、中国自然资源航空物探遥感中心、二十一世纪空间技术应用股份有限公司的长期支持!特别感谢成秋明院士百忙中欣然为本书作序。真诚感谢上合组织陕西卫星遥感中心和华伟矿产勘探技术有限公司的鼎力相助!常言道"你若盛开,蝶会自来;你若精彩,天自安排。"各位同仁,让我们一起努力,为发展壮大我国的遥感科学及应用事业持续奋斗,未来的辉煌属于拼搏奋斗进取的人!

李志忠 洪增林 付 垒 郑鸿瑞

2023年9月10日

目录 CONTENTS

上篇 遥感原理概论

第1章 遥感概述 ……………………………………………………………………… (2)
  1.1 遥感的基本概念 …………………………………………………………… (2)
  1.2 遥感的类型和特点 ………………………………………………………… (3)

第2章 遥感信息源 …………………………………………………………………… (7)
  2.1 航天遥感系统及数据 ……………………………………………………… (7)
  2.2 航空遥感系统及数据 ……………………………………………………… (21)

第3章 遥感数字图像处理方法原理 ……………………………………………… (27)
  3.1 遥感数字图像的基础与特点 ……………………………………………… (27)
  3.2 遥感数字图像处理内容 …………………………………………………… (32)
  3.3 遥感数字图像处理方法 …………………………………………………… (40)
  3.4 遥感数字图像处理软件及平台 …………………………………………… (43)

第4章 地学遥感新技术与集成 …………………………………………………… (48)
  4.1 高空间分辨率多光谱遥感技术及其应用 ………………………………… (48)
  4.2 高光谱遥感技术及其应用 ………………………………………………… (49)
  4.3 微波遥感技术及其应用 …………………………………………………… (54)
  4.4 多角度遥感技术及其应用 ………………………………………………… (58)
  4.5 天基激光雷达技术及其应用 ……………………………………………… (59)
  4.6 太赫兹遥感技术及其应用 ………………………………………………… (60)
  4.7 多源遥感协同探测与小卫星编队组网检测技术及其应用 …………… (61)
  4.8 对地观测"3S"技术集成 ………………………………………………… (63)

下篇 遥感技术典型应用

第 5 章 土地资源遥感监测应用 (74)
　5.1 土地资源遥感的数据源分析 (74)
　5.2 土地资源遥感调查的内容 (76)
　5.3 建立土地资源遥感技术体系 (77)
　5.4 黄土地遥感研究 (83)
　5.5 黑土地遥感监测 (115)
　5.6 土壤微量元素遥感定量反演 (128)

第 6 章 金属矿产遥感找矿模式与应用 (150)
　6.1 金属矿产遥感找矿原理与方法 (150)
　6.2 多光谱遥感找矿 (154)
　6.3 高光谱遥感找矿 (159)
　6.4 巨型成矿带遥感研究 (173)

第 7 章 油气高光谱遥感探测与应用 (192)
　7.1 油气渗漏运移的原理和方式 (192)
　7.2 油气渗漏异常的形成机理及特征光谱 (193)
　7.3 高光谱遥感油气渗漏异常探测技术 (196)
　7.4 烃类识别模型的建立 (196)
　7.5 高光谱遥感油气填图方法 (196)
　7.6 国外高光谱遥感油气探测的现状 (200)
　7.7 国内高光谱遥感油气探测的进展 (201)
　7.8 高光谱遥感油气探测方法 (210)
　7.9 高光谱遥感油气探测的技术流程 (212)
　7.10 高光谱遥感油气探测的产品类型 (213)

第 8 章 境外矿产遥感调查与评价的实例分析 (214)
　8.1 非洲大陆成矿背景地质调查与评价实例分析 (214)
　8.2 赞比亚铜(钴)矿遥感调查与评价实例分析 (220)
　8.3 秘鲁阿雷基帕地区斑岩铜矿遥感调查与评价实例分析 (225)

第 9 章 地质环境遥感调查与监测 (233)
　9.1 石漠化遥感调查与监测 (233)
　9.2 矿区环境遥感动态监测分析 (244)
　9.3 自然景观遥感研究 (245)
　9.4 黄河上游生态遥感研究 (254)
　9.5 湿地遥感监测技术 (275)
　9.6 地下水资源遥感研究 (280)

第 10 章 城市格局与生态环境的遥感分析 ··(284)
  10.1 城市遥感的基本原理和研究内容 ··(284)
  10.2 城市遥感的技术关键 ···(285)
  10.3 城市环境遥感分析实例 ···(287)
  10.4 景观格局遥感变化分析实例 ··(290)
  10.5 城市热岛效应分析实例 ···(294)
  10.6 城市地表不透水层分析实例 ··(295)
  10.7 城市废弃物遥感动态监测 ··(297)

第 11 章 地质灾害的遥感调查与三维可视化分析 ··(303)
  11.1 地质灾害遥感调查与监测 ··(303)
  11.2 地质灾害的三维可视化分析 ··(306)
  11.3 无人机地质灾害精细遥感 ··(320)

第 12 章 智能遥感技术与绿色发展地学指标遥感研究 ···(327)
  12.1 智能遥感技术 ···(327)
  12.2 绿色发展的科学内涵 ···(330)
  12.3 绿色发展的地学指标及其评价方法 ··(331)
  12.4 基于遥感的绿色发展生态指标评价 ··(334)
  12.5 基于遥感技术的区域绿色发展评价应用 ··(345)

第 13 章 地学遥感展望：谱遥感体检与地球健康 ··(354)
  13.1 地球健康与人类安康 ···(354)
  13.2 遥感卫星守护地球 ···(355)
  13.3 高光谱传感器探寻大地本真 ··(356)
  13.4 谱遥感助力地球健康体检 ··(363)

主要参考文献 ···(364)

上篇

遥感原理概论

第1章 遥感概述

长期以来,从宇宙观测人类生存的地球一直是人们的梦想。美国怀特兄弟第一次驾驶着飞机从高空看地球那种君临天下的感受是如此的惊喜;法国人第一次从天空中拍摄了地面的照片,开拓了人类从宇宙空间观测地球的方式和手段。20世纪中期,太平洋彼岸火箭一声巨响把人类的梦想带到了太空,人类可以从全新的角度来观察自己赖以生存的摇篮——地球。

1.1 遥感的基本概念

遥感是在20世纪30年代航空摄影与制图的基础上,伴随电子计算机技术、空间及环境科学的进步,于20世纪60年代勃勃兴起的综合性信息科学与技术,是对地观测的一种新的先进技术手段。从广义来说,遥感泛指各种非接触、远距离探测物体的技术,而狭义的遥感是指电磁波遥感,即从高空以至外层空间的平台上,利用可见光、红外线、微波等直接成像的传感器,通过摄影扫描,信息感应、传输和处理等技术过程,识别地面物体的性质和运动状态的现代化技术系统。

空间信息的获取技术有多种方式,利用遥感技术进行目标探测是获取信息的重要方式,用遥感数据制作数字正射影像图,用交互式方法进行目标提取的技术也已成熟,已生产大量遥感数字正射影像产品。遥感的工作流程如图1-1所示。

遥感技术系统从地面到高空的观测主要是航空遥感和航天遥感。遥感技术系统包括空间信息采集系统(遥感平台和传感器)、地面接收和预处理系统(辐射校正和几何校正)、地面实况调查系统(收集环境和气象数据)、信息分析应用系统。

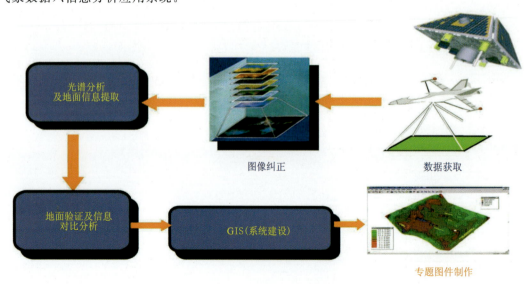

图1-1 遥感的工作流程

1.2 遥感的类型和特点

1.2.1 遥感的类型

遥感的分类方法很多,既可按照遥感平台分类,也可按照传感器的探测波段分类,还可按照遥感的工作方式、应用领域分类。按遥感平台可分为:地面平台,传感器设置在地面平台上,如车载、船载、手提、固定或活动高架平台等;航空平台,传感器设置于航空器上,主要是飞机、气球等;航天平台,传感器设置于环地球的航天器上,如人造地球卫星、航天飞机、空间站、火箭等;航宇平台,传感器设置于星际飞船上,指对地月系统外的目标的探测。按传感器的探测波段可分为:紫外遥感,探测波段在 0.05~0.38μm 之间;可见光遥感,探测波段在 0.38~0.76μm 之间;红外遥感,探测波段在 0.76~1000μm 之间;微波遥感,探测波段在 1mm~10m 之间;多波段遥感,指探测波段在可见光和红外波段范围内还可再分成若干波段来探测目标。按遥感的工作方式分为主动遥感和被动遥感:主动遥感由探测器主动发射一定电磁波能量,并接收目标的后向散射信号;被动遥感的传感器不向目标发射电磁波,仅被动接收目标物的自身发射和对自然辐射源的反射能量。按遥感的应用领域可分为:大气层遥感、陆地遥感、海洋遥感等。从应用领域还可进而分为资源遥感、环境遥感、农业遥感、林业遥感、渔业遥感、地质遥感、气象遥感、水文遥感、城市遥感、工程遥感及灾害遥感、军事遥感等。

从卫星上传输下来的遥感图像具有不同的数据格式和不同的清晰度(空间分辨率),图 1-2 显示了不同分辨率图像的特点。

a.分辨率 0.3m;b.分辨率 0.5m;c.分辨率 0.8m;d.分辨率 4m。
图 1-2 不同分辨率卫星影像图(以北京金融街为例)

1.2.2 遥感的特点

遥感技术所观测到的结果超越了人眼所能感受到的可见光的限制,并极大地延伸了人的感官范围。通过遥感技术能快速、及时地监测环境的动态变化。它涉及天文学、地学、生物学等学科领域,广泛吸纳了电子、激光、全息、测绘等多项技术的先进成果。它为资源勘测、环境监测、军事侦察等提供了现代化高新技术手段。遥感技术的特点归纳起来主要有以下 4 个方面。

1）从宇宙空间观测地球，获取综合性地表信息

遥感探测所获取的是某一时段、覆盖大范围地区的遥感数据，宏观地、综合地反映了地球上各种地物的形态和分布，真实地体现了地质、地貌、土壤、植被、水文、人工构筑物等的特征，全面地揭示了地理事物之间的关联性。此外，遥感的探测波段、成像方式、成像时间、数据记录等均可按要求设计，使其获得的数据具有同一性或相似性。同时，考虑到新的传感器和信息记录都可兼容，所以数据具有可比性。与传统地面调查和考察比较，遥感数据能客观地反映地物信息。

2）通过探测器平台数据，实时监测地物动态变化

遥感探测能按照一定周期、重复地对同一地区进行观测，例如，地球同步轨道卫星可每半小时对地观测 1 次，太阳同步轨道卫星可每天 2 次对同一地区进行观测。这有助于人们通过所获取的遥感数据，发现并动态跟踪地球上许多事物的变化，从而有利于研究自然界的变化规律，尤其是在监视天气状况、自然灾害、环境污染，乃至军事目标等方面有十分重要的作用。相较而言，传统的地面调查则需投入大量的人力、物力，用几年甚至几十年时间才能获得区域动态变化的数据。

3）探测范围广，采集数据周期短、速度快

遥感探测能在较短的时间内，从航空或航天平台对大范围区域进行对地观测，并从中获取有价值的遥感数据。这些数据拓展了人们的视觉空间，为宏观地掌握地面事物的现状创造了极为有利的条件，同时也为宏观地研究自然现象和规律提供了宝贵的第一手资料。一般而言，遥感平台越高，视角越宽广，可同步探测到的地面范围越大，容易发现地球上一些大型、重要目标物及其空间分布规律。

4）可多方式获取海量信息，效益好

与传统方法相比，遥感可以大大地节省人力、物力、财力和时间，具有很高的经济效益和社会效益。据估计，美国陆地卫星的经济投入与取得的效益比为 1∶80，甚至更高。

从以上不难看出，遥感技术具有综合性、宏观性、实时性、覆盖广、周期短和效益好等优点。对于遥感的应用，随着卫星影像分辨率（空间、时间和光谱）的不断提高，以及影像校正、增强、融合等图像处理技术的创新和完善，卫星影像在天气预报、海洋监测、环境监测（图 1-3）、地质调查、国土调查、林农调查、资源管理、城市规划、水文观测、地形测绘、灾害监测与评估、风景区的开发与规划，以及重大工程和交通等方面发挥的作用越来越大。遥感已为国民经济和社会的发展提供了许多服务。地学遥感，以地球的资源环境、灾害等为主要研究对象，是主要应用领域之一。

环境遥感：对自然与环境的状况及动态变化进行监测并作出评价与预报。由于人口的增长与资源的开发、利用，自然与环境随时都在发生变化，利用遥感多时相、周期短的特点，可迅速为环境监测、评价和预报提供可靠依据（图 1-3）。遥感应用研究从其空间尺度可分为全球遥感、区域遥感和城市遥感。

全球遥感：面向全球大范围资源与环境状况及其变化的监测研究，为全球变化研究快速提供宏观资源环境空间监测信息。

区域遥感：以区域资源开发和环境保护为目的的遥感信息工程，它通常按行政区划和自然区划（如流域）或经济区进行。

城市遥感：以城市规划、环境、生态作为主要调查研究对象的遥感工程，为城市的合理规划提供战略决策服务（图 1-4）。

遥感的地物电磁波特性综合地反映了地球上丰富的自然、人文信息。红外遥感昼夜均可对地球进行探测，微波遥感可实现全天时、全天候的对地球观测，人们可从中有选择地提取所需的信息。地球资源卫星所获得的地物电磁波特性可较综合地反映地质、地貌、土壤、植被、水文等特征（图 1-5），应用于各领域。与传统地面调查和考察比较，遥感数据可较大限度地排除人为干扰。

目前，遥感涉及地理学、测绘学、计算机科学与技术、规划管理等许多学科。它的概念和基础源于物理学、测绘学、地质学、地理学；它的技术支撑是航天技术、计算机技术和图像处理技术，伴随着空间遥感

图 1-3　环境遥感监测示意图

图 1-4　城市街道高分辨率卫星遥感立体影像
（北京三号卫星中央商务区实景三维）

对地观测获得了巨大发展。1972年美国第一颗陆地资源卫星(Landsat-1)发射升空，人类第一次从数百千米的高度观测地球，以空间分辨率79m、16天的短周期获取覆盖全球的数字遥感图像，标志着遥感科学的发展进入了新阶段。此后，对地观测技术不断发展，由最初单纯陆地资源探测发展到如今多角度立体观测和微波遥感的全天候地球环境与地球动力学的观测。空间遥感已成为重要的地学手段，将为地学重大发现和地质工作现代化作出巨大贡献。可预测今后，将会有更多不同类型的对地观测卫星发射，进一步组成星座或星群，形成全天候、多角度、高分辨率、高光谱及日覆盖的卫星遥感观测系统，人类将可实时地开展空间对地观测，进行地球资源与环境的调查、监测与研究工作。遥感科学已经形成了一个完整的体系(图1-6)。

图 1-5 资源遥感图像示例

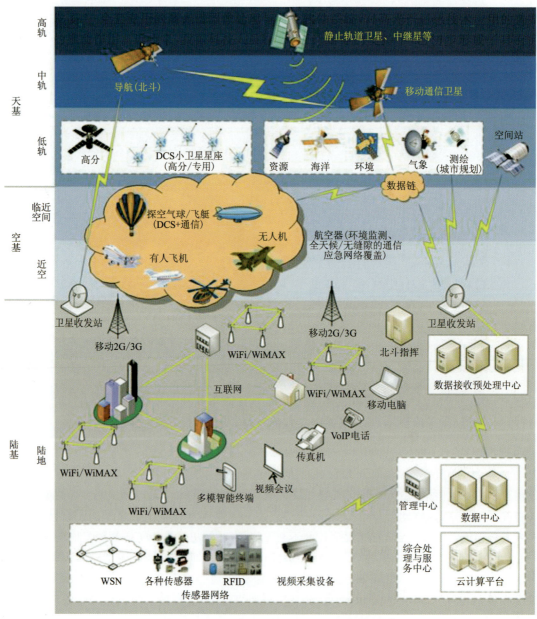

图 1-6 天地一体化的空间对地观测与服务系统（来源：南京大学官网）

第 2 章　遥感信息源

2.1　航天遥感系统及数据

遥感卫星是众多应用卫星的一种，它利用装载在卫星上的传感器对地球表面和低层大气进行光学、红外和微波电子探测，获取人们所需的地表相关信息，统称为对地观测卫星。

遥感卫星具有视点高、视域广、数据获取快和可重复覆盖、连续观测等优点。利用遥感卫星勘测地球资源、监测地球灾害及保护环境，可突破自然界恶劣环境条件的限制，连续快速地获取数据，开展动态监测。

地球表层系统由大气圈、水圈、生物圈、土壤圈和岩石圈组成，人们根据卫星上装载的不同传感器，如可见光相机、红外相机、可见光-红外扫描辐射计、合成孔径雷达、真实孔径雷达等，获取不同地表类型的遥感数据，以满足不同应用目的的需要。不同类型传感器获取的遥感数据及其用途也不尽相同。

遥感卫星分类：根据卫星数据获取和传输方式可将遥感卫星分为返回式遥感卫星和数据传输型遥感卫星；根据卫星的主要应用领域可分为地球资源卫星、气象卫星、海洋卫星和军事侦察卫星；根据传感器成像方式可分为光学成像卫星和雷达成像卫星，可用于海洋观测和陆地资源调查及环境监测。

1960年4月1日，世界上第一颗遥感卫星——美国的泰罗斯气象卫星发射成功，揭开了人类利用卫星进行地球探测的序幕。迄今为止，美国、俄罗斯、日本、中国、法国、印度及欧洲航天局在内的许多国家和空间组织都发射了多种地球遥感卫星，这些卫星形成了资源（陆地）卫星系列、气象卫星系列和海洋卫星系列，获取了大量地球表面及空间环境的探测数据，为人类探测地球资源、合理开发利用资源，监测全球变化、提供气象服务，进行灾害监测、预警评估及救援等，及时、准确、全面地提供了科学依据。

随着空间技术的发展和对遥感数据需求的不断提高，遥感卫星也将进一步发展，形成全球资源、环境灾害监测网络，特别是高分辨率遥感卫星的不断涌现，将为数字化地球和信息化社会提供更加充分的数据源。

按观测对象不同，遥感卫星可划分为陆地、气象、海洋和环境等卫星系列。目前，我国遥感卫星的发展取得了巨大成就，已形成了资源卫星系列、返回式遥感卫星系列、气象卫星系列、海洋卫星系列和高分卫星系列等。当前，我国在太空中运行的资源卫星、气象卫星、海洋卫星、环境卫星和高分卫星等已基本具有了全球连续观测能力，为我国的国民经济建设、国防建设、科学研究，以及参与国际合作提供卫星数据源。

2.1.1　陆地卫星及数据

陆地卫星即探测地球资源与环境的人造地球卫星，主要用于地球陆地资源调查、监测与评价，应用极为广泛，是对地遥感卫星中的主要类型。陆地卫星具有获取信息范围广，观测对象多且精细，对空间分辨率、光谱分辨率要求较高的特点。

1)资源卫星及数据

资源卫星是一种以地球上的陆地为主要观测对象,从而进行地球资源调查的遥感卫星,也称为陆地卫星。资源卫星一般运行于高700~900km的近圆形太阳同步轨道,10~30d可观测地球一遍。资源卫星的主要传感器有可见光相机、多光谱扫描仪等。资源卫星遥感图像的分辨率一般为10~80m,最高可达厘米级。资源卫星遥感数据广泛应用于国土普查,地质调查,石油勘查,农业、林业普查与规划,工程选址与选线,海岸测绘,地形测绘以及灾害监测与灾情评估等众多领域。资源卫星已成为政府制定合理政策和规划的技术支撑。

美国是最早发展资源卫星的国家,其第一颗资源卫星被称为"地球资源技术卫星",后改称为"陆地卫星"(图2-1)。陆地卫星已经发展为系列卫星,从1972年至1999年共发射了7颗,其中第6颗卫星发射后失踪。陆地卫星主要应用于陆地的资源探测和环境监测,服务于农业、林业、畜牧业和水资源的地质调查,进行作物监测与估产,预报自然灾害,监测环境变化等。前3颗卫星的传感器主要为多光谱扫描仪,分辨率为79m。第4颗、第5颗卫星增加了专题制图仪,分辨率提高到30m。在1999年4月15日发射的陆地卫星七号上装载了增强型专题制图仪,分辨率提高到15m。

美国陆地卫星(Landsat)系列是由美国航空航天局(NASA)和美国地质调查局(USGS)共同管理的。自1972年,Landsat系列陆续发射,是美国用来探测地球资源与环境的系列地球观测卫星系统,曾被称为地球资源技术卫星(ERTS)。现在中国科学院遥感与数字地球研究所主要接收、处理、存档和分发美国陆地卫星系列中的Landsat-5、Landsat-7和Landsat-8三颗卫星的数据。

除Landsat外,国外还有数量众多的卫星,尤其是美国,其卫星的数量远远超过其他国家,较常见有QuickBird、IKONOS、GeoEye、WorldView、EOS(Modis)等。其他国家较常见的卫星有SPOT-6/7、Alos、Rapideye、IRS-P5/P6等。

2)SPOT卫星及数据

法国于1978年,开展了地球观测卫星计划——斯波特(SPOT)卫星计划。1982年,法国与瑞典、比利时、意大利等国共同组织成立了SPOT图像公司,负责销售SPOT卫星的数据。1986年,法国发射了首颗资源卫星——SPOT-1,之后,为保持卫星数据的连续性,又相继发射了4颗,形成了SPOT卫星系列(图2-2)。该卫星系列已成为全球遥感应用领域的又一重要卫星遥感数据源。

图2-1 美国陆地卫星一号

图2-2 法国SPOT-5卫星

第 2 章 遥感信息源

SPOT 卫星的星载传感器及其技术指标随着技术和实际需求不断演化与改进，图像分辨率不断提高，卫星上载有的 CCD 相机的分辨率由初期的 10m 提高到现在的 5m，经处理后可达到 2.5m 的效果，已经进入了高空间分辨率遥感卫星的行列。SPOT 卫星具有较高的空间分辨率和实体成图等测绘制图的独特优势。

3）中巴地球资源卫星及数据

我国于 1986 年 3 月批准研制自己的传输型资源遥感卫星——资源一号（ZY-1）卫星。1988 年 7 月，我国和巴西政府签署了关于核准联合研制地球资源卫星议定书，将原来中国研制的资源一号卫星更名为"中巴地球资源卫星"。

中巴地球资源卫星 01 星（CBERS-01）于 1999 年 10 月 14 日成功发射，由中国空间技术研究院与巴西空间研究院联合研制，开创了发展中国家航天高技术合作的先河。该卫星质量 1540kg，长方体，单太阳电池翼，三轴稳定，设计寿命 2 年，有效载荷包括空间分辨率为 20m 的 5 波段 CCD 相机、分辨率为 78m 的 4 波段多光谱扫描仪和分辨率为 256m 的 2 波段宽视场成像仪。卫星运行 3 年多，获取了覆盖我国 80% 国土和相邻国家、地区的遥感图像，归档了 32 万景图像数据。2003 年 10 月，CBERS-02 卫星发射上天，卫星的遥感器分辨率和图像质量均有较大提高。2007 年 9 月 19 日，CBERS-02B 卫星在太原卫星中心发射升空并成功入轨。2008 年 1 月 24 日该卫星正式交付给中国和巴西两国用户使用，成为中国首颗能为众多行业提供高空间分辨率图像数据的卫星。该卫星在轨道高度为 778km 的太阳同步轨道上运行，每圈运行周期为 100.26min，配置了 3 台相机，具备高、中、低分辨率综合对地观测能力，有效提升了中国遥感卫星的对地观测能力，从而形成了我国的资源遥感卫星系列，改变了国外高分辨率卫星数据长期垄断国内市场的局面，在国土资源、城市规划、环境监测、减灾防灾、农业、林业、水利等众多领域发挥了重要作用（图 2-3）。

图 2-3 利用 CBERS-02B 卫星 CCD 数据绘制的青藏铁路沿线三维影像图

CBERS-01（图 2-4）是我国第一颗数据传输型遥感卫星，卫星的大部分有效载荷和姿态轨道控制精度均达到 20 世纪 90 年代国际先进水平。该卫星获取的遥感数据主要用于监测国土资源的变化，评估森林储量、作物长势和产量，监测灾害，勘查地下资源，监测空间环境，为地球科学研究提供数据。它具有广泛的用途，被中国广大用户称为"百家星"。

中巴地球资源卫星遥感数据由北京、广州和乌鲁木齐 3 个地面接收站负责接收，可实时接收覆盖我国全境及部分邻国领土的卫星遥感数据；卫星在接收站接收范围之外获取的其他地区的数据，可由星上存储器暂时储存，待卫星飞越我国上空时再传回地面站。接收站接收到的数据由中国资源卫星应用中心负责处理，加工成不同级别的图片和数据产品，供不同的用户使用。

CBERS-02B卫星(图2-5)数据总体性能和技术水平与前几颗卫星相比,有了较大的改进和提高,特别是它能提供优于2.5m空间分辨率影像数据源,从而保证了我国遥感卫星的连续运行和数据提供的连续性,并能提供高分辨率的遥感信息源。截至2022年11月7日,通过CBERS计划,中巴已经合作建造了6颗卫星,其中5颗已成功发射,包含CBERS-01、CBERS-02、CBERS-02B(均已退役),以及ZY-1 02C和CBERS-04(表2-1)。

图2-4 CBERS-01卫星

图2-5 CBERS-02B卫星外观

表2-1 中巴合作卫星及其参数

参数	CBERS-01、CBERS-02、CBERS-02B	ZY-1 02C	CBERS-04
轨道类型	太阳同步回归轨道	太阳同步回归轨道	太阳同步回归轨道
轨道高度	778km	780.099km	778km
回归周期	26d	55d	26d

4)"北京"系列卫星

"北京"系列遥感卫星的成功运营,开创了我国遥感卫星市场化、商业化和产业化的先河,对我国遥感事业和商业航天发展作出了重要贡献,也提供了一系列重要启示。

"北京一号"遥感小卫星系统是在中华人民共和国科学技术部、原中华人民共和国国防科学技术工业委员会、原国土资源部、原国家测绘局、中国科学院、北京市人民政府等,以及国家"863"计划、"十五"国家科技攻关计划项目"高性能对地观测微小卫星技术与应用研究"和奥运科技(2008)行动计划等重大专项的支持下,通过国际合作建成的国内首个集卫星测控、数据接收、处理、应用服务一体化的以企业为运控主体的遥感小卫星运行系统,是我国当时唯一由科学技术部以技术创新和机制创新为目标,按市场机制建设的自主控制的遥感小卫星系统。"北京一号"小卫星于2005年成功发射并投入运行,装备4m全色和32m多光谱遥感载荷,发射运营之初曾是我国民用遥感卫星(全色)空间分辨率最高及(多光谱)影像幅宽最宽者,也是全球首个多国共建的遥感灾害监测星座(DMC)的核心成员,实现了我国为国际防灾减灾提供数据支持的承诺。"北京一号"研建与发射填补了我国遥感卫星商业化运营的空白。

"北京二号"是继"北京一号"之后,在国家发展和改革委员会、中华人民共和国科学技术部、国家国防科技工业局、中国科学院、中国航天科技集团有限公司、北京市人民政府等的支持下,进一步发展出的我国民用航天第一个商业遥感卫星星座,同时也是国际上高分辨率遥感卫星第一个高分辨率的实体星座。"北京二号"遥感卫星星座首星于2015年7月成功发射。该星座系统包括3颗0.8m全色、3.2m多光谱分辨率的光学遥感卫星以及自主研建的地面系统,具有高空间分辨率、高时间分辨率和高辐射分辨率特点,技术能力达到国际先进水平,能够实现全球任意地点一到两天观测任务重访,可面向全球提供高空间和高时间分辨率的卫星遥感大数据产品和空间信息综合应用服务,可为政府科学治理、资源与环境监测、国家安全和"数字中国"建设等国计民生领域,以及国家重大需求提供空间信息综合应用服务和解决方案。

"北京三号"是由我国自行研制、拥有完全自主知识产权的甚高分辨率、高性能光学遥感卫星。"北京三号"具有高精度、高敏捷、高效能的遥感大数据获取能力。"北京三号"A卫星是我国首颗智能型连续"动中成像"光学遥感卫星,载有0.5m全色和2m多光谱(蓝、绿、红、近红外)的两台高分辨率相机,组合幅宽大于23km。"北京三号"B卫星在A卫星高性能基础上又有重大提升。该卫星载有优于0.5m全色和2m多光谱的长焦距"天舒相机",其轨道高度比A卫星提高了100多千米;地面成像幅宽大于11km。"北京三号"卫星获取数据能力和影像质量达到国内领先、国际先进水平,可为国家重大需求、国家战略实施和国民经济建设提供及时自主的甚高分辨率遥感大数据及空间信息综合应用服务。

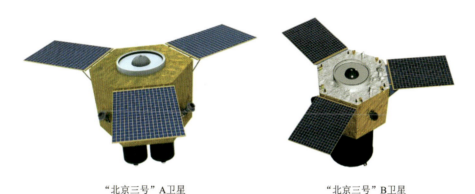

"北京三号"A卫星　　　　　　"北京三号"B卫星

图2-6　"北京三号"卫星外观

5)返回式遥感卫星及数据

返回式遥感卫星是卫星携带遥感相机在太空中对预定地区和选定目标进行拍摄,任务完成后,使载有照相胶卷的返回舱或者胶卷舱降落到地面指定地点回收的一种卫星。这种类型的卫星目前只有俄罗斯和我国在继续研制及发射。

我国1967年开始制定返回式遥感卫星方案,并于1975年首次飞行试验和返回成功,成为继美国、苏联之后的第三个具有研制、发射返回式卫星的国家。我国的返回式遥感卫星每次只载有一个胶卷舱,完成任务后随返回舱回收;苏联/俄罗斯的返回式遥感卫星可载有10多个胶卷舱(每照完一个就回收一个)。

我国的返回式遥感卫星已经形成系列,共有6种型号,主要用于国土普查、摄影定位、空间微重力试验和搭载试验。第一种卫星为对地观测-国土普查卫星(图2-7),运行在175~500km的近地轨道,在轨运行时间3~5d,卫星上主要携带可见光地物相机。第二种为地图测绘卫星,在轨运行时间为7~8d。第三种被称为新型返回式遥感卫星,为第二代国土普查遥感卫星,与第一代相比,其运行时间延长到15~20d,并装载了新型可见光遥感设备。此外,第二代卫星在质量、容积、寿命和获取遥感信息量方面都有大幅度提高。第

图2-7　我国自行研制的返回式遥感卫星

四种为新一代摄影定位卫星,主要用于科学研究、国土普查、地图测绘等诸多领域。第五种为返回式国土详查卫星,主要用于地图测绘与国土详查。第六种为实践系列卫星,包括八号、九号和十号育种卫星,

主要用于空间诱变育种和空间微重力科学实验。截至 2008 年 9 月 12 日，我国成功发射了 20 颗、回收了 19 颗返回式遥感卫星，回收成功率达 95%，居世界前列。

陆地卫星遥感得到快速发展，应用能力和水平逐步提升，已经成为资源环境调查、监测、评价和管理等不可或缺的技术手段。近年来，陆地卫星观测体系不断健全完善，涵盖光学、高光谱、激光等多种载荷类型，其中 2m 级卫星具备全国陆域范围季度有效覆盖能力，为全天候、全要素、全流程监测提供了重要数据。

2.1.2 气象卫星及数据

气象卫星是从外层空间对地球和大气层进行探测的遥感卫星。卫星携带有各种气象传感器，能接收和测量地球及其大气层的可见光、红外与微波辐射，并将它们转换成电信号传回地面。地面台站对这些信号处理后生成所需的云图等影像和数据。气象卫星所能观测的地域广阔，观测周期短，观测数据汇集迅速，可提高气象预报的质量，特别是对灾害性天气的预报具有重要的作用。

根据运行的轨道可将气象卫星分成两类，即太阳同步轨道气象卫星（或称极轨气象卫星）和地球静止轨道气象卫星。太阳同步轨道气象卫星每天可对地球观察两遍，获得全球各个角落风云变幻的情况。地球静止轨道气象卫星位于地球赤道上空的静止轨道上，与地球自转运动同步，相对于地球呈静止状态，它可对地球表面 40% 的地区进行连续气象观测，并实时将观测数据传回地面。用 4 颗均匀分布在静止轨道上的气象卫星，就可实现对全球中、低纬度地区天气系统的连续观测。两类卫星互为补充，从而实现对全球及重点地区的连续观测，以实现对全球气象状况的不间断观测，并每天向全世界免费提供大量有价值的观测数据。

1）NOAA 气象卫星系列及数据

最为典型的太阳同步轨道气象卫星是美国的诺阿（NOAA）气象卫星系列，它是美国第二代、第三代实用气象卫星（图 2-8）。诺阿气象卫星是由美国国家海洋和大气管理局负责运行与管理的，因而其名称用的是该局名称的英文缩写——NOAA。1978 年 10 月美国发射首颗第三代卫星，至今已经发射了 10 颗以上的卫星。为保证数据获取的连续性和及时性，一直保持有 2 颗卫星在轨道上运行。其中一颗为上午轨道，另一颗为下午轨道，形成每天覆盖全球 4 遍或者说对地球同一地点获得 4 次观测的图像数据。

诺阿气象卫星是全球最先进的气象卫星，装备了多种新型传感器，分辨率 900m 的甚高分辨率辐射计、垂直探测器、数据收集系统和搜索救援系统等，这些使诺阿气象卫星提高了气象观测能力，不仅观测数据量大为增加，而且图像清晰度和精度进一步提高，同时拥有数据收集和平台定位能力，可进行搜索与救援。

美国国家海洋和大气管理局所拥有的静止轨道气象卫星称为戈斯（GOES）卫星（图 2-9），是"同步环境实用卫星"（Geostationary Operational Environmental Satellite）的英文缩写。戈斯卫星为圆柱形，高超过 2m，直径近 2m，质量约 300kg，卫星上装有可见光和红外辐射扫描计、大气探测器和数据收集系统等。戈斯卫星为双星运行，位于西半球赤道上空，每天 24h 进行气象监测，每隔 30min 就向地面发送一张云图，其中可见光图像空间分辨率为 900m，红外图像空间分辨率为 9000m。另外，戈斯卫星还可收集和转发陆地、海洋和河流上自动观测平台发送的数据，测量大气高层的高能粒子、磁场和太阳 X 射线，并承担卫星云图和气象图表的传真转播任务。

2）风云气象卫星系列及数据

我国的气象卫星命名为风云气象卫星，包括风云一号极轨气象卫星（图 2-10）、风云二号静止轨道气象卫星（图 2-11）和风云三号第二代极轨气象卫星。

第 2 章 遥感信息源

图 2-8 美国诺阿气象卫星

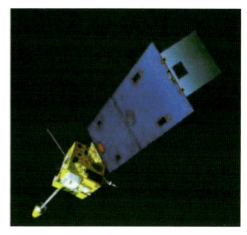
图 2-9 美国"同步环境实用卫星"(GOES)

我国风云一号(FY-1)极轨气象卫星系列共发射了 4 颗,即 FY-1A、FY-1B、FY-1C 和 FY-1D。目前,FY-1C 和 FY-1D 极轨气象卫星运行良好。FY-1A、FY-1B 分别于 1988 年 9 月和 1990 年 9 月发射,是试验型的气象卫星(图 2-10)。

这 2 颗卫星上装载的传感器成像性能良好,获取的试验数据及其运行为后续卫星的研制和管理提供了宝贵经验。FY-1C、FY-1D 分别于 1999 年 5 月 10 日和 2002 年 5 月 15 日发射,卫星设计寿命 3 年,运行于 901km 的太阳同步极轨道。卫星的主要传感器为甚高分辨率可见光-红外扫描仪,通道数由 FY-1A 和 FY-1B 的 5 个增加到 10 个,空间分辨率为 1100m。卫星获取的遥感数据主要用于天气预报和植被、冰雪覆盖、洪水、森林火灾等环境监测。

我国风云二号静止轨道气象卫星共发射了 3 颗,即 FY-2A、FY-2B 和 FY-2C。FY-2A 是中国第一颗静止气象卫星,于 1997 年 6 月 10 日发射,定位于东经 105°赤道上空(图 2-11)。

图 2-10 风云一号极轨气象卫星

图 2-11 风云二号静止轨道气象卫星

FY-2A 卫星主体为直径 2.1m、高 1.6m 的圆柱体,表面粘贴了近 2 万片太阳能电池片,卫星发射质量为 1370kg,工作寿命 3～4 年。

风云二号静止轨道气象卫星的主要任务是利用卫星上装载的多通道辐射计获取可见光、红外和水汽吸收波段的数字遥感图像资料;利用数据收集系统收集和转发气象、海洋、水文和其他环境数据;向国内外转发遥感云图、遥感产品和天气传真图像;利用空间环境监测器获取空间环境资料。多通道辐射计的可见光波段空间分辨率为 1250m,红外和水汽波段的空间分辨率为 5000m。

风云三号第二代极轨气象卫星安装有可见光红外扫描辐射仪、红外分光计、微波温度计、微波成像仪等10余种具有国际先进水平的探测仪器(图2-12),探测性能比仅有可见光一种手段的风云一号极轨气象卫星有很大的提高,可在全球范围内实施三维、全天候、多光谱、定量探测,获取地表、海洋及空间环境等信息,实现中期数值预报,这些是开展气象、海洋、水文和其他相关领域应用的重要信息源。

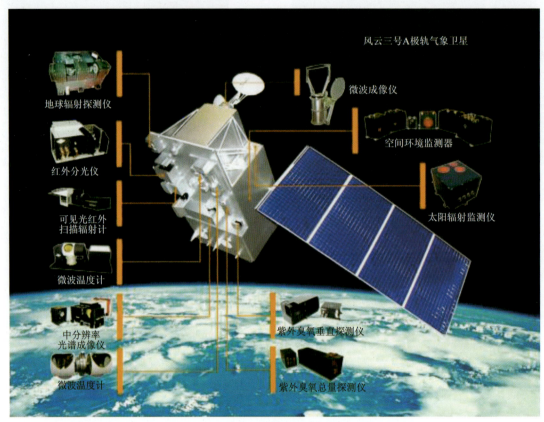

图 2-12　风云三号第二代极轨气象卫星

　　风云三号第二代极轨气象卫星将在监测大范围自然灾害和生态环境,研究全球环境变化、气候变化规律和减灾防灾等方面发挥重要作用,同时也可为航空、航海等部门提供全球气象信息,为中国参与国际合作、交流气象信息、进行全球变化研究提供了有力的技术保障。世界气象组织已将风云三号第二代极轨气象卫星纳入新一代世界极轨气象卫星网,卫星的观测数据不仅在国内实现共享,也为世界各国气象观测服务。

　　风云四号卫星已实现A星和B星双星在轨、东西布局业务模式,确保我国静止轨道气象业务的连续、可靠、稳定运行。其中风云四号A星是国际上首颗单星实现对地"多光谱二维成像-高光谱三维探测超窄带闪电成像"综合观测的静止轨道气象卫星。2021年6月3日,风云四号B星成功发射,B星提升了原有载荷性能,同时新增快速成像仪,在国际上首次实现静止轨道250m空间分辨率全天观测,通过长线列探测器和二维灵活扫描成像,实现更高分辨率、更灵活快速地对地特定区域扫描成像,大幅度提高了我国对一些尺度较小、持续时间较短的短临天气现象的观测能力。

2.1.3　海洋卫星及数据

　　海洋卫星是以海洋为主要观测对象的一种遥感卫星,其观测内容包括与海洋相关的诸多要素,主要有:①海浪波高、海面风、海温、海底地形;②海平面形态及大地水准面;③潮汐和风暴潮;④海冰及冰区

第 2 章 遥感信息源

航道;⑤海洋资源;⑥海洋污染等。要获取如此众多的海洋信息,仅仅依靠一种传感器或一颗卫星是难以完成的。为此,根据海洋的特点研制出了各种海洋观测专用的传感器和针对不同观测目的的海洋卫星。这些专用的传感器有:用于测量海面波浪、风速和风向的合成孔径雷达、风散射计、波散射计;用于测量波高、海面高度和海冰的雷达高度计;用于测量海面温度、云层温度和大气中水汽含量的扫描辐射计/微波探测器。

根据主要探测目的可将海洋卫星分为 3 类:第一类是海洋水色卫星,主要用于探测有关海洋水色的要素,如叶绿素浓度、悬浮泥沙含量等;第二类是海洋地形卫星,主要用于探测海平面高度,探测海冰、有效波高、海面风速和海流等;第三类是海洋动力环境卫星,主要用于探测海洋动力环境要素,如海面风场、海浪、洋流、海冰等。此外,海洋卫星还可获得海洋污染、浅水水下地形、海平面高度等数据。

1978 年 6 月 25 日,美国发射了世界上第一颗海洋遥感卫星,这是海洋学研究发展史上的一个重要里程碑。此后,苏联、美国、法国、日本、加拿大、印度、韩国及欧洲航天局等相继发射了多颗海洋卫星或海洋观测卫星。目前国外主要海洋卫星包括美国的 SeaWiFS、MODIS 和 VIIRS 卫星;欧洲航天局的 MERIS(陈双等,2014)和 Sentinel-3 卫星,以及韩国的静止轨道卫星 GOCI(李冠男等,2014)等,用于海洋水色的测量。此外,还有用于测量全球海表温度的 AVHRR 系列卫星;用于构建海面高度数据的 TOPEX/POSEIDON(陈双等,2014)、Jason-1/2/3 和 ERS/Envisat 等多颗高度计卫星;用于提取海面高度的 GRACE 和 CHAMP 重力卫星;用于海面风速测量的快速散射计 QUICKSCAT 卫星;用于海面风速、降雨和海温反演 AMSR-E、AMSR-2、Windsat、TRMM 卫星;用于海面盐度(电导率)反演的美国 Aquarius 卫星和欧洲航天局 SMOS 卫星;用于海冰参数测量的 ICESat、CryoSat-2、SSM/I、SSMIS 等卫星(蒋兴伟等,2018;文质彬等,2021)。

同时,很多陆地卫星也用于海洋的研究中,包括传统的陆地卫星 Landsat 系列(段广拓等,2018)、高分辨率光学卫星 SPOT、QuickBird、Pleiades 以及 WorldView 系列卫星,用于海面目标、近海岸带生态系统、海岛以及海岸线变迁研究;一些高分辨率雷达卫星,如加拿大的 Radarsat 系列卫星、德国的 TerraSAR-X/TanDEM-X 卫星,以及 ENVISATASAR、Sentinel-1 等卫星,可用于海面粗糙度、海浪谱估算等的海洋动力过程研究。表 2-2 展示了世界主要海洋遥感卫星的信息(文质彬等,2021)。

表 2-2 世界主要海洋遥感卫星信息

类别	美国	欧洲	中国	其他
海洋光学/热红外卫星	Nimbus 7(CZCS);SeaStar(SeaWiFS),Terra&Aqua(MODIS);Suomi NPP & JPSS-1/NOAA-20(VIIRS);AVHRR,NOAA(AVHRR)	Envisat(MERIS);Sentinel-3A/B(OLCI)	HY1-A;HY1-B;HY1-C;HYI-D(COCTS,CZI) FY-3(MERSI)	COMS(GOCL)(韩国);GCOM-C(SGLI)(日本)
海洋动力环境卫星	QuikSCAT(Seawinds)、TOPEX/Poseidon(Poseidon-3 Altimeter)、Jason-2(Poseidon-3A)、SAC-D(Aquarius)、SMAP	GOCE、SMOS、Jason-1(Poseidon-2)(美国、法国);Jason-3(Poscidon-3B)(美国、法国及欧洲);MetOp-A;MetOp-B;MetOp-C(ASCAT);CryoSat-2(SIRAL-2);Sentinel-3(SLSTR,SRAL);ERS-2	HY-2A;HY-2B;HY-2C;CFOSAT(中国、法国)	Saral(印度、法国);ADEOS-2(Seawinds)(日本)

续表 2-2

类别	美国	欧洲	中国	其他
海洋监视系列卫星	Sir-A;Sir-B;Sir-C;LACROSSE SAR;LightSAR;Medsat SAR	Sentinel-1;COSMO-SkyMed;TerraSAR-X	GF-3	Radarsat-1;Radarsat-2

海洋一号卫星是我国自行研制的第一颗为海洋监测、研究与应用服务的海洋卫星(图 2-13),主要用于海洋水色环境要素的探测。卫星质量 367kg,为一个 1m³ 的立方体。卫星设计寿命 2 年,运行于高 798km 的准太阳同步轨道上。

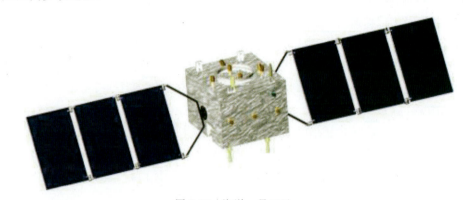

图 2-13 海洋一号卫星

海洋一号卫星主要载有 2 台传感器,具有 10 个谱段的水色扫描仪和 4 个谱段的 CCD 相机。水色扫描仪的空间分辨率为 1100m,CCD 相机空间分辨率为 250m。在进行海洋遥感时,如果卫星位于我国领空,可将传感器获取的信息直接传回北京或三亚地面接收站;如果卫星在境外,可将获取的信息存储于卫星的数据存储器中,当卫星飞越国内地面站时再将数据传回。

我国海洋卫星包括海洋水色卫星、海洋动力环境卫星和海洋监视监测卫星 3 个系列。

(1)海洋水色卫星。它是以可见光和红外成像观测为手段的海洋遥感卫星。我国海洋水色卫星的发展包括 3 个阶段。

第一阶段为海洋 1A 卫星和海洋 1B 卫星。其中,海洋 1A 卫星作为试验型业务卫星,有效载荷包括 1 台 10 个谱段海洋水色水温扫描仪(Chinese Ocean Color and Temperature Scanner,COCTS)和 1 台 4 个谱段海岸带成像仪(Coastal Zone Imager,CZI),对中国邻近海域的重访周期为 3d。海洋 1A 卫星在轨运行 685d,成像约 1900 轨,在海洋环境保护和海洋科学研究等领域发挥了重要作用。海洋 1B 卫星是海洋水色系列卫星的第二颗实验星,同样装载了 1 台 COCTS 和 1 台 CZI,可实现对中国邻近海域的每天重复观测。海洋 1B 卫星在轨运行 8 年 10 个月,共成像 19 233 轨,获得原始数据 8.84TB。

第二阶段为海洋 1C 卫星和海洋 1D 卫星。其中,海洋 1C 卫星于 2018 年 9 月成功发射,是中国海洋系列卫星的首颗业务卫星。海洋 1C 卫星上的 COCOTS 信噪比大幅提升,可以分辨出更加细微的水色变化;CZI 的空间分辨率提高到 50m,卫星技术状态达到了国际先进水平,能够提供每天全球海洋空间全覆盖海洋水色卫星资料。海洋 1D 卫星于 2020 年 6 月成功发射,与海洋 1C 卫星组网运行,开展大幅度、高精度、高时效观测,具备全球每天 2 次的水色水温探测覆盖能力,使海洋观测更加全天候。

第三阶段为实现国产水色卫星技术性能和应用能力达到国际先进水平的新一代水色卫星,包括正在规划的静止轨道卫星,以及新一代极轨海洋水色卫星,后者将实现全球海洋水色的高空间分辨率和高光谱分辨率观测,相应载荷已经在"天宫二号"进行了实验(林明森等,2019)。

(2)海洋动力环境卫星。它包括海洋二号系列卫星、中法海洋卫星、海风海浪卫星和海洋盐度卫星。海洋二号系列卫星以海面风场、高度、温度等动力环境要素为探测对象。2025年前的发展包括3个阶段：第一阶段为海洋2A卫星；第二阶段为海洋2B/2C/2D卫星；第三阶段为新一代海洋动力环境卫星。

中法海洋卫星(China-France Oceanographic Satellite,CFOSAT)于2009年立项,2018年10月29日在酒泉卫星发射中心成功发射(王丽丽等,2018)。航天科技集团东方红卫星有限公司负责卫星平台研制,有效载荷包括法国CNES研制的海洋波谱仪(Surface Waves Investigation and Monitoring,SWIM)和中国科学院国家空间科学中心研制的微波散射计(SCAT),较HY-2B/2C/2D星具有更高的空间分辨率和风向精度(Lin et al.,2011,2019;Xu et al.,2019;Liu et al.,2020)。

海风海浪卫星是中法海洋卫星的后续星。国家卫星海洋应用中心于2017年底启动了该卫星立项论证工作。海洋盐度卫星列入国家空间基础设施"十二五"科研星计划,于2015年开展先期攻关,于2020年获得国防科工局立项批复。该卫星载荷包括二维综合孔径海洋盐度计和多频主被动微波成像仪,分别由航天科技集团西安分院和中国科学院国家空间科学中心牵头论证。

(3)海洋监视监测卫星。它包括低轨SAR卫星、高轨SAR卫星和高轨海洋卫星,通过高分辨率成像观测实现对海洋的综合监测监视。低轨SAR卫星(高分3号卫星,即海洋三号卫星;图2-14)于2016年(杨劲松等,2017)发射。高轨SAR卫星列入国家民用空间基础设施"十二五"科研星计划,于2015年启动先期攻关。高轨海洋卫星列入国家民用空间基础设施"十四五"科研星计划,是国内首次在静止轨道上开展海洋水色观测,并以紫外成像为手段开展溢油观测,可以得到高时间分辨率的海洋环境光学观测数据,对海洋、环境等学科和应用有重要意义。

图2-14 海洋三号卫星

目前国内发射的光学卫星,如高分系列卫星、资源系列卫星、环境系列卫星被广泛用于海岸带海岛的研究中。

2.1.4 雷达卫星和宇宙飞船及数据

1)雷达卫星及数据

雷达卫星是以成像雷达为主要传感器的卫星。成像雷达是一种主动方式成像的传感器,它向地面发射电磁波,然后接收地物反射的回波,根据回波特征判断地物,采用的传感器多为合成孔径雷达。雷达遥感属于微波遥感,电磁波谱范围1~1000mm的波段。

欧洲航天局的资源遥感卫星(ERS-1/2),俄罗斯的钻石卫星(Almaz-1/2),日本的资源遥感卫星(JERS-1)、环境卫星(Envisat-1/2),美国的海洋卫星(Seasat),在航天飞机上都装载了成像雷达设备,获取了大量的雷达遥感数据。成像雷达对云层、地表植被、松散沙层和干燥冰雪具有一定的穿透能力,且不受日照和天气的影响,又能夜以继日地全天候工作,不仅在热带雨林、两极冰盖和干旱沙漠地区具有不可替代的作用,而且在海洋探测方面具有较大的优势。

加拿大于1995年11月4日发射了首颗资源遥感卫星——雷达卫星(Radarsat-1)(图2-15)。该卫星的传感器主要为一台合成孔径雷达,故命名为雷达卫星。这是世界上第一颗向全球用户提供数据的商用雷达遥感卫星。卫星质量2749kg,设计寿命5年,24d可对全球覆盖一次。合成孔径雷达可根据用户的不同需求采用不同的成像方式,获取从10~100m不等分辨率的雷达遥感图像。雷达遥感图像主要用于资源调查、地形制图、海冰监测、海洋学和渔业管理等领域。

图 2-15　加拿大雷达卫星

目前,常用的SAR卫星如表2-3所示(方臣等,2019)。2016年中国高分三号卫星发射升空,这是中国首颗分辨率达到1m的C频段多极化合成孔径雷达卫星,显著提升我国对地遥感的观测能力,是实现时空协调、全天候、全天时对地观测目标的重要基础(方臣等,2019)。

表 2-3　常用 SAR 数据及其参数

传感器	国家或地区	波段	重访周期/d
Radarsat-2	加拿大	C	24
TerraSAR-X	德国	X	11
COSMO-SkyMed	意大利	X	16
Risat-1	印度	C	25
KOMPSAT-5	韩国	X	28
ALOS-2	日本	L	14
Sentinel-1	欧洲	C	12
高分三号	中国	C	3

2)宇宙飞船及数据

1964年4月12日,苏联航天员加加林乘坐东方号载人宇宙飞船升空,成为世界航天第一人,开创了载人航天的新纪元。此举使载人宇宙飞船蜚声全球。至今,国际上已发射了多种宇宙飞船。按照飞行任务的不同,宇宙飞船可分为卫星式载人飞船、登月式载人飞船和行星际式载人飞船。前两种在 20 世纪已经发射成功,后一种有望在 21 世纪发射。

我国一直非常重视宇宙飞船计划,从 1999 年 11 月 20 日神舟一号飞船发射成功至今,已经成功发射了十余艘"神舟"系列飞船,其中神舟三号飞船有一台类似美国 MODIS 的中分辨率 34 波段成像光谱仪(CMODIS),并成功获取了大量地表的高光谱图像数据。2003 年 10 月 15 日 9 时,中国神舟五号载人航天飞船成功发射。图 2-16 为中国第一艘载人飞船神舟五号,它是一种复杂、先进的 3 舱式飞船,由座舱、服务舱和轨道舱组成,神舟五号飞船载着中国第一名航天员杨利伟,在预定轨道运行了 21h,于 10 月 16 日 6 时成功返航,实现了中华民族千年飞天的夙愿。神舟五号载人航天飞船是中华民族智慧和精神的高度凝聚,是中国航天事业在新世纪的一座里程碑。2008 年 10 月 25 日,我国神舟七号飞船实现了太空行走,使我国继俄罗斯和美国之后,成为世界上第三个独立掌握这一关键技术的国家。神舟系列目前已经发射到了神舟十五号。神舟飞船与 20 世纪 90 年代国外的先进载人飞船相比,从载入方式、着陆精度和载入过载峰值等指标上大致与俄罗斯联盟 TMA 飞船相当,并为航天员的工作和生活创造了更为舒适的环境。

在载人航天取得历史性突破后,研制和发射空间实验室,尽早建成完整配套的空间站工程大系统并实现一定规模的空间应用,建造长期有人照料的大型空间站,将是我国载人航天今后的宏伟发展计划。建造空间站、建成国家太空实验室,是实现我国载人航天工程"三步走"战略的重要目标,是建设科技强国、航天强国的重要引领性工程。2021 年 4 月 29 日 11 时 23 分,中国空间站天和核心舱(图 2-17)发射升空,准确进入预定轨道,任务获得成功。天和核心舱发射成功,标志着我国空间站建造进入全面实施阶段,为后续任务展开奠定了坚实基础。

图 2-16　中国第一艘载人飞船神舟五号

图 2-17　天和核心舱

2.1.5　遥感数据源

目前,对地观测(遥感卫星)数据应用种类繁多,遥感科技已显现出高空间分辨率、高光谱分辨率、高时间分辨率的"三高"新特征(张兵,2017),根据卫星传感器的特点主要分为光学遥感数据和微波遥感数据。其中,光学遥感数据应用广泛的类型为高空间分辨率遥感数据和高光谱分辨率遥感数据;微波遥感数据应用广泛的类型为合成孔径雷达(SAR)遥感数据。当前,高空间分辨率、高光谱分辨率和 SAR 遥感数据广泛应用于自然资源调查监测评价中(表 2-4)。

表 2-4　常用国内外遥感数据及其参数(方臣,2019)

传感器类型	传感器名称	国家	空间分辨率		光谱范围/nm	带宽/km	波段数/波段	重访周期/d
高空间分辨率	高分一号(GF-1)	中国	2m 全色	8m 多光谱		60	4	4
	高分二号(GF-2)	中国	0.8m 全色	4m 多光谱		45	4	5
	高景一号(SuperView-1)	中国	0.5m 全色	2m 多光谱		12	4	4
	吉林一号高分02A/02B 星	中国	0.75m 全色	3m 多光谱		40	4	≤1/6
	北京二号	中国	0.8m 全色	3.2m 多光谱		24	4	1
	北京三号	中国	0.5m 全色	2m 多光谱		>22	4	—
	WorldView-2	美国	0.5m 全色	1.8m 多光谱		16.4	8	1.1
	WorldView-4	美国	0.3m 全色	1.24m 多光谱		13.1	4	1~4.5
	GeoEye-1	美国	0.4m 全色	1.65m 多光谱		15.2	4	1~2
	SPOT-6/7	法国	0.61m 全色	2.44m 多光谱		60	4	4~5
	QuickBird	美国	0.61m 全色	2.44m 多光谱		17.6	4	3.5
高光谱分辨率	EO-1/Hyperion	美国	30m		357~2576		220	5
	HJ-1A/HSI	中国	100m		450~950		115	4
	OHS/CMOS	中国	10m		400~1000		32	5
	GF-5/AHSI	中国	30m		400~2500		330	51
	ISS/DESIS	德国	30m		400~1000		235	—
	PRISMA/HSI	意大利	30m		400~2500		238	7
	ALOS-3/HISUI	日本	30m		400~2500		185	14
	资源一号 02D	中国	30m		400~2500		166	3
	资源一号 02E	中国	30m		400~2500		166	2
SAR 遥感数据	Radarsat-2	加拿大	1~100m			20~500	C	24
	TerraSAR-X	德国	1~16m			10~100	X	11
	COSMO-SkyMed	意大利	1~100m			10~200	X	16
	KOMPSAT-5	韩国	0.85~20m			5~100	X	28
	ALOS-2	日本	1~100m			25×25~489.5×355	L	14
	Sentinel-1	欧洲	5~40m			80~400	C	12
	高分三号	中国	1~500m			10~650	C	3

2.2 航空遥感系统及数据

2.2.1 航空遥感技术的起源与发展

航空遥感作为空间对地观测体系的重要组成部分,经历了用气球和风筝的空中照相、机载的光学航空摄影,当今由光学、微波、激光、高光谱以及数字航空仪多种传感器综合集成的航空遥感系统,走过了漫长的历史发展过程。

航空摄影从 1839 年达盖尔(Daguerre)发明了照相技术算起,摄影测量已有 160 余年的历史,但将摄影技术真正用于测量的是法国的陆军上校劳赛达(Laussedat)。他用地面垂直摄影进行交互摄影测量,来测绘建筑物。1858 年,他使用了一个风筝气球,用一台玻璃板照相机来拍摄巴黎,开始尝试空中摄影。

气球摄影:从空中拍摄地面的照片,最早是在 1858 年法国摄影师纳达(Nadar)从气球上获得的。1858 年他成功地从 800m 高的气球中拍摄到了几幅"鸟眼"照片,当时风很大,他用一些暗淡的正像制作出了一小幅地形图,上面有一个农场,三间农舍和巴黎郊外的一个小酒馆。

1860 年美国人 James Wallace Black 和 Samuel A. King 在 560m 的气球上拍摄了波士顿地区的一些航空照片,影像记录在湿的火棉胶感光板上。

风筝摄影:1887 年,一个叫 Arthur Batut 的美国人为风筝设计了相机系统,从 127m 的高度拍摄到了一些航空照片。

1899 年,俄国人把 7 个风筝连接在一起装上航空相机,拍摄了一处"全景"画面,认为其对于偏远地区的地图绘制是极为有用的。

1903 年,一个德国摄影师设计了一种非常小巧的鸽子相机,相机的质量只有 70g,并且可每 30s 自动曝光,拍摄一个"38mm 方形画格"的像片(图 2-18)。这个"航空相机"被安装在鸽子的胸部,经过训练,待鸽子起飞后即可自动获取航空像片。同年美国怀特兄弟发明了飞机,使航空摄影测量真正成为可能。

1906 年 4 月 18 日,G. R. Lawerence 在旧金山大地震后进行了一次空中摄影(图 2-19)。他把 17 个气球风筝连接在一起,携带 1025 磅重的巨型照相机,在 600m 的高度拍摄了一张 1.35m×2.5m 的照片,记录了旧金山遭受地震破坏之后的非常真实而宏观的画面。

图 2-18 捆绑在鸽子身下的相机

图 2-19 旧金山地震后的照片

1909 年 4 月 24 日,一位意大利乘客在飞机上拍摄了意大利罗马的 Centocelli 军事基地,这是迄今为止世界上第一次从飞机上拍摄的航空照片,摄影师用的是电影胶片。这使航空摄影最早应用于军事侦察。直到1915年,美国海军通过航空摄影获取了航空侦察图片,正式开始了有记录的航空摄影侦察活动。

在20世纪20年代后期,中国就开始研究引进航空摄影测量技术。我国航空摄影测量事业真正开始于1930年,主要是应用于地图测绘。1949年中华人民共和国成立后,党和政府十分重视测绘事业的建设与发展,我国的航空摄影测量事业亦开始进入了兴旺发展的时期。1950年军委作战部测绘局建立第一支航测队时就设立了航摄组,为航测成图提供航摄资料。为了加强民用航空摄影业务的统一管理,1958年民航航测大队组建成功,并接管政府各部门的航摄技术力量和飞机等设备。各部门的航摄任务每年向国家测绘总局报送计划,由国家测绘总局汇总平衡后交由中国民用航空局安排其组建的专业航摄大队实施。1966年民航航测大队扩建为中国民航第二飞行总队,1983年更名为中国民航工业航空服务公司,1989年又改为中国通用航空公司。直至1992年,这家我国唯一的民用航空摄影单位,几乎承担了全国所有的民用航空摄影业务。当时主要以黑白航空摄影为主,20世纪80年代后期少量的彩红外航摄任务,其目的是测制国家基本地形图和大型工程测图。截至20世纪90年代后期,从事航空摄影的单位和企业20余家,航摄飞机100多架(包括高、中、低空),航空摄影机70余台,主要是徕卡、瑞士威特(WILD)和德国蔡氏公司的产品,包括从RC-10、RC-10A、RC-20到RC-30和RMK、RMKA、LMK、LMK-1000、LMK-2000、LMK-3000、RMK-TOP两大系列产品。除一部分单位用手工冲洗工艺外,自动冲洗设备全部是从美国柯达公司引进,感光胶卷主要是乐凯公司的1024、1822,以及柯达公司2402产品,年航摄范围基本在60万/km² 左右。

2.2.2 航空遥感的传感器及数据

航空遥感是将遥感传感器安装在飞机上,并按照一定的技术要求,对地面进行摄影和数字成像的过程,旨在获取某一指定地区(摄区)的航摄图像和数据资料,它们详尽地记录了地物、地貌特征以及地物之间的相互关系。利用航空遥感资料既可测绘一定比例尺的地形图、平面图或正射影像图,也可用以识别地面目标和设施,了解地面资源的分布和生态环境特征与分布规律。因此,航空遥感可为国家经济建设、国防建设和科学研究等提供极为重要的原始资料。航空遥感的传感器主要由航空摄影仪和航空成像仪组成。

1)航空摄影仪

图2-20是四种目前较先进的航空摄影仪示意图。现阶段数字航摄仪主要产品是瑞士徕卡测量系统公司的ADS40和德国IntergraphZ/T公司的DMC数字航摄仪。

2)航空成像仪

航空成像仪主要包括高空间分辨率的面阵CCD数字相机、高光谱成像仪、三维成像仪和具有全天候、全天时工作能力的合成孔径雷达等新型传感器。

(1)面阵CCD数字相机及数据。高空间分辨率CCD面阵数字相机系统的核心是一个具有4096像元×4096像元的全数字式面阵CCD探测器,配以研制的大视场、大口径、低畸变光学系统组成航测相机主体,并与三轴陀螺稳定平台、高速大容量数据存储系统和GPS等共同集成为一个全数字、高空间分辨率、性能良好的相机系统。该系统可直接获取图像数据,彻底避免了常规航测作业中对照相底片冲洗等十分烦冗的工作,使航测作业从测量到成图全部过程数字化,特别适应于城市规划中要求的高精度、大比例尺成图需求。

(2)高光谱成像仪及数据。成像仪是将成像技术和光谱技术结合在一起,在连续光谱段上对同一地物同时成像,获取的光谱图像数据可直接反映物体的光谱特征,使得从空间直接识别地球表面物质成为可能。其中,图2-21是在核工业北京地质研究院遥感信息与图像分析技术国家级重点实验室,我国首

LMK-3000　　　　　　　　RC-30

RMK-TOP　　　　　　　　RC-10

图 2-20　四种较先进的航空摄影仪

次引进的加拿大具国际先进水平的 SASI/CASI/TISI 航空高光谱成像系统；图 2-22 所示为我国自行研制的实用模块化成像光谱仪(OMIS)，它以高光谱分辨率、高灵敏度等性能成为新一代对地观测技术系统。

图 2-21　SASI/CASI/TISI 航空高光谱成像系统　　　图 2-22　OMIS 高光谱成像仪

(3) 三维成像仪及数据。三维成像仪以实时、准实时生成三维遥感图像为其鲜明特色。该系统是由我国自行研制的航空遥感平台，三维成像仪具有圆扫描和线扫描、单波数和多波数、窄视场和宽视场观测功能，可适应不同应用要求。

三维成像仪是一个集成系统。该系统由 2 个分系统组成：一是由扫描成像技术、激光测距技术、GPS 技术、姿态测量技术等组成的信息获取分系统；二是结合直接对地定位软件、同步生成已准确匹配的地学编码影像和 DEM 等软件构成的信息处理分系统。

(4) L 波段合成孔径雷达(L-SAR)及数据。L-SAR 是由我国自行研制的机载 L 波段合成孔径雷达系统。SAR 系统装有左、右 2 副天线，可在飞行成像过程中随时切换，提高效率；具有 2 种极化图像、2 种工作模式，即有高分辨率窄成像带和低分辨率宽成像带 2 种，高分辨率为 $3m \times 3m$；具有原始数据记录和实时成像处理能力，可满足不同的应用需求。

(5) IMU/DGPS辅助机载三维激光扫描系统(Light Detection And Ranging,LiDAR)及数据。随着IMU/DGPS系统精度的提高,该系统已经应用于与多种传感器集成进行信息实时获取,机载三维激光扫描技术就是其中一项很重要的应用。

机载三维激光扫描是一种采用激光测距技术,直接从空中精确获取地表信息的现代化手段。机载三维激光扫描基本原理如图2-23所示,将IMU/DGPS系统和激光扫描仪进行集成,飞机向前飞行时,扫描仪横向对地面发射连续的激光束并接收其回波,IMU/DGPS系统记录每一激光发收点的空间位置和姿态,由此可计算出激光反射点的空间位置。该系统的高程测量精度很高,一般为10~20cm。

目前,多数激光扫描设备装置了记录一个单发射脉冲返回的首回波、末回波或中间的多个回波的设备,这样通过对每个脉冲的多个回波时刻进行记录,可同时获得多个高程信息(图2-24)。经过后处理,可区分地面和地表覆盖,如建筑物、树木等,由此可直接获取三维城市模型;可直接测定森林树高,计算容积量;可直接测定地物的变化量,如洪水监测和防治措施,城市建设工程的定期监测,露天矿的每日或每月开采量等;可有效获取对航测来说困难的地区(如沙漠、戈壁或大草原)的数字地面模型,直接用于生产的正射影像图。

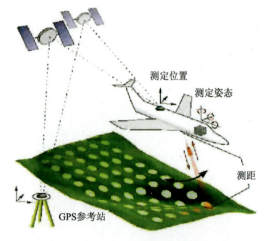

图2-23 机载三维激光扫描(LiDAR)系统原理示意图

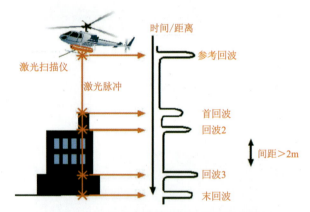

图2-24 激光扫描仪多回波记录示意图

2.2.3 新兴的航空遥感技术及数据

近几十年来,新兴的航空摄影测量技术还有GPS辅助空中三角测量技术、IMU/DGPS辅助航空摄影测量技术、机载合成孔径雷达成像系统、无人机数码航空遥感系统等,主要用于资源与环境的调查,为国土资源、农业、气象、环境等部门提供服务。

1) GPS辅助空中三角测量技术及数据

无论摄影测量怎样发展,空中三角测量始终是一个不可或缺的主要工序。野外控制测量是空中三角测量中工作最艰辛、劳动强度最大、受自然条件限制最多的工作。空中三角测量工序增加了航空摄影测量的作业成本,并且延长了生产作业周期。自20世纪50年代初,人们就一直希望能摆脱利用地面控制点来直接产生地学编码影像。70年代全球定位系统(GPS)的出现,推动了高动态精密三维定位,并用于确定航空摄影时航摄仪曝光时刻的空间位置(GPS摄站坐标)。到了80年代中期,摄影测量工作者就开始以GPS摄站坐标取代地面控制点进行空中三角测量(即GPS辅助空中三角测量)的研究,并取得了令人满意的成果,使航空摄影测量可大量减少,甚至完全免除地面控制点的空中三角测量,从而大大缩短了作业周期、提高了生产效率、降低了成本。

GPS辅助空中三角测量是利用安装在飞机上与航摄仪相连接的、设在地面上的一个或多个基准站上至少2台GPS信号接收机同步而连续地观测GPS卫星信号,同时获取航空摄影瞬间航摄仪快门开启脉冲,通过GPS载波相位测量差分定位技术的离线数据后处理获取航摄仪曝光时刻摄站台的三维坐标,然后将其视为附加观测值引入摄影测量区域网平差中,经采用统一的数学模型和算法,以整体确定物方位点和像片外方位元素,并对其质量进行评价的技术。

2) IMU/DGPS辅助航空摄影测量技术与数据

20世纪90年代以来,诞生于军事工业的IMU(inertial measurement unit,惯性测量单元)/DGPS (differential global position system,差分全球定位系统)组合的应用使准确地获取航摄仪曝光时刻的外方位元素成为可能。

IMU辅助航空摄影测量是一种新的航空摄影测量理论、技术和方法。它利用装在飞机上的GPS接收机和设在地面上的一个或多个基站上的GPS接收机同步而连续地观测GPS卫星信号,通过GPS载波相位测量差分定位技术获取航摄仪的位置参数,并通过航摄仪紧密相连的高精度惯性测量单元直接测定航摄仪的姿态参数,经过IMU、DGPS数据的联合处理获得测图所需的每张像片高精度的外方位元素。

大比例、高精度的空间信息对国家的经济、社会、军事和环境等多个领域起着重要作用,是国家制定经济发展规划,进行资源详查、道路工程设计、城市交通、区域规划、军事战备等必不可少的科学数据。航空数码影像获取系统有很多优点,如低空云下摄影14bit成像,有效克服天气影响,弥补传统航空摄影的不足,并且成像比例尺大、分辨率高,具有丰富的彩色信息,是重要的遥感数据源之一,可应用于数字城市、城市地理信息系统建设等重要工程。

美国等发达国家正在将数码航摄像机、GPS地面控制、IMU惯性测量装置组合使用,使数码摄影得到了飞速发展。其中用数码摄影测量方式生产的地形图、DEM数据和数字正射影像,不仅精度可达到分米级,而且减少了野外地面控制测量和解析空中三角测量许多中间环节,缩短了成图周期,实现了从航摄到后期数据处理以至产品真正的数字化。

IMU与激光扫描仪集成的LiDAR系统拓宽了空间信息采集的途径,而且大大缩短了获取到应用的周期,甚至趋于实时。例如,美国"9·11"事件后,一家测量公司立即使用LiDAR对世贸大厦废墟进行测量,当晚便提供了结果(图2-25)。该技术可在以下几个方面发挥重要作用:①速建立三维数字城市模型,进行城市环境规划提供作业手段;②为无线通信工程进行数字式基站分布作业提供方案;③为旅游、交通、房地产等行业提供虚拟现实分析服务;④滑坡、荒漠化、海岸带侵蚀等工程测量和海岸线调查的有力工具;⑤铁路、高速公路沿线制图,高压电力线路监测;⑥垃圾堆,开挖土方,矿井采掘等工程的监测计量;⑦森林蓄积量监测与计算;河流泛滥与洪水面积监测与模拟等。

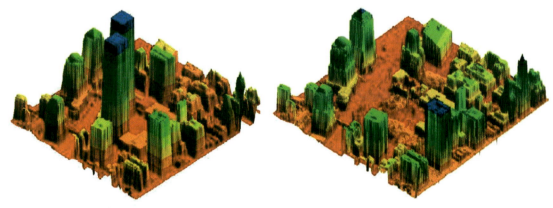

2000年7月的LiDAR数据　　　　　　　　　　2001年9月15日的LiDAR数据

图2-25　突发事件监测——美国"9·11"事件动态监测

3）机载合成孔径雷达成像系统及数据

机载合成孔径雷达成像系统是双天线合成孔径雷达平台，是 GPS/惯性导航系统和高速传输实时数据预处理系统的系统集成。20 世纪 60 年代末，合成孔径技术大大提高了雷达成像的分辨率，但机载雷达成像质量一直受制于惯性导航的精度和平台稳定性。直至 21 世纪初，精密的 GPS/惯性导航技术有了重大突破并实用化后，高分辨率的合成孔径雷达成像和干涉测量才显示出它的优势。机载 SAR 地形测量系统在基础地形测绘中可用于全天候、实时或准实时获取高精度的三维地形测绘数据（DEM、DSM），系统获取和处理数据的自动化程度高。机载合成孔径雷达地形测量系统测量地形和地物位置及高程的精度可达到厘米级。

4）无人机数码航空遥感系统及数据

无人机数码航空遥感系统将航空数码相机、惯性导航系统、GPS 等设备与无人机或轻型飞机高度集成，实现无人机或轻型飞机数码航空摄影系统，是遥感、遥测、遥控和计算机技术的综合集成应用。无人机或轻型航空摄影系统可广泛应用于城镇规划、国土资源调查、园林绿化、房地产小区建设，以及旅游、交通、水利、考古、环保和灾情监控等方面的业务，并可依据航空影像图更新原有地图，修订和编绘各类业务用图。该系统还可应用于电视、广告和文化宣传等领域，具有广阔的市场前景。

航空影像早在 20 世纪已是地形图测绘的主要数据和空间信息源，但是测绘地形图只是以矢量图形的方式，从影像上提取了部分地形地物要素空间信息，而航空影像和航空遥感获取的影像，不仅含有地形测绘的地理空间信息，而且含有丰富的自然资源与生态环境信息，因此，航空遥感具有广阔的应用前景。

"航空遥感实时传输系统"是我国航空遥感技术在水灾监测与评估中成功应用的典范。它是解决灾害快速监测与评估的有效手段，国家"863"计划和"八五"国家科技攻关计划共同支持的"航空遥感实时传输系统"自 1991 年立项，1995 年 1 月建成。该系统是一个包括信息获取、传输和处理的应急灾害监测与灾情评估系统。它是综合应用遥感、全球定位、航空卫星通信、计算机图像处理等多种高新技术建立的一个实用化的监测系统。在 1994 年、1995 年、1996 年连续 3 年汛期中，根据国家防汛抗旱总指挥部的要求，对 6 个省（市）的洪水进行了实时监测和灾情评估，获取了很好的效果，为党中央和国务院及时了解洪水灾情、部署抗洪救灾工作地提供了科学依据。

在城市化发展过程中，规划和管理均需要大量的空间数据，特别是高空间分辨率数据的支持。我国城市建设对高于 1m 分辨率的空间遥感数据有着经常性和周期性的需求；东部沿海的 300 多个城市国民经济迅猛发展，50 多万平方千米的基本资料图件和数据需要实现年度更新，这就构成了一个巨大的空间数据需求市场。据悉，目前有 100 多个城市提出和部署了"数字城市"建设的计划，而"数字城市"建设，如小区建设规划、道路建设规划、市政管理、路政管理、管线建设和管理、移动通信规划、物流管理、交通管理，以及智能交通和大型工程的设计、选址、监控等都需要及时准确的空间数据，因此航空遥感数据在未来城市建设应用中有着广阔的市场前景。

从上可知，航天遥感图像覆盖面积大，区域轮廓显示清晰；航空遥感图像的细部特征反映明显，特别是可获得高空间分辨率的高光谱遥感数据。二者结合，取长补短，可发挥更大的应用效果。

第 3 章　遥感数字图像处理方法原理

遥感技术是采集空间数据及其变化信息的重要手段。遥感影像特征综合反映了某一部分或某些地物的地理环境质量和动态信息。为使遥感图像变成利于理解和使用的形式，一般需要对图像进行处理，例如，将模糊图像处理使之变清晰，或突出图像中某些特定目标与其背景的差别。遥感图像处理技术是对遥感图像进行一系列的计算、转换、融合和分类等，以达到纠正几何和辐射畸变、丰富图像色调变化、增强图像地物信息、提高图像可视化效果和图像解译能力的一种技术手段。遥感图像处理的内容主要包括图像数字化、恢复、几何和辐射校正、增强，以及统计分析信息提取、分类和识别等。

3.1　遥感数字图像的基础与特点

遥感数字图像（图 3-1）的最基本单元是像元，即遥感成像过程中的采样点，每个像元具有其空间位置特征和属性特征，属性特征常用亮度值表示，大小是由遥感传感器所探测到的电磁辐射强度决定的。图 3-1 所示的是一幅遥感数字图像，原始图像的亮度值是无量纲的数字，变化范围与传感器的量化处理有关。如果图像量化值是 8bit，则图像亮度值的动态变化范围在 $0 \sim (2^8-1)$ 即 $0 \sim 255$；如果图像量化值是 11bit，则图像亮度值的动态变化范围在 $0 \sim (2^{11}-1)$，即 $0 \sim 2047$，依次类推。根据传感器在电磁谱段的细分程度，可将遥感图像分为单波段图像、多波段图像和超波段图像。单波段图像在每个像元点只有一个亮度值，多波段（也称多光谱）图像上每个像元点具有多个亮度值，超波段（也称高光谱）图像上每个像元点具有几十乃至几百个亮度值。图 3-2 所示是一幅三波段数字图像示意图，其中 x 方向反映图像的列数目，y 方向反映图像的行数目，z 方向反映图像的波段数目。

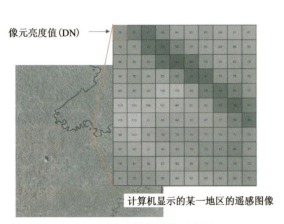

图 3-1　遥感数字图像示意图

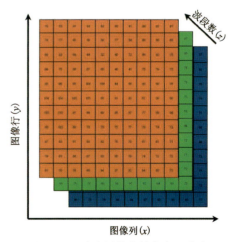

图 3-2　三波段图像的数字表现形式

遥感数字图像的亮度值，还与图像的 5 种分辨率有关。这 5 种分辨率分别为光谱分辨率、空间分辨率、辐射分辨率、时间分辨率和温度分辨率。

(1)光谱分辨率是指成像光谱仪细分电磁谱段的能力与程度。波段越多,光谱分辨率越高,如 TM 多光谱扫描仪的波段数为 6 个,波段宽度介于 100~200nm 之间;而成像光谱仪 AVIRIS 的波段数为 224 个,波段宽度介于 5~10nm 之间。一般传感器的波段越多,波段宽度越窄,所包含的光谱信息量越多,可针对性越强。

(2)空间分辨率是指图像中每一个像元所对应地面范围的大小。范围越小空间分辨率越高,如 TM 多光谱扫描仪的空间多分辨率为 30m;QuickBird 图像的全色波段的空间多分辨率为 0.6m。

(3)辐射分辨率是指所记录像元亮度值的可能值或动态范围。如字节长度为 8bit 的图像像元亮度值可分为 256 级,地物的亮度值只能是 0~255 中的某一个值。

(4)时间分辨率是指传感器获取某一特定区域图像的频度。例如,Landsat 卫星 16d 完成一次全球扫描,SPOT 是 3d。小卫星群 12h 便有一颗卫星到访地球上任何一点。

(5)温度分辨率是指热红外传感器分辨地表热辐射最小差异的能力。

遥感图像处理一般分为两类:一是利用光学、照相和电子学的方法对遥感模拟图像(照片、底片)进行处理,简称为光学处理;二是利用计算机对遥感数字图像进行一系列操作,从而获得某种预期结果,称为遥感数字图像处理。

遥感图像光学处理方法已有很长的历史,例如,照相中的复照显影、定影技术,早在 100 多年前就已经广泛应用。在激光全息技术出现后,光学处理技术得到了进一步发展,光学图像处理理论也日臻完善,并且处理速度快、方法多、信息量大、分辨率高。但是遥感图像光学处理精度不高、稳定性差、设备笨重、操作不便和工艺水平不高等因素都限制了它的发展速度。随着电子计算机技术的进步,遥感数字图像的计算机处理技术得到了飞速发展,替代了绝大部分的遥感图像光学处理工作。

自 20 世纪 70 年代末以来,由于数字技术和微电子技术的迅猛发展,计算机图像处理给遥感图像处理提供了先进的技术手段。遥感数字图像处理也就从信息处理、自动控制系统论、计算机科学、数据通信、电视技术等学科中脱颖而出,成为研究遥感图像信息获取、传输、存储、变换、显示和解译与应用的先进技术手段。

遥感数字图像计算机处理的优势与特点:

(1)图像信息损失低,处理精度高。在图像处理时,图像数据存储在计算机数据库中,不会因长期存储而损失信息,也不会因处理而损失原有信息。对计算机来说,不管是对 4bit 还是对 8bit,以及其他比特储存的图像,其处理程序几乎是一样的。即使处理图像变大,也只需改变数组的参数,处理方法不变。而在模拟处理中,要想保持处理的精度,需要有良好的设备,否则会使信息受损或降低精度。

(2)抽象性强,再现性好。由于不同的物理背景都采用数字表示,在遥感图像处理中,便于建立分析模型,并用计算机容易处理的形式表示。在传送和复制图像时,只在计算机内部进行处理,这样数据就不会丢失和损坏,保持了完好的再现性。而在模拟图像处理中,就会因为外部条件(温度、照度、人的技术水平和操作水平等)的干扰或仪器设备的缺陷或故障而无法保证图像的再现性。

(3)通用性广,灵活性高。遥感图像处理既适用于数字图像,又适用于用数字传感器直接获得的紫外、红外、微波等不可见光成像,而且也可用于模拟图像的处理,只要把模拟图像信号或记录在照片上的图像通过 A/D 变换,输入计算机即可。对于计算机来说,无论何类图像都能用二维数组表示,不管什么图像都可用同样的方法进行通用处理,另外,在遥感数字图像处理时,只要对程序加以自由改变,就可进行各种各样的处理,如上下滚动、漫游、拼贴、合成、放大、缩小、校正、转换、提取、镶嵌和进行各种逻辑运算等。

回顾遥感数字图像处理技术与相关理论的发展可知:

(1)20 世纪 60—70 年代是遥感技术飞跃发展阶段,而遥感图像处理技术与理论也有了长足的发展。除大力开发完善光学、光电学、光化学处理方法外,计算机数字图像处理成为人们关注并着手研究

第3章 遥感数字图像处理方法原理

的重大课题。1963年,加拿大测量学家R. F. Tomlinson博士提出把常规地图变成数字形式地图,并存入计算机,这就是地理信息系统的启蒙。

20世纪60年代,美国开始制订地球资源遥感计划,探讨从高空收集地面信息的可能性,并对数字信息处理开展了研究与实验。70年代,随着计算机硬件和软件技术的飞速发展,尤其是大容量存取设备——磁盘的使用,为遥感数据的录入、存储、检索和输出提供了强有力的手段,促进了遥感数字图像处理技术的发展。70年代末期,数据图形的输入装置——数字化仪功能进一步完善,特别是扫描仪的出现为遥感图像的模数(A/D)转换奠定了基础。

(2)20世纪80年代是地理信息系统普及和推广应用阶段。这期间,地理信息系统的数据处理能力、空间分析能力、人机交互、图形图像输入、编辑和输出技术均有较大发展。地理信息系统技术的发展、推广和应用,也使遥感数字图像处理技术日趋成熟。在此期间,产生了用于遥感图像处理的存储容量大、运算速度快的图形工作站、微型PC机等。加上计算机网络的建立,使遥感信息的传输效率得到极大提高,遥感数字图像处理软件不断开发与发展,进而使遥感数字图像处理的方法越来越多,遥感模拟图像与数字图像的转换精度、速度越来越高,遥感数字图像的计算机解译理论、原理日趋成熟。遥感数字图像处理在整个遥感学科乃至整个地球信息科学中的地位越发重要,遥感数字图形处理技术发展,更有力地推动遥感技术应用不断向横向扩展和纵向深入。

(3)20世纪90年代,随着遥感数字图像处理技术的成熟并逐步深入地质、测绘、城市管理、资源调查、环境监测等行业,在实际生产和研究中这一技术得到广泛应用,解决了遥感制图问题,解决了各种自然、环境信息提取问题,为相关部门进行决策、规划环境治理提供科学依据。

随着我国社会主义市场经济的确立和发展,遥感数字图像处理技术也得到了前所未有的发展。目前,国家计划部门正在研究制定信息产业发展战略及相关政策;国家科学技术委员会已把遥感技术、地理信息系统技术、全球定位系统技术的综合应用列入高新技术的重点科技攻关项目。相信遥感及遥感数字图像处理技术将会在我国得到全面快速的发展。

遥感数字图像处理内容包括投影变换、几何校正和镶嵌处理,消除或限制各种误差和畸变,把多景遥感图像通过几何匹配和色调匹配处理,获取制图范围内完整的图像,把中心投影的图像转变为正射投影的、具有较高精度的、合适比例尺要求的正射影像图和各种专题图。

遥感影像地图按其成图精度可分为影像地图或正射影像地图。通过遥感数据预处理、全波段数据辐射校正、几何校正、配准、图像镶嵌、数据融合及地理编码等一系列图像处理工作,根据遥感数据的空间分辨率和工作目的,可编制不同比例尺的遥感影像地图。图3-3是利用三景TM/ETM图像按照影像图制作标准编制的新疆阿尔金山地区1:25万且末县一级电站遥感影像地图,图像色彩明快,层次清晰,信息完整丰富,是开展该地区遥感地质解译的重要基础图件。

根据图像的光谱特征和空间特征,利用图像增强、自动分类和模式识别等方法,从遥感影像资料中获取某种特定地物特征的信息,然后面向对象进行识别,将相同类别的像元进行归属与划分,获取图像中所含的专题目标,编制相应的遥感专题图件,如遥感找矿异常图、浅海水深影像图和地下煤层自燃灾害遥感调查图等。

图3-4是利用阿尔金山西段成矿地区的多波段遥感卫星数据资料,从干扰地物抑制、数据预处理、光谱增强和定量化分析4个方面进行图像处理,提取了该地区的遥感找矿异常,并根据制图工作流程编制的标准1:10万遥感异常分布图。图中利用不同的颜色标出了找矿预测定位标志指示元素-矿化蚀变遥感异常的分布范围和组合类型,为该区的地质找矿提供了较为规范的基础图件和矿产评价新参量。

遥感技术在浅海岛礁及其水下地形调查中独具优势。以光学遥感水下传输模型为依据,利用TM多光谱数据和实测水深资料,通过数据辐射校正、图像与海图地理配准、底质类型分区、潮汐改正、回归分析和水深计算等一系列图像处理与运算,可实现大面积浅海岛礁水下地形信息提取,编制遥感水深基

图 3-3　1:25 万且末县一级电站遥感影像地图

础图件。图 3-5、图 3-6 分别是以 10m 水深间隔绘制的浅岛礁水深影像图,以及提取的永暑礁两种底质类型珊石和珊沙的分布图。其中利用遥感图像处理技术提取的 0~30m 之间的水深数据,可编制 1:6 万遥感水深图,满足水下地形研究的要求,为该区域浅海岛礁水深地形研究提供了重要基础资料。

我国西北地区煤自燃已有很长的历史,在新疆、宁夏、甘肃等地区有广泛的分布,这不仅造成自然资源的严重浪费,也对生态环境造成很大的影响。现代遥感技术是一种快捷、安全、可靠的对煤层自燃灾害进行调查和监测的技术手段,广泛受到世界各国有关技术人员的关注和重视。图 3-7 是利用 2003 年 9 月 9 日获取的 ASTER 热红外数据,在应用图像分割处理技术提取地表热异常的基础上,结合煤层分布信息和烧变岩信息通过相关分析圈定的地下煤层自燃信息图像。依据 4 处一级热异常区圈定的煤层自燃区与汝箕沟、大峰矿、卫东煤矿和太阳沟地下活火区相吻合,依据 1 处一级热异常圈定的煤层自燃区分布在一大型煤田采煤区中,其中,一些零星的热异常分布由于分布在煤堆和煤层露头及地表煤粉覆盖区,可能是由地表煤自身的高热辐射引起的。提取的热异常野外检查地表温度异常率为 85%,热异常分布在已知火区中或附近(与已知火区的距离小于 500m)的概率为 65%。遥感热红外技术提取的地下煤层自燃信息图像可作为煤田自燃灾害调查的基本资料,为煤田火灾治理和环境影响评估提供了重要依据。

第 3 章 遥感数字图像处理方法原理

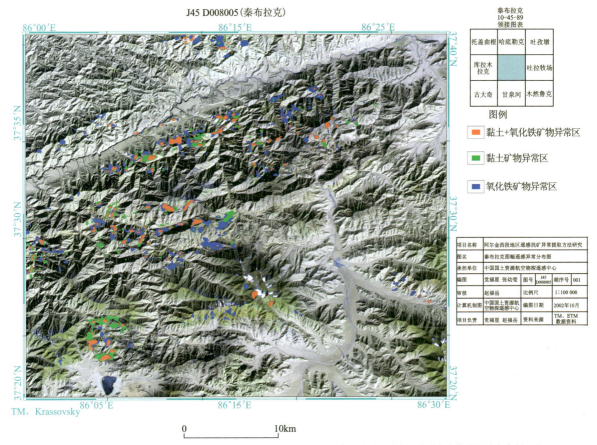

说明：本图像像底图为TM7、TM4、TM1纠正合成图像。遥感异常是根据比值分析、主成分分析和光谱角交换结果综合编制而成。

图 3-4 1∶10 万遥感找矿异常图

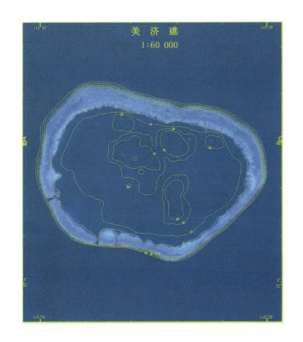

图 3-5 根据提取的水深信息以 10m 水深间隔绘制的美济礁水深影像图

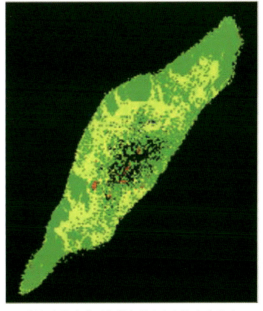

绿色为珊石，黄石为珊沙，黑色为水体，红色为云

图 3-6 永暑礁底质类型分布图

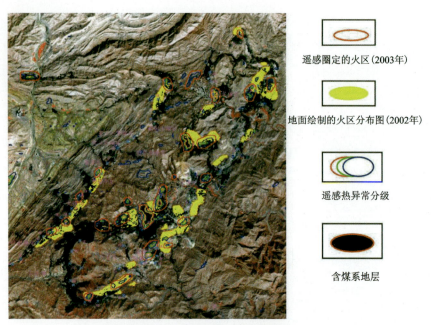

图 3-7 地下煤层自燃信息提取图像

3.2 遥感数字图像处理内容

图像处理技术根据解决内容和抽象程度的不同,可分为3个层次:图像处理、图像分析和图像解译。
①图像处理着重进行的图像之间的变换,对图像进行各种点运算或几何变换,改善图像的视觉效果。如遥感图像的辐射和几何校正,可消除大气和传感器产生的辐射误差以及遥感图像在几何位置上产生诸如行列不均匀、像元大小与地面大小不对应、地物形状不规则变化等畸变问题。②图像分析主要是通过对遥感图像数据的大小和变化规律的分析、识别图像中的感兴趣目标,如岩石类型、土地类型和水体分布等信息。此外,通过研究不同目标类型在遥感图像上的表现特征及其相应表达模型,用符号、数字和表格等形式建立对图像的描述,从图像到数值或符号的表示过程,为有效提取专题信息提供基础。③图像解译的目的是进一步研究图像中探测目标的性质、特征,以及它们的结构和相互关系,得出对图像内容的理解及对原来地面客观地物的解译,提供真实的、全面的客观世界方面的信息,即是借助多源知识(目标大小、形状、纹理和色彩,以及目标间结构与相互关系、地图知识与以前解译的保留知识等)、经验(分析者自己的知识)进行遥感图像解译的过程。

随着科学技术的不断进步,遥感图像处理理论和方法技术体系也在不断完善与发展,其内涵在不断丰富和拓展。例如,根据遥感传感器发展水平,遥感图像已从利用光学、照相和电子学的方法对遥感模拟图像进行处理发展到利用计算机对图像进行一系列数字化操作处理,传统的遥感图像处理方法主要是针对中低分辨率遥感卫星数据或航片,通过图像增强或基于统计特征的分类方法达到图像解译和信息提取的目的。随着遥感技术的发展,图像空间和光谱分辨率得到空前提高,对图像处理技术提出了前所未有的挑战。针对图像和光谱合一(图谱合一)的成像光谱图像,常规的图像处理系统和信息提取模型与算法已不能适应高光谱数据的处理和分析应用。而空间分辨率的空前提高,使得影像纹理信息极为丰富,传统的图像增强方法和基于统计特征的分类方法的精度和效率,都不能满足高分辨率遥感应用需求。

根据面向目的、数据源和实际资料等的不同,目前遥感图像处理方法大致可分为以下几种。

3.2.1 图像姿态参数校正

由探测器姿态、敏感度、传感器几何关系、地形、大气、投影方式等因素变化引起遥感图像像元位置信息畸变或灰度变化失真,图像不能真实反映地物的景观信息,因此需进行图像校正。图 3-8a 是原始航空图像,图 3-8b 是利用飞机的惯导参数对由飞机姿态变化引起的图像几何畸变进行校正处理后的图像。

图 3-8 航空图像姿态校正对比示意图

3.2.2 图像增强

图像增强是为改善图像的视觉效果,提高图像的清晰度、对比度,突出所需信息和有利于图像特征提取等目的而实施的图像变换。图像增强处理不是以图像保真度为原则,而是设法有选择地突出便于分析某些感兴趣的信息,抑制一些无用的信息,以提高图像的使用价值。

目前,增强方法的选择主要是靠人的主观感觉、图像的质量和增强目的来确定。较为常用的遥感图像增强方法有对比度增强、空间滤波、彩色变换、图像运算和多光谱变换等。

在地质应用领域,岩石的影像特征受岩石成分、岩石表面结构、覆盖物成分、含水性以及地域环境和成像条件等不同因素的影响,变化规律较为复杂,针对不同的地质条件,依据遥感多波段数据所反映的波谱和纹理信息,利用多波段图像合理选择图像增强处理方法是提取岩性信息的有效途径。

图 3-9 是利用 TM5/1、TM4/2、TM5/7 波段比值组合彩色合成图增强白云岩和黏土矿化信息的一个应用实例。

图 3-10a 是新疆阿尔金某地区用混合比值 TM5/TM1、(TM5×TM7)/(TM1×TM2)、(TM7-TM1)/(TM3+TM4),彩色合成图像增强变质岩地层(蓝白色调)、岩体(黄色调),以及突出环形构造(边界为褐红色调)的一个案例。图 3-10b 是同一地区的 TM7、TM4、TM1 彩色合成图像,通过对比不难发现图 3-10b 色彩信息不丰富,对区内地层与岩体的界线反映不明显。

图像增强方法在生态与环境信息提取中的应用如图 3-11 所示,利用我国新疆阿牙克库木湖地区祁漫塔格山前沙漠戈壁地带 CBERS-1 02 星数据,CCD 数据 B1、B2、B4 与 IRMSS 数据 B7、B8 波段组合进行主成分变换,分别对主分量图像 PCA1、PCA2、PCA4 赋予红、绿、蓝进行彩色合成和直方图均衡化增强,图中不仅突出了山区岩体与地层之间的界线,而且通过不同的色彩对水下地形、盐碱地、沼泽湿地、河道和冲积层的浅层含水信息进行了清晰的显现,有利于对生态与环境的识别解译。

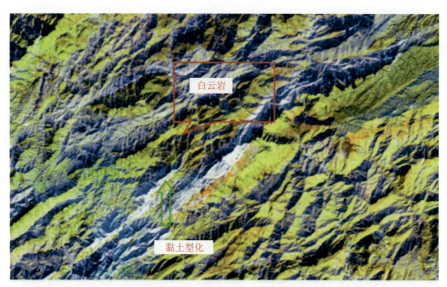

图 3-9 TM5/1、TM4/2、TM5/7 波段比值组合彩色合成图像

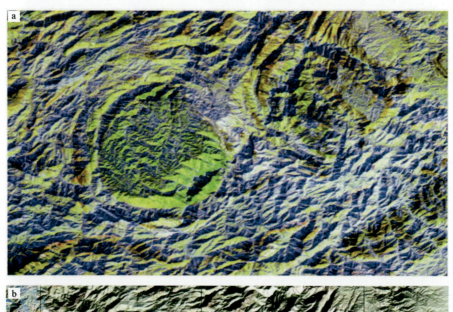

图 3-10 混合比值处理图像(a)与 TM7、TM4、TM1 彩色合成图像(b)

第 3 章 遥感数字图像处理方法原理

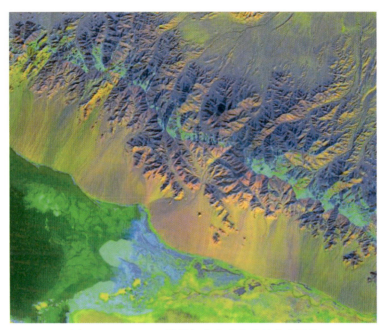

图 3-11 CBERS-1 波段组合主成分分析合成图像

3.2.3 图像分类与融合

图像分类是将图像中的每个像元点通过对比后归属于若干个类型中的一类,或若干个专题要素中的一个。分类后可将图像空间划分为若干个子区域,每个子区域代表一种实际地物。目前许多图像处理软件提供了多种图像融合方法、高级参数/非参数分类器、知识工程师和专家分类器、分类优化等分析工具。

图 3-12 即是利用非监督分类的迭代自组织数据分析算法,提取荒漠化信息的一个典型例子。通过对西藏那木错湖周边地区的国际灾害监测星座(Disaster Monitoring Constellation,DMC)的卫星图像进行自动分类,在类别的合并处理和属性划分后,生成自动分类编码图像。其中,黄色表示中等含水程度沙化土地,青色表示中度盐碱化土地,绿色表示(冲洪积)砂砾石裸地,红色表示基岩分布区,粉色表示草地,深绿色表示轻度沙化土地。

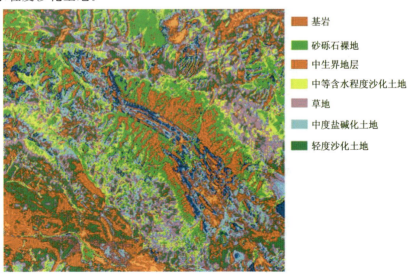

图 3-12 利用 DMC 图像提取荒漠化信息图像

遥感数据融合是指采用一种复合模型结构，将不同传感器的遥感数据或不同类型的数据所提供的信息加以综合，以获取有效影像信息的过程，该过程可消除各传感器间信息冗余，降低不确定性，提高解译精度。目前，遥感图像融合可分为3个等级：像元级、特征级和决策级。像元级融合是在严格配准的条件下，直接使用来自各个传感器信息进行像元与像元关联的融合方法；特征级融合是在像元级融合的基础上，使用参数模板、统计分析、模式相关等方法进行几何关联、目标识别和特征提取的方法；决策级融合是通过关联各传感器提供的判据，以增强识别的置信度的融合方法。

图 3-13 是 SAR 图像与 TM 多光谱图像应用 Brovey 法融合处理后的图像，利用 SAR 数据与 TM 数据融合处理突出了与矿产有关的隐伏线性信息。图 3-14 是利用植被覆盖区的 SPOT 卫星高分辨率全色数据与 TM 多光谱数据应用 HIS 法融合处理后的图像，丰富图像色彩层次，突出了岩体信息，提高了遥感地层、岩性和构造解译的可靠性。

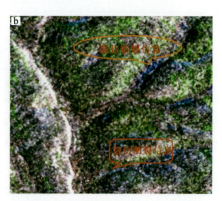

a. SAR 原始图像；b. SAR 图像与 TM5、TM4、TM3 融合图像。

图 3-13　SAR 图像与 TM 图像融合处理

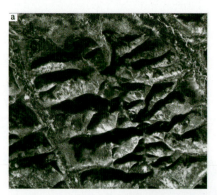
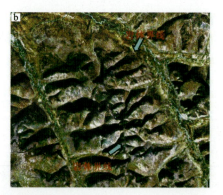

a. SPOT 图像；b. SPOT 图像与 TM5、TM3、TM2 融合图像。

图 3-14　SPOT 与 TM 图像融合处理

3.2.4　GIS 支持的遥感图像处理

以 ArcGIS、ArcVIEW 等地理信息系统软件与图像处理软件为平台，综合应用地学分析、遥感图像处理、地理信息系统等，通过数据库建设、交互解译、信息提取、多源信息综合分析、数据预处理、图像处理和专题制图等功能集成，可更有效地提取遥感信息。

3.2.5 高空间分辨率多光谱遥感图像处理

空间分辨率的不断提高,促使影像纹理信息不断丰富,与传统的基以像元的分类方法相比较,面向对象分类方法是图像处理技术的重大突破。面向对象分类可对不同分辨率的矢量和栅格数据进行分析,采用分割技术,将相邻的同质像元两两合并为有意义的影像对象。根据识别目标和任务的不同,以不同的尺度对影像进行分割,每一次分割的结果形成一层影像对象,不同层的影像对象按照拓扑关系来组织,形成影像对象层次网络。因此,影像对象作为信息载体,除具有光谱特征,还有形状、纹理、上下文、类间特征等空间特征信息。从影像空间、光谱空间和特征空间3个不同的空间域来表征影像信息,符合人们对地物的认知序列。由上可知,遥感是地理信息系统分析的主要信息源。

图3-15是应用IKONOS 1m真彩色数据进行土地利用分类的实例。数据覆盖区域为北京市玉渊潭公园周边地区,土地覆被/土地利用类型主要为水体、绿地、建筑物和道路、工地裸露地面等。在影像图上水体和草地表现出相对均质的成片墨绿色调,树丛的光谱特征是树干、树冠、树阴影和裸地复杂的组合形成的非均质体,色调变化较大,高大建筑、树以及湖岸的识别主要依靠的是光谱信息,水体、草地、树及阴影很难区分,致使大面积的地物混分,且分类结果杂散凌乱,无法输出为有意义的地理信息层。在综合分析数据所包含的信息和地物类型的基础上,运用了多尺度分割、基于分类的分割技术、手工分割和对象融合技术、掩膜技术等高级面向对象分类技术,形成的分割和分类结果见图3-15,这提高了信息提取的精度和效率。

玉渊潭IKONOS影像

基于像素的分类结果

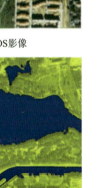

第一次分类结果

第二次分割

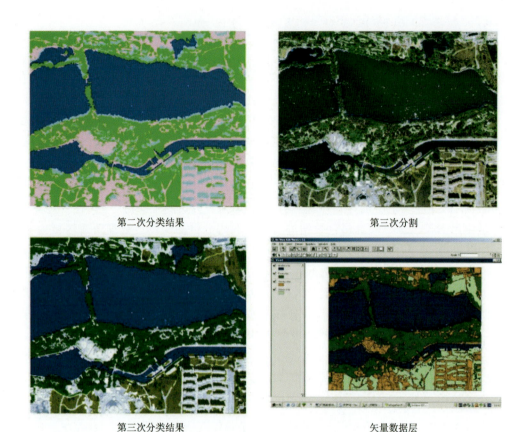

第二次分类结果　　　　　　　　　　　　第三次分割

第三次分类结果　　　　　　　　　　　　矢量数据层

图 3-15　面向对象的图像分类方法

3.2.6　高光谱遥感图像处理

高光谱分辨率遥感具有图谱合一的特点,侧重于光谱维上进行信息处理与分析。与常规的图像处理方法相比较,全新的光谱图像处理模式关键在于:图像光谱重建、光谱特征的参数表达、光谱数据库光谱匹配识别、混合光谱分解与光谱模型的物理生物过程参数反演等。

下面以 2002 年 10 月获取的山东玲珑矿区 OMIS-1 成像光谱数据为例,对 OMIS-1 成像光谱数据利用地面波谱数据进行光谱标定,将信噪比很低、噪声较大的图像剔除,根据研究区的地质岩性蚀变特征,从 USGS 矿物波谱数据库中选取 3 种含铁蚀变矿物针铁矿、赤铁矿和黄铁钾矾作为含铁矿物端元;选取 2 种蚀变矿物方解石和高岭石作为黏土类端元;从图像中选取钾化花岗岩图像光谱作为岩性端元;并利用端元光谱作为已知光谱向量,以及光谱角处理技术,通过不同阈值选择与野外调查资料和矿区地质资料相比较,确定最佳岩性分割阈系数,铁矿物为 0.02,黏土矿物为 0.05,钾长石为 0.10。图 3-16 是提取的岩性矿物信息图像。通过高光谱图像处理,可快速提取与地质找矿有关的特定岩矿信息,为矿产资源的深入勘查评价提供了高光谱遥感信息。

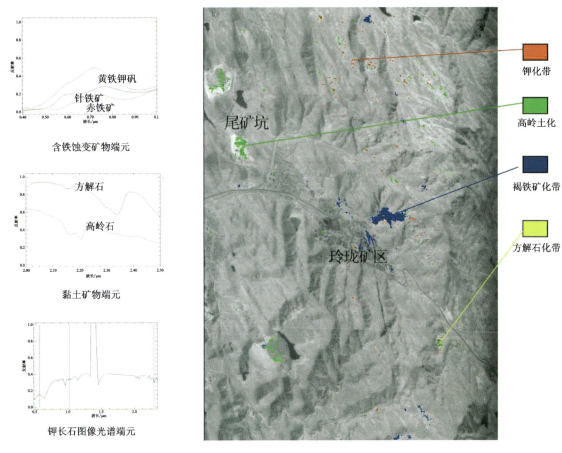

图 3-16 经过高光谱图像处理的岩性矿物信息提取结果

3.2.7 基于数据挖掘与知识发现的遥感图像处理

数据挖掘(Data Mining,DM)与知识发现(Knowledge Discovery from Database,KDD)的技术理论是人工智能、机器学习与数据库技术相结合的产物。卫星遥感数据库作为一类特殊的数据库——图像数据库,有着区别于一般关系数据库和事务数据库的信息内容,隐含着丰富的时间、光谱和空间信息。因此,对这类库中的知识发现和数据挖掘具有特殊的过程与方法。图 3-17 展示了基于卫星遥感数据挖掘和知识发现的一种图像处理技术流程。在此框架中,数据挖掘占了极为重要的地位。它包括遥感数据的时相选择、预处理、特征分析和识别解释。现实生活中,许多遥感应用者忽略了该过程的特殊作用,直接把原始遥感图像的解释结果作为应用的基础(虽然在解译过程中也加入了专业的知识),因而获得的知识往往是肤浅的、表面化的、不精确的。遥感数据挖掘过程只有充分考虑原始数据的波谱、空间和时间特征,才能更好地实现针对遥感应用的有价值的、较精确的、较高水平的知识发现。

随着空间技术和信息技术的发展,空间遥感已步入一个能快速提供多种高分辨率对地观测海量数据的新阶段,遥感图像已经成为人们观察、分析、描述所居住的地球环境的有效手段。需求也不仅仅局限于影像本身,而是更加注重从图像中解译的各种信息,因此对图像处理技术提出更高要求。逐步形成的实用化、产业化的高分辨率遥感图像处理技术是满足这些需求的重要手段,但目前还缺乏系统的理论、技术和处理系统,遥感图像处理技术的发展还任重而道远。

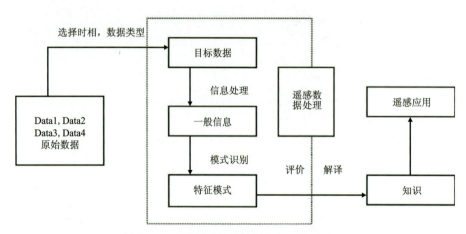

图 3-17 卫星遥感数据挖掘和知识发现流程

3.3 遥感数字图像处理方法

3.3.1 直方图法

每幅图像都可作出其灰度直方图。根据直方图的形态可大致推断图像的质量。由于图像包含有大量的像元,其像元灰度值的分布应符合概率统计分布规律。假定像元的灰度值是随机分布的,那么其直方图应该是正态分布。图像的灰度值是离散变量,因此直方图表示的是离散的概率分布。如果以各灰度级的像元数占总像元数的比例值为纵坐标做出图像的直方图,将直方图中各条形的最高点连成一条外轮廓线,纵坐标的比例值即为某灰度级出现的概率密度,轮廓线可近似看成图像相应的连续函数的概率分布曲线。一般来说,如果图像的直方图轮廓线越接近正态分布,则说明图像的亮度接近随机分布,适合用统计方法处理,这样的图像一般反差适中;如果直方图峰值位置偏向灰度值大的一边,图像偏亮;如果峰值位置偏向灰度值小的一边,图像偏暗,峰值变化过陡、过窄,则说明图像的灰度值过于集中。后3种情况均存在反差小、质量差的问题。直方图分析是图像分析的基本方法,通过有目的地改变直方图形态可改善图像的质量。

3.3.2 邻域法

对于图像中任一像元 (i,j),把像元的集合 $\{i+p, j+p\}$(j,p 取任意整数)均称为像元的邻域,常用的邻域如图 3-18 所示,分别表示中心像元的 4-邻域和 8-邻域。

在图像处理过程中,某一像元处理后的值 $g(i,j)$ 由处理前该像元 $f(i,j)$ 的小邻域 $N(i,j)$ 中的像元值确定,这种处理称为局部处理,或称为邻域处理。一般图像处理中,可根据计算目的的差异,设计不同的邻域分析函数。

第 3 章 遥感数字图像处理方法原理

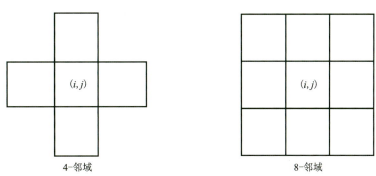

图 3-18 像元的邻域

3.3.3 卷积法

卷积运算是在空间域内对图像进行邻域检测的运算。选定一个卷积函数,又称为"模板",实际上是一个 $M\times N$ 的小图像,例如 3×3、5×7、7×7 等。图像的卷积运算是运用模板来实现的。模板运算方法如图 3-19 所示。选定运算模板 $\varphi(m,n)$,其大小为 $M\times N$。从图像的左上角开始,在图像上开一个与模板同样大小的活动窗口 $f(m,n)$,使图像窗口与模板像元的灰度值对应相乘再相加。计算结果 $g(m,n)$ 作为窗口中心像元新的灰度值。模板运算的公式如下(若模板的和为 0,则除以 1):

$$g(i,j)=\frac{\sum_{m=1}^{M}\sum_{n=1}^{N}f(m,n)\varphi(m,n)}{\sum_{m=1}^{M}\sum_{n=1}^{N}\varphi(m,n)} \tag{3-1}$$

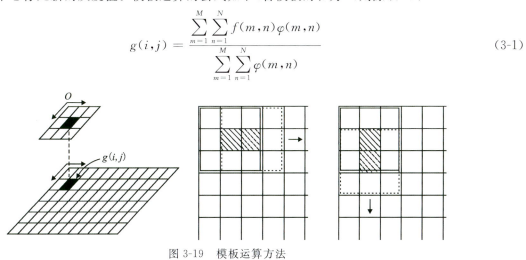

图 3-19 模板运算方法

3.3.4 频率域增强法

在图像中,像元的灰度值随位置变化的频繁程度可用频率予以表示,这是一种随位置变化的空间频率。对于边缘、线条、噪声等特征,如河流、湖泊的边界,道路,差异较大的地表覆盖交界处等具有高的空间频率,即在较短的像元距离内灰度值变化的频率大;而均匀分布的地物或大面积的稳定结构,如植被类型一致的平原,大面积的沙漠、海面等具有低的空间频率,即在较长的像元距离内灰度值逐渐变化。例如,在频率域增强技术中,平滑主要是保留图像的低频部分抑制高频部分,锐化则保留图像的高频部分而削弱低频部分。

3.3.5　图像运算法

对于遥感多光谱图像和经过空间配准的两幅或多幅单波段遥感图像,可进行一系列的代数运算,以达到某种增强的目的。这与传统的空间叠置分析类似,具体运算包括加法运算、差值运算、比值运算、复合指数运算等。

3.3.6　非监督分类法

非监督分类是指人们事先对分类过程不作任何的先验知识,仅根据遥感影像地物的光谱特征的分布规律,随其自然地进行分类。其分类的结果,只是对不同类别进行区分,并不能确定类别属性,其类别属性是事后对各类的光谱曲线进行分析,以及与实地调查相比较后确定的。

遥感图像上的同类地物在相同的表面结构特征、植被覆盖、光照等条件下,一般具有相同或相近的光谱特征,从而表现出某种内在的相似性,归属于同一个光谱空间区域;不同的地物,光谱信息特征不同,归属于不同的光谱空间区域。这就是非监督分类的理论基础。由于在一幅复杂的图像中,训练区有时不能包括所有地物的光谱样式,这就造成了一部分像元找不到归属。在实际工作中为了进行监督分类而确定类别和训练区的选取也是不易的,因而在开始分析图像时,用非监督分类法来研究数据的本来结构及其自然点群的分布情况是很有价值的。

非监督分类主要采用聚类分析的方法,以此使得属于同一类别像元之间的距离尽可能小,而不同类别像元之间的距离尽可能大。在进行聚类分析时,首先要确定基准类别的参量。然而非监督分类中无基准类别的先验知识可利用,因而只能先假定初始的参量,并通过预分类处理来形成集群。然后由集群的统计参数来调整预制的参量,接着再聚类、再调整,如此不断地迭代,直到有关参数达到允许的范围为止。

3.3.7　监督分类法

与非监督分类不同,监督分类的最基本特点是在分类前,人们对遥感图像上某些抽样区中影像地物的类别属性已有了先验知识,即先要从图像中选取所有要区分的各类地物的样本,用于训练分类器(建立判别函数)。这里的先验知识可来自野外的实地考察,也可参照相关的其他文字资料或图件或者直接是图像处理者本人的经验等。训练区中,具体确定各类地物各波段的灰度值,从而可确定特征参数,建立判别函数。监督分类一般是在图像中选取具有代表性区域作为训练区,由训练区得到各个类别的统计数据,然后根据这些统计数据对整个图像进行分类,既可采用概率判别函数,也可采用距离判别函数。

3.3.8　图像分割法

图像分割是数字图像处理中的关键技术之一。图像分割是将图像中有意义的特征部分提取出来,其有意义的特征有图像中的边缘、区域等,这是进一步进行图像识别、分析和理解的基础。虽然目前已研究出不少边缘提取、区域分割的方法,但还没有一种普遍适用于各种图像的有效方法。因此,对图像分割的研究有待不断深入。

3.4 遥感数字图像处理软件及平台

在土地管理应用中,常用的遥感图像处理软件有 PCI Geomatica、ERDAS IMAGINE、ENVI 等,这些软件都各具有特色,在土地管理应用、图像处理中发挥着重要作用。

3.4.1 PCI Geomatica 软件

PCI Geomatica 是由加拿大公司开发,主要软件功能模块有常规处理模块、几何校正、大气校正、多光谱分析、高光谱分析、摄影测量、雷达成像系统、雷达分析、极化雷达分析、干涉雷达分析、地形地貌分析、矢量应用、神经网络分析、区域分析、正射影像图生成(可进行各种遥感卫星影像的制作)及 DEM 提取、三维图生成,同时还提供可用于二次开发调用的函数库、制图、数据输入/输出等大量的软件包。图像处理分析和正射影像模块功能较完整,适应性强,扩展能力灵活。价格比较高。

PCI Geomatica 软件的数据应用领域不断的拓宽,包括石油天然气勘探、测绘、环保、城市规划、铁路交通、大规模管道工程设计、沙漠治理、工程建设、气象预报、医学光片解析、光谱分析、雷达数据分析等,其市场占有率较高。

3.4.2 ERDAS IMAGINE 软件

ERDAS IMAGINE 是美国 ERDAS 公司开发的专业遥感处理与地理信息系统软件,它拥有友好灵活的用户界面和操作方式,不仅可使用户根据应用要求,合理地选择不同功能模块及其不同组合对系统进行剪裁,也可充分利用软硬件资源,以最大限度地满足用户的专业应用要求。针对不同需求和不同层次的用户,对于系统扩展功能采用开放的体系结构,分别提供高、中、低 3 档的产品结构,服务于不同层次用户的模型开发,以及高度的遥感图像处理和地理信息系统的集成功能。

ERDAS IMAGINE 主要软件模块包括视图功能、输入输出模块、数据预处理模块、专题图制作模块、数据库模块、图像解译模块、图像分类模块、雷达模块、矢量模块、虚拟 GIS 模块。

3.4.3 ENVI 软件

ENVI(the environment for visualizing images)遥感图像处理软件是美国 ITT VIS 公司的产品。它是基于交互式数据语言 IDL 开发的一套遥感影像处理系统,可轻松读取、显示、分析各种类型遥感数据,并提供了从影像预处理、信息提取到与地理信息系统整合过程中需要的主要工具。主要功能或工具包括文件管理、显示管理、交互式显示功能、基础工具、分类、变化工具、滤波、制图工具、矢量工具、地形工具、雷达工具等。

ENVI 遥感图像处理软件界面可视化效果好,用户操作相对简单。

3.4.4 SNAP 软件

SNAP(Sentinel Application Platform)是由欧洲航天局(European Space Agency,ESA)开发的一个开源地球观测分析工具,提供了来自多个遥感任务的环境信息,包括欧盟哥白尼计划的哨兵 1 号(Sentinel-1)、哨兵 2 号(Sentinel-2)和哨兵 3 号(Sentinel-3),以及包括来自 ESA 地球探测任务的数据,如 SMOS 卫星,以及由国际合作伙伴运营的许多第三方任务。

SNAP 的起源可以追溯到 2003 年 ESA 开发的一个名为 BEAM 的工具箱,该工具箱被用于查看和处理 ERS 和 Envisat 任务的光学数据。几年后,ESA 开始研究一种名为 NEST 的新工具,用于处理和分析 ESA 和第三方合成孔径雷达数据。这些工具与独立的代码库在接下来 7 年中并行开发,但 ESA 在开创哥白尼哨兵时代之初,便开始将它们合并到一个平台上,于是 SNAP 在 2014 年横空出世,进一步简化了工具箱的开发和使用。以前工具箱的功能现在是 SNAP 的一部分,并且以模块化的方式添加了新的功能。

SNAP 具有以下优点:①提供了集成所有工具箱的通用架构;②图像显示和导航迅速,甚至是高达千兆像素的图像;③图形化处理框架(GPF):允许用户创建自定义处理链;④先进的图层管理功能,允许添加和操作新的覆盖层,如其他波段的图像,来自 WMS 服务器或 ESRI 形状文件的图像;⑤针对定义感兴趣区域具有丰富的统计和制图功能;⑥能够使用任意数学表达式灵活地进行波段间代数算术;⑦能对普通地图投影进行精确的重新投影和正交校正;⑧能使用地面控制点进行地理编码和校正;⑨具备自动选择并下载 SRTM DEM 瓦片数据(tile)的能力;⑩多线程和多核处理器支持能力。

3.4.5 eCognition 软件

eCognition 是德国 Definiens Imaging 公司的遥感影像分析软件,它是人类大脑认知原理与计算机超级处理能力有机结合的产物,即计算机自动分类的速度+人工判读解译的精度,更智能、更精确、更高效地将对地观测遥感影像数据转化为空间地理信息。

eCognition 突破了传统影像分类方法的局限性,提出了革命性的分类技术——面向对象分类。eCognition 分类针对的是对象而不是传统意义上的像元,充分利用了对象信息(色调、形状、纹理、层次)和类间信息(与邻近对象、子对象、父对象的相关特征)。

eCognition 基于 Windows 操作系统,界面友好简单。与其他遥感,地理信息软件互操作性强,广泛应用于自然资源和环境调查,农业、林业、土地利用、国防、管线管理、电信城市规划、制图、自然灾害监测、海岸带和海洋制图及地质矿产等方面。

3.4.6 MapInfo 软件

MapInfo 是美国 MapInfo 公司 1986 年推出的桌面地图信息系统。它依据地图及其应用的概念、采用办公自动化的操作、集成多种数据库数据、融合计算机制图方法、使用地理数据库技术、加入地理信息系统分析功能,形成了极具实用价值的、可为各行各业所用的大众化小型软件系统。MapInfo 软件系统有很多优点:系统小巧玲珑、易学易用、有二次开发语言。

MapInfo 主要应用于需要使用地图的部门,或只使用过数据库、图表等分析数据,还没有用地图进行空间分析的部门,包括市政工程、资源管理、企业决策、投资分析、交通运输、地质矿产、医疗保险、邮电通信、军事公安、市场销售、石油化工、水利电力、环保旅游等行业。

3.4.7 QGIS 软件

QGIS(原称 Quantum GIS)是一个主要采用 C++语言开发,用户界面依赖于 Qt 平台的桌面 GIS 软件,其具备开源、用户界面友好、跨平台(Linux、Unix、Mac OSX 和 Windows 等)运行等优点。

QGIS 作为一款开源的桌面 GIS 软件,其易用性、稳定性、可扩展性受到越来越多的技术人员和学者的好评与支持,并且基于社区的开发模式使 QGIS 的研发和迭代非常迅速。目前,QGIS 已经具有完整且稳定的桌面 GIS 功能,并且逐渐地在移动 GIS、WebGIS 等方向进行扩展,可以与 MapServer、PostGIS 等众多开源 GIS 软件和模块相互支持,形成工具链(Toolchain),共同构成了功能全面的 GIS 软件体系,在开源 GIS 中具有独特且完整的应用前景。

3.4.8 ArcGIS 软件

ArcGIS 是美国环境系统研究所(ESRI)公司在全面整合了 GIS 与数据库、软件工程、人工智能、网络技术及其他多方面的计算机主流技术之后,成功推出的代表 GIS 最高技术水平的全系列 GIS 产品。ArcGIS 是一个全面的、可伸缩的 GIS 平台,为用户构建一个完善的 GIS 支持下的遥感影像处理与解译平台。

ArcGIS Pro 作为 ESRI 面向新时代的 GIS 产品,在原有的 ArcGIS 平台上继承了传统桌面软件(ArcMap)的强大的数据管理、制图、空间分析等能力,还具有其独有的特色功能,例如二三维融合、大数据、矢量切片制作及发布、任务工作流、超强制图,时空立方体等。同时,它集成了 ArcMap、ArcSence、ArcGlobe,实现了三维一体化同步。

3.4.9 GeoScene 软件

易智瑞信息技术有限公司(简称易智瑞)是 ESRI 在中国的唯一代理。GeoScene 是易智瑞在消化、吸收国际先进技术的基础上,充分结合中国市场需求,打造的新一代国产地理信息平台产品。

GeoScene 软件以云计算为架构并融合各类最新 IT 技术,具有强大的地图制作、空间数据管理、大数据与人工智能挖掘分析、空间信息可视化,以及整合、发布与共享的能力。作为高起点的 GIS 软件新秀,GeoScene 具有全方位的 GIS 功能,涵盖了从 GIS 的数据采集管理、分析挖掘、可视化到共享应用等整个 GIS 业务的完整链条。同时,GeoScene 软件也在国内用户比较关心的三维、大数据、人工智能、物联网等方面作出了更多的努力,为满足国内用户的特定需求,提供了更加丰富和强大的功能与平台支撑。

3.4.10 SuperMap GIS 软件

SuperMap GIS 是超图软件研发的面向各行业应用开发、二三维制图与可视化、决策分析的大型

GIS 基础软件系列,包含云 GIS 服务器、边缘 GIS 服务器、端 GIS 及在线 GIS 平台等多种软件产品。

其最新版本 SuperMap GIS 10i 于 2019 年 10 月发布,融入人工智能(AI)技术,创新并构建了 GIS 基础软件"BitCC"五大技术体系,即大数据 GIS、人工智能 GIS、新一代三维 GIS、云原生 GIS 和跨平台 GIS,丰富和革新了 GIS 理论与技术,为各行业信息化赋予更强大的地理智慧。

3.4.11 MapGIS 软件

MapGIS 是武汉中地数码科技有限公司开发的地理信息系统基础软件平台。系统采用面向服务的设计思想、多层体系结构,实现了面向空间实体及其关系的数据组织、高效海量空间数据的存储与索引、大尺度多维动态空间信息数据库、三维实体建模和分析,具有 TB 级空间数据处理能力、可支持局域和广域网络环境下空间数据的分布式计算、支持分布式空间信息分发与共享、网络化空间信息服务,能够支持海量、分布式的国家空间基础设施建设。

MapGIS 是一个工具型地理信息系统,具备比较完善的数据采集、处理、输出、建库、检索、分析、二次开发等功能。其中,MapGIS 在数据采集、编辑方面尤为出色,非常适合国内不同专业用户的需要。

3.4.12 Google Earth Engine 平台

谷歌地球引擎(Google Earth Engine,GEE)是一个用于对地理空间数据集进行科学分析和可视化的平台。科学家、研究人员和开发人员可以公开访问 PB 级的卫星图像和地理空间数据,用于全球范围的数据挖掘。

GEE 提供丰富的 API 以及工具,帮助方便地查看、计算、处理和分析大范围的各种影像等 GIS 数据。影像数据包括 Landsat 系列、哨兵系列、MODIS 以及局部区域高分辨率影像;天气和气象数据包括表面温度和发射率、长期气候预测和历史差值的地表变量、卫星观测反演的大气数据以及短时间预测和观测的天气数据;地球物理数据包括地形地貌数据、土地覆被数据、农田分布数据、夜光数据等。用户还可根据自己需要上传矢量数据和栅格数据进行分析。

3.4.13 PIE 软件/PIE-Engine 平台

PIE(Pixel Information Expert)是由国内领先的卫星互联网企业、科创板首批上市企业——航天宏图信息技术股份有限公司完全自主研发的一款遥感与地理信息一体化软件。PIE 桌面工具集产品包括 PIE-Basic(遥感图像基础处理软件)、PIE-Ortho(卫星影像测绘处理软件)、PIE-SAR(雷达影像数据处理软件)、PIE-Hyp(高光谱影像数据处理软件)、PIE-UAV(无人机影像数据处理软件)、PIE-SIAS(尺度集影像分析软件)、PIE-Map(地理信息系统)。经过信创国产适配后的 PIE 系列产品,总体功能和性能指标与适配前一致,部分功能性能表现更优越,具备光学、SAR 等航空航天多源数据标准化 DOM、DEM、DSM 生产以及面向对象、人机交互遥感解译能力。PIE 实现了遥感基础软件的国产化替代,为政府、企业、高校以及其他有关部门提供基础软件产品、系统设计开发、遥感云服务等空间信息应用整体解决方案。

PIE-Engine 地球科学引擎是航天宏图信息技术股份有限公司自主研发的一套基于容器云技术构建的面向地球科学领域的专业 PaaS/SaaS 云计算服务平台,是国内首个遥感与地理信息云服务平台。

第 3 章　遥感数字图像处理方法原理

PIE-Engine 作为 PIE Cloud 产品家族的重要组成部分,是一个集实时分布式计算、交互式分析和数据可视化于一体的在线遥感云计算开放平台,主要面向遥感科研工作人员、教育工作者、工程技术人员以及相关行业用户。它基于云计算技术,汇集遥感数据资源和大规模算力资源,通过在线的按需实时计算方式,大幅降低遥感科研人员和遥感工程人员的时间成本和资源成本。用户仅需要通过基础的编程就能完成从遥感数据准备到分布式计算的全过程,这使广大遥感技术人员更加专注于遥感理论模型和应用方法的研究,在更短的时间产生更大的科研价值和工程价值。

PIE-Engine 是面向所有遥感用户的公众服务平台,不但提供国外的 Landsat 系列、Sentinel 系列卫星遥感数据和国内的高分系列、环境系列、资源系列等卫星遥感数据的访问接口,还包含了大量的遥感通用算法和专题算法。例如,基于多时相的 Landsat 和 Sentinel 数据,可以实时进行作物长势监测、地区旱情分析、水体变化分析、城镇变化监测等分析处理。

第4章 地学遥感新技术与集成

4.1 高空间分辨率多光谱遥感技术及其应用

随着遥感新技术不断涌现,传感器探测的波段范围不断延伸,波段的分割越来越精细,从单一谱段向多谱段发展,从多光谱向高(超)光谱发展,成像雷达所获取的信息也向多频率、多角度、多极化、多分辨率的方向发展。目前,已达到亚米级空间分辨率的水平(分辨率高于1m);激光测距和遥感成像的结合使得三维实时成像成为可能;各种传感器的空间分辨率不断提高;数字成像技术的发展,打破了传统摄影与扫描成像的模式。此外,多种探测技术的集成日趋成熟,并出现了小卫星群编队探测技术。这些最新的技术为遥感在资源环境领域的应用提供了更强大的技术保证障。

高空间分辨率的卫星影像通常是指像元的空间分辨率在10m以内的遥感影像。早期高分辨率传感器的应用主要是在军事领域,以大比例尺遥感制图和对地物的分析和人类活动的监测为目的,20世纪90年代以后才逐渐进入商业和民用领域的范围,并迅速地发展起来。

高分辨率卫星具有高的空间分辨率和高频率、立体的观测能力。高分辨率卫星遥感影像的出现使得在较小的空间尺度上观察地表的细节变化、进行大比例尺遥感制图以及监测人为活动对环境的影响成为可能,具有广阔的应用前景。其在城市生态环境评价、城市规划、地形图更新、地籍调查、精准农业等方面被证明有巨大的应用潜力。随着社会的进步和需求,高分辨率卫星将会开拓更多新的应用领域,如自然灾害后监测和评估财产损失,编制突发事件反应计划,绘制运输网络图,开发交通导航系统,计划编制和开发房地产等。

"北京一号"小卫星(图4-1)是国家"十五"科技攻关计划和高技术研究发展计划("863"计划)联合支持的研究成果。"北京一号"是一颗具有中高分辨率双遥感器的对地观测小卫星(图4-2),卫星质量166.4kg、轨道高度686km、中空间分辨率遥感器为32m多光谱,幅宽600km,高空间分辨率遥感器为4m全色,幅宽24km,卫星具有侧摆功能,在轨寿命5年,实际寿命已超过7年。

图4-1 "北京一号"小卫星

图4-2 "北京一号"小卫星拍摄的阿联酋迪拜人工岛(2006年8月31日)

第 4 章　地学遥感新技术与集成

在遥感传感器中,除了以可见光和红外波段的电磁波反射与发射辐射信息为波源的遥感方式以外,还可利用微波来探测地物信息。与可见光遥感相比,虽然微波遥感的图像直观性有所欠缺,但由于其克服天气与日照时间的影响,加之微波自身的物理特性,目前在资源环境遥感中发挥越来越重要的作用。表 4-1 列举了部分高空间分辨率卫星的情况。

表 4-1　部分高空间分辨率卫星的情况

时　间	说　明
1972 年	NASA 卫星——美国陆地资源卫星
1992 年	美国政府开始公开发行高分辨率遥感卫星影像 license
1994 年	美国克林顿总统任职期间颁布获取高分辨率影像用于商业用途法案
2001 年	QuickBird 卫星——美国 Digitalglobe 公司发射,分辨率为 0.61m
2002 年	SPOT 卫星——法国发射,分辨率为 2.5m
2003 年	OrbView-3 卫星——美国 OrbImage 公司发射,分辨率为 1m
2006 年	ALOS 卫星——日本发射,分辨率为 2.5m
2006 年	CBERS 2B——中国和巴西联合发射,分辨率为 5m
2006 年	ResourceSat——印度发射,分辨率为 6m
2007 年	WorldView-1 卫星——美国 Digitalglobe 公司发射,分辨率为 0.5m
2007 年	Rapid Eye-1 卫星——美国 Germany 公司发射,分辨率为 6.5m
2007 年	THOES 卫星——泰国发射,分辨率为 2m
2008 年	WorldView-2 卫星——美国 Digitalglobe 公司发射,分辨率为 0.5m
2008 年	GeoEye-1 卫星——美国 GeoEye 公司发射,分辨率为 0.41m
2008 年	EROS C 卫星——以色列发射,分辨率为 0.7m
2008 年	Pleiades 卫星——法国发射,分辨率为 10.7m
2008 年	CBERS 卫星——中国和巴西联合发射,分辨率为 2.36m
2009 年	Pleiades 2 卫星——法国发射,分辨率为 0.7m

4.2　高光谱遥感技术及其应用

高光谱遥感是高光谱分辨率遥感(Hyperspectral Remote Sensing)的简称。它是在电磁波谱的可见光、近红外、中红外和热红外波段范围内,获取许多非常窄的光谱连续的影像数据的技术(Lillesand and Kiefer,2000)。利用成像光谱仪可获取上百个非常窄的光谱波段信息(图 4-3)。

高光谱遥感是当前遥感技术的前沿领域,它通过很多很窄的电磁波波段从感兴趣的物体获得更为丰富的数据,既包含了空间、辐射信息,又包含了地物的光谱信息。它使本来在宽波段遥感中不可探测的物质,在高光谱遥感中能够被有效探测。

图像为解决地物的几何问题提供了基础,光谱往往反映了地物所特有的物理性状。高光谱或成像光谱技术将由物质成分决定的地物光谱与反映地物存在格局的空间影像有机地结合起来,对空间影像的每一个像元都可赋予对它本身具有特征的光谱信息。遥感影像和光谱的结合,实现了人们认识论中逻辑思维和形象思维的统一,它包含了丰富的空间、辐射和光谱三重信息,大大提高了人们对客观世界的认知能力,使本来在宽波段遥感中不可探测的物质,在高光谱遥感中能被探测,为人们观测地物、认识

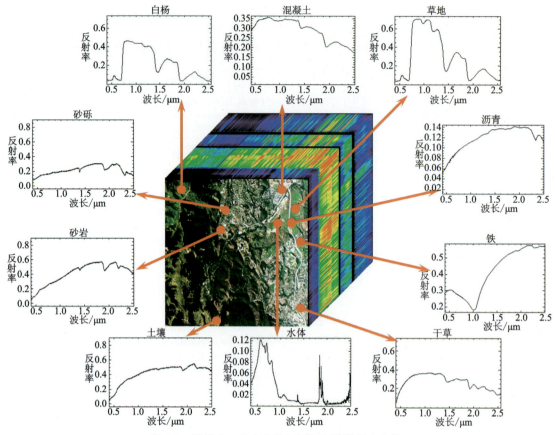

图 4-3 图谱合一的高光谱(成像)光谱数据立方体

世界提供了一种手段。

高光谱遥感具有不同于传统遥感的新特点,主要表现在以下几个方面:

(1)波段多——可为每个像元提供几十、数百甚至上千个波段。

(2)光谱范围窄——波段范围一般小于 10nm。

(3)波段连续——有些传感器可在 350~2500nm 的太阳光谱范围内提供几乎连续的地物光谱。

(4)数据量大——随着波段数的增加,数据量呈指数增加。

(5)信息冗余增加——由于相邻波段高度相关,冗余信息也相对增加。

针对高光谱遥感的特点,一些针对传统遥感数据的图像处理算法和技术,如特征选择与提取、图像分类等技术面临挑战。又如用于特征提取的主成分分析方法、用于分类的最大似然法、用于求植被指数的 NDVI 算法等,不能简单地直接应用于高光谱数据。

高光谱分辨率遥感信息的分析与处理,侧重于从光谱维角度对遥感图像信息进行定量分析,其图像处理模式的关键技术如下(郭华东,1996):

(1)超多维光谱图像信息的显示,如图像立方体的生成。

(2)光谱重建,即成像光谱数据的定标、定量化和大气纠正模型与算法,依此实现成像光谱信息的图像-光谱转换。

(3)光谱编码,尤其是光谱吸收位置、深度、对称性等光谱特征参数的算法。

(4)基于光谱数据库的地物光谱匹配识别算法。

(5)混合光谱分解模型。

(6)基于光谱模型的地表生物物理化学过程与参数的识别和反演算法。

4.2.1 高光谱遥感平台与数据处理技术方法

高光谱遥感的出现将人们通过遥感技术观测和认识事物的能力带入一个崭新阶段,续写和完善了光学遥感从全色经多光谱到高光谱的全部影像信息链,为地学应用提供了丰富的地球表面信息。其应用已涵盖地球科学的各个方面,诸如地质找矿和制图、大气和环境监测、农业和森林调查、海洋生物和物理研究等领域。

1983 年,世界第一台成像光谱仪 AIS-1 在美国研制成功,并在矿物填图、植被生化特征等研究方面取得了成功,初显了高光谱遥感的魅力。此后,许多国家先后研制了多种类型的航空成像光谱仪。如美国的 AVIRIS、DAIS,加拿大的 FLI、CASI,德国的 ROSIS,澳大利亚的 HyMap 等。1999 年美国地球观测计划(EOS)的 Terra 综合平台上的中分辨率成像光谱仪(MODIS)、号称新千年计划第一星的 EO-1,欧洲环境卫星(ENVISAT)上的 MERIS,以及欧洲的 CHRIS 卫星的相继升空,宣告了航天高光谱时代的来临。

20 世纪 80 年代初—中期,在国家科技攻关计划和"863"计划的支持下,我国亦开展了高光谱成像技术的独立发展计划。我国高光谱仪的发展经历了从多波段到成像光谱扫描、从光学机械扫描到面阵推扫的发展过程。我国根据海洋环境监测和森林探火的需求,研制发展了以红外和紫外波段,以及以中波和长波红外为主体的航空专用扫描仪。80 年代中期,面向地质矿产资源勘探,研制了工作在短波红外光谱区间(2.0~2.5mm)的 6~8 个波段细分红外光谱扫描仪(FIMS)和工作波段在 8~12mm 光谱范围的航空热红外多光谱扫描仪(ATIMS)。80 年代后期研制和发展了新型模块化航空成像光谱仪(MAIS)。这一成像光谱系统在可见—近红外—短波红外具有 64 个波段,并可与 6~8 个波段的热红外多光谱扫描仪集成使用,从而使其总波段达到 70~72 个。此后,中国又自行研制了更为先进的推帚式成像光谱仪(PHI)和实用型模块化成像光谱仪(OMIS)等,并在国内外得到多次应用,成为世界航空成像光谱仪大家庭中的一员。PHI 成像光谱仪在可见—近红外光谱区具有 244 个波段,其光谱分辨率优于 5nm;OMIS 则具有更宽泛的光谱范围,如 OMIS-1 具有 128 个波段,其中可见—近红外光谱区 (0.46~1.1μm) 32 个波段,短波红外区(1.06~1.70μm 及 2.0~2.5μm)48 个波段,中波红外区(3.0~5.0μm)8 个波段,热红外区(8.0~12.5μm)6~8 个波段。新的成像光谱系统不仅继续在地质和固体地球领域研究中发挥作用,而且在生物地球化学效应研究、农作物和植被的精细分类、土地质量、城市地物甚至建筑材料的分类和识别方面都有很好的结果。

目前,高光谱遥感已由以航空遥感为主转向航空与航天高光谱遥感相结合的阶段。卫星平台方面,装载有 MODIS 传感器的 Terra 卫星已于 1999 年 12 月发射升空。继 Terra 之后,美国 NASA EOS 计划中的第二颗卫星 Aqua 也于 2002 年 5 月顺利进入预定轨道。装有 GLI(Global Land lmage)传感器的日本 ADEOS-Ⅱ(Advanced Earth Observing Satellite-Ⅱ)卫星于 2002 年 12 月成功发射。欧洲航天局于 2002 年 3 月发射的 ENVISAT 卫星装载了包括 15 个波段的 MERIS 高光谱成像光谱仪在内的 10 个卫星探测器。美国 EO-1(Eadh Observing-1)卫星高级陆地成像仪(Advanced Land Image,ALI)(10 个波段)和 HyPerion(220 个波段)以及美国 HRST(Highly Reusable Space Transportation)卫星 HRST/COIS 仪(海洋海岸成像光谱仪,2 个波段)等这些已发射的与即将发射的高光谱遥感传感器将帮助人类以更敏锐的眼光洞察世界。

2002 年 3 月在我国载人航天计划中发射的第三艘试验飞船神舟三号中,搭载了一台我国自行研制的中分辨率成像光谱仪。这是继美国 EOS 计划 MODIS 之后,几乎与欧洲环境卫星(ENVISAT)上的 MERIS 同时进入地球轨道的同类仪器。它在可见光到热红外波长范围(0.4~12.5μm)具有 34 个波段。2007 年 10 月 24 日我国发射的嫦娥一号探月卫星上,成像光谱仪也作为一种主要载荷进入月球轨道。这是我国的第一台基于傅里叶变换的航天干涉成像光谱仪,它具有光谱分辨率高的特点。在我国计划于2008年发射的环境与减灾小卫星(HJ-1)星座中,所搭载的一台高光谱成像仪可工作在可见光—近红外光谱区(0.45~0.95μm)、具有128个波段、光谱分辨率优于5nm,它将对广大陆地及海洋环境和灾害进行不间断的业务性观测。2013年发射升空的我国风云三号气象卫星也将中分辨率光谱成像仪作为基本观测仪器,纳入大气、海洋、陆地观测体系,为对地球的全面观测和监测提供服务。

核工业北京地质研究院遥感信息与图像分析技术国家级重点实验室于2008年从加拿大引进了CASI(可见光—近红外)/SASI(短波红外)/TASI热红外航空高光谱遥感成像系统,共有420个波段,可以获得高空间分辨率的高光谱遥感数据,先后在新疆柯坪、吉木萨尔、巩留,甘肃的北山,青海的祁连山、阿尔金山等地区开展了固体矿产和油气的地质找矿工作,取得了显著的效果。高光谱遥感系统在我国的普遍应用,标志着我国的高光谱遥感已逐步走向成熟。

高光谱遥感影像数据的一个重要特征是超多波段和大数据量,对它的处理也就成为其成功应用的关键问题之一。高光谱遥感应用的普及和深入在很大程度上与处理分析软件的发展息息相关。目前,国际上已经开发了10余套专用的高光谱图像处理与分析软件系统,对高光谱遥感技术应用的普及和发展起到了很大的推动作用。近年来,我国科技人员在"863"计划等的支持下,已初步形成了具有完全自主知识产权的高光谱遥感图像处理和分析软件系统。目前正在朝着专业化、业务化处理的方向发展。

高光谱数据处理的技术方法可归纳为两大类。

1)纯像元的分析方法

从地物光谱特征上发现表征地物的特征光谱区间和参数,最常用的是各种各样的植被指数。这种方法普遍用于MSS和TM图像的处理及分析应用中。成像光谱仪问世以后,许多研究人员沿用了这种方法,利用成像光谱仪数据的高光谱分辨率,选取影像的波段,发展了许多更为精细的植被指数。与此相对的方法是地物光谱重建和重建的光谱与数据库光谱的匹配识别。这一方法通过对比分析地面实测的地物光谱曲线和由成像光谱仪图像得到的光谱曲线来区分地物。为了提高成像光谱仪数据分析处理的效率和速度,一般要对这些曲线进行编码或者提取表征曲线的参数。"光谱匹配"是利用成像光谱仪探测数据进行地物分析的主要方法之一,但由于野外实际情况的复杂性,很难建立一个比较通用的地物光谱库,这就限制了利用该法进行分析,目前仅仅在比较小的范围内(如岩石成分分析等)取得成功的运用。

此外,还有基于统计分析的图像分类和分析方法。这类方法认为每一波段的图像为随机变量,基于概率统计理论进行多维随机向量的分类。成像光谱仪图像波段多,分类在很大程度上受限于数据的维数,面对数百个波段的数据,如果全部用于分类研究,往往耗时巨大。因此,在图像分类之前必须压缩波段,同时又要尽可能地保留信息,即进行"降维"的研究。目前,压缩波段有2种途径:一是从众多的波段中挑选感兴趣的若干波段;二是利用所有波段,通过数学变换来压缩波段,最常用的如主成分分析法等。基于统计分析的图像分类和分析在理论上比较严谨,所以需有充分的数据地学特征,否则得到的结果有时是不明确的物理解释。

2)基于混合像元的分析方法

由于传感器空间分辨率的限制以及地物的复杂多样性,混合像元普遍存在于遥感图像中,对地面地物分布比较复杂的区域尤其如此。如果将该像元归为一类,势必会带来分类误差,导致精度下降,不能反映真实的地物覆盖情况。

概括起来,混合模型主要有2类,即线性混合模型和非线性混合模型。线性混合模型是迄今为止最受欢迎且使用最多的一种模型,其突出优点是简单。虽然它只能分离与波段数目相同的类别,但是对于有着数百个波段的高光谱数据,完全可克服这种限制。非线性混合模型通过某些方法可简化为线性模型。

近年来,混合像元的研究中比较有代表性的当属美国Maryland大学的Chang等(1998)和英国Surey大学的Bosdogianni等(1994)所做的研究。后者于1994年提出OSP(Orthogonal Subspace

Projection)法之后，又相继开发和介绍了一系列基于 OSP 的方法，并将 Kalman 滤波器用于线性混合模型中。这种线性分离 Kalman 滤波器不仅可检测到像元内各种特征丰度的突然变化，而且能检测对分类有用的目标特征。Bosdogianni 等利用遥感技术对火灾后的森林及生态环境进行长期监测，建立了高阶矩的混合模型，同时他们也提出了利用 Houghes 变换进行混合像元的分类方法。

4.2.2 高光谱遥感的应用

高光谱图像在诸多领域发挥着重要的作用。

(1)海洋遥感：凭借中分辨率成像光谱仪具有光谱覆盖范围广、分辨率高和波段多等优点，目前高光谱技术已成为海洋水色、水温的有效探测工具。它不仅可用于海水中叶绿素浓度、悬浮泥沙含量、某些污染物和表层水温探测，也可用于海水、海岸带等的探测。

由于海洋光谱特性是海洋遥感的一项重要研究内容，各国在发射海洋遥感卫星前后都进行了海洋波诺特性研究，包括大量的海洋光谱特性测量研究。早期的海洋遥感应用，所使用的传感器波段少，已满足不了现代定量遥感应用研究的需要。中分辨率成像光谱仪的应用，不仅促进了高维数据分析方法的研究，也将促进海洋高光谱特性研究的发展。它可使我们更准确地了解海洋光谱结构，识别海水中不同物质成分的光谱特征，掌握近岸水域光学参数约分布、变化规律，为海洋遥感应用和海洋光学遥感器的评价提供可靠的依据。

(2)植被研究：高光谱技术的另一个重要的应用领域。植被中的非光合作用组分用传统宽带光谱无法测量，高光谱对植被组分中的非光合作用组分进行测量和分离则比较容易。目前，已经可通过高光谱遥感定量分析植冠的化学成分，监测由于大气和环境变化引起的植物功能的变化。例如，Johnson 等(1994)在分析了美国俄勒冈州中西部地区的几块林冠上获取的 AVIRIS 高光谱数据和相应林冠冠层生化特性变化的关系后，指出冠层含氮量和木质素的变化与选择的 AVIRIS 波段数据变化存在着一般性对应关系；Maston 等(1994)使用 AVIRIS 和小型机载成像光谱仪(CASI)数据证实冠层化学成分携有多种气候区生态系统变化过程的信息，并建议从高光谱数据中估计此类信息。国内学者在高光谱植被遥感方面也有很多尝试，包括森林树种识别(宫鹏等，1998)、植被荒漠化研究(叶荣华等，2001)等。

(3)地质调查应用：高光谱遥感目前广泛利用航空高光谱数据进行矿物填图，通过矿物填图可识别出地表不同矿物质的诊断性特征，因为一般矿物质的光谱吸收峰宽度为 30nm 左右，只有利用光谱分辨率小于 30nm 的传感器才能够识别出来。因此，高光谱遥感技术在地质上应用的最大优势是它能快速、大面积地提取出蚀变矿物。光谱可以识别矿物，尤其是烃和蚀变矿物的种类；图像可以直观蚀变范围的规模、形态分布特征和控制要素等。航空高光谱遥感由于可以获得高空间分辨率(亚米级)的高光谱遥感数据，可以进行固体矿产和油气信息的精细填图。在固体矿产找矿中，可提取近矿围岩蚀变，找矿实质上就是找近矿围岩蚀变；在油气找矿中，可以识别规模小的弱渗漏异常。

高光谱遥感技术为遥感找矿带来了新的希望，航空高光谱遥感技术为这一新的希望注入了活力。

Kruse(1988)在美国加利福尼亚州和内华达州的 Grapevine 北部山区利用绢云母在 2121nm、2125nm 和 2135nm 的特征吸收，对石英-绢云母-黄铁矿蚀变带进行地质填图，利用蒙脱石在 2121nm 的特征吸收确定包含蒙脱石的泥质蚀变带。在西班牙南部 Rouda 橄榄岩地区，Chabrillat 等(2020)利用辉石很容易通过在 $1\mu m$ 和 $2\mu m$ 附近的两个特征 Fe^{2+} 电子跃迁吸收，橄榄石由 Fe^{2+} 在 $1\sim1.05\mu m$ 吸收带和 $0.85\sim0.90\mu m$ 的 Fe^{3+} 吸收带的特征确定，利用航空高光谱数据进行地质填图和岩石鉴别。国内学者王润生等(2010)仔细分析了国产 MAIS 光谱仪对河北省张家口地区的高光谱遥感数据，指出可借助高光谱丰富的光谱信息，依据实测的岩石矿物波谱特征，对不同岩石类型进行直接识别，达到直接提取岩性的目的。

(4)大气和环境遥感:大气中的分子和粒子成分在太阳反射光谱中有强烈反应,这些成分包括水汽、二氧化碳、氧气、臭氧、云和气溶胶等。常规宽波段遥感方法无法识别出大气成分变化引起的光谱差异,高光谱由于波段很窄,能够识别出光谱曲线的细微差异。

(5)军事侦察、识别伪装:根据目标光谱与伪装材料光谱特性的不同,利用高光谱技术可从伪装的物体中自动发现目标。在调查武器生产方面,超光谱成像光谱仪不但可探测目标的光谱特性、存在状况,甚至可分析其物质成分。根据工厂产生烟雾的光谱特性,直接识别其物质成分,从而可判定工厂生产武器的种类,特别是攻击性武器。由于高光谱影像所具有的超强的地物分辨能力,在军事中可被用作战场情报侦察、探测核生化武器、打击效果评估研究以及为海空军提供更为丰富的各类专题信息。

自然界中地物的光谱信息的差异是不同地物得以区分的重要原因,除上述几方面的应用之外,高光谱遥感技术也在其他一些领域发挥不可忽视的作用,例如精细农业、自然灾害监测、林业遥感等。

4.3 微波遥感技术及其应用

4.3.1 微波遥感

波长在1mm~1m范围的电磁波,称为微波,按波长量级分为毫米波、厘米波和分米波。在微波技术中,通常按厘米量级细分成一些更窄的波段,并用特定字母命名。常用的微波波长范围为0.8~30cm。其中,又细分为K、Ku、X、C、S、L等波段。

由表4-2可看出,微波并不是微小的意思,微波指的是特定波长范围的电磁波。最短的微波波长(1mm)也比最长的可见光波长(0.76μm)要长1300多倍,而最长的微波波长(1m)则比最小的可见光波长(0.38μm)要长2 500 000多倍。

表4-2 微波遥感波段划分表

波段名称	波长范围/cm	波段名称	波长范围/cm
Ka	0.75~1.13	C	3.75~7.5
K	1.13~1.67	S	7.5~15
Ku	1.67~2.42	L	15~30
X	2.42~3.75	P	30~100

4.3.2 微波遥感的波段划分

微波遥感是传感器的工作波长在微波波谱区的遥感技术。

微波遥感的工作方式分主动式(有源)和被动式(无源)两种。前者由传感器发射微波波束再接收由地面物体反射或散射回来的回波,如侧视雷达、成像雷达;后者接收地面物体自身辐射的微波,如微波辐射计、微波散射计等。被测目标表面的辐射特性和散射特性与目标参数和系统参数有关,使得微波遥感能提供可见光和红外等其他波段遥感所不能获得的某些信息,从而更好地识别目标。另外,微波波段的最长与最短工作波长之比(倍频程)大于实际使用的最长红外波长与最短可见波长之比,也使微波遥感能得到更多信息,为地面目标的识别提供了新的技术手段。微波遥感的主动方式(雷达遥感)不仅可记

第4章 地学遥感新技术与集成

录电磁波振幅信号,而且可记录电磁波相位信息,由数次同侧观测得到的数据可计算出针对地面上每一点的相位差,进而计算出这一点的高程,其精度可达几米。

微波遥感的特点主要包括以下几个方面。

(1) 全天候工作:利用可见光或红外波段的电磁波进行遥感探测,获取地面物体的物理特征与几何特征,是理想的遥感手段,在这些波段获取的遥感影像直观、易于判读与识别。大气散射对可见光和红外遥感有很大影响。特别是雨天,大气中存在大气分子与原子、水汽与尘埃、雨滴等成分,使可见光发生明显瑞利散射、米氏散射和无选择性散射,几乎不可能进行光学遥感探测;只有微波仅存在瑞利散射,又因为瑞利散射强度与波长的四次方成反比,而微波波长相对较长,雨天对微波的传播影响很小,乃至可以忽略,因此,微波波段是穿云透雾能力最强的遥感波段。

(2) 全天时工作:普通可见光波段的遥感辐射源来自太阳,没有阳光照射的夜间,无法实现光学遥感探测。对于微波遥感,则无论是被动方式(探测地物的微波发射辐射),还是主动方式(由雷达天线发射、接收微波信号),都与太阳的光照无关,所以微波遥感可昼夜探测,全天时进行工作。

(3) 穿透力强:电磁波对地表层的穿透力,除了与地表层的物质性质有关外,也与电磁波的波长有关,波长越长,可探测物体内层越深。对于微波,可探测到被树林遮挡的地面地形、地物,甚至可探测到一定深度的地下工程、矿藏等,如对干燥沙土可穿透几十米,对冰层可穿透近百米。

(4) 具有某些独特的探测能力:物体的反射辐射强度信息,与物体表面的光滑与粗糙程度有关。有些物体的表面,相对于可见光波长而言为粗糙面,而对于微波波长却是光滑面。有些地物对于可见光探测可能没有明显的特征,而对于微波探测则特征明显。例如,水与冰的辐射率,对于可见光波长分别为0.96nm和0.92nm,没有明显的差异,不易被区分;而对于微波遥感,则分别为0.4nm和0.99nm,其差别十分明显。

除了微波遥感方式固有的特点以外,为了使合成孔径雷达(SAR)能获取更多的信息,正在发展多波段、多极化、高分辨、三维成像等技术,其中以高分辨技术发展更为迅速。高分辨率合成孔径雷达能获得更多的目标信息,使目标的形状和精细结构更加清晰地呈现出来,从而大大提高目标识别能力。当空间分辨率达到0.5m或更高时,SAR图像的应用从常规SAR观测提升为对特定目标的精确观测和识别。目前,高分辨率SAR分辨率已达到0.1~0.3m,代表性的高分辨SAR系统是美国桑迪亚国家实验室设计的LynxSAR/GMTI雷达系统。

当今在轨的商业民用SAR卫星包括日本ALOS卫星(PALSAR)(图4-4),加拿大的Radarsat-2卫星以及德国的TerraSAR-X地球探测卫星等。

图4-4 ALOS卫星

日本地球观测卫星计划主要包括2个系列:大气和海洋观测系列、陆地观测系列。ALOS是JERS-1与ADEOS的后继卫星,采用了先进的陆地观测技术,能获取全球高分辨率陆地观测数据,主要应用于测绘、区域环境观测、灾害监测、资源调查等领域。ALOS卫星采用了高速大容量数据处理技术与卫星精确定位和姿态控制技术。ALOS卫星载有3个传感器：全色遥感立体测绘仪（PRISM），主要用于数字高程测绘；先进可见光与近红外辐射计-2（AVNIR-2），用于精确陆地观测；相控阵型L波段合成孔径雷达（PALSAR），用于全天候、全天时陆地观测。PALSAR采用了L波段的合成孔径雷达，主动式微波传感器，它不受云层、天气和昼夜影响，可全天候对地观测，比JERS-1卫星所携带的SAR传感器性能更加优越。该传感器具有高分辨率、扫描式合成孔径雷达、极化3种观测模式，高分辨率模式（幅度10m）之外又加上广域模式（幅度250～350km），使之能获取比普通SAR更宽的地面幅宽。数字高程模型（Digital Elevation Model，DEM）的生成，适用于对特定区域的监测。

加拿大Radarsat-2卫星于（图4-5a）2007年12月14日在哈萨克斯坦的拜科努尔航天发射基地成功发射，是目前世界上最先进的商业卫星。在Radarsat-2上的主要图像传感器是具有多种成像模式能力的C波段SAR雷达，可为用户提供空间分辨率3～100m、幅宽10～500km范围的雷达数据。作为Radarat-1的后续卫星，Radarsat-2除延续了Radarsat-1的拍摄能力和成像模式外，还增加了3m分辨率超精细模式和8m全极化模式，并且可根据指令在左视和右视之间切换，由此不仅缩短了重访周期，还增加了立体成像的能力。此外，Radarsat-2可提供11种波束模式及大容量的固态记录仪等，并将用户提交编程的时限缩短到4～12h，这些都使Radarsat-2的运行更加灵活和便捷。Radarsat-1和Radarsat-2双星互补，加上雷达全天候、全天时的主动成像特点，可在一定程度上缓解卫星数据源不足的问题，并推动雷达数据在海洋污染监测、灾害监测、水资源管理、林业调查、农作物估产等方面的应用（图4-5b）。

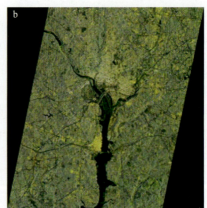

图4-5 Radarsat-2卫星（a）与华盛顿地区雷达影像（b）

2007年11月，德国的TerraSAR-X（以下简称SAR-X）地球探测卫星投入正常运营。这是德国的首颗多用途侦察卫星，是目前世界上探测精度比较高的卫星。SAR-X卫星运行在高514km、倾角98°的太阳同步轨道上，随着地球在这条轨道下方自转，重访周期11d。SAR-X卫星装备了一台波长为3cm的X频段高精度合成孔径雷达。该雷达的精度比一般所使用的波长为5.7cm的C波段雷达和波长为24cm的L波段雷达高出很多，可收集高质量的X波段雷达数据。该卫星可逐条带地扫描地球的所有区域，亦可在3d甚至更短时间内对任何重点目标进行优先观测。卫星的运行不依赖气象条件、云层覆盖和照度，对于5km×10km场景观测，分辨率可达1m。除合成孔径雷达外，卫星上还安装了激光通信终端和跟踪、隐形与测距实验仪。这个激光系统可向地面传输大量数据。跟踪、隐形与测距实验仪由双频GPS接收机和一个激光反射器构成，能使卫星以小于10cm的高精度转向，提高雷达图像的质量，并在大气层和电离层进行无线电遮挡辐射的试验。这颗卫星既能用于军事侦察，又可用于石油和天然气勘探、输油管或高压线布线、预防森林火灾以及监测大气和环境变化。卫星所提供的三维图像不仅能够提高侦察能力，而且能够为地球提供一个空前精确的数字地形模型。德国航天局已发射第二颗SAR-X卫星（图4-6），以便与首颗组成前后纵列编队飞行。这种双卫星编队可用3年时间完成对地球陆地表面

(1.5km×108km)的探测和勘察,构建全球数字高程模型,它是一个新式地球军事地形模型。

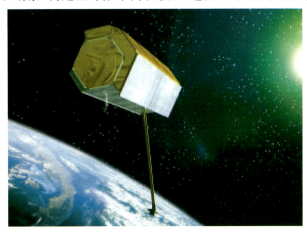

图 4-6 德国 SAR-X 卫星在轨运行示意图

合成孔径雷达干涉测量(InSAR)是一种新型空间对地观测技术。它通过两副天线同时观测(单轨双天线),或者两次近似平行轨道的观测(重轨单天线),获取同一区域雷达目标的后向散射回波信号,提取其相位信息,再结合卫星轨道参数和传感器位置等相关信息以提取地表高程信息。合成孔径雷达差分干涉测量(Differential InSAR,DInSAR)技术,能以亚厘米级的精度获取地表形变信息,其得到的形变结果弥补了传统测量点位稀疏的缺点,具有大面积、快速、准确的优势,应用潜力巨大。SAR 具有全天候、全天时和对某些地物有一定穿透性等特点,InSAR 技术的潜在应用领域相当广泛,目前已经成为地学界相关研究的热点之一。

目前,常规干涉测量技术的基础理论和算法流程的研究方面已经相对成熟,而长时序雷达干涉测量技术正在进入高速的发展阶段,其应用早期的示范性研究进入了较大范围推广应用的阶段。其研究主要集中在提高星载干涉 SAR 测量的准确度以满足应用的需求,重点是重复轨道星载 SAR 图像之间的时间、空间相关及大气效应问题,主要应用包括地面沉降监测、滑坡监测、矿山沉陷监测等(图 4-7)。

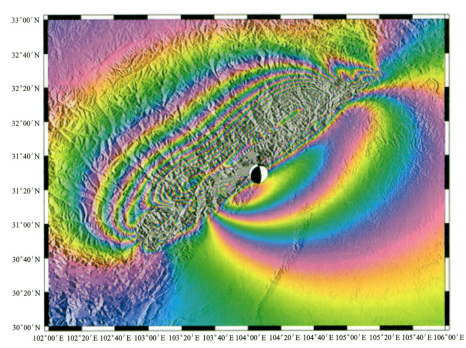

图 4-7 InSAR 图像显示汶川"5·12"大地震产生的变形

然而,采用的 InSAR 数据处理方法和技术主要是在小区域内以所用干涉雷达数据存在面积性或区域性高相干为前提的,而现实中地质灾害发生的区域往往分布在地质和地理环境条件复杂、数据相干性较差的地区,造成常规雷达干涉测量无法实现或结果精度降低,难以稳定、可靠、持续地获取地质灾害引起的地表形变信息,InSAR 测量技术在地质灾害监测预警中的工程化应用,还存在关键环节技术问题需要解决。

4.4 多角度遥感技术及其应用

传统的单一观测角度遥感只能得到地面目标在一个方向的投影,很难得到目标的三维结构。热红外波段所得到的也只是像元平均温度。多角度遥感提供地物的方向信息,包含了大量地面目标的立体结构特征信息。地面目标的多角度观测有助于提高传统遥感面临的"异物同谱、同物异谱"的地物识别能力,从而提高地面目标识别精度。随着多角度传感器的陆续出现,多角度遥感正成为一个新的研究领域,并且受到了普遍的关注。

多角度反演理论模型是多角度遥感信息得以更好应用的关键问题之一。20 世纪 70 年代以来,许多科学家将经典的数学物理理论与遥感实践相结合,发展了许多描述地物目标的二向性反射和目标特征参数之间关系的模型,但是,目前采用 BRDF 物理模型进行参量反演算法还不成熟。多角度遥感从理论研究阶段走向卫星平台的遥感应用阶段还有 2 个难题:一是多角度图像的精匹配,二是多角度图像的大气校正。目前,国际上多角度遥感数据的处理以 MISR 的处理方案为典型,它有一套复杂的几何校正流程,包括精确计算传感器成像参数和姿态参数、建立地表高程数据库和参考影像库、图像精配准、投影变换等方面。

在没有多角度传感器的情况下,利用传感器的宽视场角(如 NOAA/AVHRR、EOS/MODIS 等)通过单星连续数天轨道飘移所产生的角度差异,可获得同一地区不同角度的观测图像。法国 SPOT 卫星开创了立体空间遥感的新阶段,SPOT 立体像对的获取有如下 2 种方式:①倾斜观测获取立体像对,SPOT 的倾斜视角观测能力能够在不同时间以不同的方向获取同一区域的 2 幅图像。由于像对不同的视差而产生立体观测。目前,SPOT 系统有 3 颗卫星(SPOT2、SPOT4、SPOT5)处于正常运行状态,在同一天内,SPOT 能以"双星"模式获取立体像对。②前后视方式获取立体像对,SPOT5 搭载了高分辨率立体成像装置(HRS),HRS 用 2 个相机沿轨道成像,一个向前,另一个向后,实时获取立体图像。相对于 SPOT 系统前几颗卫星的旁向立体成像模式而言,SPOT5 卫星几乎能在同一时刻以同一辐射条件获取立体像对,使得像对具有数据条带相关性和相似性强的特点。这种成像机制决定了其预处理的复杂性,每一个环节的偏差都可能带来很大的误差,而且获取的多角度遥感信息比较少,获取数据的观测角可能不理想、连续性不好。

近年来典型的多角度观测模式有以下几个方面:

(1)广角相机重叠多角度观测。POLDER 为日本于 1996 年发射的 ADEOS 卫星搭载的地球反射偏振和方向性测量仪。它采用面阵 CCD 探测和旋转滤光片、偏振光轮组成 6 个非偏振波段和 3 个偏振波段(每个偏振波段有 3 个偏振方向)。当某一目标位于两次摄像的重叠区之内,则可得到该目标不同观测角度的数据。单个轨道期间,最多能在 16 个不同的视角下观测同一目标。把多次过境时的观测结果结合起来,便可获得双向反射分布函数(BRDF)和偏振双向反射分布函数(pBRDF)比较完整的取样。影像地面分辨率达 $5km \times 7km$,对于陆地表面这样复杂的目标,其研究定位于半球反射率、BRDF 和植被指数研究等方面。

(2)沿轨扫描多角度观测。欧洲航天局 1995 年 4 月发射的具有沿轨扫描特点的 ATSR 新一代极轨卫星,对地球表面各点可同时进行 7 个通道、2 个方向的观测。2 个方向中,一个是垂直于地面的路径

(底向),另一个是星下点前约 55°的倾斜路径(前向),两条路径沿轨迹方向距离为 900km,几乎同时测量(时间仅相差 150s),结合两个角度的数据,可计算出大气对观测的影响,得到大气校正数据。ATSR 具有模拟多角度观测的功能,缺点是数据量大,给数据处理分析带来很大的困难,而且实时性较差。

(3)多台相机多角度观测。MISR 是目前唯一可提供地面覆盖多角度、连续的、高空间分辨率的 EOS 仪器,它由 9 个四波段的 CCD 相机组成。在大约 7min 时间内,可获得同一点 9 个角度的全部图像。观测可覆盖 360km 宽的地表条带范围。9 个 CCD 以不同的角度观测地面,从而构成了对地面目标的多角度观测。还有欧洲航天局 2001 年 10 月发射的 PROBA 实验卫星上搭载的 CHRIS 传感器,可在沿轨方向进行 5 个角度的观测。我国也研制了自己的机载多角度成像系统 AMTIS。相对于大尺度多角度数据 MISR、MODIS 及 POLDER 等来说,AMTIS 数据不仅能同时得到多角度的反射率数据,而且数据的分辨率很高。

4.5 天基激光雷达技术及其应用

随着全球经济发展和生产规模的扩大,环境问题日益突出,人类越来越关注自身赖以生存的地球环境。自 20 世纪 60 年代以来,人们就开始采用可见光、红外和微波等天基遥感器对气溶胶、云、水汽、臭氧、大气温度及其他环境要素进行监测。这些遥感器为人类研究地球环境提供了重要的观测手段,获取了大量覆盖范围广、时间跨度大的观测数据。但随着科技的发展,人们逐步意识到这些遥感器自身也存在不足,不能满足当前的监测需求,如可见光遥感器需要依赖太阳光辐射,不能穿透云雾,而微波遥感器虽能穿透云雾,但存在垂直分辨率不高等缺点。激光遥感系统有极高的垂直和水平分辨率,易对准目标,受自然光和背景噪声干扰小,这些优点引起了人们的关注。激光遥感系统不依赖于太阳光辐射,可进行全天时观测;激光技术所特有的"距离分辨"能力意味着表面反射信号可从大气信号中去除,使得微弱的大气遥感信号可在多种背景信号中得以保留,如采用激光很容易测量亮度较高的陆地表面上空的气溶胶散射的微弱信号;传统无源遥感技术的垂直分辨率有限,激光雷达可弥补无源技术的这一不足。

激光雷达最初主要应用于精确确定地面上目标点的高度,被称为 APR(Airborne Profile Recorder)。最初的系统仅能获得在飞行器路径正下方的地面目标数据,且测量系统很复杂,并不适合用于获取大范围地面目标的三维数据。由于没有高效的航空 GPS 和高精度 INS,所以很难确定原始激光数据的精确地理坐标,因此其应用受到了限制。到 20 世纪 80—90 年代,随着 DGPS 技术、数据传输技术、计算机技术和图形图像处理技术的发展,现代激光扫描系统已经在许多领域得到了普遍使用。除了用于获取三维地形表面模型外,这种技术已经成功应用于公路设计、水利、洪水和雪崩的预报、城市三维模型的构建、高压线监测、地面和大坝的变形测量、森林和树木高度的测量等。结合影像及信息融合技术,LiDAR 系统不仅局限于获取数字高程模型数据等传统的应用领域,还可广泛应用于农业土壤侵蚀、洪水预报、城市三维模型的直接获取、GIS 支持、高压线实时监测、林业监测等领域;如果同时使用一台 RGB 彩色照相机,还可同时获取飞行地区的彩色影像。这对于快速、高精度地生成真实色彩的数字正射影像以及三维仿真研究等具有极高的应用价值(图 4-8)。总之,激光遥感有其潜在的优势,可作为现有遥感手段的有效补充。现有激光系统大部分都是地基和空基系统,观测范围十分有限,而地球环境要素如气候、大气化学成分、水和碳循环等的探测,往往需要以整个地球为视点,这就要求建立天基平台的激光遥感系统。

在过去的 30 多年里,美国、欧洲和日本都开展了相应的激光遥感研究计划。然而,由于技术条件的限制和实施这些研究任务所需资源的缺乏,只有少数研究计划取得成效。其中,激光雷达空间技术实验(LITE)和火星轨道激光高度计(MOLA)就是 2 个成功的天基激光雷达计划。尽管 1994 年 LITE 只是在航天飞机上作为一项技术验证试验,但它获得了全球大气气溶胶和云层的特性。MOLA 于 1996 年

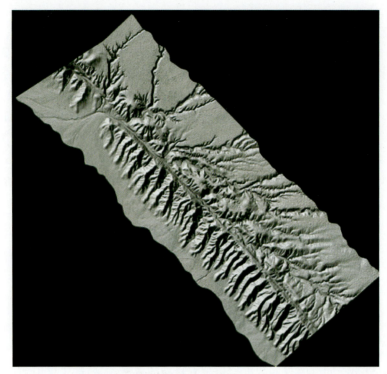

图 4-8　圣安地列斯断层的"龙背"区域雷达图片

发射,主要用于研究火星地形,为评估火星的地球物理特性、地理特性和大气特性提供了大量有价值的数据。此后,2003 年 1 月美国发射了用于极地冰盖总量平衡和海平面变化研究的"冰、云和陆地高程卫星"(ICESAT)。2006 年 4 月又发射了专门用于云、气溶胶探测的"卡里普索"(CALIPSO)卫星。目前,天基激光雷达主要包括后向散射激光雷达、高度计激光雷达、多普勒激光雷达和差分吸收激光雷达等类型。

4.6　太赫兹遥感技术及其应用

太赫兹(Terahertz,THz)通常是指频率在 0.1～10THz 或波长为 30um～3mm 范围内的电磁波,其波段是介于毫米波和红外波之间的相当宽范围的电磁辐射区域,处在电子学与光子学的过渡区域,太赫兹波又被称为 T-射线(图 4-9)。

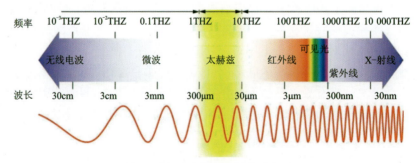

图 4-9　电磁波的波段划分示意图

与其他波段的电磁波相比,太赫兹波具有如下特性。

(1)瞬态性:太赫兹脉冲的典型脉宽在皮秒量级,不但可方便地进行时间分辨的研究,而且通过取样测量技术,能够有效地抑制背景辐射噪声的干扰,信噪比可大于10倍,远远高于傅里叶变换红外光谱技术,而且其稳定性更好。

（2）宽带性:太赫兹脉冲源通常包括若干个周期的电磁振荡,单个脉冲的频带可覆盖从几千兆赫兹至几十太赫兹的范围,有利于在大的范围里分析物质的光谱性质。以太赫兹信号作为宽带信息载体,可承载的信道比微波的多得多。

（3）相干性:太赫兹的相干性源于其产生机制。它是由相干电流驱动的偶极子振荡产生,或是由相干的激光脉冲通过非线性光学差频变换产生,太赫兹检测技术可直接测量振荡电磁场的振幅和相位,方便地提取样品的折射率、吸收系数。

（4）低能性:太赫兹光子的能量仅约为X射线光子能量的百万分之一,不会因为电离而破坏被检测的物质,适合生物大分子与活性物质结构的研究。

太赫兹辐射具有很好的穿透性,它能以很小的衰减穿透物质,如烟尘、墙壁、碳板、布料及陶瓷等,在环境控制与国家安全方面能有效发挥作用。

太赫兹波段包含了大多数分子的转动或振动能级,特别是许多有机分子在太赫兹波段呈现出强烈的吸收和色散特性。这些特性是由与有机分子的转动和振动能级相联系的偶极跃迁造成的。利用物质对太赫兹波段的不同特征吸收谱分析物质成分、结构及其相互作用关系,通过特有的太赫兹光谱特征可识别有机分子,就像用指纹区别不同的人一样,这在射电天文、遥感、医学诊断等领域有很大的应用前景。

太赫兹作为一种光源和其他辐射,如可见光、X射线、中近红外线和超声波等一样,可作为物体成像的信号源。由于太赫兹的独特性,即对于电介质材料具有较强的穿透效果,太赫兹除了可测量由材料吸收而反映的空间密度分布外,还可通过位相测量得到折射率的空间分布,获得材料的更多信息。利用太赫兹辐射的良好穿透能力,实现对恶劣天气条件下的港口、机场等设施的实时监控与侦察。

4.7 多源遥感协同探测与小卫星编队组网检测技术及其应用

目前,卫星遥感技术已经形成多星种、多传感器、多分辨率共同发展的局面。各种遥感卫星技术在获取资源环境空间和时间信息方面构成很好的互补关系。卫星遥感技术在地球资源与环境研究和测量任务中扮演着越来越重要的角色,它所具有的空间概括能力,有助于对区域的完整了解；各种空间分辨率遥感影像互补,成为获取地球资源信息的重要技术手段；不同卫星的适宜重访周期有利于对地表资源环境的动态监测和过程分析；以多光谱观测为主并辅以较高分辨率的全色数据,极大地提升了对地物的识别和分类；高分辨率成像光谱仪数据,使卫星遥感目标识别能力大幅度提高；多波段、多极化方式的雷达卫星,将能实现在阴雨多雾情况下的全天候和全天时对地观测；通过卫星遥感与机载和车载遥感技术的有机结合为实现多时相遥感数据获取提供保证。遥感信息的应用已从单一遥感资料向多时相、多数据源的融合与分析,由静态分析向动态监测过渡,对资源与环境的定性调查向计算机辅助的定量自动制图过渡,从对各种现象的表面描述向软件分析和计量探索过渡。这些都极大地提高了卫星遥感技术的应用能力。

卫星遥感技术的迅猛发展,已将人类带入一个多层、立体、多角度、全方位和全天候对地观测的新时代。由各种高、中、低轨道相结合,大、中、小卫星相协同,高、中、低分辨率相弥补而组成的全球对地观测系统,能够准确有效、快速及时地提供多种空间分辨率、时间分辨率、光谱分辨率和不同波段的对地观测数据。

20世纪50年代以来,空间技术不断发展,人造地球卫星在不同应用领域形成了通信、气象、导航、资源环境、军事侦察、科学研究等系列,并向高性能、高集成方向发展。随着卫星功能的综合集成,卫星质量也不断增加,而火箭运载能力的不断提高,为大卫星的发展提供了技术基础。

随着卫星技术与应用的不断发展,人们在要求降低卫星成本、减小风险的同时,迫切需要加快卫星开发研制周期。特别是单一任务的专用卫星以及卫星组网,更需要投资小、见效快的技术,因此,小卫星技术应运而生。

根据卫星的质量,通常将小于1000kg的卫星称为广义的小卫星,其中,将500~1000kg的卫星称为小卫星,100~500kg的卫星称为微小卫星,13~100kg的称为显微卫星,小于10kg的称为纳米卫星。

与大卫星相比,小卫星具有先进、快速、低廉、可靠的优点。小卫星不仅质量小,而且高度集成化和自动化,依托于计算机的迅速发展,实现了星上控制与处理计算机的小型化。小卫星可快速实现设计、制造、发射在轨运行全过程,一般不到12个月。一颗小卫星价格约为3000万元人民币(包括发射的费用),价格低廉,风险小。小卫星寿命一般大于10年。小卫星平台通常包括能源、通信、星上数据处理、卫星姿态控制等系统,其载荷包括通信、对地观测、空间科学研究等。

"对地观测微小卫星编队组网计划"又叫作"小卫星星座计划",是由少则2颗或3颗、多则10多颗体积较小的卫星在外太空组成一个特定形状、稀疏分布的卫星星座,被用于海洋赤潮、沙尘暴、森林火灾等灾害监测,以及进行环境检测、大气探测、天文观测、近地通信导航等。为了更加准确地得到探测数据,星座中的各个卫星之间时刻都保持着联系,可根据地面的不同指令在空中重新调兵布阵、变换队形。这样的小卫星星座不但比功能相同的大卫星成本低、寿命长、可靠性高,还可突破发射大卫星的质量及尺寸限制,做到发射时身姿轻盈、入轨准确,完成更多对大卫星来说难以完成的任务。

图4-10所示的是遥感卫星网络系统,由2层构成。第一层卫星,网络包括数百颗遥感卫星,它们分布在近地轨道上,高度从300km到更高。这些卫星都是小卫星,组成"卫星群",每一颗对地观测卫星都安装着不同的传感器,用于收集不同的数据。每组中有一颗"主星",其他卫星为"成员星",主星负责管理本组成员星,并与网络中其他组的主星通信,还可与静止轨道卫星通信。这个模型看起来像现在的局域网,主星就像本地服务器,而成员星就像计算机终端。本地服务器(主星)除负责与因特网(其他卫星组)通信外,还管理着局域网(本地卫星组)。第二层卫星网络负责与终端用户、地面站和地面数据处理中心进行通信,并进一步处理来自主星的数据。

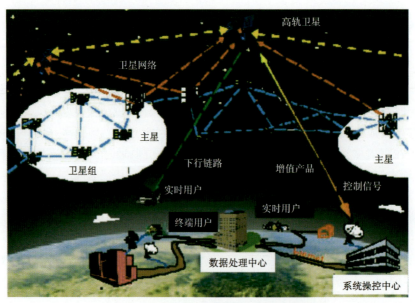

图4-10 未来对地观测卫星系统结构体系

巨大的应用需求推动着遥感卫星技术的发展,而先进的遥感卫星技术的出现和不断投入使用又促进了应用的发展与更高的需求,并使一些潜在的用户转化为现实用户,二者的相互促进带来了遥感卫星更大的发展。可见,未来的遥感卫星将构织成一张天网,全天不间断地监测着地球,源源不断地输送有关地球变化的各种信息,为有效利用地球、保护地球、促进人类社会的可持续发展作出贡献。

我国于2008年上半年开始实施组建减灾与环境小卫星星座计划。该星座系统主要用于生态环境监测和灾害监测预报。该星座系统由8颗小卫星组成。它是由2颗光学遥感小卫星(环境一号A、B星)和1颗雷达小卫星(环境一号C星)组成的"2+1"星座系统,简称"环境一号",可实现全天候、全天时对地观测,旨在迅速、准确地获取灾害和环境信息,及时且全面掌握自然灾害和环境污染的发生、发展与演变。

2008年,2颗光学小卫星已经发射成功。该计划的第二阶段将发射由4颗光学小卫星和4颗合成孔径雷达组成的"4+4"星座,形成灾害监测与预警的业务运行能力。这是我国继气象、海洋、国土资源卫星之后一个全新的民用卫星,是中国首个以灾害和环境监测为主要用途的卫星监测体系,而中国也是世界上最早提出用小卫星做减灾工作的国家。

4.8 对地观测"3S"技术集成

"3S"系指遥感(RS)、地理信息系统(GIS)和全球定位系统(GPS),其为科学研究、政府管理、社会生产提供了新一代的观测手段、描述语言和思维工具。从RS和GPS提供的浩如烟海的数据中提取有用信息,并进行综合集成,使之成为决策的科学依据。GIS、RS和GPS三者集成利用,构成整体的、实时的和动态的对地观测、分析和应用系统,提高了GIS的应用效率。"3S"集成技术的发展,形成了综合的、完整的对地观测系统,提高了人类认识地球的能力;拓展了传统测绘科学的研究领域,推动了其他一些相联系学科的发展,如地球信息科学等,成为"数字地球"概念的理论基础。

4.8.1 "3S"集成技术基础

1) 多数据源遥感

遥感卫星经过30多年的发展已经形成了以陆地卫星、海洋卫星、气象卫星、环境卫星四大卫星业务运行系统和以科学研究为目的的实验卫星。遥感卫星构成了对地圈、生物圈、大气圈及其相互作用的物理、化学过程和时空演变规律的系统化、立体化的探测系统,形成了全面的观测能力,在资源环境研究及其相关领域的应用日益广泛和深入。美国航空航天局(NASA)、欧洲航天局(ESA)及其他一些国家,如加拿大、日本、印度和中国先后建立了各自的遥感系统。目前,遥感技术已形成多星种、多传感器、多分辨率共同发展的局面。这些卫星系统提供了大量从太空观测的有价值的数据和图片,在空间分辨率、光谱分辨率和时间分辨率等方面越来越多地满足了各行业的应用需求。1972年美国发射了第一颗地球资源技术卫星(ERTS-1)[后更名为陆地卫星1号(Landsat-1),标志着地球遥感新时代的开始]。1972年以后,美国发射了一系列陆地卫星,包括陆地卫星2号至7号,所携带的传感器由4个波段的多光谱扫描仪(MSS,分辨率为80m)发展到20世纪80年代初投入使用的专题制图仪(TM,7个波段,分辨率除第6波段的120m外,其余皆为30m),再到1999年4月发射升空的陆地卫星7号所搭载的增强型专题制图仪ETM+(增加了分辨率为15m的全色波段)。到80年代后期至90年代初,法国发射的SPOT卫星上载有20m(10m)分辨率的传感器(HRV分辨率为20m,全色波段为10m)。印度发射的IRS卫星上载有6.25m分辨率的全色波段。1999年9月,美国空间成像公司(Space Imaging Inc.)发射成功的小卫星上载有IKONOS传感器,能提供1m的全色波段和4m的多光谱波段,是世界上第一颗商用1m分辨率的遥感卫星。韩国太空研究院所有的KOMPSAT卫星从2000年开始可提供6.6m分辨率的全色波段数据和 13m 多光谱(4 个波段)数据。

另外,低空间高时相频率的 AVHRR(气象卫星 NOAA 系统系列,星下点分辨率为 1km),以及其他各种航空航天多光谱传感器亦相继投入运行,形成现代遥感技术高速发展的盛期。除了常规遥感技术迅猛发展外,开拓性的成像光谱仪的研制已在 20 世纪 80 年代开始,并逐渐形成了高光谱分辨率的新遥感时代。

高光谱数据能以足够的光谱分辨率区分出那些具有诊断性光谱特征的地表物质,而这是传统宽波段遥感数据所不能探测的,使得成像光谱仪的波谱分辨率得到不断提高。从 20 世纪 80 年代初研制的第一代成像——光谱仪航空成像光谱仪(AIS)的 32 个连续波段,到第二代高光谱成像仪——航空可见光/红外光成像光谱仪(AVIRIS),AVIRIS 是首次测量全部太阳辐射覆盖的波长范围($0.4 \sim 2.5 \mu m$)的成像光谱仪。美国航空航天局于 1999 年底发射的中等分辨率成像光谱仪(MODIS)和送入地球轨道的高分辨率成像光谱仪(HIRIS)为人类提供了更多信息。MODIS 是 EOS 计划中用于观测全球生物和物理过程的仪器,每天可完成一次全球观测。MODIS 提供 $0.4 \sim 2.5 \mu m$ 之间的 36 个离散波段的图像,星下点空间分辨率可为 250m、500m、1km。MODIS 每 2d 可连续提供地球上任何地方的白天反射图像和白天/昼夜的发射光谱图像。

HIRIS 将有 30m 的空间分辨率,获取 $0.4 \sim 2.5 \mu m$ 波长范围的 10nm 宽的 192 个连续光谱波段。它是 AVIRIS 的继承者。HIRIS 将获取沿飞行方向前后 $+60° \sim -30°$ 及横向 $\pm 24°$ 的图像。它的周期虽然为 16d,但由于它的指向能力,对于一些特殊区域,其覆盖频率将会更高。HIRIS 数据将用于识别表面物质、测量小目标物的二向性反射分布函数(BRDF)及执行小空间范围的生态学过程的详细研究。

2003 年发射的 OrbView-3 卫星能同时提供更高空间分辨率和光谱分辨率的数据。它提供 0.6m 全色波段影像和 4m 的多光谱波段及空间分辨率为 8m 的 200 个波段的高光谱数据。

此外,许多具有更高空间分辨率和更高波谱分辨率的商用及军事应用卫星也已发射或即将发射。

信息技术和传感器技术的飞速发展使遥感数据源得到了极大的丰富,每天都有数量庞大的不同分辨率的遥感数据从各种传感器上接收下来。这些高分辨率和高光谱的遥感数据为遥感定量化、动态化、网络化、实用化和产业化及利用遥感数据进行地物特征的提取提供了丰富的数据源。

2)定量化遥感

遥感信息定量化是指通过实验的或物理的模型将遥感信息与观测目标参量联系起来,将遥感信息定量地反演或推算为某些地学、生物学及大气等观测目标参量。遥感信息定量化研究涉及传感器性能指标的分析与评价、大气参量的计算与大气订正方法和技术、对地定位和地形校正方法与技术、计算机图像处理与算法、地面辐射和几何定标场的设置,以及各种遥感应用模型和方法、观测目标物理量的反演和推算等多种学科或领域。其中,传感器定标、大气订正和目标信息的定量反演是遥感信息定量化的 3 个主要研究方面。遥感信息的定量化研究,旨在实现空间位置定量化和空间地物识别定量化,即利用数字摄影测量技术、遥感地物波谱技术和模式识别技术相结合来定位地物并判别地物特征。

遥感信息定量化,建立地球系统和科学信息系统,实现全球观测海量数据的定量管理、分析与预测、模拟是遥感当前重要的发展方向之一。遥感技术的发展,最终目标是解决实际应用问题。但是仅靠目视解译和常规的计算机数据统计方法来分析遥感数据,精度不高,应用效率相对低,尤其在多时相、多传感器、多平台、多光谱波段遥感数据的复合研究中问题更为突出。其主要原因之一是传感器在数据获取时,受到诸多因素的影响,譬如仪器老化、大气影响、双向反射、地形因素和几何配准等,这些使其获取的遥感信息带有一定的非目标地物的成像信息,再加上地面同一地物在不同时间内辐射亮度随太阳高度角变化而变化,获得的数据预处理精度达不到定量分析的高度,致使遥感数据定量分析专题应用模型得不到高质量的数据作输入参数而无法推广。GIS 的实现和发展及全球变化研究更需要遥感信息的定量化,遥感信息定量化研究在当前遥感发展中具有牵一发而动全身的作用,因而是当前遥感发展的前沿。

由于遥感信息的定量化处理可在现有遥感数据的基础上获取质量更高、位置更精确的信息,扩大遥感信息的应用深度和广度,从而实现遥感应用的工程化、实用化、功能化。

3) 智能化遥感

遥感的智能化首先表现在可编程的遥感传感器:传感器不仅可按设定的方式进行扫描,而且可根据具体要求由地面进行控制编程,使用户可获得多角度、高时间密度的数据。

影像识别和影像知识挖掘的智能化是遥感数据自动处理研究的重大突破:遥感数据处理工具不仅可自动进行各种定标处理,而且可自动或半自动提取道路、建筑物等人工建筑。地物波谱库的建立及高光谱自动识别系统使用户可方便地进行地物识别及定量化分析。

遥感数据自动配准算法不仅大大加快了数据定位速度,提高了生产效率,而且为数据定位提供了一种高精度的先进技术。

4) 动态化遥感

小卫星技术的发展使得卫星造价很低,因此卫星网络计划得以顺利实施。NASA 的"传感器网络"使用户可在获得更高分辨率数据的同时,也可获得更高时间密度的遥感数据。而雷达微波技术的发展更是使用户可获得全天候的遥感数据。这些都为遥感动态监测创造了条件,使遥感数据真正实现了"四维"(空间维和时间维)信息获取。

5) 实用化、工程化与产业化遥感

遥感技术不仅为遥感行业带来大量资金,而且使应用成本快速下降。因此,遥感技术产业化已经成为必然趋势。但是遥感产业化还存在许多关键问题有待研究,其中遥感工程应用技术及工程标准是急需解决的问题之一。

4.8.2 "3S"技术集成与应用

随着遥感数据分辨率(时间分辨率、空间分辨率、光谱分辨率)越来越高,数据量也越来越大,数据处理的方法也越来越复杂,越来越需要 GIS 系统来解决数据的存储、管理和处理问题。同时发现,许多领域应用单靠遥感数据提供的信息无法解决应用中的所有问题,而需要其他数据支持,在 GIS 平台下才能得到对问题较全面的理解和解决。事实上,无论从学科知识,还是技术、方法角度上说,单一学科知识和单一技术、方法在解决复杂的综合问题时都显得力不从心。遥感技术和众多技术相比,体现出来的主要是信息的获取技术,而不是信息处理、提取以至解决问题的技术。遥感技术需要与 GIS 技术、GPS 技术、计算机技术、三维可视化技术、仿真模拟技术、虚拟现实技术等现代信息技术密切结合才能使应用不断走向深入,图 4-11 是利用遥感正射影像和三维可视化技术生成的长江三峡地区三维景观实景图像。"3S"技术集成就是在这样的背景下产生的。

地理信息系统(GIS)是以地理空间数据库为基础,在计算机软、硬件的支持下,对有关空间数据按地理坐标或空间位置进行预处理、输入、储存、查询、检索、运算、分析、显示、更新和提供应用与研究,并处理各种空间实体及空间关系为主的技术系统。它融合了多门学科成果,包括计算机科学、地理学、测绘遥感学、环境科学、城市科学、信息论、应用数学、管理科学等。GIS 是空间数据的管理系统,是空间数据和属性数据的综合体,它可管理海量数据,浏览、查询,进行空间分析(路径分析、包含分析、断面分析、格网分析、专业分析、生成数字模型、制图等)。GIS 可应用于测绘、勘探、管线、水利、环保、军事、资源利用、城市规划和管理、土地利用与管理、自然灾害预测、人口统计等领域。GIS 数据挖掘(Data Mining)技术,可从空间数据库中自动发现知识,用来支持遥感解译自动化和 GIS 空间分析的智能化。随着"数字地球"这一概念的提出,人们对它的认识也不断加深。

图 4-11　长江三峡地区遥感影像三维景观

全球定位系统(GPS)也称为"测时测距导航系统"。GPS 是由美国研制,并于 20 世纪 90 年代投入实际应用的卫星定位系统,其主要目的是为飞机和船舶导航定位等。GPS 技术已在航空、航天、航海、军事、地质、石油、勘探、交通、测绘等领域得到广泛的应用。通过这种技术 GPS 用户在地球表面任何地方、任何空间、任何天气条件下,任何时间都可连续地知道自己所在的准确位置、准确时间,以及位移物体的准确航向、航速。GPS 作为一种全新的现代定位方法,已逐渐在越来越多的领域取代了常规光学和电子仪器。GPS 的精确定位功能克服遥感数据定位困难的问题。传统的遥感对地定位技术主要采用立体观测、二维空间变换等方式,采用地-空-地模式先求解出空间信息影像的位置和姿态或变换系数,再利用它们来求出地面目标点的位置,从而生成地学编码图像。但是,这种定位方式不但费时费力,而且当地面无控制点时更无法实现,从而影响数据的实时应用。GPS 的快速定位为遥感实时、快速应用并进入 GIS 系统提供了可能,其基本原理是用 GPS/GPS/INS 方法,将传感器的空间位置(X_s, Y_s, Z_s)和姿态参数(φ, ω, κ)同步记录下来,通过相应软件,快速产生直接地学编码。20 世纪 80 年代以来,尤其是 90 年代以来,GPS 卫星定位和导航技术与现代通信技术相结合,在空间定位技术方面引起了革命性的变化。用 GPS 同时测定三维坐标的方法将测绘定位技术从陆地、近海扩展到整个海洋和外层空间,从静态扩展到动态,从单点定位扩展到局部与广域差分,从事后处理扩展到实时(准实时)定位与导航,绝对和相对精度扩展到米级、厘米级乃至亚毫米级,从而大大拓宽它的应用范围和在各行各业中的作用。图 4-12 是 GPS 航海导航应用领域示例。

在"3S"技术集成中,GPS 主要用于实时、快速地提供目标的空间位置;RS 用于实时、快速地提供大面积地表物体及其环境的几何与物理信息及各种变化;GIS 则是对多种来源时空数据进行综合处理分析和应用的平台。GIS、RS 和 GPS 三者集成利用,构成整体的、实时的、动态的对地观测、分析和应用的运行系统(图 4-13)。

"3S"技术及其集成是数字地球的核心。遥感(RS)与地理信息系统(GIS)技术、全球定位系统(GPS)技术的集成发展及其在地学研究中越来越广泛和深入应用,已经导致地学研究方法,特别是地理学研究中空间对象的观测与信息获取方法产生了根本性的变化,极大地提高了对地观测能力且丰富了观测内容,深化了人们对地学现象的认识。实际上,"3S"技术已经不仅仅是指 RS、GIS 和 GPS 三者(有学者已经提出了"5S"),而是泛指遥感技术与其他新技术的结合,其中还包括与传统技术方法的结合。

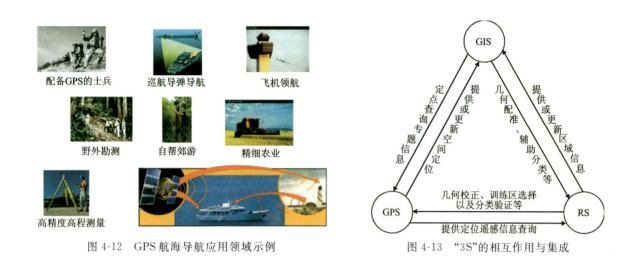

图 4-12　GPS 航海导航应用领域示例　　　　图 4-13　"3S"的相互作用与集成

4.8.3　"3S"技术集成的模式与关键技术

"3S"技术的集成有多种方式：GPS 与 GIS 的集成可用于环境动态监测、自动驾驶、环境管理等方面；GPS 与 RS 的集成可用于自动定时数据采集、环境监测、环境灾害预测等方面；RS 与 GIS 的集成可用于全球环境变化监测、空间数据自动更新等。对地观测的"3S"集成系统是引入专家系统和现代通信技术，从而形成地理信息科学与工程。专家系统的引入将力求使数据采集、更新、分析、应用更加自动化和智能化。

刘德长（2013）强调遥感信息的综合应用时称之为后遥感应用技术，与这里的"3S"技术集成有着相似的含义。后遥感应用技术理念的基本内涵是将遥感技术与各学科传统的研究方法相结合，与其他现代信息技术相结合，对遥感信息进行综合理解、全面挖掘和深入应用。针对铀资源勘查，后遥感应用技术是指在信息源上集遥感信息、航放信息、地球物理信息、地球化学信息、地质信息等多源地学信息于一体，在技术方法上集图像处理技术、GIS 技术、GPS 技术、数据库技术、三维可视化技术、多媒体技术、仿真模拟技术、虚拟现实技术及传统地学研究方法于一体的信息深化应用技术（图 4-14）。

"3S"技术集成是地球信息科学的重要技术支撑，随着"数字地球"概念的提出显得越来越重要，其应用领域也在不断扩大。在这些不断增加的应用中对动态性和实时性提出了更高的要求，为了满足这些需求，"3S"技术集成必须与通信技术相结合，并且充分利用当前通信技术飞速发展的大好机遇，开创地球空间信息科学新的时代。

4.8.4　"3S"集成与遥感技术综合应用

人机交互解译和计算机自动分类是目前研究中最常采用的方法。在计算机自动分类技术研究不断取得进展的同时，由专业人员目视解译发展而来的交互分析方法，已经发展到全数字作业方式，在专题数据信息获取、更新、管理、应用等方面具有明显优势，而且为 GIS 技术支持下开展多源数据的综合分析提供了方便。

航天技术的发展进一步促进遥感技术的应用，外空遥感成为热点领域，美国、欧盟等的火星探测计划，中国、印度、日本等国家的探月工程和美国的重返月球计划引起了广泛关注，太空技术的发展将促进对地观测技术的提升。

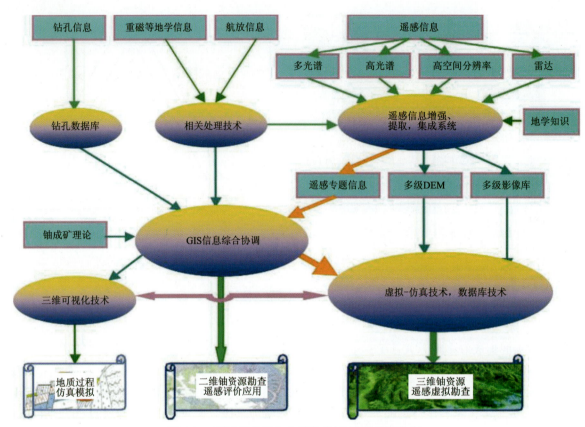

图 4-14 遥感信息综合应用模式（后遥感应用技术）

遥感诞生以来，航天遥感技术日臻完善，应用越来越广。除了普遍采用的中等分辨率的遥感数据外，米级和分米级、千米级的遥感数据得到了发展，不同的空间分辨率的遥感数据互相补充，可在不同空间尺度下开展多方面的应用研究，正好可满足资源环境等探测中对于不同长度的需要，满足不同研究对象自身发生、发展规律的需要。

应用研究的深入开展，加深了人们对于资源环境认识的深度和广度，特别是一系列的资源环境问题对于实施可持续发展战略带来的限制和约束，提升了人们对于资源环境问题的重视程度，迫切需要及时、快速、准确、全面地了解资源环境状况及其变化特点。这一切对于遥感技术的发展在时间有效性和空间分辨能力等方面提出更高要求，不仅要求能够高效率和高精度的识别能力，而且要求快速、实时。专门化的传感器的发展，在海洋、环境、雨林等领域促进了专业卫星的研制，波谱分辨率进一步细化，数十波段至 100～200 个波段的传感器逐步在资源环境领域得到应用，以期提高缩小波段波谱长度，获取地物某方面的更有针对性和更具体的信息，同时波段总数的增加，为研究同一对象提供了更多的波段选择。通过综合应用各种方式的波段组合，能极大地提高遥感应用能力。目前，在高光谱遥感数据波段选择和具体应用等方面，基本上处于起步阶段，有待进一步深入研究。

新型遥感技术的不断进展，将在社会经济可持续发展过程中的资源环境研究领域发挥日益重要的作用。近年来，我国信息化和数字化建设进一步加快，国家资源环境综合信息预警能力的建设，特别需要遥感技术在客观、快速、全面地周期性获取资源环境信息方面发挥重要作用。数据信息是这些工程建设的核心内容，也是能力和应用效果的保障。数据信息便于应用、便于保存、便于传播，更便于更新和分析。实践表明，资源遥感的应用拓展更广泛的领域和途径，诸如精准农业、智能交通以及数字城市等。

1) 精准农业应用

精准农业（precision agriculture，precision farm 或 cyber farm）也称为精确农业、特定农业及定位特

第4章 地学遥感新技术与集成

殊类别的农业，或多比例农业。自20世纪90年代以来，精准农业作为基于信息高科技的集约化农业出现，成为农业可持续发展的热门领域。

精准农业是将GIS、GPS、RS技术及计算机技术、通信技术、网络技术、自动化技术等高科技集成与地理学、农业、生态学、植物生理学、土壤学等基础学科有机地结合起来，实现在农业生产过程中对农作物、土地、土壤从宏观到微观的实时监测，以实现对农作物生长、发育状况、病虫害、水肥状况，以及相应的环境状况进行定期的信息获取和动态分析，通过专家系统的诊断和决策，制订实施计划，并在GPS、GIS集成系统支持下进行田间作业。

在实时获取数据方面，可使用移动农业机械上搭载的GPS和GIS设备来搜集和传输有关植物类型、施肥和收割等数据。比如带有与GPS相连接的电子测量组件的收割机械能在作物收割的同时测量作物产量，经计算产生出定位精度小于1m的样区产量图，该图不仅显示了作物产量，而且显示了产量的分布情况。农业工人可根据产量图提供的信息分析局地低产原因，来调整耕作方案。图4-15为GPS和GIS设备装载于联合收割机上的情景，可通过GPS随时提供收割机当前的精确位置，以及作物产量传感器给出当前时段的收割作物流量，通过GIS搜集和存储这些信息，以提供查询、分析和制图。

联合收割机外貌

作物产量传感监视器和控制面板

图4-15　GPS和GIS设备装载于联合收割机上

有些载有GPS和GIS设备的农业机械还可在收割、耕地或其他田间管理的同时，按照预设的采样策略采集土壤样本，并自动记录采样位置和分析样本的pH值和肥力（比如钾和磷的含量），同时输出分析图表。图4-16a显示了当地块形状为正规和不正规图形时的采样策略；图4-16b显示了由农业机械所载的GIS输出的土壤肥力分析情况。有了这些分析图表，农业工人可因"地"制宜安排施肥方案，农业机械便可根据该方案自动在指定地点按指定的比例施肥，这样不仅可避免因盲目施肥，对作物造成损害，还可节省肥料和农业机械的燃耗。这种在指定地点按指定的比例耕作的方法，在精准农业中称为多

· 69 ·

比例技术。如图 4-16 所示,这种受 GIS 和 GPS 控制的喷洒设备,可按照预置程序对指定地点按照指定比例施肥或喷洒农药等。

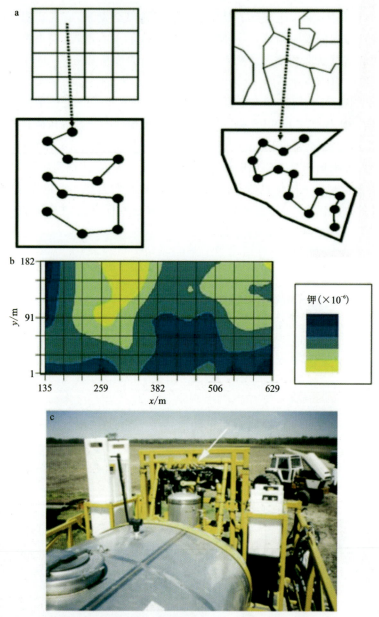

a.采样位置选择策略示意图;b.土壤含钾浓度分布图;c.受控喷洒设备照片。
图 4-16 自动土壤采样分析和受控耕作

GIS 和 GPS 还可帮助农业工人遵从环境规律,在投放杀虫剂的农田与附近的河流之间留出必要的缓冲区,当杀虫剂喷洒设备遇到缓冲区时将根据预先排定的程序关闭喷洒头。

2) 智能交通系统应用

随着城市化的进展和汽车的普及,交通运输问题日益严重,主要表现在道路车辆拥挤、交通运输效率低(空载率高)、驾驶员缺少有关的交通信息、交通事故率升高、交通污染造成环境恶化等。传统解决交通问题的办法是扩建道路,提高路网容量。但受资源、环境等条件的限制,单纯依靠扩建道路的方式已经无法满足现代城市交通的需要。在这种情况下,人们把注意力转向依靠交通系统的科学管理,从系统的观点出发,把车辆和道路设施综合起来考虑,运用各种现代技术手段系统地解决道路交通问题,并提出了智能交通系统(Intelligent Transportation System,ITS)的概念。图4-17是智能交通概念系统示意图。

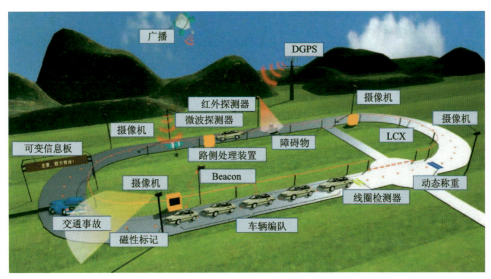

图4-17　智能交通概念系统示意图

智能交通系统ITS是将"3S"技术、数据通信传输技术、电子控制技术以及计算机处理技术等有效地运用于整个运输管理体系,使人、车、路密切配合,和谐地统一,从而建立大范围全方位发挥作用的实时、准确、高效的运输综合管理系统。

在ITS中,"3S"集成技术为其提供了移动目标实时定位以及基础地理信息快速更新的手段。例如,将GPS、GIS和RS有机结合,可实时、快速地提供移动目标的空间位置,将它们集成在车、船等交通工具上,可实现定位、导航、实时测量。在一些已建成的ITS中,"3S"集成系统担负着智能定位导航、远程指挥、交通安全管理、事故处理等重要使命。另外,由于道路等基础建设的日新月异,交通网和高等级公路网的建设周期缩短;通过"3S"集成的空间信息采集中心,可充分发挥高分辨率(1m)卫星遥感图像现势性强、GPS测量精度高和GIS采集与存储数据方便的优势,来满足包括公路网在内的基础地理信息快速更新的要求,以使智能交通系统具备实时、全面、准确等实用特征。

3)"3S"集成打造数字城市

数字城市,广义上是指信息化城市,而狭义上则可理解为应用GIS、GPS、RS等技术和互联网技术建立起来的城市空间信息运行系统,它包括城市空间信息运行机理、空间信息运行技术系统、空间信息服务与产业体系和社会文化等多层框架(图4-18)。

数字城市具有使城市地理、资源、生态环境、人口、经济、社会等系统数字化、网络化,以及虚拟仿真、优化决策和实现可视化表现等强大功能。它将使城市规划和管理具有更高的效率、更丰富的表现手法、更多的信息量、更强的分析能力和准确性,以及更具前瞻性、科学性和实时性,并提高城市建设的时效性和城市管理的有效性,优化城市资源配置水平,增强城市综合实力和提高城市生活质量,促进城市的可持续发展。

在"3S"用于数字城市的技术框架中:RS可用于空间信息采集和城市发展监测;GPS可用于移动目标导航;DGPS可用于精确定位测量等;而GIS的空间信息综合能力与直观表现效果,在处理城市复杂系统问题时,能帮助人们更好地建立全局观念与模拟直观感(图4-19)。

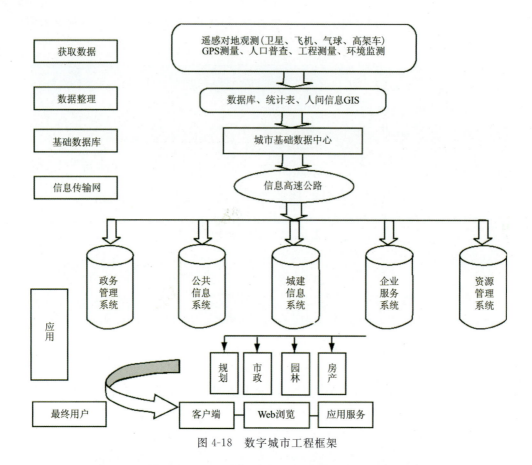

图 4-18 数字城市工程框架

图 4-19 数字城市三维虚拟景观

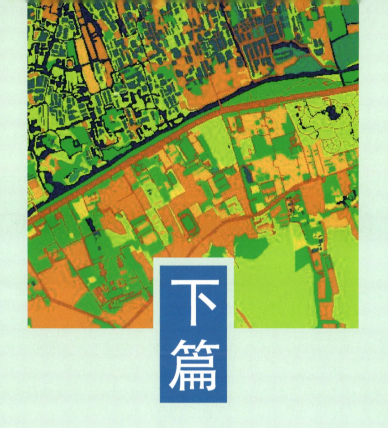

下篇

遥感技术典型应用

第5章 土地资源遥感监测应用

土地是人类赖以生存和活动的基础,是人类物质获取的源泉。1972年在荷兰瓦赫宁根大学召开的土地评价会议上认为,土地是包含地球特定地域表面及其以上和以下的大气、土壤、地质、水文、植物和动物,以及这一地域范围内过去和目前人类活动的种种结果,乃至它们对目前和未来人类利用土地所施加的重要影响。

遥感技术是土地资源状况调查评价与动态监测的重要技术手段。随着遥感技术空间分辨率、光谱分辨率和时间分辨率的提高,土地资源遥感正在成为遥感科学的重要分支。

5.1 土地资源遥感的数据源分析

针对不同的土地资源管理需求和目标,通常采用不同的遥感数据。

1)美国 Landsat TM、Landsat ETM 数据

TM/ETM 数据的特点是覆盖面大、信息量丰富,成图比例尺从 1:5万到 1:10万(Landsat ETM),以及从 1:10万到 1:25万(Landsat TM),能满足国家级和省级土地资源管理宏观监测的要求。

2)法国 SPOT-1、SPOT-2、SPOT-4、SPOT-5 卫星遥感数据

SPOT-1、SPOT-2、SPOT-4 卫星遥感数据对建设用地反映比较敏感;成图比例尺为 1:1万到 1:5万,适合于国家级土地监测和宏观调控。SPOT 与 TM 数据是目前遥感监测常用的数据,两者的融合是遥感监测技术过程中常用的组合方式,更重要的是有助于非遥感专业人员识图。

SPOT-5 卫星是法国新近发射的用于大比尺图件制作和资源监测的卫星。目前广泛用于 1:1万土地调查、土地规划、土地执法等日常管理工作(图 5-1)。

3)印度 IRS 数据

IRS 数据每景覆盖范围是 70km×70km。该数据只有 1 个波段,分辨率为 5.8m,成图比例尺是 1:2.5万。正常情况下,从订购到获取数据通常需要 1 个月左右,一般是将 IRS 数据与 TM 数据结合,使用于土地监测。

4)美国 IKONOS 数据

IKONOS 数据每景覆盖范围是 11km×11km,有 4 个多光谱和 1 个全色波段,分辨率分别是 4m 和 1m。该数据分辨率高,成图比例尺可达 1:5000,满足微观监测要求,但该数据价格高,数据量大,短时间内难以获取满足要求的数据。

5)美国 QuickBird 数据

QuickBird 数据有 4 个多光谱和 1 个全色波段,分辨率分别是 2.44m 和 0.61m,成图比例尺可达 1:2000,可满足微观监测要求,但该数据价格高,数据量大,短时间内难以获取满足要求的数据(图5-2)。

图 5-1 模拟自然真彩色 SPOT-5 融合图像

图 5-2 模拟真彩色 QuickBird 融合图像

6) 加拿大 Radarsat 数据

Radarsat 是由加拿大国家航天局(CSA)监督的加拿大遥感地球观测卫星项目,包括 Radarsat-1 (1995—2013 年)、Radarsat-2(2007 至今)和 Radarsat Constellation (2019 至今)。Radarsat-1 卫星于 1995 年 11 月发射升空,拥有强大的合成孔径雷达(SAR),可以全天候、全天时成像,为加拿大及世界其他国家提供了大量数据(图 5-3、图 5-4)。Radarsat-2 卫星是 Radarsat-1 卫星的后续型号,是全球第一颗提供多极化图像的商业雷达成像卫星。Radarsat Constellation Mission(RCM)卫星星座是加拿大新一代 C 波段 SAR 卫星,由 Space X 公司于 2019 年 6 月 12 日在加利福尼亚州范登堡空军基地成功发射,主要由 3 颗类似 Radarsat-1/2 的卫星组成,其目标是在未来 10 年内确保 C 波段数据的连续性,未来可能通过增加卫星数量(有可能增加到 6 颗)的方式新增一系列新应用。与 Radarsat-2 不同的是 RCM 星座配备了自动识别系统(Automatic Identification System,AIS),它将独立使用或与雷达结合使用,从而提高对船舶的检测和跟踪能力。

图 5-3 反映土地资源分布的 Radarsat 数据图像示例

图 5-4 大比例尺航空遥感摄影图像示例

5.2 土地资源遥感调查的内容

早在 1980—1986 年,美国就利用遥感技术开展了全球性农业和资源遥感调查计划,20 世纪 90 年代中期,利用 TM 数据按州进行土地利用调查。加拿大是世界上应用遥感技术较为发达的国家之一,90 年代初期已经建立了全国土地遥感监测系统,利用遥感、地理信息系统技术对全国资源状况进行周期性调查与更新。1992 年以来,欧洲共同体开展了利用遥感技术监测欧洲共同体国家耕地、农作物变化的大型计划,即 MARS 计划。该计划规定采用抽样遥感监测方法每两周向欧洲共同体总部提供监测报告。

我国历来对国土资源十分重视,特别是自国土资源部(现自然资源部)成立以来,非常重视土地资源的动态监测工作。从1999年开始,遥感监测工作作为国土资源大调查的重要组成部分,每年开展对全国重点地区的遥感监测。20世纪80年代初期,应用分辨率为79m的MSS遥感数据进行了全国土地概查(图5-5)。

图5-5　用于土地概查的Landsat MSS图像

20世纪80年代后期,我国开展了全国土地利用详查工作主要采用航空遥感加实地调绘,比例尺为1:1万;部分地区因条件所限,开展了1:2.5万、1:5万和1:10万土地利用现状调查;同时,利用遥感开展了土地利用的动态监测,如自1997年以来采用不同的遥感技术方法,对全国100个地区或城市的土地利用变化进行了1:1万~1:10万不同空间尺度的监测;通过对2个及以上时相的卫星数据提取土地变化图斑并进行对比分析,首次在时空尺度上直接掌握全国土地利用变化情况,特别是建设用地占用耕地情况,有效地保护了耕地面积(图5-6)。

图5-6　新增建设用地占用耕地遥感监测图像(红色图斑)

5.3　建立土地资源遥感技术体系

结合土地资源遥感技术路线、技术方法和应用领域,形成了较为完善的土地资源遥感技术体系。

5.3.1 技术路线

针对土地管理现状、国土资源日常管理业务和国民经济发展要求，形成了以遥感技术为主流技术的产业应用技术路线。

1）栅格数据与矢量数据相结合

栅格数据主要包括遥感影像和扫描后的土地利用现状图，矢量数据主要包括土地利用现状数据库、城市规模控制线等各类界线和监测信息。基于土地利用矢量数据和遥感正射影像图，提取土地利用类型图斑，并对监测信息进行矢量化，便于使用和管理。

2）多源、多时相遥感数据相结合

将高空间分辨率全色波段数据和多光谱数据进行融合，生成兼有高空间分辨率和多光谱信息的遥感影像，利于提取土地利用及其变化信息。

3）多种信息提取方法相结合

应用多种计算机自动识别技术，人机交互提取土地利用及变化信息，减少信息漏提、误提等现象。

4）遥感数据与土地利用基础图件相结合

以卫星影像为数据源，土地利用现状图为主要控制参考，制作数字正射影像图；基于遥感正射影像图和土地利用现状图件，提取二者差异信息，实现土地利用现状图的更新；参考土地利用现状图，辅助确定城市建成区界线和土地利用类型，减少外业调查工作量。

5）内业处理与外业调查相结合

对内业无法确定的信息，逐个进行外业调查，实地核对监测信息的类型、范围，补充调查监测遗漏图斑，确保遥感监测精度。

5.3.2 主要技术方法

1）遥感影像处理及数字正射影像地图（DOM）制作

以符合精度要求的1:1万地形图或土地利用现状图为基础图件，对卫星遥感数据进行正射纠正，再将正射纠正的全色与多光谱数据进行配准、融合，按1:1万标准图幅范围进行分幅，制作成模拟真彩色的1:1万标准分幅DOM。

卫星遥感数据的融合方法主要有IHS变换、主分量变换、加法、加权相乘等多种方法。

2）信息提取技术

信息提取主要是指提取土地覆盖类型，以及人类为获取与土地相关的产品和服务进行各项活动所产生的土地覆盖类型变化。信息提取分为4个步骤：信息发现、图斑区域提取、图斑类型确定和图斑表示。

（1）信息发现。信息发现根据所采用手段的不同可分为以下3种方式：人工发现（即人工目视解译）、自动发现和人工发现与自动发现相结合。在动态遥感监测中，通常采用的是第3种，即人工发现与自动发现相结合的方式。自动发现的方法可归纳为以下几种：光谱特征变异法、主成分分析法（PCA）、假彩色合成法、图像差值法、分类后比较法、波段替换法以及变化矢量分析法（图5-7、图5-8）。

（2）图斑区域提取。信息发现方法皆在辅助信息的提取和类型确认，但是由于遥感影像处理的复杂性，在处理不同影像时单一的信息提取方法得到的模板反映不了全部地类及变化信息，故要求对各类及其变化信息的提取进行几种方法的结合应用。实践表明，比较有效的信息图斑区域提取方法有阈值法、区域生长法、手工描绘法和组合法等。

第5章 土地资源遥感监测应用

图 5-7　SPOT-4 10m 全色与 TM7.4.3 波段组合 I.H.S 变化融合图像

（图中红色区域为发生变化的区域）

图 5-8　波段替换法

(3) 图斑类型确定。图斑类型确定方法是以圈出的图斑区域为模板罩在2个时相的图像上面，交互显示2个时相的图像，通过目视解译判断图斑区域在2个时相上对应的地物类型。当只凭影像特征难以确定地物类型时，可参考土地利用图等相关资料，如果仍难确定则需要进行外业调查。图斑类型的确定方法主要有目视解译法、自动分类法（如聚类分析法）、监督分类法等。

(4) 图斑表示。图斑表示主要是对所提取的土地利用及变化进行图斑编号、着色和属性标定。通常对图斑表示外业检查前后有一定的差异，如外业调查前仅对图斑进行编号处理，外业调查后需对图斑进行编号核实、着色和属性标定等处理。

5.3.3　应用领域

1）监测建设用地变化趋势、布局和规模

自1999年以来，全国93个50万以上人口和经济热点地区，利用遥感技术进行了建设用地变化趋势、布局和规模的监测,监测数据准确地反映了这些地区建设用地的变化,监测结果显示城镇、独立工矿以及基础设施建设用地量大,占用耕地多,为国家宏观经济调控政策的制定提供了科学依据。

2)为土地资源管理提供现实基础资料

遥感监测成果可为土地资源管理多项业务工作提供所需要的最新基础图件、数据等资料,不仅提高了土地管理的技术含量,而且进一步加强了土地调查、土地利用规划等公益性和基础性工作的建设。

3)辅助检查土地利用总体规划执行情况

将城市建设规模控制线套合至最新的遥感监测图上,结果显示监测的大多数城市建设项目都在规模控制线内(图5-9),表明执行土地利用总体规划势头较好。

图5-9 新增建设用地基本在城市规模控制线内

4)复核土地变更调查

利用遥感监测对土地变更调查图斑进行了复核,可准确掌握土地变更调查数据。图5-10是利用遥感监测成果复核土地变更实例。复核结果显示,当地在土地变更调查中执行技术规程要求上存在一定差异,主要表现在:一是有些地方按审批变更,即对当年批准而未开工建设的项目一并进行变更,导致未变化先变更;二是有些地方对手续不全和虽经批准建设但未经竣工验收的项目未作变更。这些造成了土地变更调查数据由三部分构成,即当年按审批变更,但实地未发生变化的部分,补充变更部分;当年实际变化部分,三部分分别约占1/3。与此同时,年度土地实际变化中也出现3种情况:当年建设当年变更;往年按审批变更,但当年建设;当年手续不全、未竣工而未变更以及漏变更等。3种情况大体上各占年度变化的1/3。以上说明,虽然土地变更调查数据基本准确,但在反映年度土地实际变化的时空分布上还存在一些差异。

5)辅助开展土地变更调查

利用遥感监测成果指导土地变更调查针对性强,节省了外业查找变化地块的时间,提高了工作效率,同时也保证了调查结果的可靠性。

6)辅助开展土地利用现状图更新

利用遥感技术更新土地利用现状图的总体思路是首先对遥感数据进行几何精校正和正射校正;其次将遥感图像与要更新的土地利用现状图叠合,经对比发现变化信息;再次通过外业调查和GPS实测确定变化图斑的边界、属性和面积;最后通过室内处理得到更新后的土地利用现状图(图5-11)。具体更新方法应根据实际工作基础,对建库区和非建库区采用不同的技术流程。无论是建库区还是非建库区,土地利用现状图更新工作均分为5个阶段:前期准备、前期外业、内业处理、后期外业和外业后处理。

图 5-10　遥感监测成果与变更调查成果对比图

图 5-11　利用遥感监测成果辅助开展土地利用变更调查

7) 基本农田保护区监测

监测基本农田增减情况及现存基本农田状况。掌握基本农田地块内的土地利用现状和年度变化情况(图 5-12、图 5-13),提取基本农田内的耕地、建设用地、其他农用地和未利用地,从而为基本农田保护管理服务。

8）配合土地执法检查

利用遥感监测成果，全国性土地执法检查取得了明显成效。各地市利用遥感数据对本地区监测图上每个变化地块进行检查，对批而多用、未批先用、越权批地等违法行为立案查处。部分城市在遥感监测外业检查阶段开展了与执法检查联动进行的试验，一方面增强了执法检查的时效性，另一方面更好地保证了遥感监测工作的顺利进行。

（红色代表变化图斑，遥感图像为北京房山区 IKONOS 1m＋IKONOS 4m 融合图）

图 5-12　基于 MapGIS 目视解译提取的变化信息

（青色为可疑图斑，黄色为耕地）

图 5-13　基本农田保护区土地利用现状

遥感监测与土地执法检查相结合（图 5-14），可最大限度地及早发现土地违法行为，将其消除在萌芽状态，特别能够及时发现因执法监察不到位而遗漏以及因为交通不便、不易通过巡查发现的土地违法行为。卫星遥感监测技术为强化土地资源执法监察、贯彻"预防为主、防范和查处相结合"的国土资源执法监察新思路提供了强有力的科技支撑，是土地执法监察工作的重要手段之一。

第5章 土地资源遥感监测应用

图 5-14　遥感监测配合土地执法

综上分析,土地资源遥感应用对于准确调查、估算土地面积、监测土地利用情况,分析土地利用结构变化,研究农业生产水平和潜力,制定农业区域和规划实施,加强农业科学管理,指挥农业生产等具有重要的科学实践价值。

5.4　黄土地遥感研究

为准确查明全国自然资源分布底数和地质环境问题,摸清相关变化规律和趋势,2015年中国地质调查局组织局属单位,利用多源遥感数据对全国各省(区、市)自然资源进行了摸底调查。本节案例展示的内容是陕西省调查监测的主要情况。

5.4.1　调查区概况

陕西全省自北向南可依次划分为陕北、关中和陕南3个地区,省内国土资源丰富、类型多样。陕北地区是我国重要能源化工基地,石油、天然气与煤炭资源丰富、储量高、埋藏浅、易于开采;关中地区为陕西省重要的农业产区,农作物种类丰富,土地资源开发利用率高,同时作为中华文明的主要发祥地,文化遗迹遍布,旅游资源丰富;陕南地区为陕西省主要的林业资源分布基地,其中秦岭为我国南北气候的分界线、黄河流域与长江流域的分水岭,水资源与动植物资源种类十分丰富,是我国重要的生态屏障,同时金、钼、铅等金属矿产含量高,是我国有色金属的重要产地。

5.4.2　主要地质环境问题

陕西省是我国地质环境问题严重的省份之一,地质环境问题具有多样性、多发性和显著性的特点。其中,崩塌、滑坡、泥石流、荒漠化、河湖及湿地萎缩等问题最为严重。

1)地质灾害

陕北黄土高原地形起伏、沟壑发育,侵蚀切割作用强烈,斜坡临空面积大,易产生滑坡和崩塌,常形成崩塌体。延安北部以崩塌为主,南部则以滑坡居多。滑坡类型以蠕动型和崩塌型黄土滑坡为主,集中分布于陕北中部的洛川、延安、子长和吴旗。

关中地区以滑坡、崩塌为主,该地区滑坡、崩塌有两个特点:一是严格受地貌条件控制,滑坡主要发育在黄土塬边陡坡和深切沟谷的两侧;二是空间分布呈群体性、带状性特征。崩塌灾害分布于宝鸡—凤阁岭及华山山前地带,山体陡峻、断裂发育、岩体破碎,崩塌、泥石流普遍。

陕南秦巴山区,植被茂盛,不论是黄土滑坡、松散堆积物滑坡,还是石质滑坡,主要发生在低中山的易风化岩石分布区和断裂构造带内,崩塌主要在中高山区或深沟陡坡地段。滑坡、泥石流主要分布于在凤县、略阳—勉县—宁强三角区、镇巴、紫阳、白河、旬阳、镇安、山阳和商州一带,地貌特征为软岩性分布的中低山区和丘陵地区,主要河谷两侧,灾害体呈带状分布,发生时间多在7—9月的暴雨季节。崩塌灾害主要集中在大巴山区的镇安一带,该地区岩层陡峭、山高沟深,多为断层崖崩塌。

2) 荒漠化

陕西全省的土地荒漠化分为沙质荒漠化、水蚀荒漠化和土地盐渍化3种。陕西大部分地区地处黄土高原,以水土流失为特征的水蚀荒漠化是最主要的地质灾害之一。陕西关中以北各种级别的水蚀荒漠化的面积达到77 481.7 km^2,占该区总土地面积的60%以上,其中延安、榆林和咸阳北部等地区水蚀荒漠化不仅面积大,而且程度较高。水蚀荒漠化除了使土地资源丧失,带来的另一个严重结果是水土流失(李智佩等,2003)。

陕西的盐渍化土地主要分布在渭河下游,是20世纪60年代初三门峡水库蓄水后引起渭河下游河床抬高、地下水水位上升以及不合理的灌溉方式等因素造成的,约50万亩(1亩≈666.67 m^2)土地产生次生盐渍化。近年来,通过开挖排水沟渠系统、大量采用地下水灌溉,在一些地段,地下水水位下降,土地盐渍化发展趋势有所减缓。

3) 河湖及湿地萎缩

全国第一次湿地资源调查数据显示,陕西省100 hm^{2}以上的湿地总面积29.3万hm^2,只占全省总面积的1.4%,不及全国平均水平的一半。陕西省的湿地特色鲜明,其中黄河湿地、红碱淖湿地、朱鹮核心活动区湿地被列入中国重要湿地名录。

陕西省的湿地大部分分布在半湿润、半干旱和干旱地区,降水量少,蒸发量大,加之上游地区无计划截流灌溉,造成下游河流水量减少,湿地水源补给不足,水面面积锐减。近年来,从总体上看,陕西省的湿地数量逐年减少,质量下降的趋势仍在继续。

湿地保护中问题很多,一是湿地被占用、淤积或是改变湿地用途的现象严重,天然湿地面积大量萎缩。例如,由于过度开垦,陕西大部分沼泽湿地变为农田,失去调洪功能,仅黄河湿地就萎缩近万公顷。二是不合理开发使湿地野生动植物遭到人为破坏,天然湿地数量减少。例如,河道中不合理的拦河筑坝,大坝以上河道湿地面积虽有所增加,而大坝以下的河流湿地却明显萎缩。三是湿地受到污染,水质下降。这些问题已经严重威胁到陕西省湿地资源的永续利用。

5.4.3 技术路线与研究方法

1) 研究思路

综合分析收集以往调查成果数据,利用国产高分辨率卫星遥感数据,通过遥感解译和信息自动提取,结合野外实地调查验证开展整个工作区自然资源、生态地质环境等多专题因子的国土遥感综合调查工作,并综合分析研究区内各类专题因子的时空分布特征,综合编制系列专题图件。

2) 技术路线

以2014年国产高分辨率遥感数据为基准数据,2015年、2016年等多期国产高分遥感数据为监测对比数据源,辅以其他高分辨率影像数据,应用"3S"技术,结合野外调查等手段,快速开展陕西省多要素、多尺度国土遥感综合调查工作。包括通过建立陕西省陆域主要自然资源中耕地、园地、林地、草地、水资源、矿产资源；生态地质环境因子中现代荒漠化、湿地等专题因子的遥感解译标志，采用人机交互式解译，结合野外实地调查、综合分析研究等方法，提取资源和环境专题因子信息，编制1:100万、1:25万、1:5万的专题因子调查成果图件，摸清陕西省自然资源总量和分布现状，掌握陕西省自然资源阶段性变化、现阶段开发和利用自然资源对主要生态地质环境因子影响、动态变化规律、发展趋势、现代地质作用、全国变化的大背景下生态地质环境效应，为陕西省更好地管理和开发利用自然资源、有效保护生态地质环境，为政府决策和规划提供科学依据。总体技术路线与工作流程见图5-15。

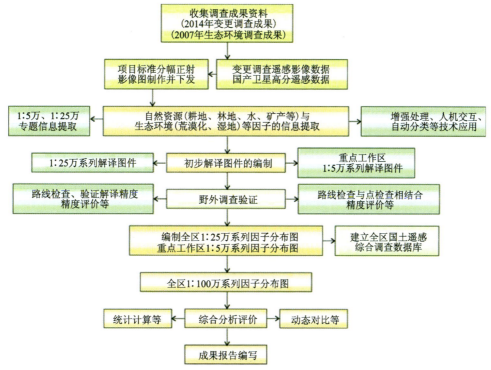

图 5-15　总体技术路线与工作流程

3）技术方法

（1）资料收集。

通过2015年黄河中游地区国土遥感综合调查（陕西），收集了比较全面的基础资料。土地资源基础数据主要有陕西省2014年土地变更调查成果数据，生态地质环境基础数据主要有全国生态地质环境调查成果（2011年成果验收），同时用2014年国产高分辨率卫星遥感数据，补充解译和修编上述数据。

此外，还收集整理了以往完成的全省范围的国土资源遥感调查和生态地质环境遥感调查成果，主要包括：国土资源部门以往进行的土地变更调查、矿山环境遥感调查和监测、地质灾害调查成果；林业部门、农业部门和气象部门已经完成的多期森林资源、水资源、草地资源调查成果；科学技术部、中国科学院及其他各部委研究机构完成的一系列有关资源和生态环境调查、地貌类型调查和研究项目成果；收集区内已有的关于土地资源、矿产资源、水资源、荒漠化、地质灾害、湿地、地形地貌、第四纪地质、新构造断裂、地震、气象等相关资料，这些资料是本次工作的基础。

（2）地理底图编制。

以1:25万地形图为基础数据，根据项目成果出图要求，对公路、铁路、等高线、三角点、居民地等要素进行必要的修编和删减。地理底图修编内容主要包括道路、境界、地貌、居民地等。投影采用高斯克里格投影，6度分带，平面坐标系统采用"1980西安坐标系"；高程系统采用"1985国家高程基准"，IUG 1975椭球体。

(3)野外踏勘,建立遥感解译标志。

通过野外实地踏勘,对照影像图,根据不同因子的影像特征(形状、大小、阴影、色调、颜色、纹理、位置和分布),建立本区域典型解译标志,为室内详细解译打下基础。同时调查和研究与区域生态地质环境密切相关的问题、搜集第一手资料。

本次调查围绕利用国产高分辨率数据的光谱特征差异、影纹差异、色彩差异,围绕自然资源、生态环境不同专题因子进行识别。解译时利用多波段数据进行比值、拉伸、彩色变换等增强处理,或通过不同波段组合变换,辨别不同因子的纹理特征,确定其界线。

(4)自然资源遥感解译。

自然资源是指存在于自然界的、天赋的、自存的,以及先人类而存在和能被人类利用的资源,如土地资源、水资源、矿产资源等。本次调查主要围绕土地资源与地表水资源开展工作。

将自然资源分为耕地、园地、林地、草地、地表水、其他土地、矿产、地下水等。以2014年变更调查卫星遥感数据为信息源,通过图像中目标物的大小、形状、阴影、颜色、纹理来建立影像的解译标注(表5-1)。

表5-1　陕西省自然资源遥感影像解译标志

自然资源类型	遥感影像特征
耕地	平原区具有规则的几何形状,纹理平滑细腻,地块边界多有路、渠、田间防护林等。山区、半山区耕地多为不规则的几何形状。色调随土壤、湿度、农作物种类及生长季节不同而变化
园地	规则化的颗粒状,成行成列,规则分布。一般位于地势较高的丘陵或山脚处。果园色彩、纹理上都比较均一
林地	有林地:比较易于识别,一般分布在山区,呈不规则的颗粒状,色彩较浓。自然状态的林地因树木大小、间距不同而不规则。 灌木林地:因较低矮,一般没有颗粒感或颗粒感不明显,均为自然状态,处于林地与草地、农用地之间的过渡地带,内部应用部分颗粒状乔木以及草地,分布极不规则,色彩比林地浅,但比草地深
草地	植物生物量小,颜色较浅,但内部均一度比较高,纹理细腻。 天然牧草地:自然的植被分布。图斑内部较少存在道路,道路呈自然延伸状态。 人工牧草地:在原有草原的基础上,改良草种、进行灌溉形成的。颜色较深,内部均一度更高。人工草地有明确的范围或用围栏围住。应注意天然草地与耕地的区别,天然草地的图斑要大于耕地的几倍或几十倍。没有防护林带,道路也相对较少
地表水	水体在影像上反映为蓝色,色调的深浅与水的深浅、浑浊程度、光照条件有关,随着水的深浅变化,呈蓝色或浅蓝色。 河流与沟渠:均为线状或带状,不同的是沟渠为人工构筑,形态比较规则,宽度统一,一般水岸平直,岸坡垒土或砌石,人工特征明显。天然河流河道弯曲,河岸为自然河岸,有时可见沙滩、芦苇,宽度宽窄不一。 湖泊、水库和坑塘:均为面装水体。湖泊为天然形成,水岸线不规则,无堤坝。水库明显可见人工修筑的堤坝,堤坝的特征是平直的亮白色,坝外有河流或河道。 滩涂:为高水位和低水位之间的潮侵地带。通常生有芦苇等植被
其他土地	设施农用地:影像为规则的建构筑物,一般分布在村庄周围,面积不大,色调为亮白色呈现裸土特征。 盐碱地:主要特征是土地表层盐碱积聚,影像上呈不规则的白色,间有耐盐碱植被生长,一般为自然植被,植被较为稀疏。 沼泽地:一般位于河湖附近,有充分的水源造成土地常年渍水。 沙地:影像上可见沙丘,反射率高色调较亮

(5)生态环境遥感解译。

沙质荒漠化土地分类参照《区域环境地质调查总则》(DD 2004—02)和《联合国关于发生严重干旱和荒漠化的国家特别是在非洲防治荒漠化的公约(CCD)》对沙质荒漠化类型的划分,结合应用遥感技术对沙质荒漠化监测的可行性,沙质荒漠化程度按风积、风蚀地表形态占该地面积百分比,植被覆盖度及其综合地貌景观特征划分为轻度、中度、重度3个级别(表5-2)。同时包括沙漠和戈壁两个荒漠类型。

以2014年变更调查卫星遥感数据为信息源,结合工作区第四纪地质背景,提取陕西地区沙质荒漠化,并根据沙质荒漠化程度分级标准,对工作区沙质荒漠化程度进行分级,查明不同区域沙质荒漠化土地分布范围、分布面积及荒漠化程度。

表 5-2　沙质荒漠化程度划分及成图表示方法

沙质荒漠化程度	风积、风蚀地表形态占该地面积/%	植被覆盖度/%	地表景观综合特征
轻度沙质荒漠化	10～30	20～40	风沙活动较明显,原生地表已开始被破坏,出现片状、点状沙地,主要为固定的灌丛沙堆;原生植被有所退化,与沙生植被混杂分布,农田适耕地下降
中度沙质荒漠化	30～50	10～20	风沙活动频繁,原生地表破坏较大,半固定沙丘与滩地相间分布,丘间和滩地一般较开阔,多为灌草;耕地中有明显的风蚀洼地、残丘,地表植被稀少
重度沙质荒漠化	>50	<10	风沙活动强烈,密集的流动沙丘和风蚀地表,沙生植被稀少或基本没有植被生长

盐碱质荒漠化参照《联合国关于在发生严重干旱和荒漠化的国家特别是在非洲防治荒漠化的公约(CCD)》对土地盐碱质荒漠化类型的划分,结合应用遥感技术对盐碱质荒漠化监测的可行性,盐碱质荒漠化程度按盐碱质荒漠化土地占该地面积百分比,参考表层土壤含盐量及其地貌景观特征划分为轻度、中度、重度盐碱质荒漠化土地3个级别(表5-3)。

表 5-3　盐碱质荒漠化程度划分及成图表示方法

盐碱质荒漠化程度	盐碱质荒漠化地表占该地面积/%	表层土壤含盐量/%	地表景观综合特征
轻度盐碱质荒漠化	<30	0.3～0.6	地表有一定面积的植被生长,有的地段可生长较大面积的乔灌木林、耕地和草地中可见小块盐斑裸地
中度盐碱质荒漠化	30～50	0.6～1.0	地表有少量植被生长,主要为乔木林和灌木林,草地已被耐盐植物代替
重度盐碱质荒漠化	>50	>1.0	地表无植被或局部有少量胡杨、骆驼刺、梭梭草等零星分布

以2014年变更调查卫星遥感数据为信息源,结合工作区第四纪地质背景,提取陕西地区盐碱质荒漠化,并根据盐碱质荒漠化程度分级标准,对工作区盐碱质荒漠化程度进行分级,查明不同区域盐碱质荒漠化土地分布范围、分布面积及盐碱质荒漠化程度。

湿地遥感调查主要包括河流湿地、湖泊湿地、沼泽草甸湿地与人工湿地。其中,河流湿地包括永久性河流、季节性或间歇河流、洪泛湿地3个亚类;湖泊湿地包括永久性淡水湖、永久性咸水湖、季节性淡水湖和季节性咸水湖4类;沼泽草甸湿地包括草本沼泽、内陆盐沼、沼泽化草甸3类;人工湿地包括水库、淡水养殖场、农用池塘、灌溉用沟、稻田、采矿挖掘区和塌陷积水区,以及城市人工景观水面和娱乐水面等 12 类。遥感影像特征见表 5-4。

表 5-4　陕西湿地部分类型遥感影像解译标志

湿地类型	遥感影像特征
洪泛平原湿地	位于河流沿岸,在洪水季节能被河水淹没的地势平坦地区;呈狭长带状分布,中部为岔道发育的辫状河道,两侧为漫滩。水体两侧无植被分布或有少量植被覆盖;主要分布于冲洪积平原地区,山地地区分布较少
草本沼泽	位于湖滨、冲洪平原中的洼地、古河道、河漫滩洼地或库塘周边地区;形态不规则,地表为植被覆盖,覆盖度≥30%,植被中有少量水体分布;水分补给主要依靠地表径流或潜水溢出补给
内陆盐沼	位于咸水湖滨或盐碱质荒漠化程度较高的冲洪积平原的洼地;形态不规则,地表积盐特征明显,植被覆盖度≥30%,植被内部或分布有少量水体;水分补给主要依靠地下潜水溢出与降水补给
沼泽化草甸	位于高海拔地区的山间盆地与山前冲洪积扇洼地;形态不规则,呈面状或狭长带状,与洼地地形一致;地表为植被覆盖,覆盖度≥30%,内部分布有水体;水分补给依靠地表径流、潜水、冰川融水与降水补给
人工养殖、种植	位于冲洪平原之上或河流沿岸,多在城镇周边;形态规则,多为矩形,连片分布,中间有堤坝间隔

根据工作区的自然地理、社会经济条件,以及存在的地质环境、生态环境问题,选取河流、湖泊、湿地、荒漠化(沙质荒漠化、水蚀荒漠化、盐碱质荒漠化)、土地覆被变化、城市扩张、地质灾害等生态地质环境因子进行遥感信息提取,各专题因子的分类体系按"全国国土遥感综合调查与信息系统建设"项目编制的分类系统要求执行。

(6)解译与信息提取。

本次遥感调查采用的主要信息提取方法如下。

人机交互解译法。人机交互解译具有快速、实用、解译精度高等特点,是生态地质环境因子信息提取的常用方法。本次遥感调查主要采用该种方法,主要以 MapGIS、ArcGIS、ERDAS 软件作为专题因子信息解译提取的主要平台,根据建立的遥感解译标志,分别提取各专题因子信息。根据相关标准,对图层上的图斑采用不同的符号和颜色表示类型的专题信息等,实现专题因子信息遥感解译提取、分类编码与编图。

图像解译与前人资料相结合的方法。在收集前人丰富资料的基础上,对资料进行充分阅读和理解,最大限度地利用前人成果,参考并修正解译成果。基于第二次全国土地调查成果数据,重新根据最新时相的遥感影像对地物的边界进行确定,对修改后的地物类型以及边界进行了验证,对原有土地二调数据进行了更新,最终形成项目组成果数据。

(7)野外调查验证。

野外调查与验证是提高信息提取精度的重要手段,在自然资源、生态地质环境等专题因子遥感信息提取的基础上,采用路线观测与点观测相结合方法实地检查验证自然资源和生态地质环境遥感解译结果,重点观测遥感解译程度较低的和可疑的图斑以及重要地质环境现象。观测的主要内容为自然资源类型、特点、开发和利用状况,并实地调查自然资源、人类活动、生态环境三者相互关系。主要记录包括河流、湖泊的规模,分布的地貌特征,人类活动对水面变化的影响;湿地的规模、植被种类及其周边的人类活动特征;沙质荒漠化区的沙丘高度、沙丘形态、植被类型、人类活动特征、沙丘移动方向及与地质地貌的关系、沙源物质,以及沙质荒漠化对工矿企业和重要公路与铁路的危害、治理方法及效果;盐碱质荒漠化的类型、植被类型组合、水资源和土地资源利用等人类活动特征,以及盐碱物质来源的地质背景;土地覆被的变化类型、方式及其驱动因素等。

第5章 土地资源遥感监测应用

(8)重点区自然资源和生态地质环境遥感调查与监测。

重点区选择以2015年遥感调查掌握的最新资料为依据,结合全国生态地质环境调查成果掌握的资料和陕西省其他已有资料,分析选择自然资源分布变化大、自然资源利用不合理地区、生态地质环境脆弱、人类活动影响大、变化大的地区,开展自然资源和生态地质环境遥感调查与监测。重点区调查和图件编制采用1:5万比例尺,图件种类包括自然资源和生态地质环境遥感调查因子的现状图和变化图,以后逐年扩大重点区工作范围或新选择重点继续开展重点区调查与监测。

重点区1:5万系列图件中,自然资源和生态地质环境类型,要表示和统计到三级分类。

5.4.4 主要调查结果

本次调查主要针对自然资源中的林地、草地、地表水、湿地、荒漠化5个专题因子进行调查监测。

1)陕西省林地资源分布现状及分析

根据二级项目下发的《全国国土遥感综合调查与信息系统建设技术要求》(初稿)中的分类分级方案,将林地(指生长乔木、竹类、灌木的土地,以及沿海生长红树林的土地;包括迹地,不包括居民点内部的绿化林木用地、铁路、公路征地范围内的林木,以及河流、沟渠的护堤林)划分为以下3类,分类标准如表5-5所示。

表5-5 林地资源分类说明表

一级类		二级类		三级类		说明
编码	名称	编码	名称	编码	名称	
01	土地资源	03	林地	031	有林地	指树木郁闭度≥20%的乔木林地,包括红树、林地和竹林地
				032	灌木林地	指灌木覆盖度≥40%的林地
				033	其他林地	包括疏林地(指树木郁闭度10%～19%的疏林地)、未成林地、迹地、苗圃等林地

按照《全国国土遥感综合调查与信息系统建设技术要求》(初稿)的技术标准,根据项目组的解译成果和野外调查来看,2014年陕西省林地资源总量为126 592.00 km²。其中,有林地覆盖面积为91 300.65 km²,灌木林地覆盖面积为2 553.28 km²,其他林地覆盖面积为9 738.07 km²,如表5-6所示。

表5-6 陕西省林地统计结果

类型	面积/km²	占陕西省总面积比例/%
有林地	91 300.65	45.65
灌木林地	25 553.28	12.78
其他林地	9 738.07	4.87
合计	126 592.00	63.30

有林地集中分布于关中地区的宝鸡市,陕南地区的汉中市、安康市、商洛市,陕北地区的延安市。有林地在关中地区的西安市、铜川市、咸阳市分布面积较少,陕北地区的榆林市分布面积最少;灌木林地主要分布于陕北地区的榆林市、延安市,其次是陕南地区的汉中市、商洛市;其他林地面积较小,主要分布于陕北地区的榆林市、延安市(图5-16,表5-7)。

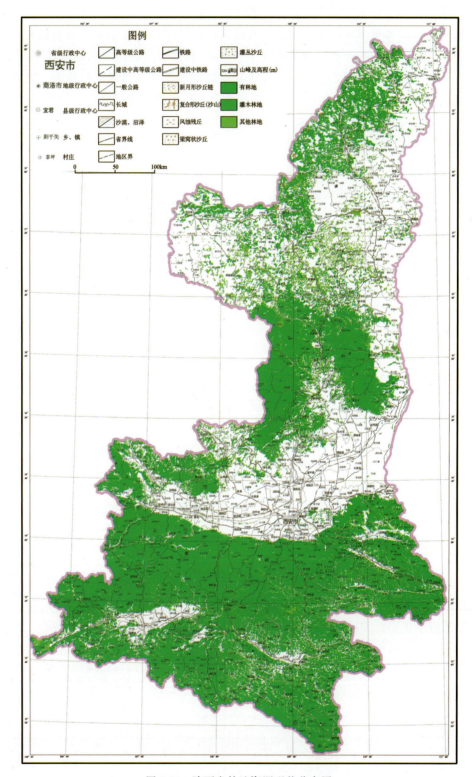

图 5-16　陕西省林地资源现状分布图

第 5 章　土地资源遥感监测应用

表 5-7　陕西省林地统计结果

地级市名称	面积/km²	占陕西省总林地资源比例/%
西安市	5 005.18	3.96
铜川市	2 368.45	1.87
宝鸡市	12 842.50	10.14
咸阳市	2 558.36	2.02
渭南市	2 098.31	1.66
延安市	24 714.55	19.52
汉中市	23 546.92	18.60
榆林市	14 357.16	11.34
安康市	21 188.85	16.74
商洛市	17 911.71	14.15

项目组收集了2009年完成的第二次全国农村土地调查陕西省的调查结果,与之相比,2009年陕西省林地资源总量为123 110.02km²。其中,有林地面积为90 022.81km²、灌木林地面积约为24 011.10km²、其他林地面积为9 076.11km²(表 5-8)。

表 5-8　陕西省林地因子变化对比表

类型	编码	2014年调查成果林地面积/km²	2009年调查成果林地面积/km²	2014年林地变化面积/km²
有林地	031	91 300.65	90 022.81	+1 277.84
灌木林地	032	25 553.28	24 011.10	+1 542.18
其他林地	033	9 738.07	9 076.11	+661.96
合计		126 592.00	123 110.02	+3 481.98

陕西省的林地面积增加了3 481.98km²,增加幅度近2.75%。增加的林地资源主要集中在有林地和灌木林地,其他林地较少。

林地增加的面积主要集中在陕西省北部黄土高原区,陕西南部的高山区,在关中地区增加较少。植被覆盖的提升最显著的变化就是沙尘天气的减少,全省的平均沙尘日数由1995—1999年的4~8d减少到2005—2010年的2~3d。全省的平均空气"优、良"天数从2001年的238d增加到2014年的329d。

上述变化主要是因为政府提出的建设生态陕西的工作思路,以"丝绸之路经济带新起点"建设为契机,加强生态系统保护建设,加快生态产业发展,弘扬生态文化,全面建设新陕西。在关中地区加大城市绿化建立丝绸之路关中生态示范带,推进关中地区园林化建设,在陕西北部的黄土高原区开展退耕还林、防沙治沙等重点生态工程,来实现陕北高原的大绿化,在陕西南部的秦巴山区开展陕南山地森林化建设,通过将坡耕地退耕还林、加强天然林保护一级生物多样性保护等举措来实现。

2)陕西省草地资源分布现状及分析

根据二级项目下发的《全国国土遥感综合调查与信息系统建设技术要求》(初稿)中的分类分级方案,将草地(指生长草本植物为主的土地)划分为以下3类,分类标准如表 5-9 所示。

表 5-9 草地资源分类说明表

一级类		二级类		三级类		说明
编码	名称	编码	名称	编码	名称	
01	土地资源	04	草地	041	天然草地	指以天然草本植物为主,用于放牧或割草的草地
				042	人工草地	指人工种植牧草的草地
				043	其他草地	指树木郁闭度<10%,表层为土质,以生长草本植物为主,不用于畜牧业的草地

在前期收集成果资料的基础上,利用2014年国产卫星数据遥感数据,建立草地资源的遥感解译标志,如表5-10所示。

表 5-10 陕西省草地遥感解译标志

一级类名称	二级类编码	二级类名称	解译标志
草地	041	天然草地	
	042	人工草地	
	043	其他草地	

按照《全国国土遥感综合调查与信息系统建设技术要求》(初稿)的技术标准,根据项目组的解译成果和野外调查来看,2014年陕西省草地资源总量为 31 764.62km^2。其中,天然草地覆盖面积为 25 095.65km^2,人工草地覆盖面积为 253.96km^2,其他草地覆盖面积为 6 415.01km^2(图5-17、表5-11)。

第 5 章 土地资源遥感监测应用

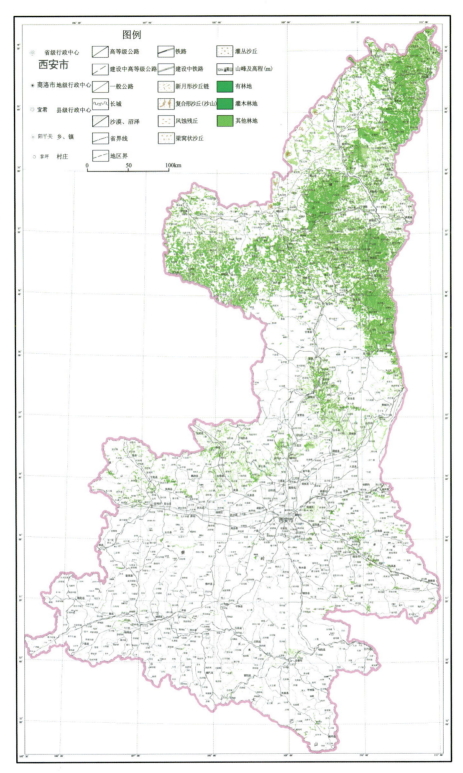

图 5-17 陕西省草地资源现状分布图

天然草地广泛分布于陕西省境内,北部分布面积远大于南部;人工草地面积很小,北部的延安市、榆林市分布较多;中部的咸阳市、宝鸡市略有分布,其他地区基本没有分布;其他草地主要分布于除西安市及铜川市之外的中北部地区,陕南各市分布较少(表 5-12,图 5-17)。

表 5-11 陕西省草地统计结果

类型	面积/km²	占陕西省总面积比例/%
天然草地	25 095.65	12.55
人工草地	253.96	0.13
其他草地	6 415.01	3.21
合计	31 764.62	15.89

表 5-12 陕西省草地统计结果(按地级市划分)

地级市名称	面积/km²	占陕西省总草地资源比例/%
西安市	188.83	0.59
铜川市	370.90	1.17
宝鸡市	617.80	1.94
咸阳市	1 233.56	3.88
渭南市	1 383.77	4.36
延安市	9 249.72	29.12
汉中市	142.20	0.45
榆林市	18 136.01	57.10
安康市	120.45	0.38
商洛市	321.37	1.01

项目组收集了2009年完成的第二次全国农村土地调查陕西省的调查结果,与之相比,2009年陕西省草地资源总量为31 220.00 km²。其中,天然草地覆盖面积为24 738.44 km²,人工草地覆盖面积为255.03 km²,其他草地覆盖面积为6 226.53 km²(表5-13)。

表 5-13 陕西省草地因子变化对比表

类型	编码	2014年调查成果草地面积/km²	2009年调查成果草地面积/km²	2014年草地变化面积/km²
天然草地	041	25 095.65	24 738.44	+357.21
人工草地	042	253.96	255.03	−1.07
其他草地	043	6 415.01	6 226.53	+188.48
合计		31 764.62	31 220.00	+544.62

陕西省的草地面积增加了544.61 km²,增加幅度近1.71%。增加的草地资源主要集中在天然草地和其他草地,人工草地略有减少,详见表5-13。

增加的草地面积主要位于山西省北部的榆林市和延安市,以榆林市为主。主要是由于近年来因生态陕西建设的需要,政府大力推行退耕还林还草的举措,陕西省的植被覆盖提高显著。植被覆盖度由2007年的68.34%增加到2012年的71.42%。其中,陕北地区植被覆盖度增加显著,由2007年的44.48%上升至2012年的53.14%。与2011年相比,今年陕北地区植被覆盖度又提高了4.54%。

近年来,陕西北部的门户榆林市紧紧围绕建设生态名市的要求,全力推动全市植绿行动,取得了显著成效。全市草本植物自然萌生速度明显加快,裸地自然郁闭,裸地及低覆盖度的面积减少了7.8%,中高覆盖度植被增加了8.5%,土壤沙化和水土流失程度大大降低,大风扬沙天气明显减少,人居生态环境有了较大改观。

第5章 土地资源遥感监测应用

3）陕西省地表水资源分布现状及分析

根据二级项目下发的《全国国土遥感综合调查与信息系统建设技术要求》（初稿）中的分类分级方案，将地表水（指陆地水域、沟渠、水工建筑物等。不包括滞洪区和已垦滩涂中的耕地、园地、林地、居民点、道路等用地）划分为以下6类，分类标准如表5-14所示。

表5-14 地表水资源分类说明表

一级类		二级类		三级类		说明
编码	名称	编码	名称	编码	名称	
02	水资源	05	地表水	051	河流水面	指天然形成或人工开挖河流常水位岸线之间的水面，不包括被堤坝拦截后形成的水库水面
				052	湖泊水面	指天然形成的积水区常水位岸线所围成的水面
				053	水库水面	指人工拦截汇集而成的总库容≥10万 m³ 的水库正常蓄水位岸线所围成的水面
				054	坑塘水面	指人工开挖或天然形成的蓄水量<10万 m³ 的坑塘常水位岸线所围成的水面
				055	沟渠	指人工修建，南方宽度≥1.0m、北方宽度≥2.0m用于引、排、灌的渠道，包括渠槽、渠堤、取土坑、护堤林
				056	冰川及永久积雪	指表层被冰雪常年覆盖的土地

项目组在研究前期收集成果资料的基础上，利用2014年国产卫星数据遥感数据，建立地表水资源的遥感解译标志（表5-15）。

表5-15 陕西省地表水遥感解译标志

一级类名称	二级类编码	二级类名称	解译标志
地表水	051	河流水面	

续表 5-15

一级类名称	二级类编码	二级类名称	解译标志
地表水	052	湖泊水面	
	053	水库水面	
	054	坑塘水面	
	055	沟渠	
	056	冰川及永久积雪	本区域内不涉及这一类

第5章 土地资源遥感监测应用

按照《全国国土遥感综合调查与信息系统建设技术要求》(初稿)的技术标准,根据项目组的解译成果和野外调查来看,2014年陕西省地表水资源总量为2 221.14km²。其中,河流水面覆盖面积为1 619.67km²,湖泊水面覆盖面积为92.31km²,水库水面覆盖面积为343.72km²,坑塘水面覆盖面积为136.82km²,沟渠覆盖面积为28.62km²(表5-16,图5-18)。

表5-16 陕西省地表水资源统计结果

类型	面积/km²	占陕西省总面积比例/%
河流水面	1 619.67	0.81
湖泊水面	92.31	0.05
水库水面	343.72	0.17
坑塘水面	136.82	0.07
沟渠	28.62	0.01
合计	2 221.14	1.11

河流水面面积最大,主要分布于北部的黄河、无定河,南部的汉江,中部的渭河;湖泊水面主要分布于北部地区榆林市内的红碱淖,为高原性内陆湖。中部湖泊水面较少,南部地区少见湖泊水面;水库水面主要分布于河流的干流之上,北部的河口水库、红石峡水库,在中部的宝鸡市比较集中,主要有石门水库、王家崖水库、冯家山水库,西安市内的零河水库。坑塘水面集中分布于河套地区,尤其在中部渭南地区分布最为集中(表5-17,图5-18)。

表5-17 陕西省地表水统计结果(按地级市划分)

地级市名称	面积/km²	占陕西省总水资源比例/%
西安市	129.94	5.85
铜川市	20.90	0.94
宝鸡市	178.00	8.01
咸阳市	102.55	4.62
渭南市	374.84	16.88
延安市	194.31	8.75
汉中市	312.11	14.05
榆林市	474.20	21.35
安康市	269.51	12.13
商洛市	164.79	7.42

项目组收集了2009年完成的第二次全国农村土地调查陕西省的调查结果,与之相比,2009年陕西省地表水资源总量为976.17km²。其中,河流水面覆盖面积为637.67km²,湖泊水面覆盖面积为40.44km²,水库水面覆盖面积为256.28km²,坑塘水面覆盖面积为41.78km²(表5-18)。

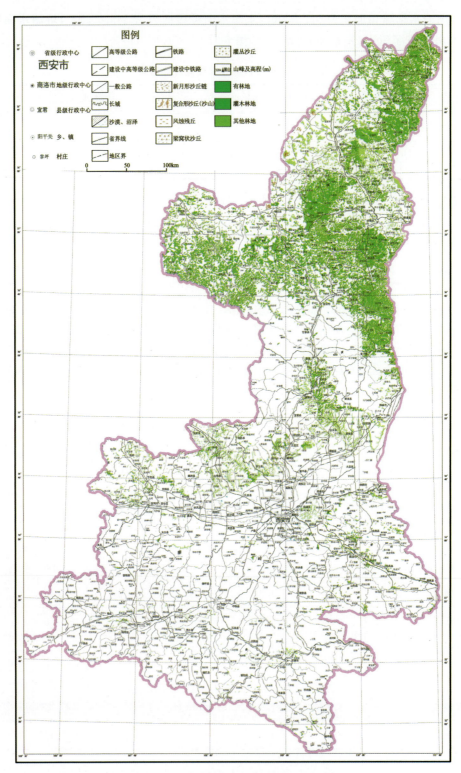

图 5-18 陕西省地表水资源现状分布图

第5章 土地资源遥感监测应用

表 5-18 陕西省地表水因子变化对比表

类型	编码	2014 年调查成果地表水面积/km²	2009 年调查成果地表水面积/km²	2014 年地表水变化面积/km²
河流水面	051	1 619.67	637.67	+982.00
湖泊水面	052	92.31	40.44	+51.87
水库水面	053	343.72	256.28	+87.44
坑塘水面	054	136.82	41.78	+95.04
沟渠	055	28.62	0	+28.62
合计		2 221.14	976.17	+1 244.97

陕西省的地表水数据增加了 1 244.98km²，增加幅度比较大，为 56.05%。本次统计二调成果数据仅仅为地类图斑层数据，二调数据进行过制图综合，地类图斑中仅仅保留了黄河、渭河（部分）、汉江（部分）等陕西省内的主要河流（图 5-19），大多数的河流和沟渠均被综合成线状地物，不足 1:25 万上图面积的水库水面以及坑塘水面均被综合成为其他地类，而且二调成果中线状地物层数据缺少宽度，仅仅提供了线状地物数据长度，无法进行面积计算来统计数据。2014 年地表水的调查数据是按照 1:5 万精度进行解译，全部的数据均用面状数据进行表示（图 5-19），所有的最小上图面积均小于 2014 年二调结果，因此统计结果与 2009 年度相比较变化大。

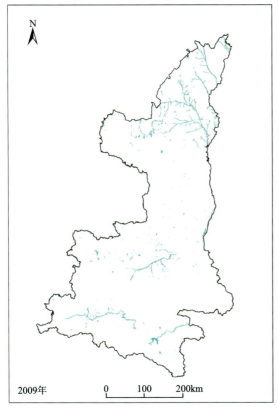 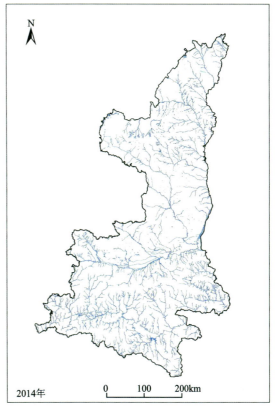

图 5-19 陕西省地表水资源 2009 年和 2014 年分布图

4）陕西省荒漠化土地分布现状及动态分析

根据二级项目下发的《全国国土遥感综合调查与信息系统建设技术要求》（初稿）中的分类分级方案，将荒漠化土地[由于人为和自然因素的综合作用，使得干旱、半干旱甚至半湿润地区自然环境退化

(包括盐渍化、草场退化、水土流失、土壤沙化、狭义沙漠化、植被荒漠化、历史时期沙丘前移入侵等以某一环境因素为标志的具体的自然环境退化)而影响的土地]划分为4类,分类标准如表5-19所示。

表5-19 荒漠化土地分类说明

一级类		二级类		地表景观综合表现
编码	名称	编码	名称	
01	沙质荒漠化	011	轻度沙质荒漠化	风沙活动较明显,原生地表已开始被破坏,出现片状、点状沙地,主要为固定的灌丛沙堆;原生植被有所退化,与沙生植被混杂分布,农田适耕地下降
		012	中度沙质荒漠化	风沙活动频繁,原生地表破坏较大,半固定沙丘与滩地相间分布,丘间和滩地一般较开阔,多为灌草;耕地中有明显的风蚀洼地、残丘,地表植被稀少
		013	重度沙质荒漠化	风沙活动强烈,密集的流动沙丘和风蚀地表,沙生植被稀少或基本没有植被生长
02	水蚀荒漠化	021	轻度水蚀荒漠化	斑点状分布的劣地或石质坡地,沟谷切割深度在1m以下,片蚀以及细沟发育,零星分布裸露沙石
		022	中度水蚀荒漠化	有较大面积分布的劣地或石质坡地,沟谷切割深度在1~3m之间,广泛分布裸露沙石
		023	重度水蚀荒漠化	密集分布劣地或石质坡地,沟谷切割深度在3m以上,地表切割破碎
03	盐碱质荒漠化	031	轻度盐碱质荒漠化	地表有一定面积的植被生长,有的地段可生长较大面积的乔灌木林、耕地和草地中可见小块盐斑裸地
		032	中度盐碱质荒漠化	地表有少量植被生长,主要为乔木林和灌木林,草地已被耐盐植物代替
		033	重度盐碱质荒漠化	地表无植被或局部有少量胡杨、骆驼刺、梭梭草等零星分布
04	工矿型荒漠化			在无环境保护措施的工矿开发(包括道路修建、炸山采石等)的破坏植被及工业污染影响下,以废气、废水、废渣危害工矿周围土地,导致植被枯萎、死亡,加速水蚀的发展,土壤污染,土地生产力下降、土地资源丧失,呈现地表荒芜、砂石(或碎石)裸露景观的土地退化过程

项目组在研究前期收集成果资料的基础上,利用2014年国产卫星遥感数据,建立荒漠化土地的遥感解译标志,如表5-20所示。

表 5-20　陕西省荒漠化土地解译标志

一级类编码	一级类名称	二级类编码	二级类名称	解译标志
01	沙质荒漠化	011	轻度沙质荒漠化	 陕北为主要发育区，有一定植被覆盖
		012	中度沙质荒漠化	陕北为主要发育区，有稀疏植被覆盖
		013	重度沙质荒漠化	陕北为主要发育区，基本无植被覆盖
02	水蚀荒漠化	021	轻度水蚀荒漠化	黄土塬和台塬区沟谷区，植被生长一般较好，覆盖度达到 50%～70% 侵蚀轻微

续表 5-20

一级类编码	一级类名称	二级类编码	二级类名称	解译标志
02	水蚀荒漠化	021	轻度水蚀荒漠化	 陕南山区轻度水蚀荒漠化主要发育于人工开垦成为坡耕地的地区
		022	中度水蚀荒漠化	 梁峁状黄土中山、黄土斜梁丘陵沟壑区,沟壑密度较大, 主要出现于河流的中上游地区
		023	重度水蚀荒漠化	 黄土梁峁丘陵沟壑,峁小梁窄,梁峁起伏,沟壑密度大,地面破碎。 植被盖度低,主要出现于河流的中下游地区

续表 5-20

一级类编码	一级类名称	二级类编码	二级类名称	解译标志
03	盐碱质荒漠化	031	轻度盐碱质荒漠化	轻度
		032	中度盐碱质荒漠化	中度
04	工矿型荒漠化			

按照《全国国土遥感综合调查与信息系统建设技术要求》(初稿)的技术标准,根据项目组的解译成果和野外调查来看,陕西省是我国荒漠化土地面积较大的省区之一,2014 年陕西省荒漠化土地 74 049.41km², 占陕西省总面积的 37.02%, 占我国陆域国土面积的 0.81%。陕西省荒漠化土地包括沙质荒漠化、水蚀荒漠化、盐碱质荒漠化、工矿型荒漠化 4 类,面积分别为 10 017.31km²、63 712.66km²、192.54km²、126.90km²,分别占陕西省总面积的 5.00%、31.86%、0.10%、0.06%,以水蚀荒漠化为主。荒漠化程度以轻度为主,中度与重度次之,面积分别为 38 788.07km²、31 899.58km²、3 234.86km²,分别占陕西省总面积的 19.39%、15.95%、1.62%,其中,轻度水蚀荒漠化土地面积最大,如表 5-21 所示。

表 5-21　陕西省荒漠化土地统计结果

类型		面积/km²	合计/km²	占陕西省总面积比例/%	合计/%
沙质荒漠化土地	重度沙质荒漠化土地	2 503.64	10 017.31	1.25	5.00
	中度沙质荒漠化土地	4 688.93		2.34	
	轻度沙质荒漠化土地	2 824.74		1.41	
水蚀荒漠化土地	重度水蚀荒漠化土地	731.22	63 712.66	0.37	31.86
	中度水蚀荒漠化土地	27 136.93		13.57	
	轻度水蚀荒漠化土地	35 844.51		17.92	
盐碱质荒漠化土地	中度盐碱质荒漠化土地	73.72	192.54	0.04	0.10
	轻度盐碱质荒漠化土地	118.82		0.06	
工矿型荒漠化土地		126.90	126.90	0.06	0.06

　　沙质荒漠化以中度沙质荒漠化为主，主要分布于榆林市北部毛乌素沙地，另外，渭南市大荔县渭河和洛河交汇的沙苑地区也有少量分布。其中，重度沙质荒漠化面积为 2 503.64 km²，主要分布于榆林市榆阳区西部、靖边县北部、横山县东北部；中度沙质荒漠化面积为 4 688.93 km²，主要分布于榆林市境内榆阳区北部、神木县西部、定边县西北部；轻度沙质荒漠化面积为 2 824.74 km²，主要分布于榆林市神木县、榆阳区、横山区、靖边县、定边县北部毛乌素沙地南缘地区。

　　水蚀荒漠化土地面积最大，以轻度水蚀荒漠化为主，主要分布于延安市、榆林市所属黄土高原地区，陕南地区商洛市、汉中市也有较大面积分布。其中，重度水蚀荒漠化面积为 731.22 km²，集中分布于榆林市府谷县东南部；中度水蚀荒漠化面积为 27 136.93 km²，主要分布于榆林市南部、延安市北部黄土高原腹地；轻度水蚀荒漠化面积为 35 844.51 km²，主要分布于榆林市南部、延安市南部及陕南地区的商洛市和汉中市。

　　盐碱质荒漠化土地以轻度盐碱质荒漠化为主，主要分布于榆林市北部。其中，轻度盐碱质荒漠化面积为 118.82 km²，主要分布于榆林市榆阳区、神木县、定边县北部毛乌素沙地地势低平的滩地；中度盐碱质荒漠化面积为 73.72 km²，主要分布于榆林市神木县红碱淖周边和榆阳区西北部。

　　工矿型荒漠化土地主要分布于矿区，以榆林市为最。榆林市神木县、府谷县是我国露天煤矿的主要开采地区（表 5-22，图 5-20）。

表 5-22　陕西省荒漠化土地统计结果（按地级市划分）

地级市名称	面积/km²	占陕西省总荒漠化土地面积比例/%
西安市	442.19	0.60
铜川市	1 323.97	1.79
宝鸡市	1 926.43	2.60
咸阳市	2 066.78	2.79
渭南市	2 203.36	2.98
延安市	21 192.33	28.60
汉中市	4 264.16	5.76
榆林市	36 429.72	49.20
安康市	1 981.65	2.68
商洛市	2 218.82	3.00

第5章 土地资源遥感监测应用

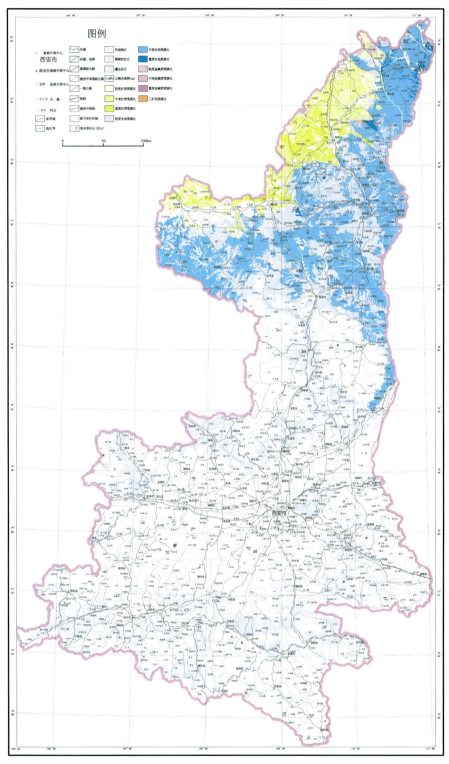

图 5-20 陕西省荒漠化土地现状分布图

项目组收集了2007年完成的"全国区域地质环境遥感调查与监测项目"陕西省的调查结果,与之相比,2007年陕西省草荒漠、荒漠化土地面积82 313.92km²。其中,沙质荒漠化土地面积为15 335.90km²,水蚀荒漠化土地面积为66 356.80km²,盐碱化土地面积为621.22km²。详见表5-23。

表5-23 陕西省荒漠化土地变化对比

名称	编码	2014年调查成果荒漠化土地面积/km²	2007年调查成果荒漠化土地面积/km²	2014年荒漠化土地变化面积(km²)
沙质荒漠化土地	01	10 017.31	15 335.90	−5 318.59
水蚀荒漠化土地	02	63 712.66	66 356.80	−2 644.14
盐碱质荒漠化土地	03	192.54	621.22	−428.68
合计		73 922.51	82 313.92	−8 391.41

陕西省的荒漠化土地主要分布于黄土高原、毛乌素沙地等黄土与河湖相堆积地区。其中,北部毛乌素沙地沙质荒漠化强度减弱、面积减少;黄土高原水蚀荒漠化强度减弱;南部秦巴山区水蚀荒漠化面积明显减少、强度明显减弱。究其原因,主要是退耕还林(草)政策的实施使荒漠化地区的自然植被得到显著恢复,荒漠化发展得到遏制。

5)陕西省湿地分布现状及动态分析

根据二级项目下发的《全国国土遥感综合调查与信息系统建设技术要求》(初稿)中的分类分级方案,将湿地[湿地系指天然或人工、长久或暂时之沼泽地、泥炭地或水域地带,带有或静止或流动,或为淡水、半咸水或咸水水体者,包括低潮时水深不超过6m的水域。可包括邻接湿地的河湖沿岸、沿海区域以及湿地范围的岛屿或低潮时水深超过6m的区域。根据湿地的广义定义,河流、湖泊、沼泽、珊瑚礁、都是湿地;此外湿地还包括人工湿地,如水库、鱼(虾)塘、盐池、水稻田等]划分为两大类,分类标准如表5-24所示。

表5-24 陕西省地表水遥感解译标志

一级类		二级类		三级类		含义
编码	名称	编码	名称	编码	名称	
01	天然湿地	012	河流湿地	01201	永久性河流	常年有河水径流的河流,仅包括河床部分
				01202	季节性或间歇性河流	一年中只有季节性(雨季)或间歇性有水径流的河流
				01203	洪泛湿地	在丰水季节由洪水泛滥的河滩、河谷,季节性泛滥的草地,以及保持了常年或季节性被水浸润内陆三角洲的统称
		013	湖泊湿地	01301	永久性淡水湖	由淡水组成的具有常年积水的湖泊
				01302	永久性咸水湖	由微咸水或咸水组成的具有常年积水的湖泊
		014	沼泽湿地	01405	内陆盐沼	受盐水影响,生长盐生植被的沼泽

续表 5-24

一级类		二级类		三级类		含义
编码	名称	编码	名称	编码	名称	
02	人工湿地			0201	水库	以蓄水和发电为主要功能而建造的人工湿地
				0203	淡水养殖场	以淡水养殖为主要目的修建的人工湿地
				0205	农用池塘	以农业灌溉、农村生活为主要目的修建的蓄水池塘
				0206	灌溉用沟、渠	以灌溉为主要目的修建的沟、渠
				0207	稻田/冬水田	能种植水稻或者是冬季蓄水或浸湿状的农田
				0208	季节性洪泛农用湿地	在丰水季节依靠泛滥能保持浸湿状态进行耕地的农地,集中管理或放牧的湿草地或牧场
				0210	采矿挖掘区和塌陷积水区	由于开采矿产资源而形成矿坑、挖掘场所蓄水或塌陷积水后形成的湿地,包括砂/砖/土坑,采矿地
				0211	废水处理场所	为污水处理而建设的污水处理场所,包括污水处理厂和以水净化功能为主的湿地
				0212	城市人工景观水面和娱乐水面	在城镇、公园,为环境美化、景观需要、居民休闲、娱乐而建造的各类人工湖、池、河等人工湿地

项目组在研究前期收集成果资料的基础上,利用 2014 年国产卫星遥感数据,建立湿地资源的遥感解译标志,如表 5-25 所示。

表 5-25 陕西省湿地资源解译标志

一级类编码	一级类名称	二级类编码	二级类名称	解译标志
01	天然湿地	012	河流湿地	

续表 5-25

一级类编码	一级类名称	二级类编码	二级类名称	解译标志
01	天然湿地	013	湖泊湿地	内蒙古自治区
		014	沼泽湿地	草本沼泽
				内陆盐沼
02	人工湿地	0203	淡水养殖场	
		0205	农用池塘	

续表 5-25

一级类编码	一级类名称	二级类编码	二级类名称	解译标志
02	人工湿地	0206	灌溉用沟、渠	
		0207	稻田/冬水田	
		0208	季节性洪泛农用湿地	
		0210	采矿挖掘区和塌陷积水区	

续表 5-25

一级类编码	一级类名称	二级类编码	二级类名称	解译标志
02	人工湿地	0211	废水处理场所	
		0212	城市人工景观水面和娱乐水面	

按照《全国国土遥感综合调查与信息系统建设技术要求》(初稿)的技术标准,根据项目组的解译成果和野外调查来看,2014年陕西省湿地资源总量为 4 597.31km²。其中,河流湿地覆盖面积为 2 022.94km²,湖泊湿地覆盖面积为 80.14km²,沼泽湿地 48.74km²,人工湿地 2 445.49km²(表5-26)。

表 5-26 陕西省湿地面积统计结果

类型		面积/km²	合计/km²	占陕西省总面积比例/%	合计/%
河流湿地	永久性河流	1 716.16	2 022.94	0.86	1.01
	季节性或间歇性河流	61.62		0.03	
	洪泛湿地	245.16		0.12	
湖泊湿地	永久性淡水湖	32.97	80.14	0.02	0.04
	永久性咸水湖	47.17		0.02	
沼泽湿地	草本沼泽	29.39	48.74	0.01	0.02
	内陆盐沼	19.35		0.01	
人工湿地	水库	343.72	2 445.49	0.17	1.22
	淡水养殖场	128.89		0.06	
	农用池塘	7.80		0.00	
	灌溉用沟、渠	28.62		0.01	
	稻田/冬水田	1 652.45		0.83	
	季节性洪泛农用湿地	271.71		0.14	
	采矿挖掘区和塌陷积水	0.13		0.00	
	城市人工景观水面和娱乐水面	12.17		0.01	

第5章 土地资源遥感监测应用

陕西省河流湿地包括永久性河流、季节性或间歇性河流、洪泛湿地3类,面积分别为1 716.16km²、61.62km²、245.16km²,分别占陕西省总面积的0.86%、0.03%、0.12%。永久性河流分布比较广,主要为黄河,陕北地区的无定河、延河,关中平原的泾河、渭河、北洛河,陕南地区的嘉陵江、汉江、丹江等河流;季节性或间歇性河流主要分布于陕北榆林地区以及秦岭以南的商洛境内;洪泛湿地主要分布于关中平原的渭河地区。

湖泊湿地包括永久性淡水湖、永久性咸水湖两类,面积分别为32.97km²、47.17km²,分别占陕西省总面积的0.02%、0.02%。永久性淡水湖主要分布于榆林市神木县大柳塔镇的红碱淖;永久性咸水湖主要分布于榆林市定边县西北。

沼泽湿地包括草本沼泽、内陆盐沼两类,面积分别为29.39km²、19.35km²,分别占陕西省总面积的0.01%、0.01%。草本沼泽主要分布于榆林市横山县无定河河滩。内陆盐沼主要分布于渭南市的富平县、蒲城县、大荔县内。

人工湿地包括水库、淡水养殖场、农用池塘、灌溉用沟或渠、稻田/冬水田、季节性洪泛农用湿地、采矿挖掘区和塌陷积水区、城市人工景观水面和娱乐水面八类,面积分别为343.72km²、128.89km²、7.80km²、28.62km²、1 652.45km²、271.71km²、0.13km²、12.17km²。人工湿地各类占陕西省总面积的比例很小。水库、季节性洪泛农用湿地主要分布于主要河流沿岸;淡水养殖场、灌溉用沟或渠主要分布于汉中盆地和关中平原地区;城市人工景观水面和娱乐水面主要分布于城市周边地区;采矿挖掘区和塌陷积水区主要分布于延安市富县内,稻田/冬水田主要分布于陕南地区的汉江流域,包括汉中市洋县、城固县、汉台区、西乡县等及安康市的汉滨区和汉阴县等秦岭以南地区(表5-27)。

表5-27 陕西省湿地资源统计结果(按地级市划分)

地级市名称	面积/km²	占陕西省总草地资源比例/%
西安市	202.82	4.41
铜川市	21.83	0.47
宝鸡市	218.17	4.75
咸阳市	152.51	3.32
渭南市	716.93	15.59
延安市	203.62	4.43
汉中市	1 688.46	36.73
榆林市	557.46	12.12
安康市	659.17	14.34
商洛市	176.34	3.84

项目组收集了2009年完成的第二次全国农村土地调查陕西省的调查结果,与之相比,2009年陕西省湿地资源总量为2 067.00km²。其中,河流湿地覆盖面积为1 633.23km²,湖泊湿地覆盖面积为89.17km²,沼泽湿地46.06km²,人工湿地298.54km²(表5-28)。

表5-28 陕西省湿地因子变化对比表

类型	编码	2014年调查成果湿地资源面积/km²	2009年调查成果湿地资源面积/km²	2014年湿地资源变化面积/km²
河流湿地	012	2 022.94	1 633.23	+389.71
湖泊湿地	013	80.14	89.17	−9.03
沼泽湿地	014	48.74	46.06	+2.68
人工湿地	02	2 445.49	298.54	+2 146.95
合计		4 597.31	2 067.00	+2 530.31

陕西省的湿地面积增加了 2 530.31km², 增加幅度近 55%。增加的湿地资源主要集中在人工湿地, 人工湿地增加的主要原因为两次调查的分类标准不同, 本次调查人工湿地分类增加了稻田/冬水田、采矿挖掘区和塌陷积水区、废水处理厂、城市人工景观水面和娱乐水面等分类, 因此面积增加比较多, 湖泊湿地略有减少(图 5-21)。

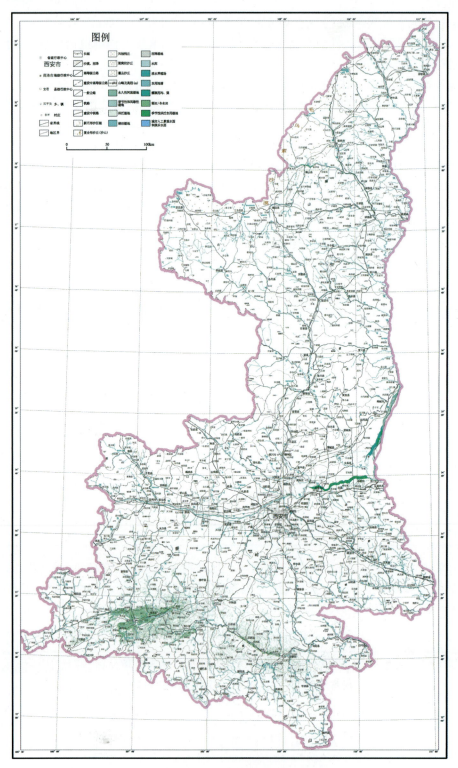

图 5-21　陕西省湿地资源现状分布图

5.4.5 陕西省自然资源与生态地质环境问题分析与治理建议

1. 林地存在的问题与治理建议

1)林地存在的问题

陕西林地面积覆盖率高于全国平均水平,林地总量大,但是南北狭长,林地资源差异大。陕北地区北为风沙区,南为黄土区,林地资源属防护林地和经济林地;关中地区以渭河为轴,林地主要集中在渭北黄土台塬区,主要是防护林地和用材林地;陕南地区林地分为秦岭地区、大巴山地区,以水涵养林、自然保护区特种用途林和用材林地为主,林业发展潜力巨大。

陕南秦岭巴山地区山高坡陡,雨量充足,是长江和黄河主要支流的水源区,也是我国南水北调的重要引水源区,加之水土流失严重,水患频繁发生,可以开发利用的林地资源很少。陕北和关中渭北旱塬区自然条件较差,是黄河上游重要的水土流失治理区,林地资源以公益林地为主,开发利用存在政策性限制。陕北地区以白于山和长城为界,北为风沙区,南为黄土区,关中地区以渭河为轴,向两侧呈台阶式结构,即河床-河漫滩-河流冲积阶地-黄土台塬-山前冲积扇,林业用地主要集中在渭北黄土台塬区。

2)林地治理建议

第一,进一步加强林地资源保护,转变观念、提高认识,使节约使用林地资源成为全民共识,使林地资源的保护和利用法治化、规范化。

第二,加强林地权属管理和严格林地管理政策。

第三,对生态环境治理地区,根据当地气候与土壤条件的适宜性确定人工造林的种类,保证林地成活率。

第四,对陕北的风沙区,针对性地加强耐旱的灌木树种种植,提高陕北榆林地区林地覆盖率。

2. 草地存在的问题与治理建议

1)草地存在问题

全省草地资源分布不均匀,以北部的温带草地为主,南部草地资源只有全省草地资源的2%。草地退化严重,由于过度放牧,草地沙质荒漠化问题突出。

2)草地治理建议

第一,对荒漠草原地带的生态环境脆弱区,应限制放牧活动,保护地表自然植被,阻止对草地资源的进一步破坏。

第二,限制草原内开展大规模工矿建设活动并进一步推广退耕还草工程。

第三,实施政策引导,对生态环境恶劣,水土流失严重,有沙化趋势或已经沙化的已垦草地,实行退耕还草,对退化草地实行补播改良。

第四,坚持防灾减灾,坚持"预防为主,防治结合"的方针,做好草地火灾、鼠虫病害,毒草的监测预警工作,完善防灾减灾体系,提高防治手段。

第五,依靠科技兴草,加强鼠虫害防治,人工草地建设,草产品加工等具有重大影响的草地科学技术研究和开发。加快引进推广牧草新品种和草地治理新技术。

3. 地表水存在的问题与治理建议

1)地表水存在问题

(1)地表水资源总量较低,仅占陕西省总面积的1.08%。区域分布不平衡,主要分布在南部,关中为经济中心,但是水资源占全省不到20%,北部分布面积较少。

(2)存在不合理利用,尤其是河套地区引黄灌溉导致耕地次生盐渍化严重。

(3) 污染较为严重，陕西省的工业废水排放量很高，但污水处理能力却较低。

(4) 水土流失严重，多年来由于采伐过量，过量畜牧，全省水土流失严重，土地沙化面积较大。

(5) 开采过度，过量开采导致地面下陷和地裂缝。

2) 地表水治理建议

第一，通过引水蓄水实现水资源可持续发展。陕南秦巴山区是陕西的富水区，此处降水量大、污染少、水质好、河流多，是陕西最理想的水源采集地。黄河干流恰好覆盖陕北、渭北、关中3块缺水地区，所以还可考虑充分利用黄河干流之水。在合适地点修建水库，水坝等蓄水工程。

第二，通过涵养水源保证水资源的可持续利用，在秦巴山区植树造林、退耕还林，陕北黄土丘陵区可继续人造平原，增加草场比重。在关中平原搞好渭河两岸的防护林建设和污水处理工程，以此保养水源。

第三，调整产业结构，缓解水资源可持续发展压力。同时也要注重培养全民节水意识。

第四，控制水体污染，实现水资源可持续使用。应对污水进行统一规划，把污水排放纳入法制管理轨道，防止未经任何处理的污水直接引灌和排泄。

4. 荒漠化存在的问题与治理建议

1) 荒漠化存在的问题

陕西大部分地区地处黄土高原，以水土流失为特征的水蚀荒漠化是最主要的地质灾害之一。其中，延安、榆林和咸阳北部等地区水蚀荒漠化不仅面积大，而且程度较高。

陕西省的荒漠化土地出现明显面积减小与强度减弱特征。荒漠化土地的分布主要受地貌、第四纪地质条件、气候条件与人类活动的影响，地貌与第四纪地质条件为荒漠、荒漠化的形成提供了地形与物源条件，内陆干旱气候与不合理的人类活动是荒漠化发生的动力条件。黄土高原是荒漠形成的主要地区，荒漠化土地主要分布于黄土高原、毛乌素沙地等黄土与河湖相堆积地，受气候条件与人类活动的影响，荒漠化发生与发展。

2) 荒漠化治理建议

陕北地区矿山开发要合理布局与规划，使开发影响半径限于最小范围。矿区开发与沙漠化防治工程同步进行，优化土地利用结构与布局，合理利用土地。

土地的不合理利用是导致煤田地区土地沙漠化和风沙危害严重的重要人为因素，因此要提高土地利用管理水平。

合理布局与规划是保护地表植被，防止土地沙漠化的重要途径。具体措施：严禁施工队伍的"滥砍、滥烧"现象，合理安排露天矿弃土与煤渣的堆放，在施工取土挖方时应尽量合理布置，缩小破坏半径。

另外要积极寻找科学的沙漠化防治措施，如工程防治措施、化学固沙、植物防治措施等。

针对陕北南部黄土高原、陕南山区不同的地貌部位，采取相应措施重点防治水土流失造成的土地破碎化和坡地退化。

黄土高原及陕南山区水蚀荒漠化严重，除了土地资源丧失，另一个严重结果是水土流失。建议建立复合型的水土防治、控制体系，遏制水土流失。同时针对不同地貌积极寻求相应的荒漠化防治措施，如延安的黄土丘陵沟壑区、铜川地区的黄土坮塬地、水蚀风蚀交错区、工矿区及城镇水蚀荒漠化等地，均应有相对应的防治措施提出。

从政策管理上着手，大力推进沙区林权制度改革，进一步明晰产权、活化机制，落实各项优惠政策。遵循物质利益驱动原则，坚持增绿与增收、治沙与治穷相结合，优化扶持政策，活化工作机制，调动防沙治沙的积极性，严格落实责任。

5. 湿地存在的问题与治理建议

1) 湿地存在的问题

国家以及陕西省近年来多项生态调控政策的实施，加之群众保护湿地意识的提升，使得湿地资源得以保护。但是天然湿地大部分分布在半湿润、半干旱和干旱地区,降水量少、蒸发量大,加之上游地区无计划截流灌溉,造成下游河流水量减少,湿地水源补给不足,水面面积锐减。

2) 湿地治理建议

第一,遵循保护优先、科学规划、合理利用、持续发展的原则保护湿地。

通过开展湿地恢复项目、退耕还湿、水污染防治,合理调配河流上下游水量、加强区域间水资源调配力度、加快湿地公园和自然保护区建设等措施,使湿地面积不减少,各级湿地自然保护区和国家级湿地公园得到有效保护,维护全省淡水安全。

第二,水利、农业、国土资源、环境保护等有关部门,按照各自职责做好湿地保护工作。各级人民政府及其有关部门,应当开展湿地保护宣传教育活动,提高公民的湿地保护意识。

5.5 黑土地遥感监测

5.5.1 黑土地介绍

黑土地是世界上最肥沃的土壤,有"一两土二两油"的比喻,是指以黑色或暗黑色腐殖质表土层为标志的土地,是一种性状好、肥力高、适宜农耕的优质土地。其土壤成土母质主要为黄土状黏土、洪积物、冲积物、冰碛物及风积物等松散沉积物。黑土层的发育经历了第四纪全新世以来长达万年以上的漫长过程,是十分宝贵的土地资源。它以纯黑色为显著特征,只能形成于夏季温暖湿润、冬季严寒干燥的寒温带,因此又名寒地黑土;又由于其形成需要经过淋溶作用,故名淋溶黑土。

1. 黑土地的形成

黑土的形成与气候及地质条件密不可分,它的成土条件是夏季气候温和湿润、冬季气候严寒干燥,且地面排水不畅形成上层滞水。因此黑土仅能形成于四季分明且温差较大的温带地区,有黑土的地方都有湿地和沼泽分布以及大面积的河流流经,并在冬季形成季节性冻土。世界四大黑土区有3个均分布在北半球北纬45°线周围的第聂伯河、密西西比河、黑龙江流域,而这正位于北半球的寒温带地区。

在温暖多雨、阳光充足的夏季,植物得以大量繁殖,生长茂盛。之后在秋末植物枯死,并有大量枯枝落叶凋零堆积在地面上。在寒冷而漫长的冬季,植物残骸上覆盖大雪,严寒抑制了微生物的生长活动,植物的残骸无法被腐烂分解。与此同时,地面存有的滞水冻结形成冻土,将枯枝落叶和枯死的植物保存起来。直到来年开春,冻土融化,微生物重新开始活动,但地面排水不畅,冻土融化后的水不能被及时排掉,导致土壤湿度过大,植物的残骸依然分解缓慢。在年初植物残骸被完全分解前,新一年的夏季和冬季便已经到来,新生的植物开始重新生长、繁殖,之后凋零与前一年未完全分解的植物残骸堆积在一起。每年有机质的积累量超过分解量,大量有机质的堆积使腐殖质的形成有了深厚的物质基础。随着有机质的逐年增多,腐殖质也逐年加厚,产生了深厚的腐殖质层。这是一个漫长的过程,需要经历数百年的时间才能形成1cm厚的腐殖质,而四大黑土区的黑土层平均厚度在1m左右,最厚可达2m,需要经历数万年的腐殖质的积累才能形成。

2. 黑土地分布

大面积分布有黑土地的区域被称为黑土区。全球范围内,黑土区总面积占全球陆地面积不足7%,且主要集中在四大黑土区:中高纬度的北美洲中南部地区、俄罗斯—乌克兰大平原区、中国东北地区及南美洲潘帕斯草原区。四大黑土区中,北美洲中南部黑土区面积最大,南美洲潘帕斯草原区面积最小,我国东北黑土区排在第三,黑土地分布见图5-22。

图 5-22 黑土地全球分布示意图

其中,第聂伯河畔的乌克兰大平原,黑土地面积约 190 万 km²,素有"欧洲粮仓"之美称。

美国中北部的密西西比河平原,黑土地面积约 120 万 km²,是世界第二大黑土分布区,同时也被喻为美国的面包篮,其中囊括了大部分玉米带和小麦带。这一地区农场规模巨大,农作物产量丰富,是典型的"商品谷物农业"分布区。例如位于艾奥瓦州得梅因市郊外的金柏利农场(图 5-23),得益于肥沃的黑土地以及平坦的地势,该农场规模化、机械化、专业化和一体化程度很高,使得该农场不仅农作物种植面积很大(约3万亩),而且运营高效,已成为艾奥瓦州的对外农业展示窗口。

图 5-23 美国黑土区金柏利农场北京二号真彩色影像

我国是世界上第三大黑土地分布区,其主要以弯月状分布在我国东北松辽流域、三江平原地带;总面积为 103 万 km²。该地区黑土厚度可达 30~60cm,最厚的可达 100~130cm,是我国最大的粮食生产基地。例如图5-24展示的就是位于黑龙江富锦市的七星农场 CASI 航空高光谱影像，从该图可以看出"北大荒"是名副其实的中国粮仓。

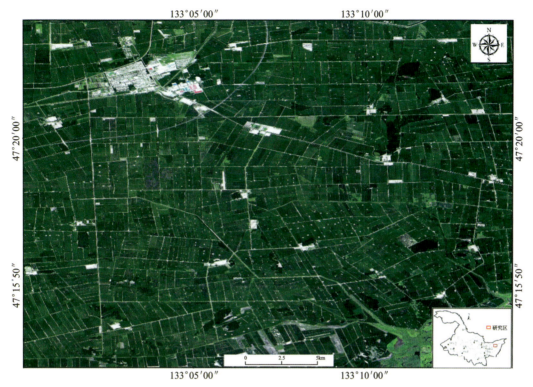

图 5-24　黑龙江七星农场 CASI 航空高光谱影像

潘帕斯草原黑土地约为 76 万 km²，它被誉为阿根廷的"粮仓"和"肉仓"。这里气候温和，农牧业发达；现大部分已开垦成农田和牧场，盛产小麦、玉米、饲料、蔬菜、水果、肉类、皮革等。同时，该地区也是阿根廷农牧业的主要生产地，是南美的粮仓。

3. 我国黑土地现状及存在的问题

我国东北平原是世界上第三大黑土地分布区，总面积为 103 万 km²，主要分布在黑龙江、吉林、辽宁、内蒙古 4 个省（自治区），是我国重要的商品粮基地，粮食产量占全国的 1/4，商品粮产量占全国的 1/4，调出量占全国的 1/3。长时间的过度开垦导致黑土地资源退化趋势明显，数量在减少、质在退化；伴随全球生态环境的破坏加剧，部分黑土地受到污染，使得黑土地生态环境面临着巨大的挑战，生态环境进一步恶化。

1）黑土地耕地质量现状

黑土区耕地质量平均等级总体较高。2020 年度，黑土区耕地质量等级调查评价面积为 1 843.85 万 hm²（27 657.70 万亩），耕地质量平均等级为 3.13 等。其中，高等地即评价为 1 至 3 等的耕地面积为 17 383.11 万亩，占黑土区耕地总面积的 62.85%，主要分布在松嫩平原、松辽平原、三江平原、大兴安岭两侧高平原和长白山地盆地中。该等级土壤中没有明显的障碍因素，是黑土地分布核心区域，也是耕地质量保护和提升重点区域。中等地即评价为 4 至 6 等的耕地面积为 9 202.33 万亩，占该区耕地总面积的 33.27%，主要分布在松嫩平原、松辽平原、三江平原两侧向大兴安岭、小兴安岭和辽东山地过渡地带。这部分耕地立地条件较好，基础地力中等，灌排能力基本满足，部分耕地存在渍潜、障碍层次和瘠薄等障碍因素，随着黑土区保护项目的不断开展和深入，部分障碍因素已得到改善，并提升了这部分耕地质量，总体向高等地方向发展。低等地即评价为 7 至 10 等的耕地面积为 1 072.27 万亩，占该区耕地总面积的 3.88%，主要分布在松嫩平原西部、三江平原地势较低处，长白山、辽西低山丘陵和辽东山地等坡中坡上。这部分立地条件较差,基础地力较低,土壤结构差,农田基础设施缺乏,灌溉条件不足,存在盐碱、瘠薄、渍潜、障碍层次、酸化等不同程度的障碍因素,并伴有风蚀和水蚀加剧的趋势。

2)黑土区耕地存在的主要问题

要做好黑土区耕地质量提升工作,必须全面准确掌握黑土地存在的质量问题,深入剖析造成问题的原因,这是因地制宜保护好和利用好黑土地的前提和关键。黑土区耕地存在的主要问题包括如下几个方面。

(1)土壤有机质下降。

黑土地有机质下降是世界四大黑土区耕地面临的共性问题。黑土地被开垦为耕地后,经过长期高强度利用,地力持续透支,土壤有机质含量持续降低。在美国黑土区,土地分别开垦30年、60年后,有机碳含量分别降低28%~59%、18%~35%。中国黑土区的监测数据显示,东北黑土地存在变"瘦"现象。近70年,黑土耕层土壤有机质含量降幅超过1/3,甚至有些黑土区土壤有机质含量已不足20g/kg。有机质含量降低导致黑土耕地地力越来越差,农业生产对化肥的依赖性越来越强,化肥越施越多,地越"喂"越"瘦"。

(2)水土流失严重。

乌克兰大平原和北美大平原地势平坦,土壤风蚀严重,在20世纪由于过度毁草开荒、破坏地表植被,水土流失严重,曾发生破坏性极强的"黑风暴"。据2019年中国水土保持公报显示,东北黑土地水土流失面积为21.87万km^2,占黑土地总面积的20.11%,且黑土层厚度以年均降低0.1~0.5cm的速度越来越"薄"。受侵蚀影响,东北黑土区土壤养分流失严重,每年因侵蚀流失的土壤有机碳量为9~78万t,每平方千米流失氮磷180~240kg、钾360~480kg,相当于流失农家肥7500~15000kg。水土流失动态监测结果显示,从20世纪50年代至今,部分地区黑土层厚度降幅超过40cm。

(3)耕层结构变差。

不合理机械化耕作导致的土壤压实被认为是现代农业中威胁作物产量与土壤生态环境质量的全球性环境问题之一,主要表现为土壤板结、机械阻力增加、理化及生物性状变差等。东北大部分黑土机器翻耕深度不足20cm,且受农机具碾压、水蚀和风蚀等因素影响,导致犁底层上移加厚,土壤出现硬化、板结。研究表明,开垦20年、40年、80年的耕地表层土壤容重分别增加7.59%、34.18%和59.49%,总孔隙度分别下降1.91%、13.25%和22.68%,田间持水量分别下降10.74%、27.38%和53.90%。与自然恢复20年以上的黑土相比,在0~20cm土层,吉林德惠和梨树农田黑土容重分别增加7.83%和6.96%,土壤硬度增加3.04%和21.61%,黑龙江海伦黑土容重增加4.13%。黑土变"硬"导致作物根系下扎困难,容易产生倒伏,蓄水保墒能力下降,影响作物产量,威胁粮食安全。

(4)耕层土壤酸化。

黑土区农业生产中存在施用过量化肥的情况,虽在短时间内能使农作物产量有所提升,但长期过量施用会造成土壤酸化,土壤肥力降低。过量施用化肥导致过量的氮以硝酸根形式富集在土壤表层、产生淋失,进而危害土壤环境。此外,东北部分地区不科学的种植模式(如大豆长期连作)会破坏土壤中盐基离子,造成土壤酸化加剧。据监测,东北黑土区pH值在5.5~6.5之间的耕地占46.89%,其中,黑龙江省占本区域耕地面积54.90%,农垦总局占75.42%。研究显示吉林省中部玉米种植区耕层土壤pH值在5.59~6.36之间的耕地占47%,东部玉米种植区pH值在5.30~5.78之间的耕地占比超过64%。

4. 黑土地保护

黑土地被誉为"耕地中的大熊猫",东北黑土区是世界主要黑土带之一,是我国最大的商品粮基地,是我国大粮仓和"粮食市场稳压器"。确保国家粮食安全,必须守护好每一寸黑土地。

1)科学规划黑土地保护利用

2017年,农业农村部、国家发展和改革委员会等6个部门联合印发了《东北黑土地保护规划纲要

(2017—2030年)》,明确到2030年在东北典型黑土区实施2.5亿亩黑土耕地保护任务。2020年,农业农村部和财政部印发了《东北黑土地保护性耕作行动计划(2020—2025年)》,明确到2025年在东北适宜区域实施以秸秆覆盖还田、免(少)耕播种为主要内容的保护性耕作1.4亿亩。2021年,农业农村部与国家发展和改革委员会等7个部门联合印发了《国家黑土地保护工程实施方案(2021—2025年)》,明确"十四五"期间开展保护利用黑土耕地1亿亩的目标任务,按照"各炒一盘菜、共做一桌席"的思路,统筹高标准农田建设、小流域综合治理、保护性耕作、秸秆综合利用、深松整地、东北黑土地保护利用、畜禽粪污资源化利用等已有项目,多措并举开展黑土地综合整治。

2)实施黑土地保护工程

一方面,推进高标准农田建设。2018年至今,中央整合相关项目资金,支持各地大力开展包括土地平整、田间灌排设施、田间道路、农田输配电等内容的高标准农田建设。2010年以来,典型黑土区累计建成高标准农田超过1亿亩,农田基础设施不断完善,耕地质量进一步提升。另一方面,加强水土流失治理。为减缓地表风蚀,大力开展农田防护林建设,开展东北四省(区)退耕还林还草10 071万亩,有效缓解风蚀水蚀,改善了生态环境。"十三五"以来,通过实施水土保持重点工程,如坡耕地综合整治、小流域综合治理和侵蚀沟综合治理等,治理水土流失面积超过1.5万 km^2。

3)集成推广黑土地保护技术

2015—2020年,农业农村部积极推广应用黑土地保护利用农艺措施,先后实施黑土地保护利用试点1050万亩、保护性耕作4606万亩、秸秆还田3.8亿亩次、深松整地3.11亿亩次。农业农村部耕地质量监测保护中心统筹抓好东北黑土地保护利用项目实施,组织东北区探索形成了"梨树模式""龙江模式""中南模式""三江模式"等为代表的10种黑土地综合治理模式并广泛应用。《国家黑土地保护工程实施方案(2021—2025年)》因地制宜提出黑土地保护利用综合技术模式与重点内容,分区分类实施黑土地综合治理。

4)推动黑土地保护立法工作

农业农村部会同相关部门和东北四省(区)人民政府,积极探索推进黑土地保护立法工作。2022年8月1日,《中华人民共和国黑土地保护法》正式颁布实施。《中华人民共和国黑土地保护法》是为保护黑土地资源、稳步恢复提升黑土地基础地力、促进资源可持续利用、维护生态平衡、保障国家粮食安全制定的法律。黑土地保护法把黑土地保护、利用、治理、修复等活动以法律的形式确定下来,对黑土地资源实行全面保护、综合治理、系统修复的原则,为保护好、利用好黑土地这一宝贵的土地资源提供了法治保障。

同时,吉林省出台了《吉林省黑土地保护条例》,内蒙古、辽宁、黑龙江等省(区)分别出台了《内蒙古自治区耕地保养条例》《辽宁省耕地质量保护办法》《黑龙江省耕地保护条例》等,以立法形式明确推动黑土地保护工作。

5.5.2 遥感在黑土地监测中的作用

遥感、地理信息技术和机器学习理论下的综合制图研究,已经成为现代土壤学研究的重要推动方向。这一领域的推动,对现代农业管理、科学生产和土地评估等工作具有重要的意义。

1)实现黑土地天-空-地一体化集成调查

以遥感技术为基础,构建黑土地天-空-地集成遥感调查技术体系。通过研究黑土的光谱特征、遥感影像区域参数特征、植被覆盖、土地利用变化及程度、土壤地球化学背景特征、土壤侵蚀特征等,确定黑土分布边界、范围、时空变化,评估黑土质量状况及变化,并预测未来变化趋势,从而实现黑土地区域土地资源实时、快速调查。

2）建立黑土地监察体系，掌握黑土地动态变化

以遥感科学为基础，结合地球化学及其他辅助方法提取得到的信息，建成涵盖寒地黑土、农田生态系统、草原生态系统、矿区及过渡区不同生态系统的黑土地关键带观测基地。利用遥感监测、区域调查及关键带观测基地工作成果，建立覆盖全球主要黑土地区碳排放数据库，构建黑土地天-空-地一体化调查监测系统，以监测黑土关键带的地球生态过程、黑土关键带土壤质量及其全球变化以及农业生产响应，为碳循环研究提供基础数据，对黑土关键带中碳循环及其与全球气候变化和人类活动的关系进行研究。

3）预测黑土变化趋势，为黑土地生态修复打下理论基础

通过对黑土地长期遥感调查和监测，详细研究黑土中能量及碳、氮等养分元素循环，建立一种多学科集成模型系统来表达不同圈层间能量、水和溶质的相互作用，以及循环系统与气候变化、人类活动的关系，并预测未来黑土变化趋势，提出黑土修复建议，为黑土地修复工作的开展打下坚实基础。

5.5.3 黑土地遥感监测技术路线

目前黑土地遥感调查与监测已经形成了天-空-地一体化调查体系，采用卫星遥感-航空高光谱-地面采样验证的宏观-微观一体化多门类方法技术的综合立体调查与监测。利用航空高光谱技术反演土壤有机碳、全氮、全磷及部分微量元素等多项理化指标，实现土壤质量调查更高的空间精度，为实施精准农业等提供决策依据。利用卫星遥感技术，提取黑土覆盖、水土流失强度等信息，开展土壤质量调查、黑土资源水土流失状况评价等工作，黑土地天-空-地技术路线如图 5-25 所示。

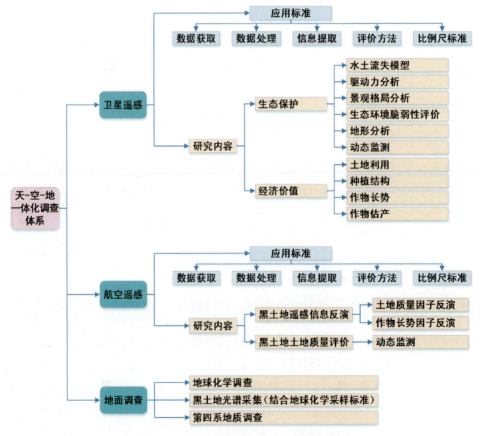

图 5-25 黑土地天-空-地一体化调查体系

1. 航空高光谱调查技术路线

以工作区内典型土地样本和农作物样品的实测光谱数据及地球化学测试数据作为切入点,研究样品实测光谱数据与土地质量/农作物生长状态之间的关系,构建土地质量和农作物生长状态的遥感反演评价模型。在此基础上,拓展到基于航空高光谱遥感数据的土地质量和农作物生长状态反演、制图及评价。基本技术流程及方法主要包括航空高光谱数据获取、航空高光谱数据预处理、野外数据采集及处理、地球化学采样与分析、土地质量参数遥感反演方法、农作物生长状态的遥感反演方法、地面温度反演方法、土地质量评价方法8个方面。航空高光谱调查技术路线详见图5-26。

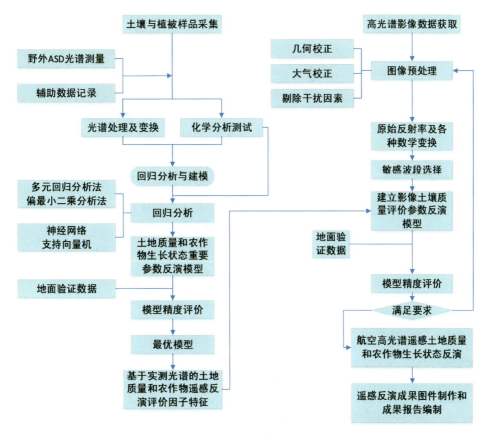

图 5-26　航空高光谱调查技术路线

2. 中分辨尺度卫星遥感监测流程

卫星遥感调查总体技术路线包括:工作区背景调研、文献调研、卫星遥感数据和DEM数据获取、遥感数据处理(包括卫星遥感数据的检查、大气校正、正射处理、数据融合、投影转换、数据裁切、数据配准、质量检查和成果整理等工作)、典型区域野外调查、黑土覆盖信息提取、水土流失强度信息提取、盐碱地信息提取、冲沟信息提取、专题图制作等内容,详见图5-27。

3. 高分辨尺度卫星遥感监测流程

高分卫星遥感调查基本技术路线包括资料收集、高分辨率遥感影像与DEM等辅助信息获取、遥感影像预处理(主要包括辐射校正、正射校正、影像配准、影像融合及镶嵌等步骤)、实测作物光谱数据和土壤采集样本数据获取及处理、作物种植结构建模与提取、农作物长势监测模型建立、农作物估产、土地质量评价、野外地面调查等,详见图5-28。

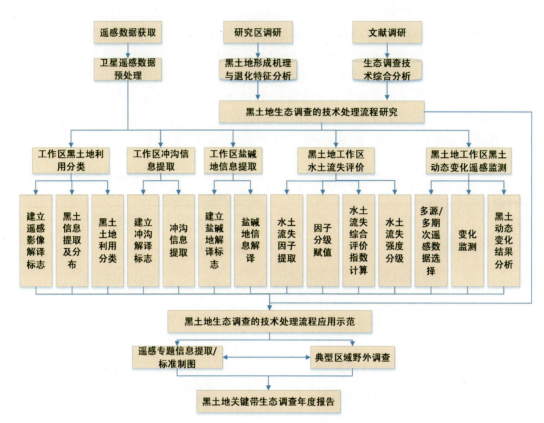

图 5-27 中分辨率尺度遥感调查监测流程

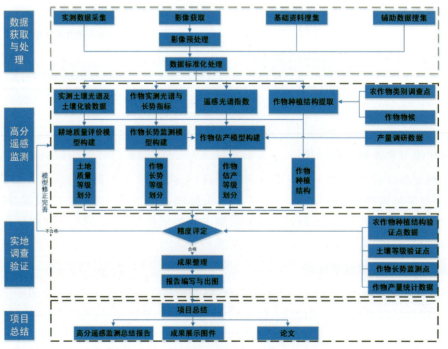

图 5-28 高分卫星遥感调查总体技术流程

5.5.4 黑土地遥感监测应用

2017年、2018年中国地质调查局沈阳地质调查中心分别在黑龙江三江平原、黑龙江海伦地区开展10万 km^2 卫星遥感调查,以美国 Landsat 系列卫星、我国高分系列卫星等为主要遥感数据源,通过遥感图像处理、信息提取、实地调查与综合分析方法,获取东北黑土地不同时期(1985年、2000年、2017年)黑土地土地利用变化、水土流失影响因子、生态问题专题因子等,开展土地利用类型相关转换研究,建立了基于卫星遥感的土地覆盖及分类、土地退化遥感指示因子及其定量模型、土地退化综合评估的东北黑土地生态调查的技术处理流程,初步构建了数量与质量相结合的黑土退化动态监测体系,研究黑土地的现状及未来发展趋势。

1. 土地利用现状监测

土地利用覆盖现状监测是在野外调研与解译标志构建的基础上,选择相应的分类算法,对影像进行自动分类,之后对自动分类的结果进行人工修改,以保证成果的边界精度和属性精度。在进行土地利用分类时,黑土特有的解译标志确定以及指示特征提取是黑土分类的关键环节和决定因素,在综合现有文献成果的基础上,结合研究区特性开展工作,制定黑土土地覆盖信息提取的流程,流程如图 5-29 所示。

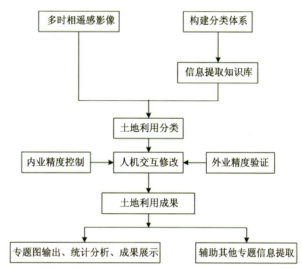

图 5-29 黑土土地覆盖信息提取流程

1)构建分类体系

根据土地利用现状监测任务要求,将工作区土地利用覆盖信息分为水田、旱田、林地、草地、水域以及城乡、工矿、居民用地和未利用土地等,分类体系定义见表 5-29。

表 5-29 土地利用分类体系

编码	名称	定义
11	水田	指有水源保证和灌溉设施,在一般年景能正常灌溉,用以种植水稻,莲藕等水生农作物,包括实行水稻和旱地作物轮种的耕地
12	旱田	指无灌溉水源及设施,靠天然降水生长作物的耕地;有水源和浇灌设施的旱作物耕地;以种菜为主的耕地,正常轮作的休闲地和轮歇地
20	林地	生长乔木、竹类、灌木的土地,以及沿海生长红树林的土地

续表 5-29

编码	名称	定义
30	草地	指以生长草本植物为主的土地
40	水域	指陆地水域、滩涂、沟渠、湖泊等用地,不包括已垦滩涂中的耕地、园林地、居民点
50	城乡、工矿、居民用地	指城乡居民点、独立居民点以及居民点以外的工矿用地,包括其内部的交通、绿化用地
60	未利用土地	指上述地类以外的其他类型的土地

2)建立解译标志

遥感影像解译标志是指在遥感图像上能具体反映和判别地物或现象的影像特征,是地物在影像上反映出来的各种影像特征的综合表现,可以作为判别该地物的依据。根据长年累积的卫星遥感图像解译经验、野外实地调查资料、各种地物类型固有形态特征和波谱特征以及专家知识,结合构建的分类体系,建立土地利用分类的解译标志。

3)土地利用分类结果

根据构建的分类体系和解译标志,建立解译知识库,利用人机交互结合的方法进行土地利用分类。

4)野外验证

在利用遥感影像提取各种专题信息的过程中,虽然参考了许多历史资料,建立了遥感解译标志库,在信息提取的过程中严格按照相关技术规程进行,但是由于自然环境的复杂性、遥感成像过程中存在同物异谱、异物同谱现象以及技术人员本身的专业背景的差异等,难以保证卫星遥感调查结果100%的准确性。因此,开展相应的野外查证是十分必要的。

野外验证主要目的有两个:一是对生产过程中存在的疑似图斑进行实地验证,确定其属性,辅助内业人员作业,提高成果精度;二是选取部分图斑进行实地考察,对信息提取的精度进行验证。

2. 盐碱地现状监测

以遥感为技术手段,建立黑土地工作区盐碱地遥感影像解译标志,对黑土地工作区的盐碱地进行遥感监测研究,提取工作区盐碱地信息,并对提取结果进行分析,为工作区土地盐碱化的研究提供可靠的依据。

1)盐碱地分级体系

在进行盐碱地解译的时候,首先需要区分盐碱地与非盐碱地。盐碱地在遥感影像上的颜色比其他土壤的浅,且盐分含量越高,盐碱地的光谱反射率越强,也越不利于植被的生长,所以在遥感影像上可以根据地物影像色调的深浅以及植被的覆盖度来区分一般土壤和盐碱地。

在区分了盐碱地与非盐碱地后,再根据盐碱地的颜色、所处位置以及面积大小等特征,将盐碱地分为重度盐碱地、中度盐碱地、轻度盐碱地,不同程度的盐碱地具体特征及定义如表 5-30 所示。

表 5-30 盐碱地分类体系

名称	定义
重度盐碱地	一般分布在低洼、泡子周围(不绝对),在影像上为亮白色,且亮白色面积比例在50%以上
中度盐碱地	一般分布在重度盐碱地周围(不绝对),影像上表现为亮白色中有零星植被或坑洼,亮白色面积比例在20%~50%
轻度盐碱地	一般与中度盐碱地毗邻(不绝对),植被作物长势不好,影像上表现为地表有零星亮白色分布,亮白色面积比例在20%以下

2）盐碱地解译标志

根据以上盐碱地的分类体系,结合遥感影像成果,图 5-30 为建立的盐碱地信息解译标志。

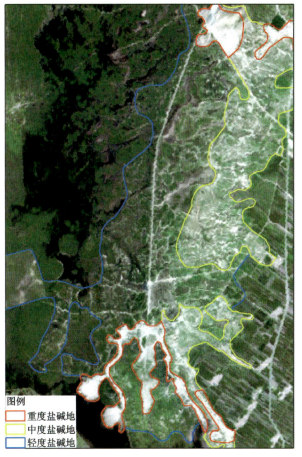

图 5-30　盐碱地解译标志

3）盐碱地信息提取

根据盐碱地解译标志,采用人工目视解译的方法进行盐碱地信息的提取,之后进行野外查验,并对提取的错误信息进行修改。

3. 水土流失遥感评价

根据《土壤侵蚀分类分级标准》(SL190—2007)、《水土保持技术规范》等标准,采用 Landsat 多期遥感影像数据,在提取高程信息、坡度信息、植被盖度、沟谷密度、降水量和土地利用类型等水土流失遥感评价因子的基础上,使用层次分析法进行水土流失强度分布情况综合分析评价。

1）评价因子

水土流失遥感评价采用的因子包括高程因子、坡度因子、沟谷密度、植被覆盖度、土地利用类型、降水量等。

高程值的大小和分布与水土流失的强度有着非常密切的联系。高程不同的地区一般水土流失的程度也会有所差异。地形较高的地区比较容易发生水土流失,而地形平缓的地区发生水土流失的概率相对较低。

地面坡度的大小、坡长、坡形、分水岭与谷底及河面的相对高差等对水土流失有很大影响。地形坡度比较陡的地区水土流失程度相对较高。坡度平缓,谷地相对高差较小地区水土流失程度相对较低。

沟谷密度大小是水土流失的一个非常重要的因子。沟谷越密集区域发生水土流失的可能性就会越大,反之沟谷发育程度不高区域相对来说水土流失程度比较低。

植被对水土流失的控制作用十分明显,植被覆盖高低直接影响水土流失强度。实践证明,森林植被对水势有很好的控制作用。一方面,森林树木具有涵养水源的作用;另一方面,植被的根系还可以固持土壤,防止土壤的滑动。随树木年龄的增加土壤的抗蚀性也增加,森林植被对引起土壤侵蚀的各种因素都产生了积极的作用,从而达到控制水土流失的效果。

土地利用类型与水土流失也是紧密相连的。每种土地利用类型发生水土流失的可能性也有所差异。如林地由于植物根系的固定作用,不易发生水土流失。而裸地、沙地等土地利用类型发生水土流失的概率相对较大。另外,人类对土地资源不合理的开发利用活动也会导致水土流失加剧,对生态环境产生一定的负面影响。如露天剥离、地下采矿会诱发地面塌陷、地裂缝,也会使得采矿区水土流失风险增大。

降水是引起水土流失的重要因素,降水特性与水土流失的程度、分布规律、发生频率等特征都存在着极为密切的关系,而降水量是降水的主要特征之一,是造成泥沙搬运等的直接原因之一,因此在研究水土流失时,降水量是其中一个重要的因子。

2)基于层次分析法的水土流失遥感评价

层次分析法确定权重首先比较各因子的重要性。根据经验和研究区的实际情况,土地利用类型对水土流失的影响最大,然后依次是植被盖度、高程、坡度、沟谷密度和降水量。将这6个因子的重要性两两进行比较后,构建出工作区水土流失的判断矩阵(表5-31)。

表5-31 松嫩平原工作区水土流失判断矩阵

因子	土地利用	植被覆盖度	高程	坡度	沟谷密度	降水量	权重
土地利用	1	3/2	3/2	3	5	6	0.33
植被覆盖度	2/3	1	1	2	3	5	0.22
高程	2/3	1	1	2	3	4	0.21
坡度	1/3	1/2	1/2	1	2	3	0.12
沟谷密度	1/5	1/3	1/3	1/2	1	2	0.07
降水量	1/6	1/5	1/4	1/3	1/2	1	0.05

利用判断矩阵计算各评价因子(土地利用、植被覆盖度、高程、坡度、沟谷密度、降水量)对水土流失影响的权重。并根据水土流失由剧烈到轻微从低到高对各因子进行分级赋值,赋值情况见表5-32。

表5-32 松嫩平原工作区水土流失因子赋值

因子	权重	分级赋值				
土地利用	0.33	有林地、灌木林地	河渠、湖泊、水库坑塘	旱田、水田、城镇用地、其他建设用地	高覆盖度草地、中覆盖度草地、低覆盖度草地、其他未利用土地	工矿用地、沙地、裸土岩
		0.13	0.1	0.05	0.04	0.01
植被覆盖度	0.22	0.7~1	0.5~0.7	0.3~0.5	0.15~0.3	0~0.15
		0.09	0.06	0.04	0.02	0.01
高程	0.21	<150m	150~250m	250~350m	350~550m	>550m
		0.08	0.06	0.04	0.02	0.01
坡度	0.12	<3°	3°~7°	7°~12°	12°~20°	>20°
		0.05	0.03	0.02	0.015	0.005

续表 5-32

因子	权重	分级赋值				
沟谷密度	0.07	<0.3km/km²	0.3~1.15km/km²	1.15~2km/km²	2~3km/km²	>3km/km²
		0.03	0.02	0.008	0.007	0.005
降水量	0.05	<60mm	60~70mm	70~78mm	78~90mm	>90mm
		0.017	0.015	0.008	0.006	0.004

各因子完成分级并赋予权重值后,利用 ArcGIS 软件空间分析工具叠加分析功能,导入 6 个因子图层,将每个因子分级赋值后,与其相应的权重值相乘,然后再将结果相加,得到流域水土流失的综合评价指数。综合指数值越高,对应的水土流失程度越轻微;反之,综合指数的值越低,表示水土流失程度越剧烈。

根据水土流失综合评价指数的计算结果,对水土流失强度进行分级。常用的分级方法有等间隔法、分位数法、自然断点法、几何间隔法等。

4. 土地质量评价

黑土土地质量直接影响黑土地资源的合理开发利用和区域性经济的发展规划,黑土土地质量评价是全面衡量黑土土地质量水平、显示黑土土地质量差异的有效途径,是农业土地资源调查的重要内容和土地总体规划的重要组成部分。评价单元为研究区实际地块。

1)技术路线

以研究区内典型土地样本和农作物样品的实测光谱数据及地球化学测试数据作为切入点,研究样品实测光谱数据或其数学变换形式与土地质量/农作物生长状态之间的关系,建立土地质量和农作物生长状态的遥感反演评价模型。在此基础上,进一步应用航空高光谱遥感数据对土地质量和农作物生长状态进行反演、制图和评价。

2)数据获取与预处理

航空高光谱数据获取采用利用有人大飞机搭载航空高光谱成像系统(如 CASI/SASI 等),光谱范围在 380~2450nm 范围内的可见光—近红外高光谱影像,空间分辨率最高优于 1m,光谱分辨率优于 20nm。

地面定标数据获取采用便携式地面光谱仪和地面卫星定位基站设备采集光谱数据和定位数据。

地面土壤调查包括土壤采样及土壤地面光谱测量工作。野外土壤样本采集工作在每个采样点进行土地全量样采集,采集地表 0~10cm 的土地,为增加土地样品代表性,采样时以一处为主(作为定点位置),在采样点周围 30m 范围内不同的地块,不同的农作物类型多点采集 3~5 个子样组合为一个样品。土壤地面光谱测量时间尽量选取北京时间 10:30—13:30,利用便携式光谱仪进行土壤光谱数据采集。

航空成像光谱数据处理主要包括辐射校正、几何校正、大气纠正和光谱重建等工作。地面高光谱与助理主要是对原始光谱曲线的"跳阶"和"噪声"进行连接修订和平滑去噪。

3)土壤养分及元素含量反演

以研究区典型土地样本的实测光谱数据及地球化学测试数据作为切入点,研究样品实测光谱数据与土地质量之间的关系,构建土地质量与遥感反演评价模型。在此基础上,利用航空高光谱遥感数据的土地质量反演、制图及评价(图 5-31)。

4)土地质量评价

依据航空高光谱反演得到的影响土地质量的养分、有益元素等指标,以及其对土地功能的影响程度进行土地质量等级评定(图 5-32)。评价方法参照土地质量地球化学评价的相关要求。

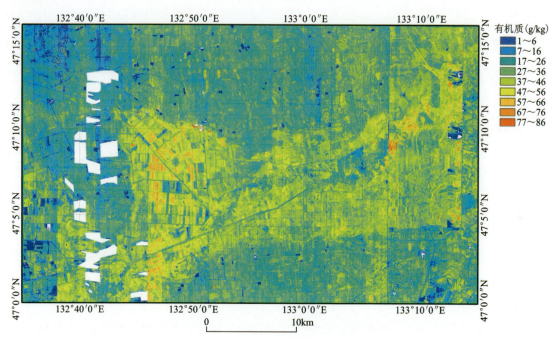

图 5-31 有机质航空高光谱反演结果

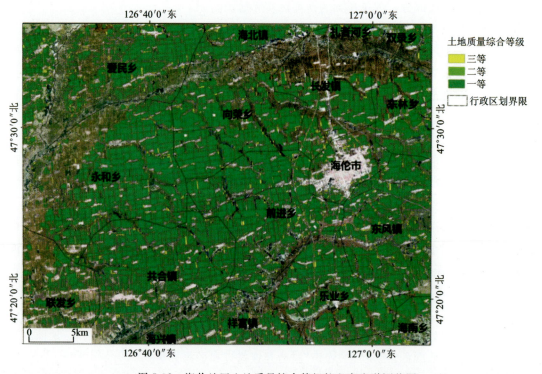

图 5-32 海伦地区土地质量综合等级航空高光谱评价图

5.6 土壤微量元素遥感定量反演

  土地资源是人类赖以生存和发展的物质基础，是粮食安全的重要保障，也是健康中国建设的基石。土壤中的微量元素包含有与人类健康密切相关的养分元素、重金属元素，如何快速而准确地开展土壤调查、实现土壤环境质量动态监测与评估,既是区域生态地球化学调查评价领域关注的重点,同时也是遥感光谱定量化反演领域的难点、热点和前沿。

目前,高光谱土壤微量元素调查技术主要基于土壤中元素的光谱反射规律,与地面手持光谱仪采集的光谱数据进行匹配和分析,实现土壤的定量反演。国内外利用高光谱遥感反演土壤元素含量通常采用两种方式:一种是直接建立土壤光谱与土壤元素的联系来进行反演,另一种是通过植物光谱特征与土壤元素相关联进行反演。

基于土壤光谱-土壤元素的定量化反演方法,由于微量元素的含量通常都在百万分之一级别,学者们往往要对原始光谱进行各种光谱变换(例如一阶微分、二阶微分、倒数、对数、均方根变换、逆对数(LR)、连续统去除、连续小波变换、多次散射校正、扩展散射校正平滑等)突出变化特征,再利用逐步回归、多元回归、偏最小二乘法、神经网络、支持向量机、随机森林等统计模型提取特征谱段,构建出土壤元素含量的反演模型。大量研究结果已经证明,光谱变换能有效减弱或消除土壤中存在的有机质或氧化物对微量元素光谱特征的影响,结合最新的机器学习算法能进一步提升反演精度。

然而,由于土壤裸露时间窗口期窄,且土壤表层微量元素来源有限、含量甚微,其引发的光谱反射率变化信息微弱,反演结果可信度较低。相比之下,植物光谱反演时间窗口期长,植物对土壤中的某些元素变化响应又较为敏感。以往研究表明,土壤元素含量变化会造成其理化性质、形态学特征等方面的变化,而这些变化也同样会显示在光谱中。例如 Mirzaei 等对葡萄幼苗分别用 Cu、Zn、Pb、Cr 和 Cd 等 5 种重金属进行处理,发现每种重金属都有其特殊的作用,并根据植物种类的不同对其产生不同的响应(包括叶色变化、黄化、坏死、矮化、巨大、叶片和根系扩张等),证明重金属胁迫对葡萄叶片生化成分和叶片结构的影响。无论是从植物性状和形态随微量元素含量变化的原理来看,还是已有的成功研究案例来说,利用植物冠层的光谱反演土壤元素含量的方法都是可行的。此外,生态地球化学领域有关元素迁移富集规律的研究也证明:微量元素在自然界中的分布、迁移和转化,与其自身、依附载体和所处环境的理化性质密切有关,植物中的元素含量与土壤中相应元素的有效量是存在必然联系的。但是,国内外相关研究中关注较多的往往是氮、磷等含量较高的养分元素,对微量元素的研究主要集中在受污染胁迫明显区域的少数几种重金属元素,且反演的前提是假设已知目标元素是影响该区植物理化性质变化的主要因素,这样的先验条件显然是无污染地区所不具备的,无法在大范围土壤调查监测中推广应用。

因此,本研究以土壤中微量元素的定量反演为主要目标,基于作物不同生育期、不同器官/部位转运和吸收微量元素的差异性,通过设置不同浓度梯度、不同种类的微量元素土壤控制变量实验,通过对比分析不同微量元素、不同浓度梯度组的小麦中的微量元素分布与光谱异常信息,致力于探索发现目标元素或相关元素组合在主要农作物中特有的光谱学效应,并在此基础上构建植物光谱-植物元素含量-土壤中元素的生物有效量模型,为基于卫星、无人机高光谱数据进行大范围土壤微量元素反演奠定理论基础,利于典型植被覆盖区土壤地质生态的动态监测与评估。

5.6.1 微量元素变量控制实验设计方案

本研究通过控制变量实验的方法,分别设计了铁、硼、钼、锌 4 种微量元素的实验组,每种元素设置 6 个梯度,每个梯度设置土壤、种植环境完全相同的 6 个花盆,共计 144 盆实验土壤。如图 5-33 所示,每个种植花盆高 35cm,口径为 32cm,托盘直径 30cm,单个花盆分别放置原始土壤 15kg。为保证每组实验土壤原始微量元素含量影响最小,同一种元素的各梯度组均采用同一组的原始土壤,并且原始土壤的野外取土范围参考了微量元素地球化学分布情况,采集天津市周边该种元素含量相对较低的土壤,并将每一组野外原始土壤分别进行充分混匀,然后按照统一克重平均分装到大小相同种植盆中。实验中,每种元素的全部实验盆的土壤、种植方式、阳光照射、施肥量、施水量以及温度和湿度都处于相同的条件下,在控制范围内去除外界环境干扰的影响。

图 5-33 土壤微量元素实验花盆示例

1. 微量元素配液方案

1）实验土壤浓度等级

为实现上述中每种元素的 6 个浓度梯度的浓度设置，以各微量元素在土壤中有效态含量水平为基础（表 5-33），保证土壤中能形成某种微量元素的实际缺乏状态。

表 5-33 原始实验土壤各微量元素有效态含量

元素	本底值/(mg·kg^{-1})	样号	指标分级
有效硼	0.44	3	较缺乏
有效铁	11.92	1	较丰富
有效锌	1.88	6	较丰富
有效钼	0.08	4	缺乏

根据《植物营养与肥料》（浙江农业大学，1988），土壤中硼、钼、锰、锌有效态缺乏基本对应表 5-34 中三等下限值，低于此值为缺乏。因此可以三等下限值作为缺乏态基线值（表 5-35）。

表 5-34 土壤微量元素有效态含量等级指标（依据 DZ/T 0295—2016） 单位：mg/kg

元素	一等＞	二等	三等	四等	五等＜
有效硼	2	1	0.5	0.2	0.1
有效钼	0.3	0.2	0.15	0.1	0.05
有效铁	20	10	4.5	2.5	1.2
有效锌	3	1	0.5	0.3	0.15

表 5-35 实验土壤各微量元素有效态含量及与标准五等之比值

元素	三等（临界）/(mg·kg^{-1})	实验土壤有效态/(mg·kg^{-1})	比值
有效硼	0.5	0.48	0.96
有效钼	0.15	0.08	0.53
有效铁	4.5	11.9	2.64
有效锌	0.5	1.88	3.76

第 5 章 土地资源遥感监测应用

实验用土壤微量元素有效态含量普遍达到三等乃至二等。但是在碱性土壤中,除钼外,其他微量元素因 pH 升高而有效性降低(普遍性特点)。例如,土壤 pH 值每增加一个单位,铁活性减小至原来的 1/1000。而实验室测定铁、锌用的是 DTPA 二乙基三胺五乙酸之乙酸、钼用草酸-草酸铵之铵、硼用沸水+EDTA 乙二胺四乙酸之乙酸,因此提取度较为充分,应接近活性态元素在土壤中的全吸附量。而在碱性土壤中,铁、锌、硼的实际释放量一般达不到所测定有效态之提取效果。考虑到本实验土壤碱性较强(pH=8.4),除钼用原值外,其他元素皆降低至原来的 1/5~1/10,将有效态降低至原来的 1/5 作为推测有效态含量,使其普遍低于缺乏下限之临界值(表 5-36)。

表 5-36 有效态丰缺程度

元素	三等(标准临界值)/(mg·kg^{-1})	实验土壤假设有效态/(mg·kg^{-1})	比值
有效硼	0.5	0.096	0.192
有效钼	0.15	0.08	0.533 3
有效铁	4.5	2.38	0.528 9
有效锌	0.5	0.376	0.752

2)微量元素补偿溶液等级系列计算

实验土壤中微量元素浓度梯度以"土壤微量元素有效等级指标(DT/T 0295—2016)"原第三等为最低基准,原一、二、三等之间插平均值,再将原一等加倍,定为新的五等级(表 5-37)。

表 5-37 修改土壤养分有效量新等级指标   单位:mg/kg

元素	一等	二等	三等	四等	五等
有效硼	4	1.5	1	0.75	0.5
有效钼	0.6	0.25	0.2	0.17	0.15
有效铁	40	15	10	7.2	4.5
有效锌	6	2	1	0.75	0.5

根据土壤中推测有效态含量,配制补偿溶液浓度梯度,具体方法以 Zn 为例说明。首先需要计算不同梯度级别应施加的补偿浓度值:

$$ZnC_x = C_{Znx} - C_{Zn0} \tag{5-1}$$

式中:ZnC_x 为锌元素组第 x 级浓度梯度应施加的补偿浓度值,x($x=1,2,\cdots,5$)代表元素对应的梯度级别;C_{Znx} 为锌元素组第 x 级浓度梯度对应的土壤等级标准浓度;C_{Zn0} 为锌元素土壤实测有效态浓度(即对照组的土壤实测有效态浓度)。

其次,计算补齐补偿浓度需施加的施液浓度(ZnC_{sx}),具体公式如下:

$$Zn_M \times ZnC_{sx} = S_M \times ZnC_x \tag{5-2}$$

式中:ZnC_{sx} 为锌元素组第 x 级浓度梯度补齐补偿浓度需施加的施液浓度,x($x=1,2,\cdots,5$)代表元素对应的梯度级别;Zn_M 为每盆每次施液量,以 1.5kg 计算;S_M 为实验土壤干重,以 15kg 干重计算。

由此配制每个微量元素各等级施液浓度见表 5-38。

表 5-38 各元素施加液浓度计算表(按每次施加 1.5kg 液体计)   单位:mg/kg

元素	分级	一等	二等	三等	四等	五等	推测有效态
有效硼	目标浓度	4	1.5	1	0.75	0.5	0.096
	补偿浓度	3.904	1.404	0.904	0.654	0.404	
	施液浓度	39.04	14.04	9.04	6.54	4.04	

续表 5-38

元素	分级	一等	二等	三等	四等	五等	推测有效态
有效钼	目标浓度	0.6	0.25	0.2	0.17	0.15	0.08
	补偿浓度	0.52	0.17	0.12	0.09	0.07	
	施液浓度	5.2	1.7	1.2	0.9	0.7	
有效铁	目标浓度	40	15	10	7.2	4.5	2.38
	补偿浓度	37.62	12.62	7.62	4.82	2.12	
	施液浓度	376.2	126.2	76.2	48.2	21.2	
有效锌	目标浓度	6	2	1	0.75	0.5	0.376
	补偿浓度	5.624	1.624	0.624	0.374	0.124	
	施液浓度	56.24	16.24	6.24	3.74	1.24	

由上可知,每配制 1kg 施液用料质量见表 5-39。其中,原子量代表微量元素的原子量,含量代表微量元素在原料分子中的百分比,浓度代表施液中单元素浓度,料重则代表每配置 1kg 施液换算成原料的质量。

表 5-39 每配制 1kg 施液用料质量

元素	配制原料		原料分子量/mg	元素原子量/mg	元素含量/%	一级		二级		三级		四级		五级	
	名称	原料分子式				浓度/(mg·kg^{-1})	料重/mg	浓度/(mg·kg^{-1})	料重/mg	浓度/(mg·kg^{-1})	料重/mg	浓度/(mg·kg^{-1})	料重/mg	浓度/(mg·kg^{-1})	料重/mg
有效硼	硼砂	$Na_2B_4O_7 \cdot 5H_2O$	291.29	10.81	14.84	39.04	263.07	14.04	94.61	9.04	60.92	6.54	44.07	4.04	27.22
有效钼	钼酸钠	$Na_2MoO_4 \cdot 2H_2O$	241.94	95.94	39.65	5.2	13.11	1.7	4.29	1.2	3.03	0.9	2.27	0.7	1.77
有效铁	硫酸亚铁	$FeSO_4 \cdot 7H_2O$	278.05	55.85	20.09	376.2	1 872.6	126.2	628.17	76.2	379.29	48.2	239.92	21.2	105.53
有效锌	硫酸锌	$ZnSO_4 \cdot 7H_2O$	287.56	65.39	22.74	56.24	247.32	16.24	71.42	6.24	27.44	3.74	16.45	1.24	5.45

3)各等级施液用料计算

按每等级每盆施液 1.5kg 计,每等级 6 盆,需配施液 1.5kg/盆×6 盆＝9kg,两个平行场地需总质量 18kg,考虑抛洒损耗等因素,每等级可配置施液总质量 25kg,分别计算各元素、各等级需要原料量。

4)配置浓缩液

为了络合充分,有利于植物根系吸收,可先配置成络合浓缩液,施用时再进行稀释。分别称取每种原料各等级所需质量,分别置于 1～5 号 500mL 烧杯中(事先称取干净、干燥烧杯质量,精确至 0.001g),分别加入适量水进行溶解(加水量为所配浓缩液质量的大约 4/5),再加柠檬酸络合,完全溶解透明后逐渐加入碳酸钠调节 pH 值至 5～7。然后将烧杯置于天平上,再用水补足浓缩液质量。

5)施微肥

配制各元素各级施液 10kg(每级 6 盆需 9kg):用台秤准确称量 10kg 水,用高精天平(0.000 1g)称取硫酸铜、钼酸钠、硫酸锌浓缩液 10g，融入 10kg 水中，即配成 1000 倍施液，分别称取 1.5kg 轻轻浇入本级 6 盆中表土。用台秤准确称量 9800g 水，用高精天平（0.000 1g）称取硼砂浓缩液 200g，融入 9800kg 水中，即配成 50 倍施液，分别称取 1.5kg 轻轻浇入本级 6 盆中表土。（1 号铁，1 号锰同此操作）。用台秤准确称量 9900g 水，用高精天平（0.000 1g）分别称取硫酸亚铁、硫酸锰 2～5 号浓缩液 100g，融入 9900kg 水中，即配成 100 倍施液，分别称取 1.5kg 表土轻轻浇入本级 6 盆中。等待干至不结泥团，疏松平整后可均匀种植小麦。

2. 小麦种植方案

小麦种植实验于 2023 年 3 月 28 日在阳光充足的室外开展，为保证每盆实验盆小麦的种植深度、种植间距以及麦种品质的一致性，本研究采取环形种植的方式，通过定制环形的间距种植参考板，如图 5-34a 所示，每盆分别种植麦粒 42 颗，种植深度为 15cm，实际种植时以定好长短的木棍为深度参考。除此以外，麦种的品种选取为石新 828，并在种植前，对麦种进行了筛选，剔除品质差的麦粒，基本保证粒粒饱满。种植后，根据小麦的生长状况，适当等量补充氮磷钾肥，以液体形式施于土壤，同样，实验过程中施水量也根据小麦生长状况以及实验盆中的土壤干燥程度，进行不定期等量水分的补充（图 5-34b）。

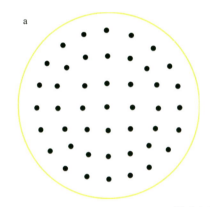

图 5-34　小麦种植示意图

5.6.2　数据采集与处理

为进行后期土壤与小麦微量元素与光谱特征的分析，本研究采集了小麦典型生长阶段（拔节期和成熟期）的小麦不同部位（包括根、茎秆、叶片、茎叶、麦穗）以及对应根系土壤的样本数据，并通过实验室化学分析测定对应的元素含量，同时测量了土壤以及小麦不同部位的地面光谱数据，并进行了预处理。

1. 样本数据的采集与测试分析

本次实验的样本数据采集主要分为两个阶段，包含拔节期（6 月 5 日）和成熟期（7 月 25 日）。其中，拔节期样本采集采取每个实验盆随机拔取 5～8 棵麦苗，并通过实验室分别测试了根系土壤对应元素组别的微量元素有效态含量（例如有效铁、有效硼）、小麦根、茎秆以及叶片对应元素组别的全量元素有效态含量（例如铁、硼等）。成熟期样本则采取单个实验盆全部麦苗的采集，但随小麦生长状况的特征的改变，测试部位更改为根系土壤、小麦的根、茎叶和麦穗（籽实）。同时，为了与原始的浓度梯度（6 组）进行对应，对于每个元素组 36 盆的数据均按梯度进行了平均处理，以便于后续的分析和建模。

微量元素成分测试分析送河北省地质实验测试中心进行。其中，土壤有效锌、有效铁含量的测定采用 Agilent7900 电感耦合等离子体质谱仪，基于二乙三胺五乙酸（DTPA）浸提法 NY/T 890—2004 测定；有效钼采用 Agilent7900 电感耦合等离子体质谱仪，基于 NY/T 1121.9—2012 土壤检测方法进行测定;有效硼采用 T6 分光光度计,基于 NY/T 1121.8—2006 方法测试分析;植被各个部位的微量元素含量测定采用 Agilent7900 电感耦合等离子光谱仪,基于 GB 5009.268—2016 测试法进行测试分析。土壤微量元素(有效态)检出限见表 5-40,植被微量元素的检出限见表 5-41。

表 5-40　土壤微量元素(有效态)检出限　　　　　　　　　　　　　　单位:mg/kg

微量元素(有效态)	有效铁	有效硼	有效钼	有效锌
检出限	0.02	0.005	0.002	0.02

表 5-41　植被微量元素检出限　　　　　　　　　　　　　　　　　　单位:mg/kg

微量元素	铁	硼	钼	锌
检出限	1.0	0.1	0.01	0.5

2. 光谱数据采集与预处理

1)光谱数据的采集

本次实验采用 Terra Spec HALO 手持式近红外光谱仪进行地面光谱数据的采集,光谱仪获取的光谱数据的波长范围为 350～2500nm。仪器最终获取波谱曲线的波长间隔为 1nm,涵盖了包括可见光、近红外以及短波红外的光谱数据。

实验中,为避免由于光谱测量不规范以及测量对象不典型带来的偶然误差和测试误差,每一实验盆均进行 3～5 次光谱测量,尤其在中间拔节期的生长过程中,对于测量部分进行统一,选取每盆具有代表性的位置进行测量。并且,经过反复实验,最终小麦不同部位的测量方法采取以黑板为背景,茎秆以及麦穗测量时平铺在一块黑板上,并完全覆盖黑板间隙,将光谱仪测量窗口完全贴紧覆盖,保证无外界光进入干扰。叶片测量经过多次实验,发现 20 片左右测量获取的光谱曲线以及反射率数值最稳定,因此,叶片测量采取每盆小麦 20 片左右双层覆盖黑板,进行光谱数据的采集。

2)地面光谱数据的预处理

为保证后续光谱数据分析的可靠性,需要对获取的地面光谱数据进行一系列的预处理,本次实验的预处理主要包括 4 个方面:异常数据的剔除、光谱曲线的重命名、光谱曲线的平均以及包络线去除。

(1)异常数据的剔除。首先剔除测量过程中记录的异常数据,然后依次查看所有的光谱曲线,以植被和土壤的标准谱线为基准,将存在明显异常的光谱曲线进行剔除。

(2)光谱曲线的重命名。为便于后期光谱曲线的查找,将原始光谱仪中导出的光谱数据进行批量命名,命名格式为"盆号-元素名称-梯度组-测量部位-测量日期-序号",并将所有的光谱数据存储到各期测量数据对应的光谱数据库中,光谱库命名方式为"测量部位-测量日期"。

(3)光谱曲线的平均。由于前期对单个实验盆均进行了多次光谱数据的重复测量,因此需要进行光谱数据的平均处理。在此将原始的 ASD 格式数据分别转换成 txt/xlsx 格式数据,便于后期的统计分析,然后对光谱曲线进行平均处理,获取单个实验盆每期次不同测量部位对应的光谱数据。

(4)包络线去除。包络线去除,又称连续统去除,是一种有效增强感兴趣吸收特征的光谱分析方法,能够突出光谱曲线的吸收和反射特征,并将反射率归一化为 0～1。该方法有利于将光谱曲线进行特征数值的比较,从而提取特征波段以供后续分析。因此本实验将获取的单盆平均后光谱数据分别进行包络线去除,便于后续的特征筛选与分析建模。

5.6.3 植物冠层元素聚积部位的分析

1. 植物冠层元素聚积部位的优选

以往研究表明,不同作物的植株各部位微量金属元素的摄取和积累量有所不同,例如水稻,总体遵循根＞茎/叶＞颖壳＞籽粒的大小顺序。为实现后续基于无人机数据以及卫星数据的模型应用,本次实验从冠层微量元素的元素浓度聚积程度出发,优选出冠层微量元素的聚积部位。

因此,本研究以拔节期(6月5日)获取的叶片样本与成熟期(7月25日)获取的麦穗(籽实)样本的实验室化学测试数据为基础,将同种元素组同梯度的6盆实验数据进行了平均,获取每种元素每个梯度对应不同测量部位微量元素化学分析数据,并分析了不同浓度梯度组的各微量元素在小麦冠层部位的含量分布情况,分别对不同微量元素的冠层分布情况进行了绘图与分析。

1) 铁元素不同浓度梯度组在冠层的聚积情况

表5-42展示了不同浓度梯度组的铁元素在小麦冠层部位(叶片、麦穗)中的含量数据,以及配液设置浓度梯度后土壤中实际的有效铁元素含量分布情况,同时以光谱测量的冠层部位为X轴,对应测量部位的铁元素测试含量为Y轴,分别绘制了铁元素实验组的6个浓度梯度冠层部位的铁元素含量曲线,如图5-35所示,并绘制了叶片与麦穗中的铁元素含量随土壤中对应的有效铁浓度变化的趋势分布情况,如图5-36所示。

表5-42 不同浓度梯度组的铁元素在小麦冠层部位的含量分布　　单位:mg/kg

浓度梯度组别	土壤(有效铁) 种植前	叶片(铁) 拔节期	麦穗(铁) 成熟期
对照组	11.9	142.17	155
4.5	14.02	177	133.33
7.2	16.72	162.17	150.5
10	19.52	155.67	149.33
15	24.52	143.17	133.5
40	49.52	270.83	127.2

由图5-35、图5-36和表5-42可知,除对照组叶片铁元素含量小于麦穗外,其余梯度组的叶片含量均大于麦穗,且最大浓度梯度40mg/kg组的叶片含量超过了麦穗中铁元素含量的2倍;并且,随着土壤中有效铁元素浓度的升高,叶片中明显出现了铁元素的聚积,而麦穗中铁元素的聚积程度反而出现了递减的趋势,例如,最大梯度组中麦穗铁元素含量明显低于有效铁含量最少的对照组。综上,铁元素在冠层中的聚积部位优选为叶片。

2) 硼元素不同浓度梯度组在冠层的聚积情况

表5-43展示了不同浓度梯度组的硼元素在小麦冠层部位(叶片、麦穗)中的含量数据,以及配液设置浓度梯度后土壤中实际的有效硼元素含量分布情况。同时,以光谱测量的冠层部位为X轴,对应测量部位的硼元素测试含量为Y轴,分别绘制了硼元素实验组的6个浓度梯度冠层部位的硼元素含量曲线(图5-37),并绘制了叶片与麦穗中的硼元素含量随土壤中对应的有效硼浓度变化的趋势分布情况(图5-38)。

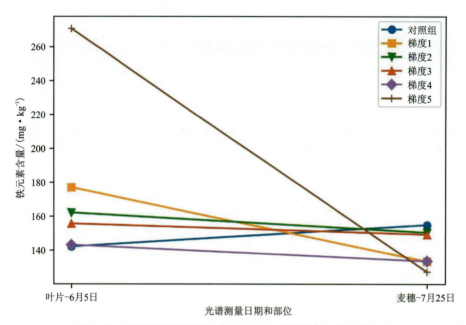

图 5-35　不同浓度梯度组的铁元素在小麦冠层部位的含量分布

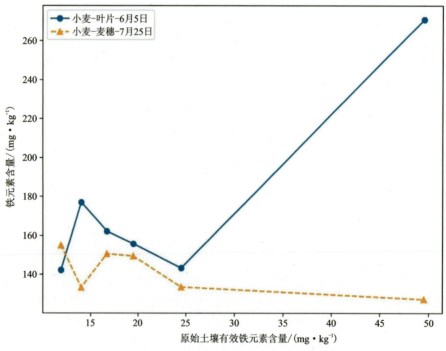

图 5-36　小麦冠层部位铁含量随土壤元素浓度变化

表 5-43　不同浓度梯度组的硼元素在小麦冠层部位的含量分布　　　　　　　　　　　单位：mg/kg

浓度梯度组别	土壤（有效硼）种植前	叶片（硼）拔节期	麦穗（硼）成熟期
对照组	0.44	7.67	5.3
0.2	0.844	15.22	5.88
0.6	1.094	21.87	6.14

续表 5-43

浓度梯度组别	土壤（有效硼）种植前	叶片（硼）拔节期	麦穗（硼）成熟期
1	1.344	30.08	7.75
1.4	1.844	43.88	9.88
3.6	4.344	103.12	20.73

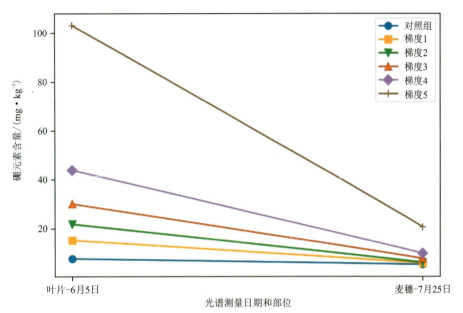

图 5-37　不同浓度梯度组的硼元素在小麦冠层部位的含量分布

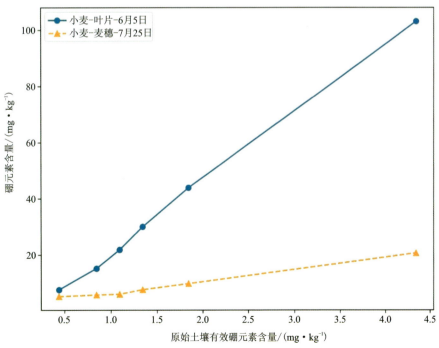

图 5-38　小麦冠层部位硼含量随土壤元素浓度变化

由图 5-35、图 5-36 和表 5-43 可知,所有梯度组的叶片聚积的硼元素含量均超出麦穗中的含量,且随着浓度梯度的增大,叶片中聚积的硼元素由麦穗中聚积硼元素的近 1.5 倍提高到了近 5 倍,并且随着土壤中有效硼元素积累程度的递增,叶片和麦穗中都出现了硼元素浓度的升高,但显然叶片中增大的程度更显著。综上,硼元素在冠层中的聚积部位优选为叶片。

3)钼元素不同浓度梯度组在冠层的聚积情况

表 5-44 展示了不同浓度梯度组的钼元素小麦在冠层部位(叶片、麦穗)中的含量数据,以及配液设置浓度梯度后土壤中实际的有效钼元素含量分布情况。同时,以光谱测量的冠层部位为 X 轴,对应测量部位的钼元素测试含量为 Y 轴,分别绘制了钼元素实验组的 6 个浓度梯度冠层部位的钼元素含量曲线(图 5-37),并绘制了叶片与麦穗中的钼元素含量随土壤中对应的有效钼浓度变化的趋势分布情况(图 5-38)。

表 5-44　不同浓度梯度组的钼元素在小麦冠层部位的含量分布　　　　单位:mg/kg

浓度梯度组别	土壤(有效钼) 种植前	叶片(钼) 拔节期	麦穗(钼) 成熟期
对照组	0.08	1.63	1.68
0.15	0.15	3.04	2.65
0.17	0.17	3.42	3.14
0.2	0.2	3.27	2.82
0.25	0.25	4.14	3.51
0.6	0.6	7.82	4.6

由图 5-39、图 5-40 和表 5-44 可知,除对照组叶片钼元素含量略小于麦穗外,其余梯度组的叶片含量均大于麦穗,但整体来看,除最大梯度组 0.6mg/kg 组外,其他梯度组的叶片与麦穗中的钼元素含量数值相近,两者含量差值均不超过叶片中浓度的 15%。除此以外,随着土壤中有效钼元素积累程度的递增,叶片和麦穗均出现了钼元素的聚积,两者的变化趋势基本一致。综上,钼元素在冠层中的聚积部位为叶片与麦穗。

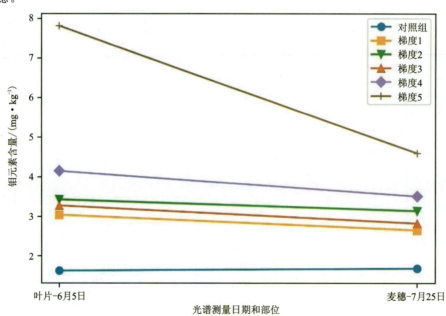

图 5-39　不同浓度梯度组的钼元素在小麦冠层部位的含量分布

第 5 章 土地资源遥感监测应用

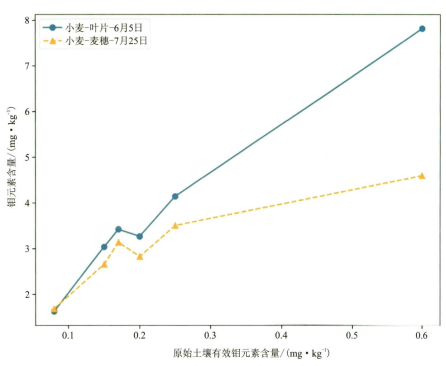

图 5-40 小麦冠层部位钼含量随土壤元素浓度变化

4) 锌元素不同浓度梯度组在冠层的聚积情况

表 5-45 展示了不同浓度梯度组的锌元素在小麦冠层部位（叶片、麦穗）中的含量数据，以及配液设置浓度梯度后土壤中实际的有效锌元素含量分布情况。同时，以光谱测量的冠层部位为 X 轴，对应测量部位的锌元素测试含量为 Y 轴，分别绘制了锌元素实验组的 6 个浓度梯度冠层部位的锌元素含量曲线（图 5-41），并绘制了叶片与麦穗中的锌元素含量随土壤中对应的有效锌浓度变化的趋势分布情况（图 5-42）。

表 5-45 不同浓度梯度组的锌元素在小麦冠层部位的含量分布 单位：mg/kg

浓度梯度组别	土壤（有效锌）种植前	叶片（锌）拔节期	麦穗（锌）成熟期
对照组	1.88	23.77	79
0.5	2.004	22.93	82.3
0.75	2.254	24.03	82.03
1	2.504	25.08	68.63
2	3.504	25.45	83.1
6	7.504	27.42	88.92

由图 5-41、图 5-42 和表 5-45 可知，所有梯度组的麦穗含量均大于叶片，且除第 4 梯度组 1mg/kg 组麦穗中锌元素为叶片中锌元素浓度的 2.74 倍外，其他梯度组麦穗中累积的锌含量均超过了叶片中锌元素含量的三倍。并且，随着土壤中有效锌元素积累程度的递增，叶片和麦穗中均呈现出了一定程度上的聚积含量的增加。综上，锌元素在冠层中的聚积部位为麦穗。

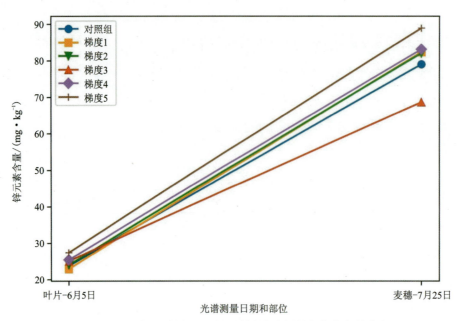

图 5-41 不同浓度梯度组的锌元素在小麦冠层部位的含量分布

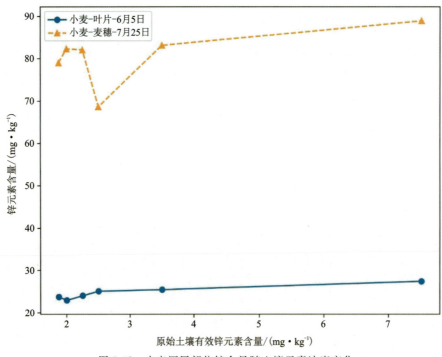

图 5-42 小麦冠层部位锌含量随土壤元素浓度变化

2. 冠层聚积浓度与土壤元素浓度的相关性判定

基于上一节中的结论，不同元素植物的冠层聚积部位不同，但若要保证后续建模的有效性，保证冠层聚积部位的元素浓度与原始不同浓度梯度对应的实际土壤元素有效态的浓度存在较强的相关性是十分必要的。因此，本研究对冠层优选的部位与土壤对应元素含量进行相关性分析，并设置了 95% 的置信区间进行相关系数显著性检验，结果如表 5-46 所示。

第 5 章　土地资源遥感监测应用

表 5-46　冠层优势部位元素浓度与土壤元素浓度的相关性分析结果

元素组	冠层优选聚积部位	相关系数
铁	叶片	0.887
硼	叶片	0.999
钼	叶片/麦穗	0.991/0.918
锌	麦穗	0.918

由表 5-46 可知，铁、硼、钼与锌 4 种元素优选出的冠层聚积部位与土壤中的元素有效态浓度分布均呈显著正相关，相关系数都大于 0.85，这说明了上述优选出的冠层优势部位的微量元素的变化趋势与土壤中对应元素有效态的变化是基本一致的。因此，证明选取的冠层优势部位具有一定代表性，后续基于优选出的冠层部位进行光谱的分析和建模也是存在一定的可行性。

5.6.4　聚积部位光谱特征位置的筛选与分析

基于上述优选出的冠层优势聚积部位，本节对冠层优势部位的光谱曲线进行了分析。首先目视筛选出不同元素组该优势部位光谱曲线的显著光谱吸收谷，然后计算出该吸收谷范围内的吸收深度。然而，筛选出的光谱位置越多，意味着对应的自变量光谱深度的个数也会越多，反而会降低光谱数据和微量元素含量之间关系建模的性能。为了缓解这种情况，需要一个特征选择过程来筛选特征位置，以单独预测每种微量元素的浓度。因此，最后需要对不同吸收位置处的吸收深度与对应该部位测量的元素含量进行相关分析，筛选出不同浓度梯度组的光谱吸收深度与该部位的元素聚积的含量具有一定相关关系的特征吸收位置，用于后续土壤的微量元素的反演。其中，吸收位置的筛选以及光谱吸收深度的计算均基于经过包络线去除之后的光谱数据，具体这两个光谱吸收参数的计算参考童庆禧等编著的《高光谱遥感》中的定义。

(1) 吸收位置：在光谱吸收谷中反射率最低的位置对应的波长。
(2) 吸收深度：某一波段范围内，反射率最低点到归一化包络线的距离。

1. 铁元素组冠层光谱特征位置的筛选

图 5-43 为铁元素组 6 个浓度梯度小麦叶片去除包络线之后的曲线。由图可知，铁元素叶片光谱数

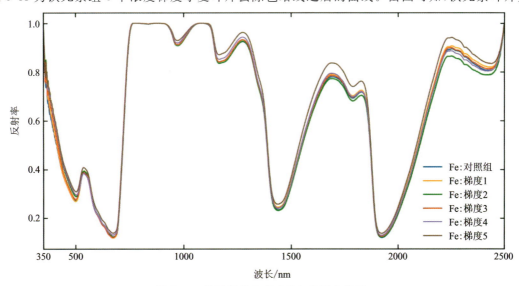

图 5-43　铁元素组小麦叶片初选吸收位置

据初步目视筛选出 8 个吸收位置,具体为 501nm、674nm、972nm、1166nm、1440nm、1787nm、1922nm 以及 2440nm 附近的吸收位置。然后对每条曲线每个吸收位置处的吸收深度进行了计算,并将每个浓度梯度对应的叶片部位测量的铁元素浓度数据一同记录于表 5-47。

表 5-47　铁元素组叶片初选吸收位置及吸收深度

实测浓度(mg·kg^{-1})	501nm	674 nm	972 nm	1166 nm	1440 nm	1787 nm	1922 nm	2440nm
142.17	0.726	0.877	0.091	0.163	0.765	0.307	0.88	0.193
177	0.731	0.882	0.088	0.158	0.755	0.298	0.875	0.18
162.17	0.711	0.876	0.092	0.164	0.768	0.319	0.878	0.212
155.67	0.722	0.879	0.087	0.158	0.758	0.304	0.874	0.187
143.17	0.704	0.869	0.08	0.148	0.759	0.301	0.87	0.196
270.83	0.691	0.861	0.07	0.129	0.742	0.26	0.862	0.165

其次,在初步目视筛选的基础上,对初选出的每个吸收位置的吸收深度与实验室化学测试的实测铁元素含量数据进行了相关性分析,筛选出具有代表意义的吸收位置,即相关系数的绝对值大于 0.7 的特征位置。如表 5-48 所示,结果显示其中 972nm、1166nm、1440nm、1787nm、1922nm 以及 2440nm 处吸收深度与叶片铁元素含量的相关性均满足要求,因此后续将基于筛选后的结果进行建模分析。

表 5-48　铁元素组叶片吸收深度与麦叶片实测浓度相关系数(筛选后)

吸收位置/nm	相关系数	吸收位置/nm	相关系数
972	0.806	1787	0.91
1166	0.838	1922	0.818
1440	0.872	2440	0.766

2. 硼元素组冠层光谱特征位置的筛选

图 5-44 为硼元素组 6 个浓度梯度小麦叶片去除包络线之后的曲线。由图可知,硼元素叶片光谱数据初步目视筛选出 8 个吸收位置,具体为 501nm、674nm、972nm、1166nm、1440nm、1787nm、1922nm 以及 2246nm 附近的吸收位置。然后对每条曲线每个吸收位置处的吸收深度进行了计算,并将每个浓度梯度对应的叶片部位测量的硼元素浓度数据一同记录于表 5-49。

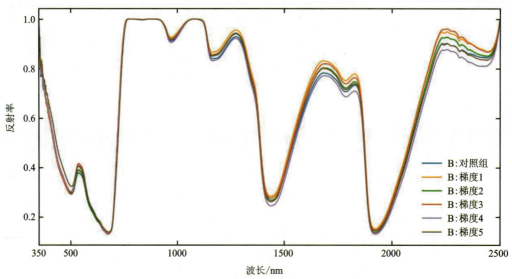

图 5-44　硼元素组小麦叶片初选吸收位置

第 5 章 土地资源遥感监测应用

表 5-49 硼元素组叶片初选吸收位置及吸收深度

实测浓度/(mg·kg^{-1})	501nm	674nm	972nm	1166nm	1440nm	1787nm	1922nm	2246nm
7.67	0.707	0.868	0.087	0.16	0.731	0.293	0.853	0.1
15.22	0.698	0.863	0.073	0.134	0.715	0.248	0.847	0.056
21.87	0.703	0.866	0.081	0.149	0.732	0.278	0.856	0.076
30.08	0.706	0.869	0.082	0.144	0.722	0.261	0.851	0.041
43.88	0.697	0.865	0.093	0.168	0.754	0.313	0.868	0.125
103.12	0.676	0.86	0.079	0.148	0.738	0.284	0.862	0.103

其次，在初步目视筛选的基础上，对初选出的每个吸收位置的吸收深度与实验室化学测试的实测硼元素含量数据进行了相关性分析，筛选出具有代表意义的吸收位置，即相关系数的绝对值大于 0.6 的特征位置。如表 5-50 所示，结果显示其中 501nm、674nm 以及 1922nm 处吸收深度与叶片硼元素含量的相关性均满足要求，因此后续基于筛选后的结果进行建模分析。

表 5-50 硼元素组叶片吸收深度与麦叶片实测浓度相关系数（筛选后）

吸收位置/nm	相关系数
501	0.933
674	−0.692
1922	0.613

3. 钼元素组冠层光谱特征位置的筛选

图 5-45 和图 5-46 分别为钼元素组 6 个浓度梯度小麦叶片以及麦穗去除包络线之后的曲线。钼元素叶片光谱数据初步目视筛选出 9 个吸收位置，具体为 501nm、674nm、972nm、1166nm、1440nm、1787nm、1922nm、2246nm 以及 2440nm 附近的吸收位置；麦穗光谱数据初步目视筛选出 9 个吸收位置，具体为 405nm、1204nm、1440nm、1723nm、1922nm、2080nm、2276nm、2314nm 以及 2473nm 附近的吸收位置。然后对每条曲线每个吸收位置处的吸收深度进行了计算，并将每个浓度梯度对应的部位测量的钼元素浓度数据一同记录于表 5-51、表 5-52 中。

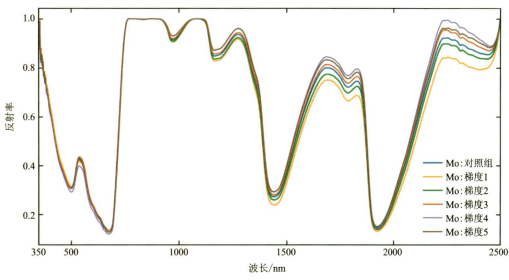

图 5-45 钼元素组小麦叶片初选吸收位置

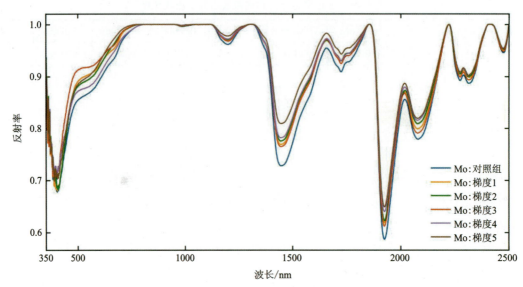

图 5-46　钼元素组小麦麦穗初选吸收位置

表 5-51　钼元素组叶片初选吸收位置及吸收深度

实测浓度（mg·kg^{-1}）	501nm	674nm	972nm	1166nm	1440nm	1787nm	1922nm	2246nm	2440nm
1.63	0.687	0.865	0.085	0.152	0.727	0.279	0.852	0.079	0.146
3.04	0.687	0.867	0.095	0.172	0.761	0.336	0.868	0.162	0.208
3.42	0.694	0.872	0.091	0.164	0.74	0.303	0.862	0.109	0.165
3.27	0.69	0.872	0.08	0.144	0.72	0.263	0.856	0.057	0.13
4.14	0.708	0.88	0.07	0.129	0.707	0.231	0.856	0.006	0.112
7.82	0.694	0.872	0.069	0.128	0.707	0.245	0.849	0.041	0.118

表 5-52　钼元素组麦穗初选吸收位置及吸收深度

实测浓度（mg·kg^{-1}）	405nm	1204nm	1440nm	1723nm	1922nm	2080nm	2276nm	2314nm	2473nm
1.68	0.318	0.039	0.272	0.091	0.414	0.221	0.108	0.114	0.055
2.65	0.314	0.03	0.231	0.07	0.382	0.201	0.1	0.102	0.05
3.14	0.311	0.029	0.224	0.07	0.378	0.191	0.096	0.101	0.047
2.82	0.286	0.032	0.235	0.076	0.388	0.209	0.101	0.107	0.052
3.51	0.283	0.028	0.218	0.07	0.36	0.185	0.092	0.099	0.046
4.60	0.293	0.023	0.191	0.057	0.351	0.181	0.092	0.098	0.047

在初步目视筛选的基础上，对初选出的每个吸收位置的吸收深度与实验室化学测试的实测钼元素含量数据进行了相关性分析，筛选出具有代表意义的吸收位置，即相关系数的绝对值大于 0.6 的特征位置。如表 5-53 所示，结果显示其中叶片光谱的 972nm 与 1166nm 处与叶片钼元素含量的相关性满足要求，而麦穗光谱的 1204nm、1440nm、1723nm、1922nm、2080nm、2276nm、2314nm 以及 2473nm 吸收深度与麦穗钼元素含量的相关性均大于 0.8，满足要求，因此后续基于筛选后的结果进行建模分析。

第5章 土地资源遥感监测应用

表 5-53 钼元素组叶片(麦穗)吸收深度与叶片(麦穗)实测浓度相关系数(筛选后)

冠层部位	吸收位置/nm	相关系数	冠层部位	吸收位置/nm	相关系数
叶片	972	−0.67	麦穗	1204	−0.969
叶片	1166	−0.623	麦穗	1440	−0.981
麦穗	1723	−0.936	麦穗	2080	−0.917
麦穗	1922	−0.96	麦穗	2276	−0.924
麦穗	2314	−0.859	麦穗	2473	−0.846

4. 锌元素组冠层光谱特征位置的筛选

图 5-47 为锌元素组 6 个浓度梯度小麦麦穗去除包络线之后的曲线。由图可知,锌元素麦穗光谱数据初步目视筛选出 9 个吸收位置,具体为 405nm、1204nm、1440nm、1723nm、1922nm、2080nm、2276nm、2314nm 以及 2473nm 附近的吸收位置。然后对每条曲线每个吸收位置处的吸收深度进行了计算,并将每个浓度梯度对应的叶片部位测量的锌元素浓度数据一同记录于表 5-54。

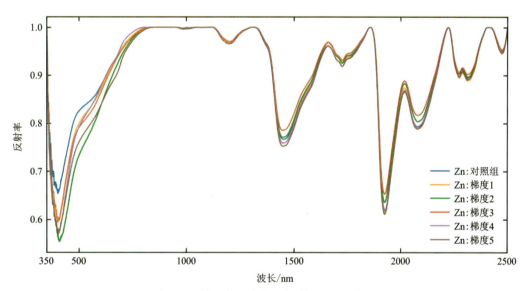

图 5-47 锌元素组小麦叶麦穗初选吸收位置

表 5-54 锌元素组麦穗初选吸收位置及吸收深度

实测浓度/(mg·kg^{-1})	405nm	1204nm	1440nm	1723nm	1922nm	2080nm	2276nm	2314nm	2473nm
79.00	0.338	0.031	0.233	0.075	0.381	0.208	0.097	0.105	0.051
82.30	0.396	0.033	0.242	0.075	0.386	0.212	0.105	0.111	0.055
82.03	0.443	0.03	0.229	0.074	0.364	0.197	0.096	0.103	0.049
68.63	0.403	0.03	0.215	0.069	0.347	0.184	0.094	0.098	0.047
83.10	0.426	0.034	0.241	0.081	0.382	0.207	0.103	0.109	0.051
88.92	0.425	0.035	0.247	0.081	0.389	0.211	0.102	0.108	0.054

在初步目视筛选的基础上,对初选出的每个吸收位置的吸收深度与实验室化学测试的实测锌元素含量数据进行了相关性分析,筛选出具有代表意义的吸收位置,即相关系数的绝对值大于 0.7 的特征位置。如表 5-55 所示,结果显示其中 1204nm、1440nm、1723nm、1922nm、2080nm、2314nm 以及 2473nm 处吸收深度与麦穗锌元素含量的相关性均满足要求,因此后续基于筛选后的结果进行建模分析。

表 5-55 锌元素组麦穗吸收深度与麦穗实测浓度相关系数(筛选后)

吸收位置/nm	相关系数	吸收位置/nm	相关系数
1204	0.740	1440	0.935
1723	0.850	1922	0.855
2080	0.833	2314	0.786
2473	0.802		

综上所述,分别计算并筛选出各微量元素冠层聚积部位的特征光谱吸收位置以及对应的吸收深度,后续基于筛选后的结果分别进行对应土壤微量元素的反演。

5.6.5 基于植被元素聚积部位光谱的土壤微量元素反演

基于前述的结论,本小节将基于植被元素聚积部位的光谱数据进行土壤微量元素的反演,主要采用两种建模回归方式:第一种是单变量的一元线性回归,具体线性回归的一般形式如式(5-3)所示;第二种则采用多元线性回归(Multiple Linear Regressions,MLR)的方式,MLR 是一种参数回归算法,它尝试用线性拟合建立两个或多个自变量与响应变量之间的关系模型,多元回归的一般形式如式(5-4)所示。此外,使用决定系数(R^2)评估每个模型中自变量对因变量的估计性能。

(1)一元线性回归:
$$Y = a_0 + a_1 X \tag{5-3}$$

式中:Y 为光谱测量同期采集的土壤中微量元素(有效态)的浓度;X 为各微量元素组聚积部位的光谱曲线单个特征位置对应的光谱吸收深度;a_1 以及 a_0 代表基于最小二乘法估计的参数。

(2)多元线性回归:
$$Y = a_0 + a_1 X_1 + a_2 X_2 + \cdots + a_n X_n \tag{5-4}$$

式中:Y 为光谱测量同期采集的土壤中微量元素(有效态)的浓度;$X(i=1,2,\cdots,n)$ 代表各微量元素组聚积部位的光谱曲线多个特征位置对应的光谱吸收深度,$a(i=0,1,\cdots,n)$ 是通过最小二乘法估计的参数。

除此以外,值得说明的是,在进行回归建模时,铁元素组的叶片、硼元素组叶片、钼元素组叶片筛选出的特征波长位置处的吸收深度,因变量为对应元素组叶片采集时(6月5日)的土壤微量元素对应有效态含量进行建模,钼元素组麦穗以及锌元素组麦穗筛选出的特征波长位置处的吸收深度,因变量则是对应元素组麦穗采集时(7月25日)的土壤微量元素对应有效态含量。

1. 土壤微量元素的一元线性回归模型

表 5-56 展示了单个不同元素组筛选出的冠层聚积部位光谱的特征波长位置处的吸收深度与同时期对应土壤元素有效态含量的拟合结果。由拟合结果可以看出,铁元素组叶片光谱除 2440nm 拟合的决定系数相对较低外,其他吸收谷附近的吸收深度与土壤中有效铁的含量的 R^2 均大于 0.65,尤其在 972nm、1166nm、1922nm 三个吸收谷附近的 R^2 大于 0.92;硼元素组叶片光谱在 501nm 附近的吸收深度与土壤中有效硼含量的 R^2 也达到 0.892,其他两个位置处的模型 R^2 低于 0.6;对比钼元素组叶片和麦穗的各吸收位置的建模结果,显然叶片的模型的 R^2 相对较低,两个位置处的 R^2 均不高低 0.5,而麦穗光谱的 1204nm、1440nm、1723nm、1922nm 处模型的 R^2 均大于 0.7;锌元素组麦穗各位置的模型拟合精度相较其他位置较低,最高仅在 1204nm 处的模型 R^2 为 0.45。

第5章 土地资源遥感监测应用

表 5-56　各元素各特征位置一元线性回归模型结果(R^2)

吸收位置	铁-叶片	硼-叶片	钼-叶片	钼-麦穗	锌-麦穗
405nm					
501nm		0.892			
674nm		0.572			
972nm	0.925		0.405		
1166nm	0.928		0.349		
1204nm				0.791	0.450
1405nm					
1440nm	0.659			0.809	0.374
1723nm				0.712	0.470
1787nm	0.757				
1922nm	0.928	0.425		0.758	0.226
2080nm				0.623	0.159
2246nm					
2276nm				0.627	
2314nm				0.484	0.091
2440nm	0.374				
2473nm				0.471	0.230

2. 土壤微量元素的多元线性回归模型

表 5-57 展示了不同元素组冠层聚积部位光谱的多个特征波长位置处的吸收深度与同时期对应土壤元素有效态含量的进行多元线性拟合的结果。对比表 5-57 与表 5-56 的结果可以发现，整体而言，随着自变量的增多，对因变量的解释程度也有了一定程度的增加，整体模型的 R^2 都较一元线性回归有了提高。其中，硼元素组由原来基于 501nm 处最高的模型精度 0.892，提升到三元线性回归的 0.956；钼元素组叶片的模型精度由 972nm 附近的 0.405，提升到了二元线性回归的 0.680。钼元素组麦穗的原本一元回归模型的精度最高为 0.809，而当将自变量个数扩大到 3 个时，模型精度已提高至 0.999；锌元素原本一元回归模型的精度最高仅为 0.470，但将自变量个数扩大到 3 个时，模型精度已达到 0.971。

表 5-57　各元素各特征位置多元线性回归模型结果(R^2)

元素	部位	吸收位置	R^2
铁	叶片	972nm、1166nm、1438nm、1787nm、1922nm	1
硼	叶片	501nm、672nm、1924nm	0.956
钼	叶片	973nm、1167nm	0.680
钼	麦穗	1203nm、1925nm、2316nm	0.999
钼	麦穗	1448nm、1925nm、2081nm、2276nm、2316nm	1
锌	麦穗	1204nm、1450nm、2314nm	0.971
锌	麦穗	1204nm、1450nm、1724nm、1926nm、2474nm	1

由于本次实验最终建模的样本较少,在进行多元回归建模时,自变量的个数最大为5,因此,对于利用铁元素组的叶片、钼元素组的麦穗以及锌元素组的麦穗进行反演模型建立时,保留了最多5个特征位置的数据进行多元回归。然而,结果也可以看到由于样本数较小,回归模型出现了过拟合,R^2数值为1。

基于上述结果可知,多元线性回归模型能够对因变量,即土壤中的微量元素(有效态)的含量进行更加充分的解释,模型的反演精度也有了更大的提升。例如,铁、硼元素组的一些特征位置,本身单个位置进行建模也能够取得不错的精度,铁元素在1166nm以及1922nm处的模型精度均已达到0.928。因此,基于植被冠层的聚积部位筛选光谱特征位置,进而根据各个位置的光谱吸收深度反演土壤中微量元素含量是可行的。

5.6.6 总结与讨论

本研究从作物的多生育期光谱学效应实现土壤微量元素定量反演的角度出发,通过设置4种微量元素6个浓度梯度的小麦种植实验,分析了不同微量元素在小麦冠层中的聚集部位以及对应的光谱吸收特征,验证了基于植被冠层部位光谱进行土壤微量元素反演的可行性,具体的结论如下。

(1)不同微量元素在小麦冠层的聚积部位不同,铁元素主要在叶片中聚积,且浓度越高,叶片相较于麦穗的聚积效应越明显。硼元素主要在叶片中聚积,叶片中聚积的硼元素是麦穗中聚积硼元素的1.5~5倍,且随土壤中元素浓度提高呈极显著正相关关系。钼元素在叶片和麦穗中的聚积浓度相近,叶片中浓度稍高,且两者随土壤中元素浓度的提高,呈现出相似的变化趋势。锌元素则主要在麦穗中聚积,几乎所有梯度中麦穗聚积元素浓度均超过叶片聚积元素浓度的近3倍。

(2)铁、硼、钼与锌4种元素优选出的冠层聚积部位与对应土壤中的元素有效态浓度分布均相关系数都大于0.85,呈显著正相关;相关系数都大于0.85,证明了选取的冠层聚积部位具有可靠性。

(3)经过目视筛选吸收谷,计算对应位置的吸收深度并进行筛选后,铁元素叶片光谱在972nm、1166nm、1440nm、1787nm、1922nm以及2439nm处吸收深度与叶片铁元素含量呈正相关,硼元素叶片光谱在501nm、672nm以及1922nm处吸收深度与叶片硼元素含量的相关性均满足要求;钼元素叶片光谱的972nm与1166nm处与叶片钼元素含量的相关性满足要求;而麦穗光谱的1204nm、1440nm、1723nm、1922nm、2080nm、2276nm、2314nm以及2473nm处吸收深度与麦穗钼元素含量的相关性均大于0.8;锌元素麦穗光谱在1204nm、1440nm、1723nm、1922nm、2080nm、2314nm以及2473nm处吸收深度与叶片硼元素含量的相关性均大于0.7。

(4)对比基于上述筛选后特征位置的吸收深度进行一元和多元线性回归的模型精度,发现多元线性回归更加充分地利用了多个吸收位置的光谱吸收深度的特征,相对一元线性回归有了精度的提升。例如铁元素叶片光谱在972nm、1166nm以及1922nm处的一元线性回归模型的R_2均超过了0.92,硼元素的多元回归模型精度由一元线性模型的0.892提升到0.956,钼元素组叶片和锌元素组同样取得了模型精度的提高。反演模型的精度验证了基于作物冠层光谱特征位置的吸收深度反演土壤中微量元素的可行性。

本实验中,为了保证实验的准确性,考虑到实验的控制难度同时减少偶然误差,对于每种微量元素,仅设置了6个浓度梯度,并同一梯度种植了6盆,采取均值化的方式进行数据处理,但这同样使得最终建模的样本数仅有6组,相对较少,也因此在建模阶段,未进行多元线性自变量间的共线性检验,这也导致最终的多元回归线性模型出现了过拟合,尽管如此,本实验也希望通过控制实验验证该反演思路的可行性,后续将继续在田间实验的大样本中验证该模型的应用性、优化反演模型。同时,研究仅选择小麦生长的关键节点选取叶片和麦穗进行测试分析和光谱测试,并未完全覆盖小麦出苗后的整个生长周期,在光谱特征的计算上只选择了光谱吸收深度这单一参数,建模方式本次也仅从线性角度出发,统计方法与建模方法相较单一。

因此,在后续的工作中,将继续从采样测量频率、光谱测量方法、光谱参数计算以及建模方式方面进一步完善,在大样本的支撑下,完善反演模型,并在后续的工作中,结合同步获取的无人机数据,实现从植被冠层地面光谱反演到植被冠层成像光谱反演模型的改进,为区域土壤微量元素的反演提供新方法。

第6章 金属矿产遥感找矿模式与应用

6.1 金属矿产遥感找矿原理与方法

不论用什么方法找矿，了解矿床形成过程和成矿原理是非常重要的。根据岩石的形成方式把岩石分为沉积岩、岩浆岩和变质岩三类。沉积岩主要来自水下的沉积物，也称水成岩；岩浆岩是岩浆冷凝的产物，也叫火成岩（其中细分为侵入岩和喷出岩）；变质岩是原岩在固体状态下，经过一定的温度和压力作用，有时还有新的成分加入，使其内部物质组成和结构发生变化而形成的一种新的岩石。

每一类岩石有其固有的成岩环境、矿物组合、岩石结构和构造，从而造就了每一类岩石有自己特殊的外表形态。在漫长的地质年代里，三大类岩石也在不停地进行转化。当这些岩石受到来自地球内部或外部的各种力作用时，会产生相应的风化、剥蚀、搬运、沉积、成岩、构造变形及变质作用等复杂的地质作用，又形成新的岩石类型。在地质构造等作用下，可在不同类型的岩石中形成由各种不同的金属矿物和非金属矿物的各种矿床。

6.1.1 金属矿产遥感找矿原理

遥感的理论基础是电磁波辐射，地物的光谱辐射特性则是遥感技术赖以鉴别和区分的主要基础。航空航天遥感传感器接收的是地表各种地物的反射光谱信息，这些地物反射光谱实际上是电磁波谱的一部分，分析这些岩石电磁波谱信息，可使我们有效地识别地质体和地质现象。在遥感地质应用中，主要利用可见光和近红外区($0.38\sim2.50\ \mu m$)地物光谱，只要掌握了岩石光谱特征，就可利用遥感数据有效地提取和识别地质体及地质现象。在可见光和近红外区地物光谱主要是电子跃迁和原子团振动的结果，下面对电子跃迁和原子团振动等作一简要介绍。

1. 电子跃迁

组成矿物的原子一旦接收一定的电磁辐射能量，原子中的电子就可在不同的能量级之间进行跃迁，形成一定的吸收带。遥感应用主要研究晶体场效应、电荷转移、共轭键等对光谱特征的影响。

1）晶体场效应

在分子及许多固定原子中，邻近原子的价电子配对形成化学键，将原子束缚在一起，这一配对导致价电子的吸收带处于紫外区和可见光区。对于铁、铬、铜、镍等过渡金属元素，其原子的内壳层只是部分填充，在这些未满的内壳层中保留有未配对的电子，它们的激发态多处在可见光区。这些激发态易受周围静电场的影响，而这一静电场则取决于周围的晶体结构。对于同样的离子，不同晶体场能级的组合不同，导致出现不同的光谱。"选择定则"给出特定的跃迁能否发生的信息其中关系最大的是与能级中的电子自旋有关的选择定则。该选择定则指出：具有相同自旋的能级之间的跃迁是允许的，而自旋不同的能态间的跃迁是禁戒的。由该选择定则可推断,允许跃迁在光谱中产生强谱带,而禁戒跃迁不产生谱带,即使产生谱带也极弱。

2) 电荷转移

电荷转移,又称元素之间的电子跃迁,具体指吸收的能量使电子在相邻离子之间,或离子与配位基之间发生迁移。在可见光和近红外波段,分子轨道产生光谱特征的一个机制是离子间的电荷转移。这个机制的一个例子是那些既有二价铁离子又有三价铁离子的物质,在这两种铁离子间电荷的转移导致深蓝到黑色的颜色变化,例如磁铁矿(黑色的铁矿石)。电荷转移产生的光谱特征一般较强,比晶体场效应的光谱特征强几百或上千倍。

3) 共轭键

分子轨道跃迁对许多有机物的光谱响应起主要作用。这些物质中的碳(有时是氮)原子由单双键交替相连,称为共轭键。因为每个键代表一对共享的电子,将每个双键上的一对电子移到相邻的单键上,得到的是一个等价物,只是键的序列逆转了。这类结构的最佳表述应是:所有原子以单键相连,多余的电子对分布在整个分子轨道体系中,这样的分子轨道称为 π 轨道。π 轨道在共轭键体系中的延展性会降低电子对的激发能,导致可见光区的吸收。很多生物色素的光谱性质来源于 π 轨道的延展性,植物中的叶绿素和血液中的血红蛋白即是如此。

2. 原子团振动

在原子团振动能量级之间,电子的转移产生吸收特征,通常电子的振动跃迁产生 3 种类型的吸收波谱特征,即基本波、谐波和组合波。基本波的吸收特征最强,是由电子从基本状态跃迁到第一级激发态产生的。当电子从基本能级跃迁到某一能级(正好这一能级是两个基本能级的能量之和)时产生组合波,组合波的波长可通过将 2 个基本波的频率相加计算出来。事实上,$2.0 \sim 2.5 \mu m$ 波段是非常重要的遥感地质波段,含氢氧根类矿物中的氢氧根拉伸键及其组合键都在这一波段产生组合波段吸收特征。谐波是由 2 个或多个量子激发出一个基本波时产生的,谐波的频率是基本波的 2 倍或 3 倍。

吸收特征的精确位置和形状取决于原子团的作用力、原子结构、质量和量子数量。当氢氧根原子团和铝元素结合时便在 $2.2 \mu m$ 处产生组合波吸收特征。当氢氧根原子团和镁元素结合时,$2.3 \mu m$ 处会出现组合波吸收特征。某些矿物(像高岭石在 $2.2 \mu m$ 附近)具有双吸收特征(其中一个强吸收、一个弱吸收组合成吸收肩),这是由于氢氧根原子团在晶格中占据非等效的位置,从而产生强弱不同的吸收谱带。含碳酸根和碳酸根原子团的矿物的基本波和谐波都在短波近红外范围内,即 $1.3 \sim 2.5 \mu m$。

3. 岩石矿物的波谱特征

各种岩石矿物在矿物成分、结构构造等方面的差异,使得它们在可见光、近红外波长范围的反射光谱和在中、远红外波段的发射光谱是各不相同的。在多光谱遥感图像上,它们呈现出不同的电磁波辐射特性(简称波谱特性)。$0.4 \sim 1.3 \mu m$ 波长范围内岩石矿物的光谱特征,主要是由它们的表面色泽、粗糙度和所含的过渡金属离子元素所决定的,铁离子是引起岩石矿物在小于 $1.0 \mu m$ 的近红外光段产生吸收带的主要因素。$1.3 \sim 2.5 \mu m$ 的近红外波段的反射光谱,是由 OH^-、H_2O、CO_3^{2-} 等阴离子团的分子振动引起的。一般含 OH 的黏土类蚀变矿物反射光谱在 $2.17 \sim 2.21 \mu m$ 处存在显著的光谱吸收。岩矿的热红外波段($8 \sim 14 \mu m$)吸收谱则主要是矿物中硅氧分子团的分子振动引起的。

在 $0.4 \sim 2.5 \mu m$ 波长范围内,热液蚀变岩与非蚀变岩类岩石的反射光谱有明显差别。在整个波长内蚀变岩石的反射率值高于非蚀变岩,并且蚀变岩在 $1.6 \mu m$ 附近具有很高的反射值,而在 $2.2 \mu m$ 附近则出现特征吸收带。非蚀变岩无此特点,并且其反射值在整个波段范围内变化幅度不大,从而为应用遥感图像处理方法识别蚀变岩提供了物理前提。

4. 三大岩类光谱特征

遥感影像能真实地记录地球表面三种岩类的光谱与纹理特征,这里主要介绍三大岩类的光谱特征,它是岩石遥感图像处理识别的重要信息。

三大岩类在地球表面，由于它们所处的大地构造位置、区域构造背景、地貌单元和海拔高度、气候带和地理位置的不同，其岩石成分、结构、构造、风化类型与覆盖程度均有较大差异。此外，遥感影像获取时的气候、光照条件等因素的不同对三大岩类岩石的波谱特征和纹理也可能产生较大影响。气候干燥、地表植被少、岩石裸露好时，三大岩类的光谱与纹理特征在遥感图像上都会有明显的差异。

1) 沉积岩类光谱特征

不同颜色、不同成分、不同结构构造的沉积岩，它们的光谱特征具有很大差别。同一岩性在不同物理化学条件下，遭受风化情况不同，它们的波谱特征也有一定的变化。一般情况下，以浅色矿物为主，岩石风化面较浅的岩石，反射率偏高，影像色调也较浅；以暗色矿物和杂色矿物成分为主，二价铁胶结物较多，岩石风化面颜色较深的岩石，反射率偏低，影像色调也较深。岩石矿物颗粒越粗反射率越低，影像色调越暗。反之，岩石矿物颗粒越细，反射率越高，影像色调越亮。是沉积岩类一些典型岩石光谱反射率曲线，从400～1100nm曲线分布规律分析，细砂岩反射率最高，板岩反射率最低，并且，所有沉积岩反射波谱曲线吸收与反射平稳，没有特殊变化。

2) 岩浆岩类光谱特征

超基性岩、基性岩、中性和酸性岩浆岩的光谱特征有明显的规律，即超基性岩、基性岩光谱反射率低，在遥感影像上多呈深灰色—黑色；中性岩浆岩反射率中等，图像上呈灰色；酸性岩浆岩反射率偏高，图像上呈灰白色。图6-1所示的一些岩浆岩反射光谱曲线很好反映了这一特征。

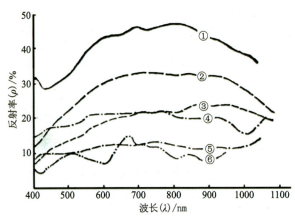

①花岗岩；②正长斑岩；③石英二长岩；④闪长岩；⑤次闪石化辉长岩；⑥蛇纹石化橄榄岩。

图6-1　几种侵入岩反射光谱曲线（据陈华慧，1988）

3) 变质岩类光谱特征

变质岩一般由岩浆岩、沉积岩或变质岩经变质作用形成。岩浆岩变质形成的变质岩光谱特性与岩浆岩相近；沉积岩变质形成的变质岩光谱特性与相应的沉积岩相近。决定变质岩光谱特性的主要是矿物成分。含有无色和浅色矿物的变质岩，如由石英、碳酸盐、透闪石、透辉石等矿物组成的石英岩、大理岩、钙镁硅酸盐岩石等，它们的风化面颜色一般较浅，光谱反射率较高，影像色调也较浅；黑云母、角闪石、辉石、石榴石、磁铁矿等黑色矿物含量较高的变质岩，它们的反射率一般低于10%，在遥感图像上呈深灰色—黑色调。其他矿物成分组成的岩石则介于二者之间，其光谱反射率变化也比较大（图6-2）。

上述岩石典型光谱特征对我们在遥感图像上识别这些岩类起到了重要作用。同时，还要考虑不同岩类形成的大地构造环境，地貌特征、组合关系的差别，如变质岩区一般褶皱断裂构造极为发育，由褶皱、断裂组成的岩石地层构造形态特征明显，侵入岩一般表现为明显的块状、圆形、不规则形的影像特征。喷出岩则以环状地貌、放射状水系、区域性团块状或层理不明显的影像特征反映出来。三大岩类的特征纹理和色调为识别这些岩石起到了重要作用。

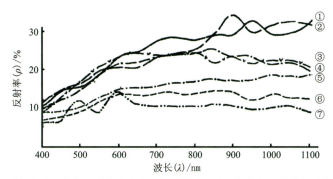

①浅红色混合花岗岩；②浅灰色大理岩；③浅黄色千枚状片岩；④浅褐色石英岩；
⑤浅褐灰色黑云母变粒岩；⑥褐灰色片麻状磁铁石英岩；⑦褐绿色斜长角闪岩岩。

图 6-2　变质岩类岩石反射光谱曲线

6.1.2　遥感金属矿产找矿常用影像处理方法

1. 主成分分析法

主成分分析也称为特征向量分析或 K-L 变换分析，它以图像统计性质为基础。经这种变换后生成一组新的组分图像（数目等于或小于原波段数），是输入的若干原图像的线性组合。现有的主成分分析法有直接主成分法、特征主成分法、多重主成分法和与其他算法组合的主成分法。其中，特征主成分法中的正交线性变换是进行特征抽取的重要方法。多波段图像的波段间存在着很高的相关性，有相当多的数据信息冗余。主成分变换的目的是将原来各波段的有用信息压缩到尽可能少的主成分中，各主成分间具有独立性，信息不重复。

2. 比值分析法

比值分析是对遥感所获取的多光谱或高光谱数据的各波段进行比值运算，目前较常用的有基本比值、和差组合比值、交叉组合比值、标准化比值。上述 4 种比值中以基本比值和标准化比值更为常用，比值处理简便易行，而且对提取与矿化蚀变关系密切的信息更为有效，目前已成广为采用的主要处理方法。另外，某些情况下运用双比值、复合比值和均衡比值处理提取专题岩性矿化信息也取得了较好的效果。

3. 去相关拉伸法

去相关拉伸是对图像的主成分进行对比度拉伸处理，而不是对原始图像进行拉伸产生增强显示图像方法的效果主要依赖于该方法产生的特殊反差对比。去相关拉伸变换是原始光谱波段的一种线性变换。这种变换通常是原始光谱波段的加权总和与差。研究表明，该方法对一些遥感图像数据处理有效，能产生好的图像处理效果。

4. 卷积增强算法

遥感图像上的线性特征，特别是对与地质构造和成矿环境有关的断裂构造的增强处理。它是金属矿产找矿遥感图像处理的一种重要方法。线性体信息提取目前主要有梯度阈值法、模板卷积法、超曲面拟合法、曲线追踪和区域生长等。遥感线性体信息提取采用模板卷积滤波算法效果较好。它是一种邻域处理技术，是指通过一定尺寸的模板（矩阵）对原图像进行卷积运算。为突出不同方向的线性性信息，设计不同方向的卷积模板，经过这种处理，遥感影像上的某一方向线性构造会被突显出来。

5. 图像融合处理技术

各种类型的卫星遥感数据,在时间、空间、光谱分辨率等方面各不相同。这些遥感数据反映了同一地区地物波谱的不同方面或不同分辨率的遥感信息,通过融合对多源遥感数据处理,以发挥遥感数据的互补效应,提高遥感数据的利用效果。目前,融合方法有基于像元、特征、小波变换、神经网络等多种融合方法。

6. 分类处理算法

图像上不同像元的亮度值,反映了不同地质体的波谱特征。计算机用统计的方法,将相似亮度范围的像元值划为同一类,归并到同类地质体中去。这种信息处理主要用于依据已知区的地物亮度等信息推断和预测未知区。目前,简单实用的分类算法有监督分类与非监督分类。监督分类是将训练场地中得到的对比结果采用外推法对未知区进行分类,监督分类常用的有最小距离分类和最大似然率分类。非监督分类是利用同一特征的多通道波谱特征数据,将集量于该空间里某一确定位置附近,构成一个"点群"。同一"点群"中的像元,彼此是相似的,代表了某一类别,即属于同一类,而不同的"点群"代表不同的类别。将这些不同的"点群"与有关资料对比,进而确定研究区地质体的类别。非监督分类主要有图形识别和集群分析两种方法(陈华慧,1988)。

6.2 多光谱遥感找矿

6.2.1 多光谱遥感找矿技术流程

遥感找矿可分为前期工作(包括信息采集、资源分类)和图像处理(影像配准、数据分析、图像增强、监督分类)、信息提取及外业实地检查验证等步骤。

1. 资料收集与计算机输入

收集找矿区地形图、地质、矿产、物探、化探图件和资料,将这些图件扫描输入计算机,进行图像纠正配准,以供地质找矿分析应用。

2. 遥感数据源的选取及预处理

目前,应用最多的遥感数据有 Landsat 卫星 TM 数据、SPOT 卫星数据、资源一号 02C 卫星数据等。

1) TM 数据

Landsat4 及 Landsat5 卫星 TM 数据是目前应用最广的遥感卫星数据。其获取的卫星遥感数据的波谱段范围包括可见光、近红外及热红外,在可见光和近红外波段范围,数据地表分辨率为 30m,热红外波段地面分辨率为 120m。

1999 年发射的 Landsat7 卫星波段范围与 Landsat4 及 Landsat5 卫星基本一致,只是热红外波段的 TM6 的地面分辨率由 120m 提高到了 60m。另外,新增加了一个地面分辨率为 15m 的全色波段,更增强了实用性。

TM 图像 7 个波段主要功能如下:TM1 对水体穿透力强,对叶绿素与叶绿素浓度反应敏感;TM2 对健康茂盛绿色植物反射敏感,对水的穿透力较强;TM3 为叶绿素的主要吸收波段,可广泛用于地貌、岩性、土壤、植被、水中泥沙流等方面;TM4 更集中地反映植物的近红外波段的强反射,对绿色类别差异最敏感,为植物通用波段;TM5 处于水的吸收带内,对含水量反应敏感,用于土壤湿度调查、植物含水量调

第6章 金属矿产遥感找矿模式与应用

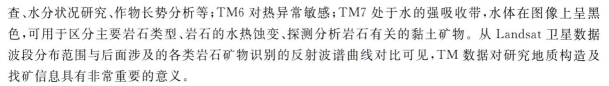

查、水分状况研究、作物长势分析等；TM6 对热异常敏感；TM7 处于水的强吸收带，水体在图像上呈黑色，可用于区分主要岩石类型、岩石的水热蚀变、探测分析岩石有关的黏土矿物。从 Landsat 卫星数据波段分布范围与后面涉及的各类岩石矿物识别的反射波谱曲线对比可见，TM 数据对研究地质构造及找矿信息具有非常重要的意义。

2）SPOT 卫星数据

法国 SPOT 卫星传感器可接收多光谱及全色波段遥感数据，其多光谱卫星数据地面分辨率为 20m，3 个光谱波段。实际应用表明，SPOT 卫星 10m 分辨率的全色数据识别地物纹理优于 TM 卫星数据，每景覆盖面积可达 60km×60km，而多光谱遥感数据的光谱分布范围与 TM 数据相似。

3）资源一号 02C 卫星数据

资源一号 02C 卫星是我国国土资源陆海监测首颗卫星。该卫星具有两个显著特点：一是配置 10m 分辨率全色多光谱相机；二是有两台 2.36m 分辨率相机，数据幅宽 54km。

3. 多种数据配准纠正归一化处理

遥感找矿一般以卫星遥感为主，考虑到图像处理前既不破坏卫星遥感数据原始光谱信息，又要考虑处理得到的结果具有区域上的代表性。因此，首先需对 TM 卫星遥感数据头文件作一简单的角度旋转处理，使其指向正北，根据找矿地区所在范围进行裁切，然后以其为基础，将地质图、物探、化探及其他所需的成果资料进行数字化，再对已转正北的卫星遥感影像进行纠正配准。有时对航空摄影数据，也通过扫描数字化后，与 TM 卫星影像做配准纠正处理。配准纠正前，首先按航空摄影相片位置对 TM 卫星遥感影像进行子区剪裁工作，将数字化航空相片影像经重采样，并与 TM 卫星影像做纠正配准处理。这样，各种数据都能统一到相同分辨率和比例尺的标准底图上。

4. 重要矿床及矿化点精确定位处理

为了对矿床（点）进行遥感图像分析，需要对已知矿床（点）在遥感图像上的精确定位，定位后，可在影像图上分析矿床（矿点）的控矿要素和成矿环境及蚀变特征。

5. 多光谱遥感异常信息提取

1）遥感数据掩膜处理

不论是卫星遥感还是航空遥感，对找矿而言，水体、植被、雪、云雾、山体阴影等都是干扰信息，采用掩膜技术，可解决山体阴影、水体、云、植被等对蚀变异常提取的干扰问题。

2）遥感蚀变异常信息提取

经过上述掩膜处理，消除遥感异常信息提取中的干扰因素，进行遥感异常信息的提取。一般情况下，与矿化关系密切的蚀变信息有硅化、钾化（包括钾长石化和黑云母化）、绢云母化、石英-绢云母化、绿帘石化、绿泥石化、褐铁矿化、针铁矿化、高岭石化等。根据实际情况针对上述蚀变进行专题信息提取，但在多光谱遥感蚀变信息提取中，仅能提取蚀变信息的大类，如碳酸盐化、铁化、黏土化等，但一般情况下难以区分矿物的种类。

3）遥感蚀变异常分级

利用统计分析方法对异常进行分级处理。即采用均值加 n 倍标准离差的方法确定异常级别，从高到低分为 3 或 4 级，以便找矿预测时参考。

6. 遥感找矿预测

经过上述处理与分析，我们对找矿地区的岩石类型矿源层、构造和已知矿床的分布规律、矿化蚀变类型和分布特征、找矿方向和最佳有利区段有了全面了解和认识。根据这些认识，按照地质学、大地构造、矿床学和遥感找矿模型进行找矿预测。

7. 野外查证

在找矿预测的基础上，开展野外调查和取样鉴定分析，如果遥感找矿方法正确，符合地质实际，可以在地表见到提取的蚀变现象,甚至矿化现象,并经取样和鉴定分析,在表明有矿化显示的地段,进行槽探或钻探,以确定遥感找矿的真实效果。

6.2.2 金属矿产多光谱遥感找矿实例

美国的 Landsat4、Landsat5、Landsat7 系列卫星不仅发射时间早,而且运行时间长,获取的全球遥感数据多,光谱信息丰富,几何分辨率也较高,并且价格便宜。因此,它是应用最广的卫星多光谱遥感数据源。随着中-巴资源卫星和我国高分卫星系列的发射成功,国产卫星数据源的地质应用也逐渐普及。这些数据在找矿应用方面取得了较好效果,现举典型实例如下。

1. 多光谱遥感寻找金、银等贵金属矿产实例

遥感寻找金、银等贵金属矿产具有几十年的历史,并且取得了丰硕成果,尤其在岩石裸露区,应用遥感方法提取金矿化蚀变晕、含金石英脉等取得了良好的效果,如在我国现今最大的与火山岩有关的阿希金矿,遥感方法成功提取了阿希金矿赋存的古火山机构及其热液蚀变晕和含金石英脉信息(图 6-3、图 6-4),并据此预测了找矿靶区。

图 6-3 阿希金矿山赋存的古火山机构及热液蚀变晕

图 6-4 遥感图像上显示的阿希金矿含金石英脉

第6章 金属矿产遥感找矿模式与应用

2. 多光谱遥感寻找铜、铅、锌等有色金属矿产实例

大型铜、铅、锌矿床一般都伴生很强的岩石蚀变信息,通过对这些信息提取可以有效地在矿区外围进行成矿预测,进一步扩大找矿效果。通过以主成分分析为主,应用 TM 数据对土屋延东大型铜矿床进行蚀变信息提取研究,这一矿区内包括土屋、土屋东和延东 3 个大型铜矿床。土屋、土屋东和延东铜矿床蚀变异常的提取结果如图 6-5 所示,遥感异常图与已知矿床极为吻合。

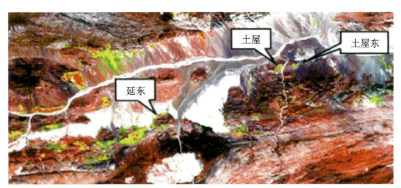

异常级别说明:红色代表一级异常(3σ);黄色代表二级异常(2.5σ);绿色代表三级异常(2σ)。

图 6-5　土屋-延东铜矿遥感蚀变信息提取(据张玉君等,2022)

3. 多光谱遥感寻找铀矿实例

在塔里木盆地北缘柯坪断隆东段找铀矿中先后采用了中等空间分辨率和高空间分辨率多光谱遥感信息数据,取得了明显的找矿效果。

1) 萨克铀矿化带的发现

首先采用了 ETM 图像研究了航空放射性测量在该区取得的两处航放异常。这两处航放异常点之间的关系原来不清楚,因此认为两者是孤立没关系的。但将它们投影到 ETM 图像上研究,发现这两处航放异常点似乎处于同一条 NW 向断裂带上。由于 ETM 图像空间分辨率较低,断裂带的形迹未能充分显示出来。因此,又采用 ASTER 图像研究,由于其空间分辨率比 ETM 高一倍,控矿断裂的构造形迹在图像上显示得非常清楚,反映两处航放异常是受同一条断裂带控制,推断该 NW 向断裂为一条控制铀矿化的断裂带(图 6-6)。后经野外调查和系统地面放射性伽马能谱测量,证明该带确是一条颇具规模的铀矿化带,命名为萨克铀矿化带。该带具多期构造活动的特点,早期为辉绿岩脉,之后辉绿岩脉受断裂构造破坏,并伴随有热液活动,形成沿带分布碳酸盐化和赤铁矿化(图 6-7),铀矿化强度高,最高达 1000×10^{-6}。经包裹体测量,获得 110℃和 210℃两个正态分布的峰值,说明其为中—低温型矿床。成矿时代经同位素年龄测定约为 172Ma。

箭头指向断裂带;红点示已知航放异常点。

图 6-6　塔里木盆地北缘萨克地区 ASTER 遥感影像

Ⅰ.辉绿岩脉;Ⅱ.硅化带;Ⅲ.蚀变围岩。

图 6-7　萨克铀矿化带野外剖面照片(镜头向东南摄)

2)类似铀矿化带的区域探索

首先建立了萨克铀矿化带的地质模型,即铀矿化带受 NW 向断裂构造控制,其内部结构为辉绿岩脉+断裂构造+围岩蚀变。断裂构造导致了铀成矿流体的上升,而辉绿岩脉形成了铀矿液沉淀的还原环境,矿化过程造成围岩蚀变,三者的有机结合体现了铀矿化带。根据这一地质模型,对其进行了遥感反演。此特征先后采用了 TM、ASTER、IKONOS 图像,但萨克铀矿化带的上述结构特征未能反演出来。当采用了空间分辨率更高 QuickBird 数据(空间分辨率达 0.6m)该矿化带的结构特征被清楚反映出来,即基性岩脉表现为黑色线性体,断裂带表现为白色线性体,断裂旁侧的地层褪色蚀变表现为灰白色的斑块,三者共同构成了该铀矿化带的遥感影像识别模式(图 6-8)。应用 QuickBird 遥感图像,经影像模式识别,在萨克铀矿化带外围又发现两条与萨克铀矿化带有类似特征的铀矿化带(图 6-9),并经野外查证被证实,从而使这一区域成为进一步勘查的重点目标区。

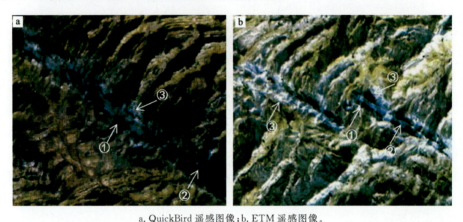

a. QuickBird 遥感图像;b. ETM 遥感图像。

图 6-8 新型与传统遥感图像萨克铀矿化带影像特征对比

①黑色线性体为基性岩脉;②白色线性体为断裂带;③灰白色斑点为褪色蚀变。

图 6-9 新发现的铀矿化带(局部)的 QuickBird 遥感影像

6.2.3 金属矿田多光谱遥感图像的几种模式

通过对全国 10 多个金属成矿带、100 余个金属矿田遥感图像的分析发现,许多金属矿田的构造在遥感图像上有明显展示。根据矿田构造的一些主要型式,结合感图像上色、线、环组合影像特征,楼性满归纳总结出 8 种金属矿田构造的遥感影像模式(图 6-10)。通过在遥感图像上直接识别这些矿田构造的遥感影像模式,圈定找矿远景区,进行遥感模式找矿,已取得一定的找矿效果。这 8 种金属矿田构造的遥感影像模式分别为菱环式、方格式、中心式、串珠式、套环式、条带式、挠曲式、环放式。

第6章 金属矿产遥感找矿模式与应用

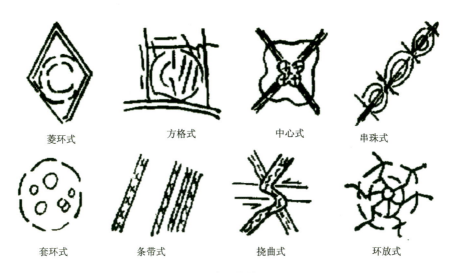

图 6-10 矿田构造遥感影像模式(据楼性满,1991)

6.3 高光谱遥感找矿

6.3.1 高光谱遥感矿物填图

高光谱遥感分航空高光谱遥感和航天高光谱遥感两种。航天高光谱遥感适合地质应用的是美国 EO-1 卫星上搭载的 Hyperion 高光谱成像仪,光谱区间 400～2500nm,220 个波段,光谱分辨率 10nm,几何分辨率 30m,底边成像宽度 7.5km,是一种地质遥感数据源。但它成像宽度太窄、很难大面积应用,限制了其应用推广。

高光谱技术是在对目标对象空间特征成像的同时,对每个空间像元经过色散形成几十个,乃至几百个窄波段,以进行连续的光谱覆盖,其形成的光谱数据可用图像立方体来形象描述,其中两维是表示空间,另一维表示光谱。这样,在光谱和空间信息综合的三维空间内,可任意获得地物"连续"光谱和诊断性特征光谱,从而能以地物光谱知识直接识别目标地物,并可进一步获得定量化的地物信息。在地质应用中,矿物识别和信息处理技术可分为单个诊断性吸收的特征参数、完全波形特征,以及光谱知识模型三大类型。

从目前应用效果看,高光谱识别地表岩石蚀变信息效果很好,它能够识别地表具体的岩石蚀变类型甚至单矿物种类,如地表的褐铁矿、黑云母、钾长石、绿泥石、绿帘石、绢云母等一系列蚀变信息,这对于遥感找矿是一项重大突破,但目前卫星高光谱所获取的遥感数据其几何分辨率对地质找矿来说,还相对较低,识别效果并不理想。

目前,高光谱矿物填图技术利用机载成像光谱(HyMap)获取的新疆东天山土屋—延东地区高光谱数据,通过地面光谱同步标定、典型岩矿地质体光谱测试、成像光谱数据辐射纠正、辐射标定及光谱重建和矿物识别分层谱系及常见蚀变矿物的光谱识别规则,对全区 5 种矿物分布信息进行提取(图 6-11、图 6-12),野外查证结果表明矿物识别率达 84% 以上,识别准确率达 90% 以上。在此基础上,进一步编制了重点成矿地段 7 种矿物(绿泥石、云母类、碳酸盐、高岭石、蛇纹石、绿帘石和黄钾铁钒)分布图,为该区成矿潜力的深入评价提供了矿化蚀变异常信息。

图 6-11 东天山地区蚀变矿物遥感填图

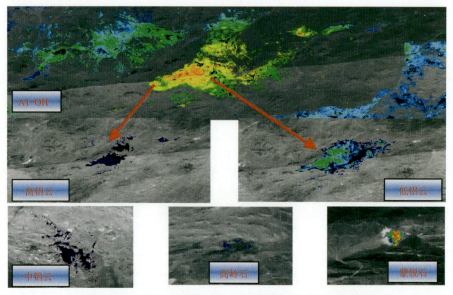

图 6-12 新疆东天山地区高光谱蚀变矿物信息提取图像

6.3.2 金属矿产航空高光谱遥感找矿实例

高光谱遥感技术的发展为遥感的直接找矿带来了新的希望,航空高光谱遥感技术由于可以获得高空间分辨率(可达亚米级)的高光谱遥感数据,识别规模小的近况围岩蚀变,从而具有直接找矿的效果。直接找矿的核心是对矿产的预测,预测技术是矿产勘查取得突破的最终环节。刘德长等(2016)利用核工业北京地质研究院遥感信息与图像分析技术国家级重点实验室的 CASI/TASI/TASI 航空高光谱成像系统,在甘肃北山柳园—方山口和新疆雪米斯坦地区获取的航空高光谱遥感数据,对航空高光谱遥感固体矿产预测技术进行了研究,建立了"基于航空高光谱遥感的成矿环境分析法""矿床定位模型识别法"和"含矿构造追踪法"等预测方法,并对每种方法进行了应用示范,取得了明显的直接找矿效果。

第6章 金属矿产遥感找矿模式与应用

1. 研究区区域地质概况

实验区位于甘肃省北山的柳园—方山口地区(图6-13)。实验区出露的地层主要为震旦系和古生界,其中古生界缺失泥盆系,中生界分布范围局限,第四系广泛分布于平坦地带。震旦系洗肠井群,为一套含有冰碛砾石的片岩、板岩、千枚岩、角岩和大理岩。寒武系由双鹰山群和西双鹰山群组成,主要为黑色硅质岩夹结晶灰岩,偶见夹白色石英岩。奥陶系仅见中统和上统,主要由花牛山群的变质砂岩、角岩夹流纹岩、玄武岩和白云山组火山岩组成。志留系包括斜山群、公婆泉群,总体变质程度较高,其中斜山群主要为混合岩、片麻岩、片岩和大理岩;公婆泉群为一套变质的中—酸性火山岩。石炭系红柳园组,主要为一套中酸性火山岩,自东向西夹有陆源碎屑岩、海相碳酸盐、流纹岩。二叠系仅出露下统,岩性主要为砂岩(司雪峰等,2000)。

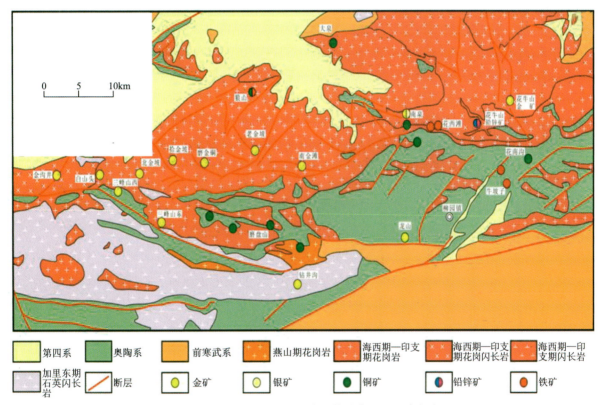

图6-13 柳园—方山口地区大地构造位置及地质略图

实验区内褶皱构造大多伴随EW向断裂带发育,其形态多属紧密线状的单式或复式背斜和向斜、褶皱轴向呈EW或近EW向展布。区内的断裂构造按照力学性质可分为压性、张性和扭性3类。张性断裂多呈SN向,如花白山断裂。扭性断裂在研究区内分布十分广泛,大致分为NE和NE两组,如花南沟、金沟子和白石岭断裂(曾长华等,2002;崔进寿,2010)。

实验区内岩浆活动频繁,主要有辉橄岩、花岗闪长岩、石英闪长岩、闪长岩、似斑状花岗岩和花岗岩等。岩体的规模不等,呈大型岩基或长条状岩体和岩脉产出,产出的时代为海西期和印支期。

区内已知矿产有金、铜、铅锌、钨钼、铬镍、铁等,为一典型的金属成矿区(安国堡,2006;曹亮等,2010;高永伟等,2012;任广利等 2013;战冠安和何智祖,2014)。

虽有学者对该区从地质、物化探和多光谱遥感的角度进行过研究,但大多数围绕着矿床和区域基础地质问题,未见有从区域成矿条件、控矿要素、矿床分布规律和找矿方向等方面综合研究该区区域成矿背景的研究,更没有从航空高光谱遥感的角度来研究该区成矿背景的文献。利用航空高光谱遥感的技术优势,首次研究了该区的区域成矿背景,并进行了地质找矿的应用。

研究工作是在核工业北京地质研究院遥感信息与图像分析技术国家级重点实验室的CASI/SASI/TASI航空高光谱成像系统在该区获取的可见光—近红外和短波红外数据的基础上开展的。

2. 研究区航空高光谱遥感信息源与数据处理

1) 研究区的信息源

研究使用的数据是2010—2011年加拿大ITRES公司生产的CASI/SASI/TASI航空高光谱成像系统获取的遥感数据,其技术参数见表6-1。

表6-1 CASI/SASI/TASI系列机载成像光谱仪技术参数

参数	CASI-1500	SASI-600	TASI
光谱范围	380～1050nm	950～2450nm	8.0～11.5μm
每行像元个数	1470	640	600
连续光谱通道个数	288	100	32
光谱带宽	2.3nm	15nm	125nm
帧频(全波段)	14	100	200
总视场角	40°	40°	40°
瞬时视场角	0.028°	0.07°	0.068°
信噪比(峰值)	>1100	>1100	4600

根据在柳园—方山口地区探测任务的需要,获取了3000km² 高空间分辨率的高光谱遥感数据,具体数据指标为CASI(可见光—近红外数据,380～1050nm):光谱分辨率14nm,空间分辨率1m,波段数48个;SASI(1000～2500nm):光谱分辨率15nm,空间分辨率2.25m,波段数101个,数据相邻航带旁向重叠率约20%。

2) 研究区的数据处理

利用高光谱遥感数据直接识别地物的前提条件是光谱信息具有准确性。数据预处理、大气校正、光谱重建是保证光谱信息准确性不可缺少的环节,而光谱重建的质量直接影响到信息提取的能力和可信度。

3) 航空高光谱遥感数据的预处理

CASI/SASI/TASI航空高光谱遥感成像系统配备了用于数据预处理(辐射校正、几何校正和地形校正)的功能模块,处理过程分为4个步骤:①辐射校正;②传感器姿态数据处理;③GPS定位数据处理;④姿态数据与定位数据时间同步与集成。预处理后数据的几何误差小于5个像元,可以满足下一步数据处理工作的要求。

4) 航空高光谱数据的大气校正

大气校正主要采用明暗地物的经验线性校正方法,并选择试验区进行航空测量光谱与地面实测光谱的对比(图6-14)。结果表明,航空测量光谱与地面实测光谱曲线吻合良好,检验了重建光谱的正确性。

3. 航空高光谱矿物填图方法

高光谱遥感矿物填图过程中,首先要求注入地质学和矿物学的知识,把专业知识贯穿于矿物填图的全过程。不仅要考虑吸收峰的位置和矿物整体谱形,还要考虑本地区的成矿环境,可能存在的矿物及其组合等。为此对传统的填图方法进行了改进,采用将矿物光谱相似性填图与光谱特征参数填图相结合的方法,并建立了相关技术流程(图6-15)。

4. 填图结果与野外查证

图6-16是利用短波红外(SASI)数据所填的柳园地区矿物区域分布图,提取的蚀变矿物有褐铁矿、绿泥石、方解石、石膏等。

第6章 金属矿产遥感找矿模式与应用

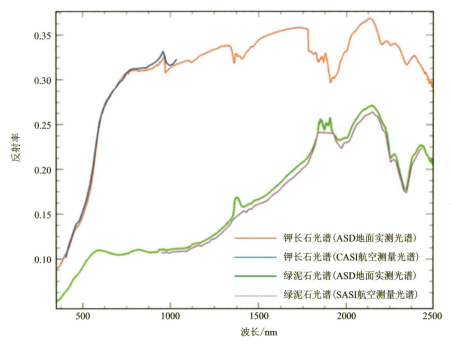

图 6-14 航空测量光谱与地面实测光谱对比

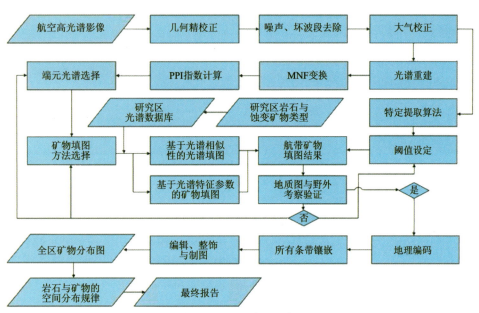

图 6-15 基于光谱相似性与光谱特征参数填图的技术流程

图 6-16 柳园地区蚀变矿物区域分布图（据 SASI 数据源）

图 6-17 是利用短波红外(SASI)数据所填的方山口地区矿物区域分布图,提取出的蚀变矿物有绿帘石、绿泥石、方解石、芒硝等 10 余种蚀变矿物。

这些提取的矿物是与成矿作用密切相关的蚀变矿物,也是地质找矿经常涉及的蚀变矿物,具有重要的实用价值。核工业北京地质研究院、核工业航测遥感中心、中国地质调查局西安矿产资源调查中心 3 家单位对航空高光谱遥感所填的柳园—方山口地区的区域矿物分布图进行了分片野外查证,目的是检验矿物提取的准确性。经野外查证和室内岩矿鉴定、化学分析,其矿物提取的准确率在 90% 左右,表明这一填图结果可以作为高光谱遥感找矿预测的依据。

图 6-17　方山口地区蚀变矿物区域分布图(据 SASI 数据源)

5. 高光谱遥感找矿预测方法与示范应用

矿产是形成在成矿环境中,成矿环境是孕育矿床,甚至矿床集中区的场所。因此,航空高光谱遥感金属矿产预测,首先要通过对工作区的矿物区域分布图的解译和分析,来识别成矿环境,以进行成矿预测。

1)成矿环境的航空高光谱遥感识别标志的建立

(1)成矿环境在矿物区域分布图上通常对应蚀变岩体、蚀变地层和蚀变构造的汇聚区,岩体、地层、构造均发生了蚀变,反映该区(地段)曾经发生过强烈的热液活动。

(2)成矿环境蚀变矿物种类复杂多样,往往发育数种具有金属找成矿的标志性蚀变,如硅化、矽卡岩化、绢云母化、云英岩化、青磐岩化、蛇纹石化等,当高铝绢云母与低铝绢云母叠加出现的话,推测该区(地段)热液活动具有多期性。

(3)某些成矿环境热液蚀变还具有分带性,如王润生等(2010)研究了西藏驱龙地区的斑岩铜矿的成矿环境,从所填的 Hyperion 蚀变矿物分布图看出,矿区的蚀变矿物分布具有明显的分带性,空间上呈现出"中心式"面型分带的特征,中心为高 Al 绢云母化和高岭石化,外围为低铝绢云母化(甘甫平等,2002)。

(4)成矿环境的蚀变具有明显的控制要素,一般受岩体、岩体的外接触带或受断裂构造及其变异部位等控制,成矿环境一般处于深大断裂带内或其附近 1~3km 的范围内。

图 6-18 是某铁、金、铜等矿床(点)的集中区,处于柳园—方山口地区黑石山-花牛山深大断裂带的南侧。这一地段的地层、岩体和断裂构造均发生了强烈蚀变,主要有蛇纹石化、白云母化、绿泥石化、绢云母化、褐铁矿化、硅化等。蚀变受花岗闪长岩、硅化断裂带控制,反映该地段为一有利的成矿环境。

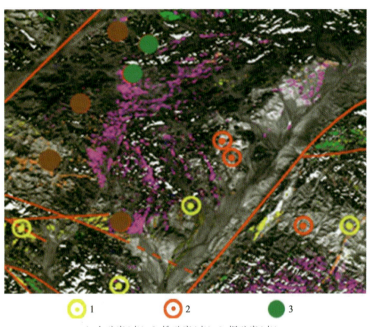

1.金矿床(点);2.铁矿床(点);3.铜矿床(点)。

图 6-18　金、铁、铜矿集中区高光谱遥感蚀变矿物填图结果

图 6-19 反映的是另一处成矿有利环境。该地段处于柳园—方山口地区黑石山-花牛山深大断裂的北侧,发育矽卡岩化、碳酸盐化、硅化、褐铁矿化(黄铁矿化)、绢云母化(含高铝绢云母和低铝绢云母)等与金属矿作用有关的蚀变,产有钨钼、铅锌和金矿等矿床(点)。钨钼矿受印支期长条状蚀变花岗岩体的外接触带控制,金矿受黄铁绢英岩化断裂带控制,铅锌矿受震旦系洗肠井群与断裂构造的复合控制。

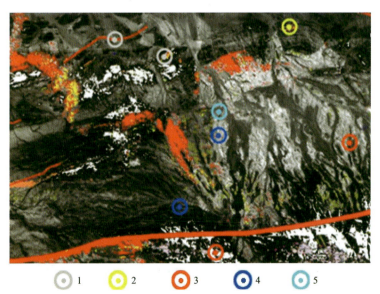

1.银矿床(点);2.金矿床(点);3.铁矿床(点);4.铅锌矿床(点);5.钨钼矿床(点)。

图 6-19　钨钼、铅锌、金矿集中区高光谱遥感蚀变矿物填图结果

2)示范应用

东山口地段处于柳园—方山口地区黑石山-花牛山深大断裂带与玉石岭弧形大断裂带的相切地段。

前人依据区域化探资料在该区圈定了一处成矿有利地段。该地段岩性为灰绿色片岩,依据高光谱遥感数据提取结果,这套地层遭受了青磐岩化蚀变,并发育高铝—中铝绢云母化。蚀变地层总体呈 NWW 走向。野外查证蚀变地层发育石英脉,石英脉中可见铜蓝、孔雀石等铜矿物和辉钼矿。该地段虽经槽探揭露,但目前探矿工程已停止,推测可能不具备进一步勘探的价值。

航空高光谱遥感矿物填图结果显示,在前人勘探区以南有一处蚀变作用很强的地区,蚀变特征与先前揭露的地区类似,主要表现为青磐岩化和绢云母化,但该区蚀变呈面状,夹于 EW 和 NWW 两条断裂形成的三角夹持部位,并且处于花岗岩体的外接触带。从成矿环境分析,该区是比先前勘探地区更为有利的成矿带(图 6-20)。

经野外查证和室内鉴定,花岗岩体外接触的辉石岩和辉长岩均发生了明显的青磐岩化蚀变(图 6-21)。花岗岩内接触带断裂发育,岩石碎裂、蚀变强烈,发育赤铁矿化、绢云母化和伊利石化。花岗岩外接触带石英脉发育,其延伸方向与接触带垂直,属接触带遭受强烈挤压的横张断裂。石英脉中普遍发育肉眼可见的孔雀石及金属硫化物(图 6-22),使用手持 XRF 荧光仪野外测定石英脉中铜含量最高可达 0.52%,化学分析结果显示铜含量为 0.322%。

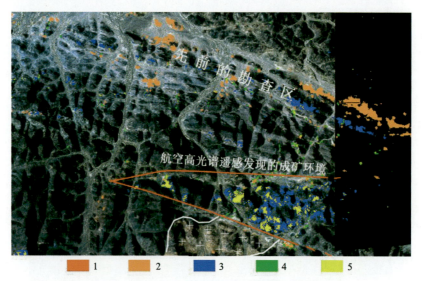

1.方解石;2.高铝绢云母;3.中铝绢云母;4.绿帘石;5.透闪石/阳起石。

图 6-20　东山口地区成矿环境图

上述研究表明,该区属于岩体、地层和断裂构造均发生蚀变的有利成矿环境,而且有铜、钼等多金属矿化显示。

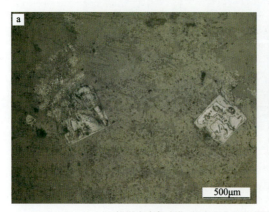

a.辉石岩青磐岩化(绿帘石化硅化黄铁矿化);b.辉长岩绿帘石-矽线石化。

图 6-21　花岗岩外接触带辉长岩青磐岩化镜下照片

第 6 章　金属矿产遥感找矿模式与应用

a. 成矿环境青磐岩化蚀变和矿化石英脉野外照片；b. 石英脉中可见明显的金属硫化物和孔雀石。

图 6-22　青磐岩化、硅化和孔雀石化野外照片

6. 基于航空高光谱遥感矿床定位模型识别法及应用示范

1）航空高光谱矿床定位模型的构建

首先是选择具有代表性的矿床；其次对矿床范围进行矿床尺度的矿物精细填图，充分提取矿床的蚀变矿物，分析矿物的组合特征，并对其控制要素和成矿环境进行地质分析；最后将提取的蚀变矿物及其组合与所处的成矿环境进行有机地整合，以构建航空高光谱矿床定位模型，现以老金厂矿床为例进行分析。

（1）进行矿床尺度矿物精细填图。

利用矿床尺度的矿物填图方法和工作流程，通过矿床范围的矿物精细填图，对老金厂矿床的蚀变矿物进行了提取，发现其蚀变有绢云母化、褐铁矿（黄铁矿）化、绿泥石化、碳酸盐化、蛇纹石化等（图6-23）。经分析，老金厂金矿床的标志性蚀变为绢云母＋黄铁矿＋硅化组合，即黄铁绢英岩化。

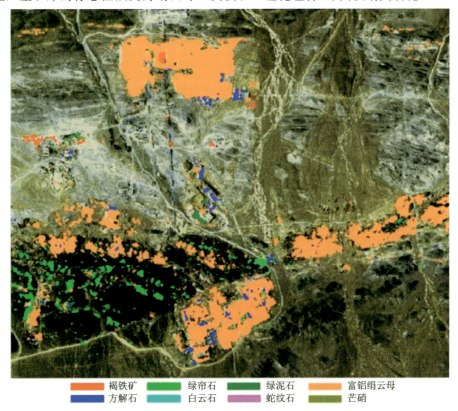

图 6-23　老金厂矿床蚀变矿物填图结果

(2) 矿床的岩性环境。

老金厂金矿床的地层为下二叠统哲斯群下岩组,可划分为酸性火山岩段和碎屑岩段,碎屑岩段由正常碎屑岩和火山碎屑岩组成。正常碎屑岩以各种板岩为主,火山碎屑岩主要为凝灰质砂岩、含火山结核的凝灰质板岩等。脉岩有辉绿(玢)岩脉、辉长岩脉、长英岩脉及含金石英脉,西南部见海西晚期肉红色花岗岩小岩体。

(3) 矿床的构造环境。

从遥感解译图看,老金厂地区周边被断裂构造围限,长边为 EW 向断裂,其余两边为 NE 向和 NW 向断裂。老金厂矿床位于断块 EW 向断裂与 NE 向断裂相交的顶角部位(图 6-24)。

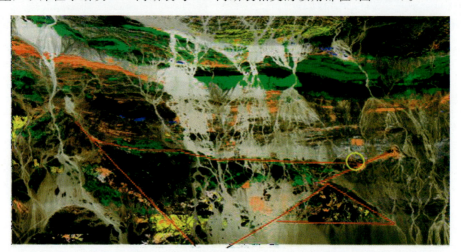

(圈为矿床位置)

图 6-24 老金厂矿床遥感解译的断块构造及矿床位置图

(4) 整合分析。

将矿床尺度矿物精细填图获取的老金厂矿床的蚀变矿物组合与所处的地质构造环境相整合,建立了老金厂航空高光谱矿床定位模型(图 6-25)。该定位模型的特点是将目标(蚀变矿物及其组合)与背景(蚀变矿物所处的岩性和构造)相结合,强调了不仅要重视蚀变信息,而且要重视蚀变所处地质环境。

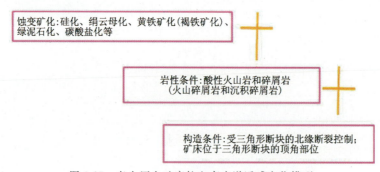

图 6-25 老金厂金矿床航空高光谱遥感定位模型

2) 构建的模型系列

按照上述建模方法,在甘肃北山柳园—方山口和雪米斯坦地区先后建立了金、钨钼、铀(铍)、铬(镍)等矿的航空高光谱矿床定位模型。由于研究区的金矿床较多,根据不同矿床特点,将模型分为不同的模式,如南金滩模式、花西山模式、花牛山模式、金沟子模式和老金厂模式等。钨钼矿模型分为花黑滩钼矿床模式和花牛山钨钼矿床模式。如果根据他们的标志性矿物和控矿特点,从有利找矿的角度,又可分为断裂型、接触带型、岩体型和复合型。这样便组成了研究区航空高光谱矿床定位模型系列(表 6-2)。深入研究还发现柳园—方山口和雪米斯坦地区不同类型矿床具有不同的标志性蚀变矿物组合和控矿要素(表 6-3)。

第6章 金属矿产遥感找矿模式与应用

表6-2 研究区不同类型矿床模型对比

矿床类型	标志性蚀变	控矿要素	找矿模型
金矿	黄铁绢英岩化	石英脉或硅化破碎带	断裂型
钨钼矿	矽长岩化＋碳酸盐化＋绢云母化	岩体接触带	接触带型
镍矿	蛇纹石化＋绢云母化	超基性岩体内	岩体型
铀矿	赤铁矿化＋水云母矿	花岗斑岩外接触带断裂构造	复合型

(1) 金矿床。

标志性蚀变矿物为黄铁绢英岩化(黄铁矿＋绢云母＋石英)，控矿要素为石英脉或硅化破碎带，赋矿部位是含矿断裂带及其变异地段，如断裂的交叉、夹持、局部张开和弧形拐弯等部位，找矿模型属断裂型。

(2) 钨钼矿。

标志性蚀变矿物为矽卡岩化＋碳酸盐化＋绢云母化，控矿要素为花岗岩体的外接触带，赋矿部位是接触带的内凹部位，找矿模型属接触带类型。

(3) 铬(镍)矿。

标志性蚀变矿物为蛇纹石化和绢云母化，控矿要素为超基性岩体，赋矿部位是由接触带和岩体受断裂破坏强烈地段，找矿模型属岩体型。

(4) 铀(铍)矿。

标志性蚀变矿物为赤铁矿化＋水云母化，受花岗斑岩接触带与断裂构造的复合控制，赋矿部位是断裂与接触带的复合部位，找矿模型属复合型。

3) 模式识别方法

利用前面所建立的航空高光谱遥感矿床定位模型，进行模型识别和模式找矿，其方法可简述如下：①以建模的矿床为参照物；②以建立的航空高光谱遥感矿床定位模式为标准；③以所填的矿物区域分布图和对区域成矿背景的分析为基础；④通过模型(式)识别，识别出哪些与建立的模型(式)相类似的地区或地段，进行模式找矿。

值得强调的是，在进行模型找矿时，要将"类比"与"求异"相结合。随时注意"已知模型"外的新发现。因此，进行模式找矿时，既要有模型，又不能拘泥于模型。

4) 应用示范

利用建立的钨钼矿床定位模型(图6-26)，通过对该区矿物区域分布图的分析，在花牛山钨钼矿床(A地段)的外围，发现一处与花牛山钨钼矿床定位模型相类似的B地段(图6-27中的B地段)，两处的共同点是：①标志性蚀变矿物组合相同，均为矽卡岩化(图6-28)、碳酸盐化和绢云母化；②所处地层相同，为震旦系洗肠井群第三岩组(ZXC°)，主要岩性为灰岩、角岩、片岩；③含矿地层同处于印支期钾长花岗岩体外接触带的内凹部位。根据模式识别法，预测了B地段是找钨钼矿新的有利地段。

图6-26 钨钼矿床定位模型

遥感地学概论

表 6-3 研究区不同类型矿床航空高光谱遥感定位模型系列表

特征\矿床	金矿						钨钼矿		铀（铍）矿	铬（镍）矿
	南金滩模式	花西山模式	花牛山模式	金沟子模式	老金厂模式	花黑滩模式	花牛山模式	白杨河	玉石岭
蚀变组合	硅化、绢云母化、褐铁矿（黄铁矿）化、绿泥石化、碳酸盐化等	硅化、绢云母化、褐铁矿（黄铁矿）化、蛇纹石化等	硅化、绢云母化、褐铁矿（黄铁矿）化、绿泥石化、碳酸盐化等	硅化、绢云母化、褐（铁矿）化等	硅化、绢云母化、黄铁矿化（褐铁矿）化、绿泥石化、碳酸盐化等	硅化、中铝绢云母化、褐铁矿化	矽卡岩化、碳酸盐化、中铝绢云母	高铝绢云母化、赤铁矿化	蛇纹石化、绢云母化
矿床围岩	海西期二长花岗岩（矿床处发育基性岩脉和火山岩残留体）	印支期长条状花岗岩体（矿床定位处发育超基性岩）	蚀变岩体、角岩	海西期石英闪长岩体	酸性火山岩和碎屑岩	震旦系板岩、千枚岩	震旦系大理岩、片岩、角岩	泥盆系中酸性火山岩夹陆源碎屑沉积岩	超基性岩
构造部位	含矿断裂弧形拐弯处	区域大断裂或岩体分支复合部位	蚀变岩体外接触带、褶曲构造转折处	"人"字形分支断裂和与主干断裂的夹持部位	受三角形断块的北缘断裂控制，矿床位于三角形断块的顶角部位	印支期钾长花岗岩外接触带	印支期钾长花岗岩"V"字形夹持区	花岗斑岩与中酸性火山岩地层接触带中的节理或张裂隙	东西向断裂、构造膨凸部位
图示	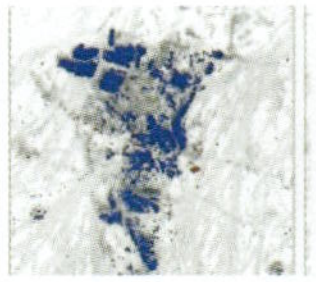	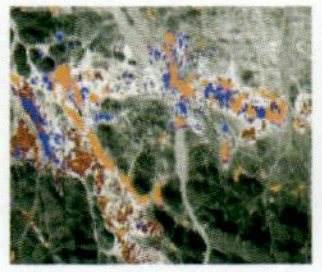	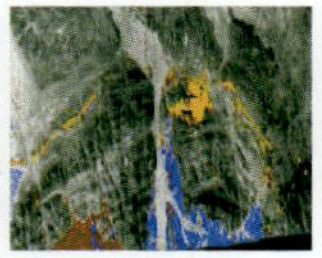	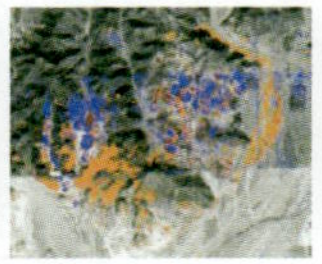				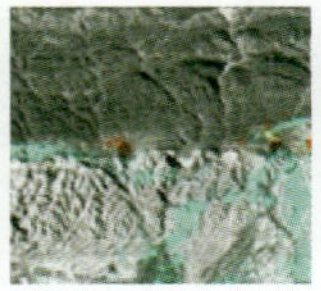	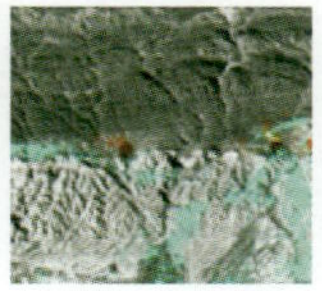

· 170 ·

第6章　金属矿产遥感找矿模式与应用

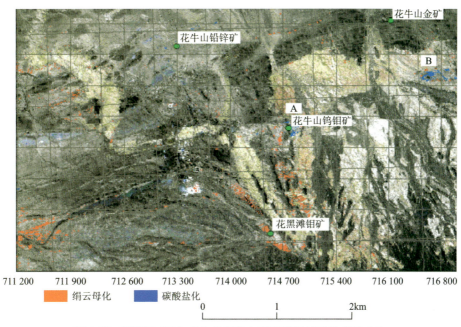

图 6-27　预测区(B)与已知矿床航空高光谱遥感定位模型对比

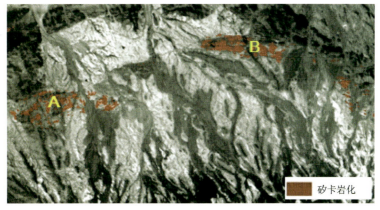

图 6-28　花牛山钨钼矿矽卡岩化分布

为了检验预测效果,对 B 地段进行了野外查证,B 地段确有明显的矽卡岩化、碳酸盐化,局部有赤铁矿化和绢云母化等,并对 B 地段进行了"系统取样"和室内鉴定、分析(图 6-29)。

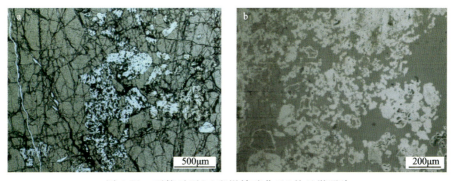

图 6-29　石榴子石(a)和褐铁矿化(b)的显微照片

对采集的地化样品进行微量元素分析,发现 B 地段有 Au、W、Cu、Pb、Zn 等矿化异常,而 Au 达到了工业品位,W、Cu、Pb 达到了工业边界品位。

7. 基于航空高光谱遥感含矿构造追踪法及应用示范

1）含矿构造的识别标志

通过对航空高光谱遥感矿物分布图(图6-30)的分析可以发现,有的断裂有明显的蚀变现象,通常发育硅化、绢云母化、褐铁矿(黄铁矿)化、碳酸盐化、蛇纹石化等的一种或几种;有的断裂却没有蚀变矿物沿其分布的现象。断裂有蚀变矿物发育,反映曾经历过热液作用,蚀变矿物是热液作用留下的痕迹。这类断裂有可能与成矿有关,可以视为成矿构造,如其赋矿,可以视为含矿构造;没有发生蚀变的构造,一般可以视为非含矿构造。含矿构造的另一个特点是其往往处于区域控矿大断裂带的附近,属大断裂带次级构造。

黄点表示已发现的金矿床(点);蓝色框为预测的找矿目标区域。

图 6-30 方山口地区航空高光谱遥感蚀变矿物填图结果

2）成生关系追踪法及应用示范

具有成生联系的一组构造蚀变带,位于黑石山-花牛山区域深大断裂带的北侧,属深大断裂带成矿期左行扭动产物。该组次级构造的西部断裂发育硅化、绢云母化和褐铁矿化,并已发现金矿床(点)。按照成生关系,最东边的两条断裂与其属同一应力场的产物,围岩也相同,同为海西期的花岗岩,沿断裂同样发育硅化、绢云母化和褐铁矿化等蚀变。据此,预测了东边的两条断裂为新的找矿有利目标(图6-31)。

图 6-31 方山口地区 NE 向构造蚀变带野外照片

经野外调查,该区含矿围岩为海西期黑云母花岗岩,从航空高光谱遥感图像上分析,呈 NE 向带状展布的硅化、绢云母化、褐铁矿化(黄铁矿化)带实际上是受同方向的断裂构造控制,断面产状平缓,向西倾,为黄绿色的蚀变带。

经沿两条 NE 向构造蚀变带连续取样化学分析,其中最东边的构造蚀变带为具有金、铜、银异常的硅化蚀变带,金的含量为 219×10^{-9},铜的含量为 116×10^{-6},银的含量为 672×10^{-9}。

3)沿含矿构造走向的追踪及应用示范

图 6-32 是一金矿勘探区,勘探人员沿成矿构造走向追踪时发生了偏位。从所填的矿区航空高光谱遥感图像上可以看出,左边蓝框所示地段,勘探工作部署在含矿带上,探槽中有明显的蚀变现象,但勘探工作向东追索,却偏离了含矿构造。因此,右边蓝框所示地段的探槽中未见蚀变现象。从航空高光谱遥感图像上所反映的含矿构造带的位置,应在右边蓝框探槽以南。后经对航空高光谱遥感图像上反映的含矿构造带的位置重新取样,有金异常,金的含量为 39.4×10^{-9}。

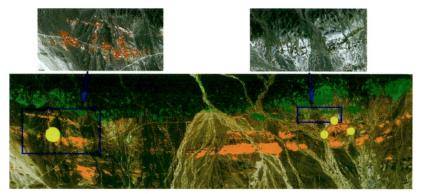

图 6-32　含矿构造追踪法

6.4　巨型成矿带遥感研究

巨型成矿带对于相关大宗矿产资源产量具有举足轻重的地位。通过对全球超大型矿床分布及其成矿特征进行研究(梅燕雄等,2009),发现具有类似成矿背景的超大型矿床均分布在特定的巨型成矿带内,尤其是我国对外依存度很高的铁、铜和铝土矿等大宗矿产资源,例如斑岩型铜矿主要分布在环太平洋成矿域中的安第斯、东亚和北科迪勒拉巨型成矿带上,沉积型铁矿主要分布在冈底斯成矿域中的南美、非洲-阿拉伯和澳大利亚巨型成矿带中,非洲-阿拉伯和澳大利亚巨型成矿带也是全球最重要的铝土矿和沉积砂岩型铜矿的分布区域。因此,对全球巨型成矿带进行遥感研究具有十分重要的意义。"十二五"和"十三五"期间,依托国家高技术研究发展计划重大项目——星机地综合定量遥感系统与应用示范相关课题,以安第斯巨型成矿带和南美巨型成矿带为研究区,进行了遥感探测技术综合研究与应用示范。

6.4.1　安第斯巨型成矿带遥感研究进展

以安第斯巨型成矿带斑岩铜矿为研究对象,开展了多光谱和高光谱遥感综合信息提取技术研究,建立了斑岩铜矿资源遥感探测与评价技术体系,提出了遥感示矿信息专题产品生成与服务理念。取得重要进展的技术方法概述如下。

1. Landsat8 卫星数据遥感蚀变矿物异常提取技术方法

基于前人 Landsat5/7 卫星数据遥感蚀变异常提取技术（张玉君，2002；杨金中，2007），针对 Landsat8 卫星数据开展了铁染和羟基矿物异常专题产品生成技术研究，通过试验发现采用"去干扰-主成分分析法"能有效地提取出这两类蚀变矿物。对干扰地物如水和阴影（TM7/TM1）、云（TM1 高端切割）、植被（TM5/TM4）、盐碱地（TM4 或 TM5 高端切割）等进行掩膜处理，掩膜处理不仅可以大大减少后期处理的干扰因素，而且对于减少提取过程中产生的"干扰"信息具有重要的意义。

利用 Landsat8 地表反射率共性产品，采用 B1、B4、B5 和 B6 特征波段组合主成分分析提取铁染矿物异常，通过分析特征向量确定异常所在通道，主要条件为：①B1 和 B5 对应的特征向量与 B4 对应的特征向量符号相反；②或 B4 与 B1，或 B4 与 B5 对应的符号相反，且二者对应的绝对值相加最大。即为异常所在主分量。值得注意的是当 B4 对应的特性向量为"＋"时，高值代表矿物异常；当为"－"时，低值代表矿物异常，需要取反且注意掩膜图层的应用。采用 B1、B5、B6 和 B7 特征波段组合主成分分析提取羟基矿物异常，通过分析特征向量确定异常所在通道，主要条件为：①B5 和 B7 对应的特征向量与 B6 对应的特征向量符号相反；②或与 B6 与 B7 对应的符号相反，且二者对应的绝对值相加最大，即为异常所在主分量。应当注意，B7 对应的特性向量为"－"时，高值代表矿物异常；其为"＋"时，低值代表矿物异常，需要取反且注意掩膜图层的应用。

2. ASTER 卫星数据的斑岩铜矿典型蚀变带矿物组合信息提取方法

针对安第斯巨型成矿带斑岩型铜矿成矿和控制地质环境，以及斑岩矿（化）体从中心向外围依次出现钾化—泥化—绢英岩化和青磐岩化蚀变分带特征，研发了基于 ASTER 数据的斑岩铜矿蚀变带矿物组合信息提取技术方法。利用美国地质勘探局（USGS）的波谱数据库，重建了斑岩铜矿典型蚀变带主要蚀变矿物反射率在 ASTER 数据对应的波谱曲线（图 6-33），综合对比分析发现利用 ASTER 数据 B1、B4、B6 和 B7 的主成分分析模型可以提取出白（绢）云母、高岭石、蒙脱石、明矾石和伊利石等泥化-绢英岩化类蚀变矿物组合信息。构建 ASTER 数据 B1、B3、B4 和 B8 的主成分分析模型，同时满足 B9 的反射率大于 B8 的反射率，可以提取出绿泥石、绿帘石和方解石等青磐岩化蚀变矿物组合信息（杨日红等，2012；杨日红等，2013）。由于全球的斑岩铜矿几乎都发育由石英、绢云母构成的绢英岩化带，所有斑岩型铜矿中均广泛发育青磐岩化蚀变带，可见利用该方法可以通过提取斑岩铜矿典型蚀变矿物组合信息，为斑岩铜矿找矿提供重要的指示标志。

3. 高光谱数据高阶统计特性的混合像元盲分解技术方法

针对境外找矿无先验知识、矿区矿物混合低组分矿物存在等问题，引入盲分解与多元统计理论以及光谱信息散度技术，实现了无先验知识情况下的混合像元盲分解和精准矿物组分估计，并在典型应用示范区进行了有效应用：利用 Hyperion 高光谱卫星数据，在阿根廷下德拉阿伦布雷斑岩铜金矿区，实现了该矿区与成矿密切相关的高岭石、绿帘石、绿泥石、白云母、绢云母等矿物的有效识别，所提取结果与矿区大比例尺地质图中蚀变矿物分布基本一致；在秘鲁塞罗维德阿雷基帕斑岩铜矿区，实现了高岭石矿物的有效识别，所提取结果与地面调查结果基本一致（李娜等，2014；杨日红等，2013）。该项技术的解决能够为矿区指示性矿物信息准确提取与精确识别提供有力的技术支撑，为矿区成矿预测与评价等奠定理论基础。

4. 遥感示矿信息的斑岩铜矿资源遥感评价技术体系

在研究安第斯巨型成矿带区域成矿地质背景，构造动力学环境及其演化成矿过程，总结了安第斯巨型成矿带斑岩铜矿成矿地质特征，初步形成研究区地质找矿特征，结合大型—特大型斑岩铜矿床遥感示矿信息特征，初步建立了安第斯巨型成矿带斑岩铜矿资源遥感找矿模型，形成基于遥感示矿信息的安第斯巨型成矿带斑岩铜矿遥感评价技术体系（表 6-4）。

第6章 金属矿产遥感找矿模式与应用

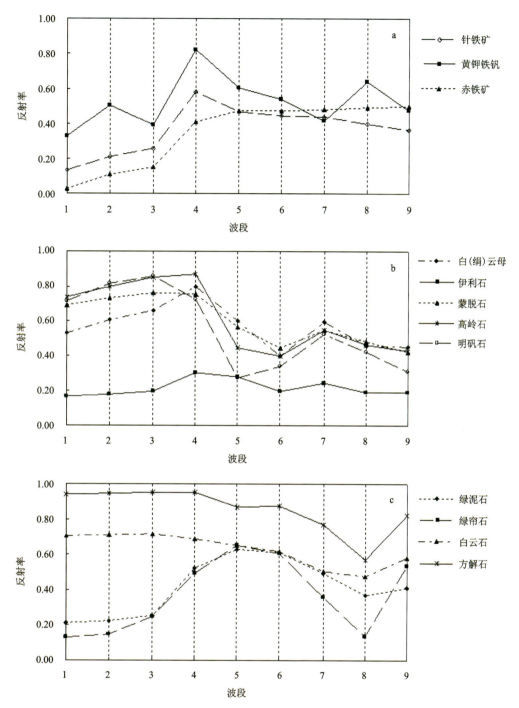

图 6-33 研究区典型蚀变矿物对应 ASTER 数据的反射率曲线

表 6-4 安第斯巨型成矿带斑岩铜矿遥感评价技术体系

遥感探测与评价技术方法	示矿信息	卫星数据源/精度控制
(1)图像增强与人机交互解译技术	控矿构造	Landsat 系列卫星、AST_DEM 和 SRTM 数据、国产卫星数据
(2)图像增强与人机交互解译技术	环形构造	
(3)增强及人机交互解译技术	蚀变岩与赋矿岩体	ASTER 卫星数据

续表 6-4

遥感探测与评价技术方法	示矿信息	卫星数据源/精度控制
(4)基于地质背景的遥感异常信息提取方法	铁染和羟基矿物异常	Landsat5/7/8 等多光谱卫星数据
(5)基于地质背景的典型蚀变带矿物组合信息提取方法	泥化-绢英岩化类和青磐岩化蚀变带矿物	ASTER 卫星数据
(6)绢云母化和高级泥化等重要蚀变矿物识别方法	绢云母、绿泥石、绿帘石	Hyperion 高光谱卫星数据

基于遥感示矿信息的斑岩铜矿资源评价方法：①改进证据权法、逻辑回归法和 BP 神经网络模型预测遥感找矿远景区；②遥感找矿模型＋专家地质背景知识圈定遥感找矿靶区。

精度控制与验证技术体系严格按照相应尺度遥感地质解译方法指南、技术标准与规范执行：①已知矿床-矿点-矿化点验证；②已有化探和物探资料验证；③多-高光谱蚀变矿物信息提取互相验证；④高空间分辨率卫星数据验证；⑤适当的地面检查与验证。

6.4.2 安第斯巨型成矿带遥感找矿应用

1. 安第斯巨型成矿带矿产资源概况

安第斯巨型成矿带矿产资源丰富，是世界著名的铜、金多金属成矿带。其铜储量占世界铜总储量的 40% 以上，全球最大的 25 座铜矿山，有 11 座位于安第斯巨型成矿带上，该带产铜量约占世界总量的 38%（2021），其他优势矿产，如铁、铅、锌、钼、锡、铋、金、银、锂等储量也在世界上占有重要位置。

2. 斑岩铜矿成矿地质特征

利用已有的区域地质矿产资料与相关文献，分析了安第斯巨型成矿带斑岩铜矿成矿大地构造环境，较系统分析了研究区 122 个大型—特大型斑岩铜矿床（据已有资料统计，安第斯巨型成矿带总共有大型—特大型斑岩铜矿床 140 个）（图 6-34），研究内容包括为能收集到成矿地质资料的 122 个矿床所处构造位置、围岩、矿源层或赋矿岩体、主要矿石矿物等成矿地质特征，经综合分析发现安第斯巨型成矿带斑岩铜矿存在如下成矿地质特征。

1）斑岩铜矿带在时空上具有明显的分布规律

(1) 从板块构造角度，斑岩铜矿床位于太平洋板块中的纳兹卡板块和南美大陆板块结合处的大陆板块一侧（即位于板块俯冲带的上盘），沿着平行板块缝合线呈近南北向带状分布。各个矿床的具体位置距板块结合处往往有一定距离，大约为 200km，如秘鲁塞罗维德、夸霍内和托克帕拉等铜矿床。

(2) 斑岩铜矿床产出部位和区域构造岩浆活动关系密切。从秘鲁的托克帕拉矿床到塞罗维德矿床，成矿母岩和矿体的底板岩石，大部分为侵入到喷出的中酸性岩浆岩，如塞罗维德矿床的成矿岩体是始新世的英安斑岩、石英闪长岩，矿体底板岩石是晚中生代的火山岩系；夸霍内矿床的成矿岩体是始新世的闪长岩、石英粗安斑岩，矿体的底板岩石是晚白垩世到古近纪的托克帕拉世的一套火山岩（主要是安山岩）。斑岩铜矿矿体的底板岩石大部分是晚中生代的火山岩，而成矿岩体则大多是古近纪和新近纪的酸、中性浅成侵入体。这种侵入斑岩的特点是由早期闪长岩、花岗闪长岩及花岗岩组成安第斯山的基体侵入后进一步演化侵入而成。斑岩类型有花岗斑岩、英安斑岩、石英二长斑岩、粗安斑岩等。斑岩铜矿床产在大面积出露的中—新生代火山岩的基础之上，而含矿斑岩的侵入又与形成这些大面积分布的火山岩的构造活动密切相关。

第6章　金属矿产遥感找矿模式与应用

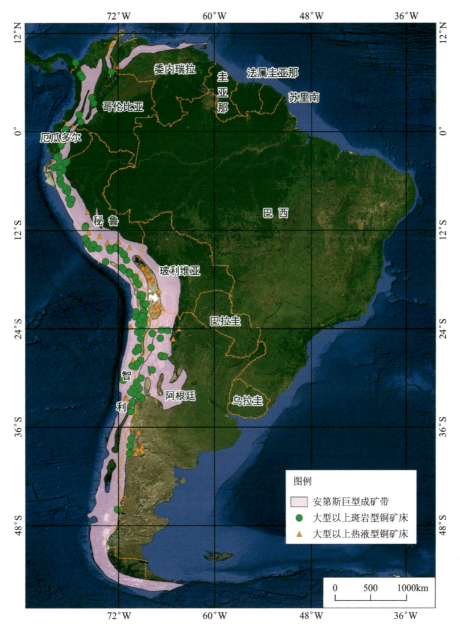

图 6-34　安第斯巨型成矿带斑岩铜矿床和沉积热液型铜矿床分布图

(3) 斑岩铜矿围岩、赋矿岩石地层与蚀变矿物特征。通过对安第斯巨型成矿带上 122 个斑岩铜矿围岩、矿源岩和赋矿岩石、主要矿石矿物统计分析，发现斑岩铜矿成矿围岩比较复杂，主要包括安山岩、花岗闪长岩、闪长岩、砂岩、凝灰岩、英安岩、灰岩、粉砂岩和石英岩等；而作为成矿母岩和矿体的矿源岩石，是不同成分和不同类型的中酸性、从侵入到喷出的火成岩，大部分是晚中生代的火山岩，而成矿岩体则大多是古近纪和新近纪的酸、中性浅成侵入体，这种侵入斑岩的特点是由早期闪长岩、花岗闪长岩及花岗岩组成安第斯山的基体侵入后，进一步演化侵入而成。赋矿岩层主要包括角砾岩、英安斑岩、流纹斑岩、花岗闪长斑岩、矽卡岩、石英二长岩、安山斑岩和闪长玢岩等。矿石矿物包含绢云母、绿泥石、绿帘石、褐铁矿、黄钾铁钒、针铁矿、明矾石、伊利石、叶蜡石和蒙脱石等众多可以利用多-高光谱遥感技术识别的蚀变矿物。

(4) 斑岩铜矿具有带状分布、成群集中的特点。斑岩铜矿主要呈长条带状分布在安第斯成矿带靠近太平洋沿岸，特别是在安第斯中段，即纳茨卡隆起（Nazca Ridge）和胡安·费尔南德斯隆起（Juan

Femandez Ridge)对应的安第斯成矿带,是最重要的斑岩铜矿成矿区带,发育有全球资源储量排名前4位的铜矿床,近60座超大型斑岩铜矿床(铜金属资源量约500万t)。另外,成矿带内斑岩铜矿床的成群集中尤为突出。如南秘鲁铜矿带,在莫奎巴省附近约400km² 范围内,就有托克帕拉(Toquepala)、夸霍内(Cuajone)及盖亚维科(Quellaveco)3个巨型铜矿床,构成一个大的矿田,往西北约100km还有塞罗维德(Cerro Verde)、圣何塞(Cerro Negro)、恰帕(Chapi)等矿床;智利北部的塔拉帕卡大区西南部的科亚瓦西矿田100km² 范围内,包括科亚瓦西(Collahuasi)、乌吉那(Ujina)和克夫拉达布兰卡(Quebrada Blanca)3个巨型铜矿床,往北和往南20km范围内还有Capaquire和El Loa两个大型铜矿;而在智利安托法加斯塔大区中北部东西向125km和南北向300km左右的范围内具有大型—特大型铜矿床22个,其中超大型铜矿床11个。

(5)矿床具体产出的构造位置有两类:一是在两组断裂的交错处,二是在一组大断裂的旁侧。从构造位置上讲,该带的斑岩铜矿主要产出于与西侧海沟平行的主干断裂旁侧,即与造山带平行的大断裂附近,特别是在有与之交会的断裂附近。如智利的丘基卡马塔(Chuquicamata)、埃斯康迪达(Escondida)、洛斯帕兰布雷斯(Los Pelambres)等巨型斑岩铜矿均产出于近南北向的Domeyko断裂体系附近,秘鲁南部的塞罗维德、夸霍内、盖亚维科和托克帕拉等巨型斑岩铜矿均产出于Incapuquio断裂系统旁侧。这些深大断裂为赋矿热液的上升提供了有利的通道,特别是在这些深大断裂与其他方向断裂交会部位,为赋矿岩体提供了很好的就位构造环境。

2)斑岩铜矿床含矿岩体的特点

该地区的斑岩铜矿床和各种中酸性的浅成斑岩有关。但各个矿床的成矿母岩其侵位时代、岩石成分、蚀变类型及规模大小有其相同之处,也存在一定差异,具有如下几个特点。

(1)成矿母岩侵入时代较新,从南到北大致有由新变老的趋势。从整个安第斯成矿带讲,铜矿带最南端的智利特尼恩特矿床,成矿岩体英安斑岩年龄为4Ma,向北不远的里奥勃兰姆科安第纳铜矿的成矿母岩年龄为4.9Ma,智利北部庄荃卡马塔矿床的成矿母岩丘基卡马塔花岗斑岩年龄为28Ma,再往北到智利最北部和秘鲁交界处莫恰铜矿的成矿母岩年龄为56Ma。进入秘鲁境内的夸霍内,托克帕拉铜矿的成矿母岩石英粗安斑岩、英安斑岩的侵入时间分别为50Ma和58Ma。其北边的塞罗维德铜矿成矿母岩年龄是58.8Ma。由上可见,智利和秘鲁两国斑岩铜矿的成矿母岩的侵入时间都发生在古近纪和新近纪。相关资料显示,美国西南部斑岩铜矿的含矿斑岩的侵入时间大致在古近纪到晚白垩纪。再往北到加拿大西部不列颠哥伦比亚地区的斑岩铜矿,成矿岩体的侵入时间多在白垩纪到侏罗纪。对整个太平洋东部斑岩铜矿成矿带而言,其成矿岩体的时代愈往北愈老。

(2)多期多次侵入,成分比较复杂。不同矿床的成矿母岩类型也不尽一致,种类较多。在秘鲁各个斑岩铜矿的含矿斑岩有英安斑岩、石英粗安斑岩、二长斑岩、石英二长斑岩及花岗闪长斑岩等。

(3)含矿岩体普遍具有强烈的蚀变作用,伴随蚀变作用形成矿化。由于岩体及围岩成分不同,在岩体的不同部位,蚀变作用可分好几种类型。最常见的也是比较典型的是在含矿斑岩的中心及其深部发育钾化蚀变带,蚀变矿物有钾长石、黑云母和绢云母,金属矿物有浸染状黄铜矿、斑铜矿、黄铁矿和辉铜矿等。钾化蚀变带往往不含矿,或者虽含矿但规模不大。钾化蚀变带的外侧是石英绢云母化蚀变带(也叫千枚岩化蚀变带)。它的范围经常是斑岩铜矿主矿体所在的部位,蚀变带主要由石英、绢云母和少量绿泥石组成,金属矿物有黄铜矿、黄铁矿、辉铜矿和少量辉铂矿、方铅矿、闪锌矿等。最外带是青磐岩化蚀变带,围绕着石英绢云母化蚀变带分布,范围较大,主要蚀变矿物有绿泥石、绿帘石、方解石等,还有少量绢云母、石英、硬石膏等,有的矿床还见电气石,金属矿物主要是黄铁矿。因此,一般也将该带看作黄铁矿晕的范围。除上述典型的蚀变分带外,还经常有次生泥化带、次生黑云母化及硅化带发育。例如,丘基卡马塔矿床在石英绢云母化蚀变带外侧,广泛发育有黏土化泥化、高岭土化蚀变,主要由黏土矿物高岭土、蒙脱石、绢云母等组成,金属矿物有黄铜矿、黄铁矿、少量辉铜矿。此矿床也是主要矿体所在部位。良好的蚀变分带,为找矿提供了重要线索,如秘鲁夸霍内铜矿,上部被20~240m厚的流纹岩、凝灰岩覆盖,只在河流切割较深处才见到含矿岩体的露头,但地质人员根据岩体蚀变作用的特点,经过综合分析找到了隐伏的大型斑岩铜矿床。

(4)含矿斑岩体的规模较小。如夸霍内铜矿的含矿石英二长斑岩、石英粗安斑岩岩体,面积只有 $0.5km^2$;特尼恩特矿床的成矿体岩体英安斑岩其范围也不足 $1km^2$;丘基卡马塔花岗斑岩的规模也不大。其他如托克帕拉、塞罗维德铜矿的含矿斑岩英安斑岩、二长斑岩及石英二长斑岩等也都是一些分布范围不大的小岩体或小岩枝。

3)铜矿体的特点

(1)矿体赋存部位主要有两种情况:一种矿体主要产在含矿的侵入斑岩中,如秘鲁塞罗维德铜矿体主要赋矿岩体为英安斑岩、二长斑岩及石英二长斑岩,含矿岩体的围岩是早期侵入的闪长岩、前寒武纪片麻岩等;另一种矿体主要产在含矿岩体的围岩或其底板岩石中,而含矿岩体本身所含的矿体并不重要。除上述两种类型外,还有矿体产在含矿岩体侵入之后的角砾岩筒中,如秘鲁塞罗维德铜矿有一小部分铜矿体产在成矿岩体侵入之后沿北西向构造带分布的电气石-石英角砾岩筒中。

(2)矿体的形态简单,规模巨大。大部分矿体在平面上表现为圆形、椭圆形,剖面上为一个倒立的圆锥体或梨状,上部较大、往深部逐渐变小,一般延深都很大。由于秘鲁和智利两国生产矿山目前大部分都在采次生富集矿,对下部的原生硫化物矿体只作一般控制,虽然控制程度比较高的只在地表下 500m 左右,但矿体的实际深度可能远远大于这个数字。

矿体的规模很大,一个主矿体的铜储量大多数超过 100 万 t,有的达 1000 万 t 以上,如秘鲁塞罗维德铜矿,矿体长 2200m(包括两个矿体),宽 800m,控制深度 500m,铜保有资源储量约 2910 万 t,储量 1760 万 t;夸霍内铜矿矿体长 1200m,宽约 1000m,控制深度在 400m 以上,铜保有资源储量约 1080 万 t,储量 660 万 t。

(3)主要矿物成分及有用元素。铜矿床由于受到后期较强烈的次生淋滤作用,矿物组成种类较多,如在氧化带有孔雀石、硅孔雀石、水胆矾、块铜矾等;次生富集带则有辉铜矿、铜蓝及少量自然铜;原生硫化物矿带有黄铜矿、黄铁矿、斑铜矿、硫砷铜矿、黝铜矿、方铅矿、闪锌矿等。

矿石铜含量一般在 1% 左右,目前各矿山所采矿石铜品位大多数在 1% 以上,只有塞罗维德和夸霍内矿床矿石品位较低,在 1% 左右。大部分矿床钼含量在 0.3%~0.4% 之间,有的高达 0.5%,铜和钼是主要的有用元素。除此以外,不少矿床中还有少量的金、银、铂族元素等,可综合回收。

(4)矿体具有良好的分带性。斑岩铜矿床中金属矿物及其有用元素,无论在矿体的水平方向还是在垂直方向,都有大致的分带性。

水平分带:矿体中间部分有黄铜矿、斑铜矿、硫砷铜矿、辉钼矿,往外有黄铁矿、辉铜矿,矿体边缘则有赤铁矿(镜铁矿)、少量方铅矿、闪锌矿。黄铜矿和黄铁矿的含量比例也有类似的变化。矿体中心黄铜矿含量要高于黄铁矿,有的可高出几倍。自中心向外,黄铁矿含量增加,黄铜矿的含量相对降低,矿体边缘黄铁矿含量大大高于黄铜矿,黄铜矿的含量减少当铜含量小于 0.5% 时,不属矿体范围。从金属元素看由矿体中心向外侧也大致有个变化规律,即按钼—铜—锌—铅的次序分布,最外边还可见含锰矿物。

垂直分带:矿体上部普遍见有"红帽"(即铁帽)和"绿帽"(铜的硫化物被淋滤氧化而成的孔雀石、硅孔雀石),前者一般不具工业价值,但是良好的找矿标志。次生富集带,主要由辉铜矿、铜蓝等矿物组成,是斑岩铜矿中最富和最有经济价值的成矿带,矿石含铜量大多在 1% 以上,最高可达 3%。矿体厚度一般在几十米,在构造裂隙发育部位最厚可达几百米。矿体形态往往呈板状或不规状,平面上其范围和原生硫化物矿体相一致,它同上部的氧化矿石带和下部原生硫化物矿石带均为过渡关系。一般铜矿体的厚度越大,次生富集带的厚度也相应较大。目前,秘鲁的矿场大多是开采这个带的富矿石,矿石入选品位都大于 1%。最下部的原生硫化物矿石带是斑岩铜矿床的主体,主要矿物有黄铜矿、黄铁矿、斑铜矿、辉钼矿和铜的硫砷化物。矿石含铜在 1% 以下,平均含铜为 0.5%~0.8%,对铜矿资源非常丰富的这两个国家而言,显然不是目前主要的开采对象。但从长远看,处于深部的原生硫化物矿石将是十分重要的铜矿资源。

3. 斑岩铜矿遥感找矿特征

在研究安第斯成矿带区域成矿地质特征研究的基础上，系统分析了研究区铜储量排名前25个的超大型斑岩铜矿床找矿地质特征，着重分析其遥感示矿信息；重点剖析了4个典型试验区7个斑岩铜矿床成矿地质特征及其遥感示矿信息。最后总结形成了斑岩铜矿遥感找矿特征。

1) 超大型斑岩型斑岩铜矿成矿地质特征

超大型斑岩铜矿床主要分布在安第斯巨型成矿带中段，即纳茨卡隆起和胡安·费尔南德斯隆起对应的安第斯成矿带，总共产出50余座超大型斑岩铜矿床，包括全球铜储量前四位的斑岩铜矿床。从构造位置上讲，超大型斑岩铜矿成矿构造位置均位于与造山带方向一致的断裂带附近，特征是在该组主干断裂与其他方向断裂的交会部位附近是超大型斑岩铜矿发育的主要位置，秘鲁南部以NW向的英卡波奎亚(Incapuquio)断裂系统为主要控矿断裂，而智利则以近SN向的Domeyko断裂系统为主要控矿断裂。成矿围岩主要为安山岩、花岗闪长岩、闪长岩、流纹岩和凝灰岩等中酸性次火山岩；主要赋矿岩体包括角砾岩、英安斑岩、石英斑岩和花岗闪长斑岩等，而且多以小岩体或岩珠形式出露，遥感影像上具有环形构造。在赋矿岩体侵位或矿化的过程中，伴随着热液蚀变作用，在其周边发育有较大面积的蚀变矿物，从几平方千米到十几平方千米，大者有数十平方千米，而且具有典型的蚀变分带性，从中心的钾化带（石英、钾长石和黑云母等）向外，依次发育有绢英岩化带（石英、绢云母等）、高级泥化带（明矾石、高岭石和伊利石等）和青磐岩化带（绿泥石、绿帘石以及少量方解石）。同时，发育有针铁矿、赤铁矿和黄钾铁矾石等铁染蚀变矿物。

2) 斑岩铜矿遥感找矿模型

通过斑岩铜矿成矿地质特征研究，基于多源卫星数据发现该区主要遥感示矿信息包括控矿线性构造与环形构造、控矿的岩浆或岩体因素、矿源层与赋矿岩石、蚀变带矿石矿物组合及标志矿物，综合分析后形成了研究区斑岩铜矿遥感找矿特征。

(1) 控矿构造：遥感解译获取的平行于西侧太平洋海沟（与安第斯造山带走向一致）的主干断裂附近，一组或多组断裂交会处，对应卫星影像图上的线性构造。

(2) 环形构造：遥感解译获取的具有特定物理意义的环形构造（中酸性岩体或隐伏岩体）。

(3) 矿源层和赋矿岩体：遥感解译获取主要围岩——中酸性火山岩，以及赋矿岩体中酸性侵入岩（斑岩体、岩枝或小岩珠），对应于遥感解译出环形构造。

(4) 遥感矿物异常：基于Landsat5/7/8等多光谱卫星数据提取的铁染矿物异常和羟基矿物异常，是该区斑岩铜矿找矿的指示信息。

(5) 典型蚀变带矿物：基于ASTER多光谱卫星数据提取的泥化-绢英岩化带和青磐岩化带蚀变矿物组合信息，以及利用Hyperion高光谱卫星数据识别的绢云母化和高级泥化等蚀变矿物，是该区斑岩铜矿找矿的重要指示信息。

4. 安第斯巨型成矿带遥感探测与评价

根据以往工作经验、对照地质图资料，遥感图像所显示的地形、地貌、颜色、色调、水系和植被等分布特征，建立不同构造区内不同级别和规模断裂构造解译标志，进行遥感图像断裂构造信息提取。在安第斯巨型成矿带内，遥感图像上断裂构造特征较清晰，解译标志明显，遥感图像上断裂构造的判别较为直观和可靠。根据地形地貌、断裂构造两侧主要地质体差异等，安第斯巨型成矿带断裂构造主要分为边界断裂、板块缝合线、深大断裂、一般断裂。安第斯褶皱带与东部巴西地盾两个不同地质单元，大部分地段为断裂构造接触，在遥感图像上有些地区断裂构造迹象清晰，有些地区模糊，由于北西向断裂的切割发生错动和位移，使得安第斯山脉和东部平原边界断裂断续分布。

在安第斯巨型成矿带内，遥感图像上基岩出露较好，解译标志明显，遥感图像上地层与岩性判别较

第6章　金属矿产遥感找矿模式与应用

为直观和可靠,而在巴西地台上,特别是平原区,植被发育,基岩全被覆盖,地质体解译效果差。根据遥感图像对照地质图和其他地质资料,进行南美洲不同时代地质体地层和岩性解译,最终完成安第斯巨型成矿带1∶500万和安第斯巨型成矿带中段1∶100万遥感地质解译图。

(1)成矿带范围圈定和亚带划分。根据遥感影像特征:构造带和地台边界遥感图像显示的不同地形地貌、主要岩性类型和构造发育特征,结合前人资料,圈定安第斯巨型成矿带边界;同时根据安第斯巨型成矿带内主要板块缝合线、深大断裂分布及其切割或夹持的地质体特征,区分和圈定构造亚带。将安第斯巨型成矿带进一步划分为海岸带科迪勒拉、西科迪勒拉、中科迪勒拉、东科迪勒拉、潘帕山、前科迪勒拉、普纳高原(图6-35a)。反映了安第斯巨型成矿带从古生代—中生代—新生代演化、形成和演化历史。同样不同构造亚带内具有不同构造演化特征、不同的岩浆和火山活动历史和成矿条件。

(2)区域构造特征。根据遥感图像断裂构造解译结果,发现安第斯巨型成矿带内断裂构造十分发育,从北向南主要断裂构造走向,与海岸线方向几乎一致,从北北东向转向北北西向、北西向、北北东向,形成"S"形弧形弯曲(图6-35b)。板块缝合线构造、区域性深大断裂控制了构造带走向、山脊和沟谷走向,控制了不同地貌单元分界,同时也控制了不同矿产分布。

(3)矿床分布规律。为了更好地研究地层岩体与成矿的关系,选择安第斯巨型成矿带内成矿矿床分布最为集中的安第斯中段,即秘鲁和智利北部地区,就该地区主要地层单元、侵入岩体与成矿关系进行综合研究。

根据收集的全球矿产地数据库资料,安第斯巨型成矿带内主要矿床分布特点来看,Au、Ag、Cu、Fe、Pb、Zn等矿床,在安第斯成矿带密集分布,形成全球知名的成矿带和成矿密集分布区。Ag矿床集中分布于秘鲁西南部、智利圣地亚哥以北和玻利维亚,Au矿除了安第斯北部哥伦比亚、厄瓜多尔外,集中分布于秘鲁、智利中北部、玻利维亚和阿根廷北部。Fe矿除了厄瓜多尔外,集中分布于秘鲁西南部和智利中部靠近海岸带。Cu矿集中分布于秘鲁南部和智利北部,形成全球知名的铜矿集中带。Pb-Zn分布与铜矿相似,矿集中分布于安第斯巨型成矿带中段秘鲁西南部和阿根廷北部。W-Sn矿集中分布于玻利维亚安第斯巨型成矿带,并向南延伸到阿根廷北部。从安第斯巨型成矿带内现代和近代火山口分布及矿产分布关系看,主要金属矿床分布与火山口无关,火山口附近或周围很少有金属矿分布。

尽管Au、Ag、Cu、Fe、Pb、Zn等矿床在安第斯巨型成矿带中段集中分布(图6-36),集中于秘鲁南部至智利北部、玻利维亚西部,但不同矿种和成因类型在构造带东西方向上有较清晰分带性,Fe、Cu矿分布于安第斯成矿带中部偏西部的西科迪勒拉构造带,Fe矿分布位置更偏西,靠近海岸带,而Pb、Zn矿分布靠近安第斯巨型成矿带的东科迪勒拉构造带。

在安第斯中段成矿集中区内,研究成矿与地质体关系,即金属矿床与含矿地层之间关系。从秘鲁和智利北部遥感地质解译结果和主要金属矿床分布看,Ag矿床主要分布于中生代侵入岩与围岩中生代地层两侧接触带;Au矿同样与中生代中酸性侵入岩体与围岩接触带关系密切,在智利北部部分矿床产于侵入岩体中。围岩时代主要为中生代—古近纪,在东科迪勒拉成矿带金矿围岩也有晚古生代地层。Cu矿主要分布于中生代侵入岩与围岩中生代地层两侧接触带,相对于Ag和Au矿,更靠近岩体,在智利北部部分铜矿直接产于侵入岩体边部。围岩时代主要为侏罗纪—古近纪。Au矿和Cu矿在空间分布上有一定相关性。Fe矿在秘鲁产于中生代火山岩边部,在智利北部产于中生代侵入岩体边部或围岩火山岩中。Pb-Zn矿在秘鲁位于中生代侵入岩与围岩中生代地层两侧接触带,相似于Ag、Au矿,离接触带稍远,在智利北部和玻利维亚,Pb-Zn矿与古生代、中生代地层关系密切。W-Sn矿主要位于玻利维亚中生代侵入岩体与古生代、中生代地层接触带附近。

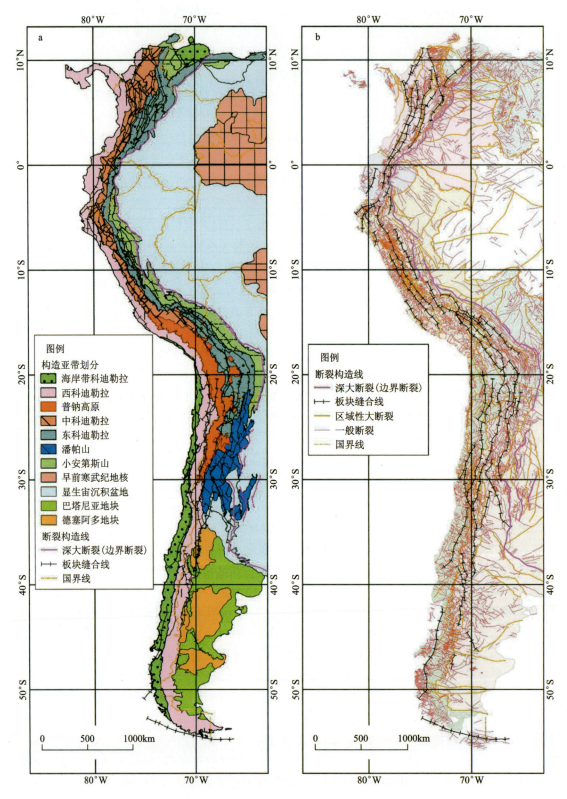

图 6-35 安第斯巨型成矿带亚带划分(a)与断裂构造遥感解译图(b)

第6章 金属矿产遥感找矿模式与应用

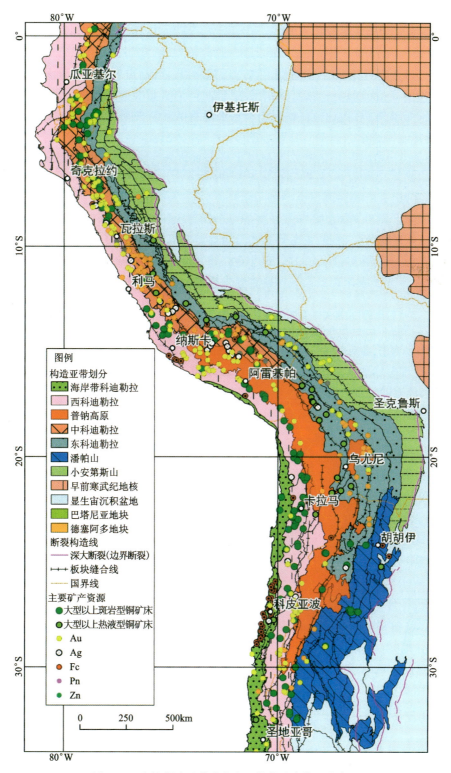

图6-36 安第斯成矿带中段主要优势矿产资源分布图

5. 秘鲁南部地区遥感示矿信息提取分析

在安第斯巨型成矿带遥感探测与评价技术研究的基础上,选择安第斯成矿带中段成矿最密集地段秘鲁南部,开展了斑岩铜矿和浅成低温热液型金矿遥感示矿信息提取分析。在整个南美洲1:500万遥感地质解译和安第斯成矿带中段1:100万遥感地质解译的基础上,细化解译标志,利用人机交互方式进行了秘鲁南部地区,即安第斯成矿带中段成矿集中区 1:25 万遥感成矿解译。同时,利用基于 Landsat7 卫星数据的遥感蚀变矿物异常提取技术方法,分别提取了秘鲁南部地区铁染和羟基遥感异常(图 6-37、图 6-38)。通过对比区内 1869 个铜、金矿(床)点与遥感异常分布统计分析,发现 66.8% 的铜矿(床)点和 82.2% 的铁矿(床)点附近均有铁染遥感异常,79.6% 的铜矿(床)点和 91.8% 的铁矿(床)点附近均有羟基遥感异常)。另外,超大型规模的斑岩铜矿床分布在主干断裂旁侧,尤其是在主干断裂和次级断裂构造交会部位。以上表明秘鲁南部地区解译的断裂构造和提取的遥感异常为良好示矿信息。

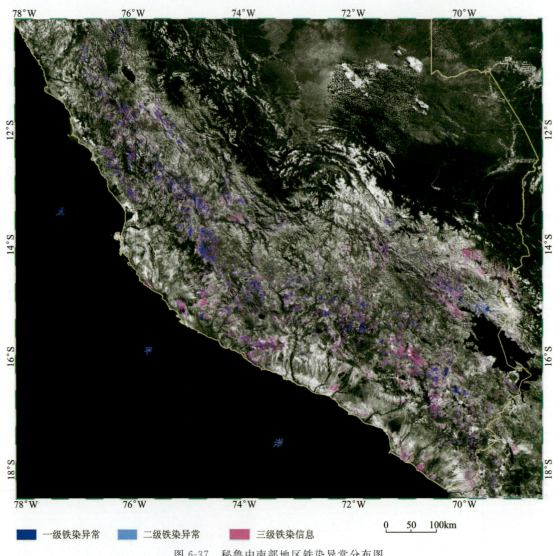

图 6-37　秘鲁中南部地区铁染异常分布图

6. 秘鲁南部地区斑岩铜矿遥感调查与评价实例分析

1) 遥感地质解译

根据研究区成矿地质背景与遥感影像特征,建立遥感解译标志,主要包括前寒武纪的变质岩建造,中生代的磨拉石建造、陆相和浅海相火山岩建造。对图像上面积大于 $1cm^2$ 的地质体均予以详细解译。对于规模较小,在图像上难以反映,但对找矿又十分重要的地质体,如与斑岩铜矿成矿相关的斑岩体,在图像上以放大的图例或符号表示。参考了研究区部分 1:10 万地质图编制了秘鲁阿雷基帕地区和莫克瓜地区遥感地质解译图。

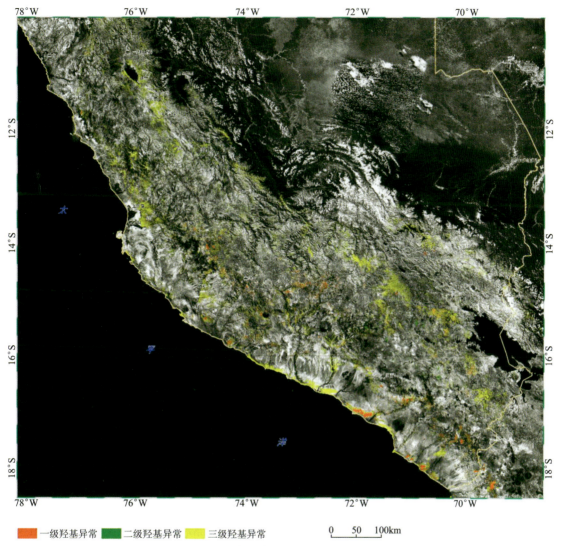

图 6-38 秘鲁中南部地区羟基异常分布图

2)遥感异常和蚀变矿物组合信息提取

该研究区主要利用主成分分析方法,结合 Landsat8 和 ASTER 数据的特点,分别构建了不同的提取模型,并针对研究区主要蚀变类型进行异常信息提取试验。实际研究过程中,首先对研究区干扰地物,如水、阴影、云、植被等进行掩膜处理,掩膜处理可以大大减少后期处理过程中的干扰因素和干扰信息。然后利用 Landsat8 和 ASTER 数据进行波段主成分分析,通过对主成分变换后的异常主分量的分析,分别提取铁染和羟基遥感异常(图 6-39、图 6-40),以及泥化-似千枚岩化类和青磐岩化类蚀变矿物组合信息(图 6-41、图 6-42)。对于主成分分析后得到的异常图像一般要进行异常分割,选择合理的阈值表示异常信息,对于提取的异常信息还要进行滤波处理,以滤去孤立点,最后进行异常筛选和异常信息成图。根据研究区所在成矿带的矿产地质特征,特别是其典型蚀变带蚀变矿物组合,在研究区主要提取了白(绢)云母、高岭石、明矾石、蒙脱石和伊利石等 Al-OH 蚀变矿物组合,绿泥石、绿帘石和碳酸盐化蚀变矿物组合,结合研究区矿化蚀变特征,认为是泥化-似千枚岩化类和青磐岩化蚀变矿物信息。

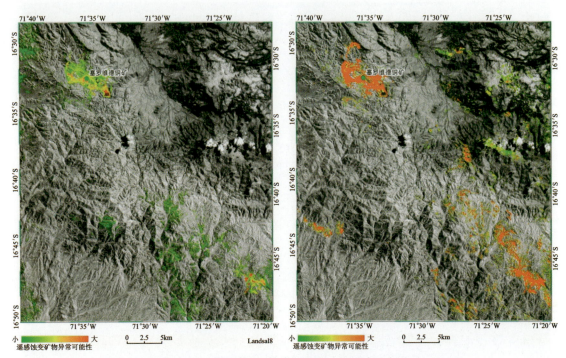

图 6-39　秘鲁南部阿雷基帕地区铁染与羟基矿物遥感异常图(Landsat8)

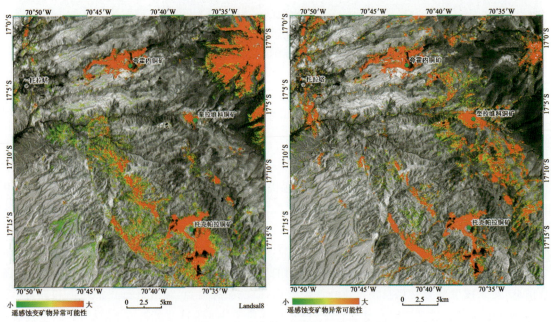

图 6-40　秘鲁南部莫克瓜地区铁染与羟基矿物遥感异常图(Landsat8)

第 6 章 金属矿产遥感找矿模式与应用

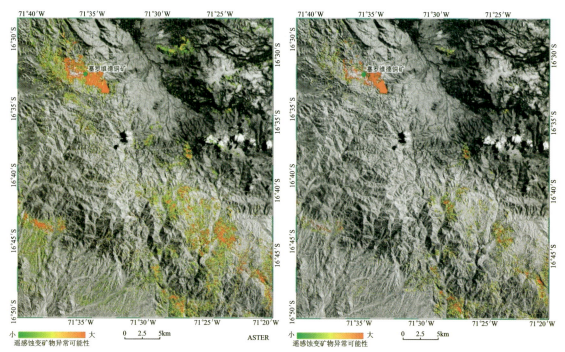

图 6-41 秘鲁南部阿雷基帕地区泥化-绢英岩化类和青磐岩化蚀变矿物组合信息分布图（ASTER）

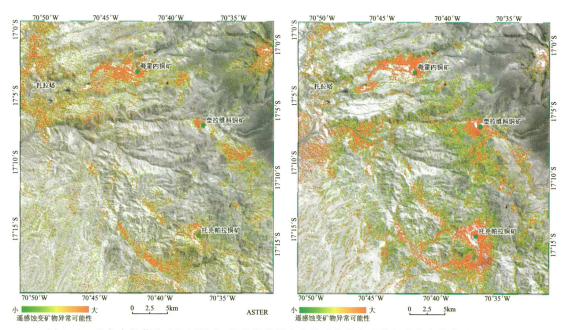

图 6-42 秘鲁南部莫克瓜地区泥化-绢英岩化类和青磐岩化蚀变矿物组合信息分布图（ASTER）

3）斑岩铜矿找矿靶区的遥感预测

（1）秘鲁南部阿雷基帕地区斑岩铜矿找矿靶区的遥感预测。基于区域构造地质、遥感解译与蚀变信息提取的成果，结合重点区遥感地质解译图、泥化-绢英岩化类蚀变信息和青磐岩化类蚀变信息分布特征，在秘鲁阿雷基帕地区划分出 6 个斑岩铜矿预测靶区（图 6-43）。其中，T-01、T-02、T-05 和 T-06 为重点找矿靶区，T-03 为一般靶区，而 T-04 为已知特大型斑岩铜矿床（塞罗维德铜矿）。

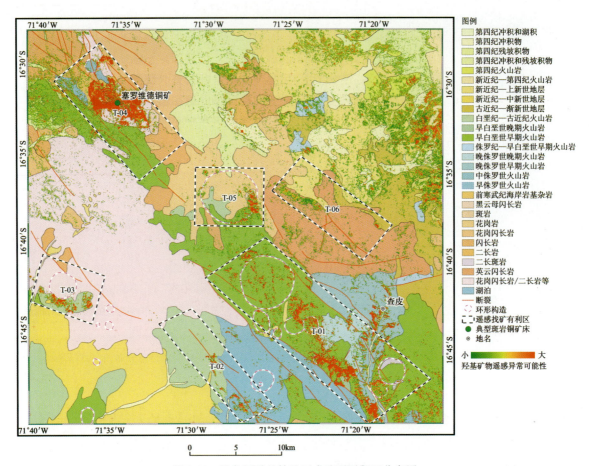

图 6-43 秘鲁阿雷基帕地区成矿预测靶区分布图

研究区的验证工作在重点有利部位采用实地验证的方式,部分地段采用与已有矿床或已有化探/航磁异常相互验证和高分辨率卫星影像验证等相结合的方式,提高遥感综合调查与评价结果的可靠性。秘鲁阿雷基帕地区斑岩铜矿预测靶区的验证工作,主要通过高分辨率卫星影像、基于不同卫星提取的蚀变矿物信息和现场考察进行对比验证。在 T-01 重点找矿靶区中部构造交叉部位(图 6-44 中 A 区)和左上角环形构造边缘(图 6-44 中 B 区),具有从成矿地质特征分析标明该处位于控矿构造有利部位,且有较好的泥化-似千枚岩化类和青磐岩化类分级蚀变信息分布。根据 QuickBird 高分辨率卫星影像图,清晰地显示了中部构造交叉部位(图 6-45)已开始建矿山,部分地区已开始露天开展,而在左上角环形构造边缘(图 6-44 中 B 区)已开始大规模的网格化地面勘探工作。T-05 找矿靶区中找矿靶区位于环形构造边缘,且有不同卫星数据提取的对比与互验证的蚀变矿物异常(图 6-46),高分辨率卫星影像上可见明显的勘探痕迹(图 6-47)。2013 年对该区进行了现场考察,发现区内浅地表高岭土化十分强烈(图 6-48),目前该区查明的铜金属资源量大于 100 万 t,但是由于埋藏相当较深,矿山开发经济性有待提高。综上所述,不仅可以利用高分辨率卫星数据发现民采或勘查痕迹,而且还可以结合多光谱-高光谱提取技术蚀变矿物信息进行互验证,提升遥感找矿综合评价技术的应用效果。

第 6 章 金属矿产遥感找矿模式与应用

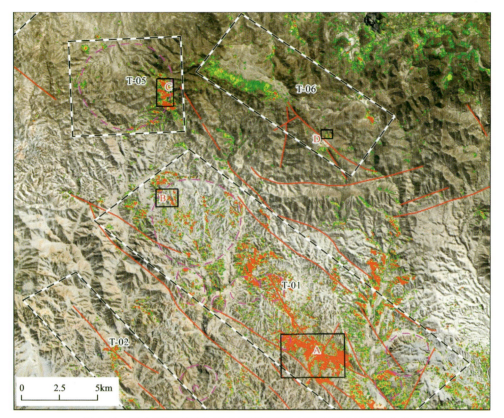

图 6-44 秘鲁阿雷基帕地区成矿预测靶区主要验证区（黑框）分布图

图 6-45 A 区高分辨率卫星影像图

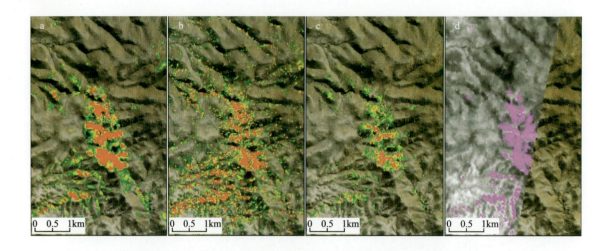

a. 基于 Landsat 的羟基异常；b. 基于 Aster 的泥化-绢英岩化类蚀变矿物组合信息；
c. 基于 Aster 的青磐岩化蚀变矿物组合信息；d. 基于 Hyperion 的高岭土矿物信息。

图 6-46 B 区基于不同卫星提取的蚀变矿物遥感异常互相验证图

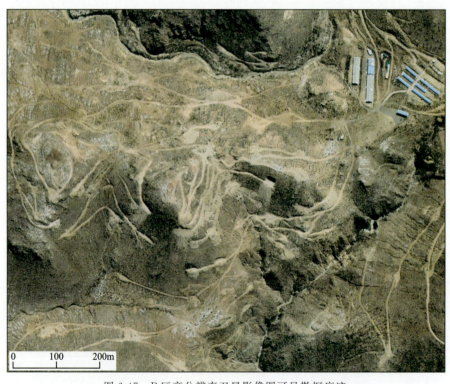

图 6-47 B 区高分辨率卫星影像图可见勘探痕迹

（2）秘鲁南部莫克瓜中南部斑岩铜矿找矿靶区的遥感预测。基于安第斯巨型成矿带区域构造地质、秘鲁南部地区遥感解译与蚀变信息提取的成果，结合莫克瓜中南部斑岩铜矿区遥感地质解译图、遥感异常、泥化-绢英岩化类蚀变信息和青磐岩化类蚀变信息分布特征，在秘鲁阿雷基帕地区划分出 4 个斑岩铜矿预测靶区（图 6-49）。其中，T-01～T-03 分别为夸霍内、奎拉维科和托克帕拉斑岩铜矿床，T-04 为重点找矿预测区，区内发育有花岗岩、花岗闪长岩小岩体，具有羟基异常和青磐岩化蚀变矿物组合信息，发育有北西向主干断裂和北东向次级断裂构造，具有较好的遥感示矿信息。

第6章 金属矿产遥感找矿模式与应用

图 6-48 B区浅地表探槽揭露出大面积强烈的高岭土化(2013年)

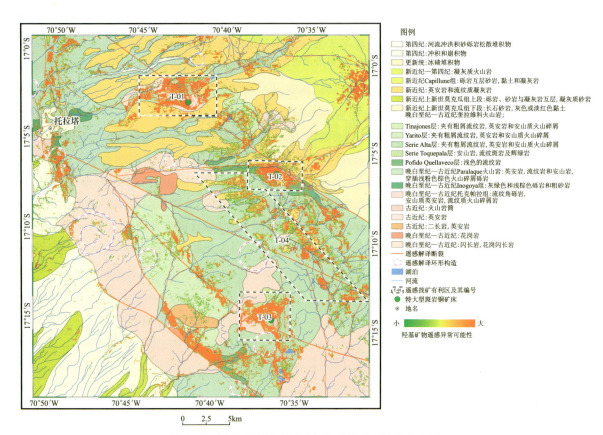

图 6-49 秘鲁南部莫克瓜地区遥感找矿有利区分布图

第7章　油气高光谱遥感探测与应用

油气资源遥感是地质遥感探测的重要内容之一。油气资源的形成过程有其一定的规律和特征。由于油气资源大部分深埋地下,遥感主要通过探测油气渗漏进行下伏潜在资源探测与评价。油气渗漏发生在油气藏形成过程中和形成以后,研究油气渗漏主要是分析油气赋藏之后油气的渗漏现象,利用遥感技术手段对油气渗漏进行检测和探测是遥感油气探测的重要手段。

7.1　油气渗漏运移的原理和方式

油气渗漏主要是由于压应力的失衡。当油气藏上部的压应力小于油气藏的压应力,油气藏中的油气就可能向压力低的方向运移,即向近地表或地表运移,发生油气渗漏作用。油气向上渗漏运移的通道一般有断层、不整合面、节理、微裂隙等。油气运移的方式有扩散式、渗透式、水动力式等。

7.1.1　扩散式

扩散式运移是指烃类分子(如自由气体)在油气藏与地表存在巨大压力差的作用下,沿断裂或不整合面穿透上覆岩层的扩散或渗漏现象。扩散运移通常被认为是地表产生强渗漏的主要因素,这种强渗漏是指地质人员容易发现的渗漏方式。

7.1.2　渗透式

渗透式运移是指油气藏中的烃类物质在油气藏与地表压力差的作用下,沿上覆岩层的微裂隙、粒间孔隙向地表运移,是烃类弱渗漏的主要形式。此类弱渗漏不易被地质人员发现。

7.1.3　水动力式

水动力式运移是指在地下水的参与下,烃类在水动力或化学势的驱使下的运移作用,会对渗漏运移起着加速作用。需要强调的是,构造运动(如地震)也会加速或改变油气的运移。

烃类渗漏至地表,在常温环境下,有5种主要赋存形态:①呈气态混合于大气中,易被氧化或被风吹散;②被土壤或矿物颗粒吸附可以是气态或液态,气体易扩散,而液态较为稳定;③充填于土壤颗粒孔隙中,与外界环境条件保持相对动态平衡;④溶解于浅层地下水中的烃类,主要为轻烃或芳烃;⑤被含烃菌类吃掉,以菌类躯壳-石蜡垢的固态烃堆积于地表土壤中。近地表土壤、岩石、浅层水中的烃类可以是气态、液态也可以是固态。

第 7 章 油气高光谱遥感探测与应用

实际上,烃类垂直或近于垂直地向上渗漏中,往往伴有非烃类的深部还原性气体,如 H_2S、H_2、CO 等,从而加强了烃类的还原作用。烃和伴随的这些还原性气体,会引起油气藏上方的岩石和土壤发生变异,产生某些物理化学异常,即土壤烃组分含量异常和岩石烃类蚀变异常(图 7-1)。常见的油气渗漏引起的地表异常有:①烃异常;②碳酸盐化和黏土化异常;③铁离子异常(Fe^{2+} 增高和红层褪色);④植物异常;⑤地温异常等。这些异常现象除植被异常外,向地下愈近油气藏处会愈加明显。

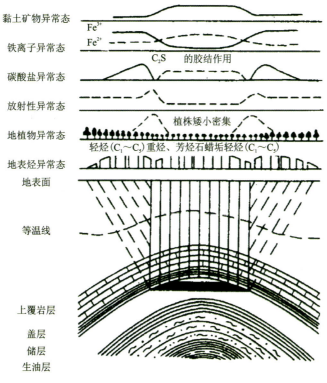

图 7-1　油气藏烃微渗漏模型(据朱振海,1994)

7.2　油气渗漏异常的形成机理及特征光谱

7.2.1　烃异常形成机理及特征光谱

轻烃以多种形态,如挥发态、水溶态、吸附态、包裹态等赋存在地表或以烃类物质的形式单独存在,导致土壤和大气中烃类成分的异常,形成了烃异常。因油气田的乙烷渗漏是甲烷的 1000 倍,油气渗漏异常应以乙烷为主。

烃的光谱特征:烃类不论是固态、液态,还是气态,在 1.72~1.73 μm 处的吸收峰为其诊断性吸收峰。

7.2.2　碳酸盐异常形成机理

烃类物质(CH)属碳氢化合物,上升地表遭受氧化,其中氢与氧结合形成水(H_2O),而碳与氧结合形成二氧化碳(CO_2),二氧化碳溶于水再与地表广泛分布的钙(Ca)结合便形成方解石($CaCO_3$)。当有杂质 MgO 混入时,便形成白云石($Ca[Mg]CO_3$),导致油气藏上方形成碳酸盐化异常。

碳酸盐的光谱特征:碳酸盐化异常的代表矿物是方解石和白云石等,CO_3^{2-}离子吸收带在 2.350 μm 和 2.500 μm 附近(图 7-2)。

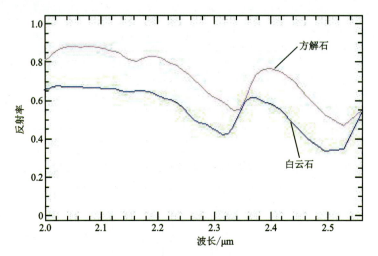

图 7-2 碳酸盐矿物反射波谱曲线(来自 USGS 波普库)

7.2.3 黏土化异常形成机理及特征光谱

轻烃渗漏过程中受到土壤中微生物的作用,被氧化生成 CO_2、H_2S 和有机酸,形成酸性还原环境,促使钾长石、斜长石被黏土矿物所置换,并导致通常比较稳定的伊利石转化为高岭石,从而改变黏土矿物的构成和分布,明显地提高了油气藏上方地表黏土矿物的丰度,形成黏土化异常。

黏土的光谱特性:黏土矿物的光谱特征主要表现在 2.2 μm 和 2.35 μm 附近。在 2.2 μm 处表现为较强的羟基基团吸收特征,在 2.0~2.5 μm 处呈现比硅酸盐、碳酸盐低的反射率。利用这些波谱特征,可提取黏土蚀变信息。黏土中常见的矿物有伊利石、蒙脱石、高岭石和绿泥石,其光谱曲线如图 7-3 所示。

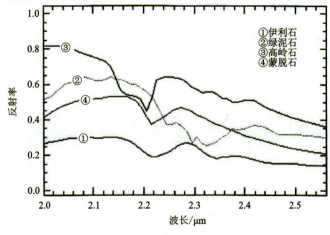

图 7-3 黏土矿物反射波谱曲线

7.2.4 铁异常形成机理及特征光谱

在油气富集区,硫元素最初主要来自与油气伴生的 H_2S 和地表的烃类氧化后的产物,铁元素则来自砂岩颗粒表面的铁氧化物等。红褐色的 Fe_2O_3 与 H_2S 作用生成了黄铁矿 FeS_2,化学反应式:

$$Fe_2O_3 + 4H_2S = 2FeS_2 + 4H_2O + 2H^+ + 2e^- \tag{7-1}$$

三价铁被还原为二价铁也是红层褪色的原因。

二价铁的光谱特性:黄铁矿等 Fe^{2+} 矿物在 $0.9\sim1\ \mu m$ 处有较强吸收带,在 $1\sim1.5\ \mu m$ 处有宽吸收带,其光谱曲线如图 7-4 所示。

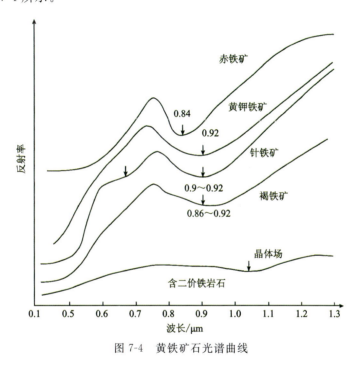

图 7-4 黄铁矿石光谱曲线

7.2.5 植被异常形成机理及特征光谱

油气渗漏对植被光谱的影响最突出的特点是"红边蓝移"现象。

基于高分辨率地面光谱仪 IRIS 的美国奥勒冈州密斯托气田云杉树反射光谱研究表明,相比正常植物,由烃类渗漏造成的萎黄病植物在 550～650nm 光谱区间有较高的光谱反射率,在波长 700nm 附近光谱反射率陡升线比正常植物向波长较小的方向偏移,即具有"红边蓝移"现象。此外,油田范围外的植物在 750～1250nm 光谱区间比油田范围内植物有较高的光谱反射率,并在 1200nm 附近有强吸收特征。Banmel 和 Birnie(1994)为了验证植物的光谱响应是否可以作为烃类勘探的有效手段,研究了 Bighorn 盆地 5 个地区的山艾灌木光谱,认为山艾灌木光谱的"红边蓝移"现象是烃渗漏最有效的指示。

尽管植物的"红边蓝移"现象对油气的渗漏有一定的指示作用,但由于其成因复杂和难以观测,不同的植物对油气反映程度又不同,实际上,这种光谱异常现象目前使用起来很受限制。

何在成等(1996)对植物受烃类微渗漏引起光谱变化进行了实验,结果表明:植被受油气渗漏烃类气体的影响,根部会受到毒害,使新陈代谢周期缩短,枯黄且衰老加快和长势变差。烃类气体影响植物生长的机理是当植物根部土壤中含有微量烃类气体时就会存在如下的氧化反应：

$$C_4H_8 + 6O_2 \longrightarrow 4CO_2 + 4H_2O \tag{7-2}$$

式(7-2)说明烃类气体会使土壤中氧气含量减少,二氧化碳含量增加。然而植物的根部必须在有氧呼吸的环境下吸收土壤中的养分。如果氧气含量降低,有氧呼吸就会减慢,矿质营养或者离子的吸收也会变慢。此外,土壤中的二氧化碳增多,也会使土壤的 pH 值减小即向酸性偏移。在酸性的土壤环境中,根瘤菌会死亡,导致植物生长的固氮菌失去固氮能力,不利于植物的生长。因此,植被异常除光谱的"红边蓝移"外,也可从植物的长势变差予以反映。

7.3 高光谱遥感油气渗漏异常探测技术

遥感技术之所以能够探测油气渗漏异常,是由于烃类物质及其蚀变矿物具有上述的诊断性的光谱吸收峰。早期的油气渗漏遥感探测,主要采用宽波段的多光谱遥感数据,如 Landsat TM-ETM 数据来提取有关蚀变信息,并在少数油气田取得了成功[如 Khan 和 Jacobson(2008)在怀俄明州的 Patrick 地区]。然而多波段遥感数据,由于波带宽光谱分辨率低,波段数少,不能形成连续光谱曲线,非图谱合一,在探测油气渗漏方面有很大的局限性,如 Landsat TM 数据仅有 2 个短波红外波段(5 和 7 波段),难以进一步区分与油气渗漏有关的信息(如烃、碳酸盐和黏土化等)。实际上,大多用来开展一些含油盆地基础地质研究,如地层的划分、断裂构造、环状构造和块状构造等方面的应用。

7.4 烃类识别模型的建立

Cloutis(1988)研究了加拿大阿尔伯塔阿萨巴斯卡焦油沥青砂紫外—可见光—近红外(0.3~2.6μm)的漫射光谱反射率特征,发现沥青在波长 1.7μm 附近有个窄的特征吸收谱带,在 2.3~2.6μm 光谱区间有一个宽的特征吸收谱带。杨柏林(1989)通过大量原油波谱测量发现,在可见光—近红外—短波红外光谱区间(0.4~2.5μm),烃类物质在波长 1.725μm、1.76μm、2.311μm 和 2.36μm 处存在一系列稳定吸收谱带,特别在 2.31~2.35μm 处呈一个双峰式强吸收峰(图7-5)。傅碧宏等(1995)研究认为,全部被油苗覆盖的地面光谱反射率曲线在 2310nm 附近,具有由烃类物质所引起的特征双重吸收峰(图 7-6c),在 1720nm 附近还出现了烃类物质所产生的弱吸

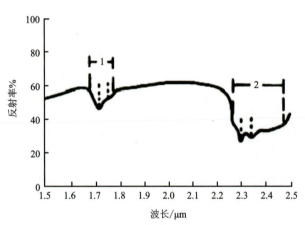

图 7-5 原油波谱曲线(据杨柏林,1989)

收峰,2150nm 附近存在的弱吸收峰也可能是由烃类物质所致,其平均反射率相当低,约 8%。

7.5 高光谱遥感油气填图方法

油气填图的质量会直接影响到高光谱遥感油气探测的效果,因此必须选择适当的填图方法。目前常用的高光谱遥感油气填图主要有以下 5 种方法。

7.5.1 光谱角度填图(SAM)

光谱角度填图(又称为夹角余弦方法)技术通过计算一个测试光谱(像元光谱)与参考光谱(实验室光谱等)之间的角度来估算两者之间的相似度(图 7-6、图 7-7)。

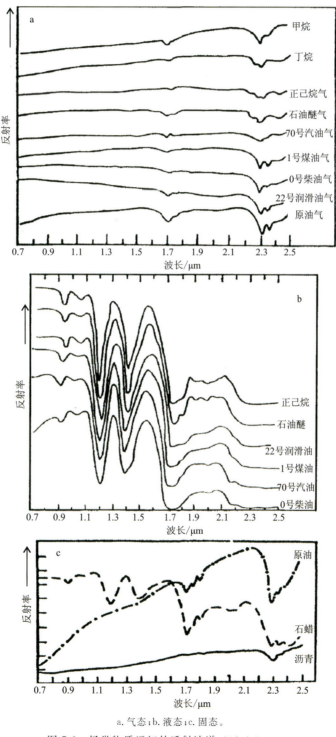

a. 气态；b. 液态；c. 固态。

图 7-6　烃类物质近红外透射波谱(据高来之,1991)

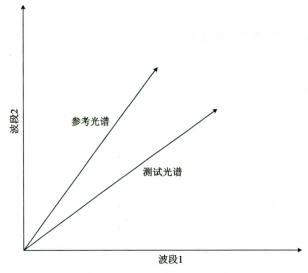

图 7-7 光谱角度匹配示意图

假定图像数据已转换为暗辐射或程辐射消除后的视反射率,光谱维数与波段数相等。SAM 通过下式来计算测试光谱 t_i 与参考光谱 r_i 之间的相似性:

$$a = \left[\frac{\sum_{i=1}^{n_b} t_i r_i}{\sqrt{\sum_{i=1}^{n_b} t_i^2 \sum_{i=1}^{n_b} r_i^2}} \right] \tag{7-3}$$

式中:n_b 为波段数;a 为 0 到 90°。

两个光谱之间的相似性不受向量长度及增益的影响,因而可降低地形对照度的影响。

用 SAM 矿物填图方法,可快速识别光谱库中的所有已知矿物,并能用分类彩色影像来显示,便于肉眼直接观察感兴趣矿物的分布范围。

7.5.2 光谱信息散度匹配(SID)

光谱信息散度匹配法,通过计算像元光谱和参考光谱之间的光谱信息散度 SID 来确定之间的相似性,是从信息论的角度来确定光谱相似度,从光谱的整体波形上对未知光谱和参考进行比较。

假设高光谱影像两个像元 N 个波段的光谱分别为 $A=(A_1,A_2,\cdots,A_N)$,$B=(B_1,B_2,\cdots,B_N)$,则光谱信息散度 SID 如下:

$$SID(A,B) = D(A \parallel B) + D(B \parallel A) \tag{7-4}$$

其中:

$$D(A \parallel B) = \sum_{i=1}^{N} p_i \log(p_i/q_i) \tag{7-5}$$

$$D(B \parallel A) = \sum_{i=1}^{N} q_i \log(q_i/p_i) \tag{7-6}$$

式(7-5)(7-6)中:$p_i = A_i / \sum_{i=1}^{N} A_i$;$q_i = B_i / \sum_{i=1}^{N} B_i$。

对于一个未知的像元光谱 X 寻找出与之匹配的最小的信息散度 SID,将 X 判定为该类地物。

7.5.3 混合调制匹配滤波(MTMF)

MTMF 是一种地物分类填图算法,包括丰度估计的匹配滤波计算和假阳性(不可行性)的混合调制计算两个过程。匹配滤波可以看成是对遥感影像数据进行背景和噪声压制并突出目标地物光谱的处理过程,而混合调制则是对匹配结果好坏进行度量,并进一步实施分离的处理过程。

匹配滤波结果矩阵是经过最小噪声分离变换(minimum noise fraction,MNF)的影像数据投影到匹配滤波向量得到的。匹配滤波向量是把经过 MNF 变换的目标向量投影到经 MNF 变换的影像数据协方差的逆矩阵上,并进行正则化后得到。匹配滤波向量计算公式如式(7-7)所示。

$$\vec{V} = \frac{[C_{MNF}]^{-1} \# \vec{t}_{MNF}}{(\vec{t}_{MNF}) \# [C_{MNF}](\vec{t}_{MNF})} \tag{7-7}$$

式中:$\vec{V}$ 为匹配滤波向量;$[C_{MNF}]^{-1}$ 为经过 MNF 变换的影像数据,其协方差矩阵的逆矩阵;$\vec{t}_{MNF}$ 为经过 MNF 变换得到的目标向量;符号 $\#$ 代表投影运算。

进一步得到匹配滤波矩阵如式(7-8)所示。其中[MNF]表示经过 MNF 变换后的遥感影像数据。

$$[MF] = \vec{V} \# [MNF] \tag{7-8}$$

混合调制的过程用来对影像像元匹配滤波计算结果进行评估。像元不可行性的计算由 3 个步骤构成:计算每个像元中目标向量的丰度,如式(7-9);计算基于方差含义并刻画影像像元和目标向量投影位置的特征值度量指标,如式(7-10);计算不可行性度量指标,如式(7-11)。

$$\vec{C} = MF_i \times \vec{t}_{MNF} \tag{7-9}$$

式中:$\vec{C}_i$ 为第 i 个像元中目标向量的丰度;MF_i 为第 i 个像元的匹配滤波结果。

$$\vec{e}_i = \left[\sqrt{\vec{e}_{MNF}} - MF_i \times (\sqrt{\vec{e}_{MNF}} - \vec{e}_n) \right]^2 \tag{7-10}$$

式中:$\sqrt{\vec{e}_{MNF}}$ 为 MNF 变换后影像数据矩阵对应特征值向量;$\vec{e}_n$ 为 MNF 变换后影像噪声数据矩阵对应特征值向量。

$$I_i = \frac{\| \vec{s}_i - \vec{c}_i \|}{\| \vec{e}_i \|} \tag{7-11}$$

式中:$\vec{s}_i$ 为第 i 个像元波谱向量经过 MNF 变换后的结果;I_i 为第 i 个像元的不可行性度量结果。

经 MTMF 处理之后,对于每个端元都可得到两个结果影像:匹配滤波分值影像和混合调制不可行性三度量影像。在此基础上,可采用密度分割进行分类填图。

7.5.4 掩膜技术

掩膜技术是指用选定的图像、图形或物体对处理的图像(全部或局部)进行遮挡,来控制图像处理的区域或处理过程,用于覆盖的特定图像或物体称为掩膜。光学图像处理中,掩膜可以是胶片、滤光片等;数字图像处理中掩膜为二维矩阵数组,有时也用多值图像。

图像掩膜主要用于:①提取感兴趣区,用预先制作的感兴趣区掩膜与待处理图像相乘,得到感兴趣区图像,感兴趣区内图像值保持不变,而区外图像值都为 0;②屏蔽作用,用掩膜对图像上某些区域作屏蔽,使其不参加处理或不参加处理参数的计算,或仅对屏蔽区作处理或统计;③结构特征提取,用相似性变量或图像匹配方法检测和提取图像中与掩膜相似的结构特征;④特殊形状图像的制作。

在具体实施过程中,先找出需要提取目标地物波谱曲线的关键指示特征,然后以图像掩膜原理,构建并应用掩膜。

7.5.5 综合方法

以上方法各有优劣,其中全波段匹配在参考光谱(库)的构建过程中,具有一定的不确定性,再加上目标地物的复杂性及其混合特征,导致匹配精度受到影响,而基于特征的填图在特征的刻画和量化上也受到地物复杂性的影响。经过试验,对多种填图方法的综合分析是改善图像数据处理质量和提高填图效果的重要技术途径,油气填图提取流程如下。

(1)利用掩膜技术,提取在 1730nm 和 2210nm 处具有吸收指示特性的像元。在 1730nm 处的掩膜为:$R1730\text{-resolution} > R1730$ and $R1730 < R1730 + \text{resolution}$;在 2210nm 处的掩膜为:$R2210\text{-resolution} > R2210$ and $R2210 < R2210 + \text{resolution}$。其中,resolution 为探测器的光谱分辨率(如对于 SASI 数据而言为 15nm),$R*$ 为 * 波长位置相关波段反射率。根据微渗漏波谱曲线,构建微渗漏目标地物波谱库,利用 SID 全波段匹配方法,对掩膜后的影像进行全波段匹配分类识别。

(2)利用综合方法,可在高光谱油气信息填图中将部分干扰地物剔除,但仍有可能存在植被、柏油路等干扰地物当作油气信息提取出来。因此,常用的填图方法尚需改进。

7.6 国外高光谱遥感油气探测的现状

美国、德国、西班牙等国利用卫星高光谱遥感技术、航空高光谱遥感技术及以高光谱遥感为主的综合技术,对油气探测取得了明显的效果,为油气勘查提供了新的技术手段。

7.6.1 卫星高光谱油气探测及其应用效果

Khan 和 Jacobson 等(2008)通过研究,验证了岩石与土壤中的矿物蚀变与油田烃的渗漏有关,并应用 Hyperion 卫星高光谱传感器在怀俄明州的 Patrick Draw 地区,获取了与烃微渗漏有关的异常区域的高光谱图像,通过监督分类解译出烃弱渗漏区,通过矿物、化学与碳同位素方法进行了验证,解译结果精度较高。X 射线衍射结果也显示异常区的长石成分减少,且含有较高的黏土成分。

7.6.2 航空高光谱遥感油气探测及其应用效果

Hörig 等(2001)利用澳大利亚研制的 HyMap 航空高光谱成像仪对提取烃类渗漏信息的可行性进行了试验,利用 HyMap 高光谱遥感数据的 25 波段、26 波段(波长为 1729.31nm)、27 波段,采用比值处理方法[(band25+band27)/(2×band26)]来突显 1.73μm 处的烃类弱吸收信息,取得了很好的效果。Kühn 等(2004)针对烃类在 1.73μm 处独特的弱吸收峰,建立了烃类光谱识别指数,运用这一指数提取的烃类信息更准确,精度更高。Freeman(2003)利用 AVIRIS 航空高光谱遥感数据,通过光谱角度制图(SAM)方法和光谱特征匹配(SSF)算法对美国加利福尼亚州圣巴巴拉地区烃类渗漏成因的碳酸盐矿物(如菱铁矿、方解石)进行了制图,发现方解石的分布与油气区具有很强的空间相关性。Noomen(2007)通过研究油气渗漏对地表植被(小麦和玉米),在高光谱反射波段的变化,从 HyMap 航空高光谱遥感影像上提取地表油气渗漏异常信息,证明高光谱遥感对油气管道的监测和油气资源的勘查有较好的效果。

7.6.3 高光谱遥感为主的综合油气探测及其应用效果

Van der Meer等(2002)在对遥感的油气微渗漏方法综述的基础上,提出了综合高光谱数据与相关的地质、地球化学数据,运用决策方法提取油气微渗漏信息,并进行了验证,取得了较好的预测效果。

此外,国外高光谱遥感方法也被应用于油砂中油含量的探测,如在加拿大阿尔伯塔省应用于辅助油砂中油的提炼等。

7.7 国内高光谱遥感油气探测的进展

我国高光谱油气探测比美国、德国等矿业大国起步稍晚,但自2007年以后有了长足的进展。

7.7.1 卫星高光谱遥感油气探测的进展

赵欣梅(2007)系统地研究归纳了烃类物质微渗漏现象,以及由此引起的地表蚀变,从微渗漏地表土壤及岩石地球化学异常、地表土壤吸附烃异常、植物异常、地热异常等寻求遥感指示标志,并充分利用卫星高光谱遥感数据光谱细分特性,在已知油气区确定与烃类微渗漏相关的蚀变矿物组合信息,并作为油气区探测的遥感解译组合标志,进一步分析确定新的油气勘探远景区;沈渊婷等(2007)对柴达木地区涩北气田地质地理环境下的蚀变矿物进行分析,并结合Hyperion卫星高光谱遥感数据,对已知气田区与背景区光谱特征进行了相关分析,确定了油气信息识别的有利波长范围;随后利用光谱角制图(SAM)技术,提取了涩北气田油气的空间分布信息和台吉乃尔含气构造等,为卫星高光谱遥感油气勘查提供了重要信息;田淑芳等(2007)以内蒙古东胜地区为研究区,以油气渗漏理论为基础,以Hyperion卫星高光谱遥感数据,结合野外实测波谱曲线,开展了油气微渗漏信息的提取和空间分布规律的分析,从遥感的角度得出了4个油气微渗漏富集区,为东胜地区的油气资源开发提供了依据。陆应诚等(2008)通过辽东湾海上光谱实验及样品采集,多次进行实验室油膜光谱模拟,并针对Hyperion卫星高光谱遥感数据特点进行了谱段选择,建立了海面薄油膜、厚油膜检测模式。

2009年以后卫星高光谱遥感油气探测,在上述研究成果的基础上,又有了新的进展,现以鄂尔多斯盆地榆林和庆阳地区的卫星高光谱遥感油气探测为实例,作以下分析。

(1) 通过在鄂尔多斯盆地的榆林气田和西峰油田,采用卫星高光谱Hyperion数据,经非正常波段剔除、绝对辐射值转换、影像修复、影像校正和光谱重建4个步骤对数据进行了预处理,其流程如图7-8所示。

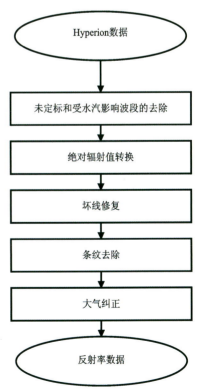

图7-8 卫星高光谱数据预处理流程

(2)通过上述预处理,降低了影像上的坏线、条纹及噪声,实现了 HyperionLIR 数据所记录的辐射值(像元值)到地物光谱反射率的转换,提高了地面反射率数据的可靠性,为定量研究和应用奠定了基础。

(3)针对干旱沙化区地面气候和地理特征,建立了3项卫星高光谱油气异常信息提取技术:①以1730nm作为烃类信息的诊断光谱;②Fe、碳酸盐、黏土矿物的提取,应用光谱角进行分类;③植被异常的提取,采用植被光谱曲线在725nm处的斜率与702nm处的斜率的比来提取。

(4)建立了卫星高光谱分类系统,并结合地质资料圈定了油气靶区,编制了油气异常信息分级预测图。

(5)在榆林油气田试验区,利用卫星高光谱遥感提取的油气异常(烃类异常、伊利石异常),不仅与微生物异常具有较好的重叠关系,而且与下伏气藏有较好的对应关系(图7-9)。

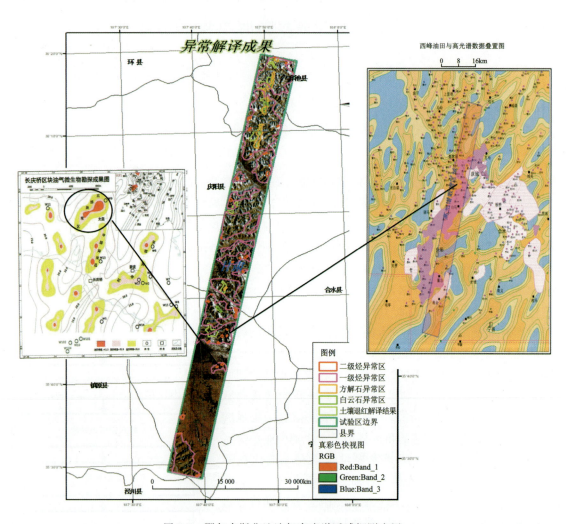

图 7-9 鄂尔多斯盆地油气高光谱遥感探测应用

(6)在西峰油田,卫星高光谱提取的油气异常,不仅与微生物异常非常吻合,而且与常规油气地面化探(烃类及碳酸盐)异常有较好的响应(图7-10、图7-11)。

第7章 油气高光谱遥感探测与应用

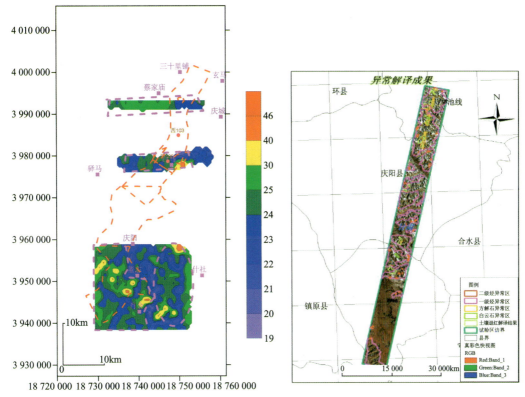

图 7-10 油气地表化探(烃及蚀变碳酸盐)综合异常与高光谱异常对比图

7.7.2 航空高光谱油气探测的进展

国内航空高光谱油气探测是从核工业北京地质研究院遥感信息与图像分析技术国家级重点实验室,首次由国外引进(2009年)的加拿大 ITRES 公司 CASI/SASI/TASI 航空高光谱遥感成像系统开始的。该系统的技术参数见表 7-1。

表 7-1 CASI/SASI/TASI 系列机载成像光谱仪参数

参数	CASI-1500	SASI-600	TASI-600
光谱范围/nm	380~1050	950~2450	8000~11 500
每行像元个数	1470	640	640
连续光谱通道个数	288	100	32
光谱带宽/nm	2.3	15	110
帧频(全波段)	14	100	200
总视场角/(°)	40	40	40
瞬时视场角/(°)	0.028	0.07	0.07
信噪比(峰值)	>1100	>1100	>1100
量化水平/bits	14	14	14
绝对辐射精度/%	<2	<2	<2

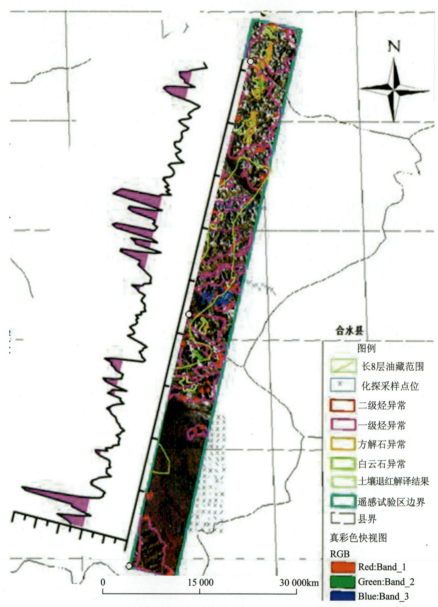

图 7-11　油气地表化探(烃及蚀变碳酸盐)异常与遥感异常对比图

CASI/SASI/TASI 航空高光谱成像系统可获取高空间分辨率(亚米级)的高光谱遥感数据,能够识别规模小的油气异常信息,可进行精细的油气信息填图,提高油气探测的效果。

利用该套系统,刘德长、李志忠、赵英俊、汪大明等先后在鄂尔多斯西峰油田、准噶尔盆地的吉木萨尔油田,开展了航空高光谱油气探测技术研究和示范应用。

最初(2011年)在庆阳地区通过航空高光谱数据采集工作,获取了 800km^2 的遥感数据,经比值处理、主成分分析和光谱匹配,在油井附近发现有明显的烃异常和黏土化、碳酸盐化蚀变矿物(图 7-12),离开油井附近,上述异常不发育,而且提取结果与化探异常相吻合(图 7-13),并据此,预测了新的油气勘查有利地段。研究结果表明,该套航空高光谱成像系统提取油气异常信息具有明显效果。

第7章 油气高光谱遥感探测与应用

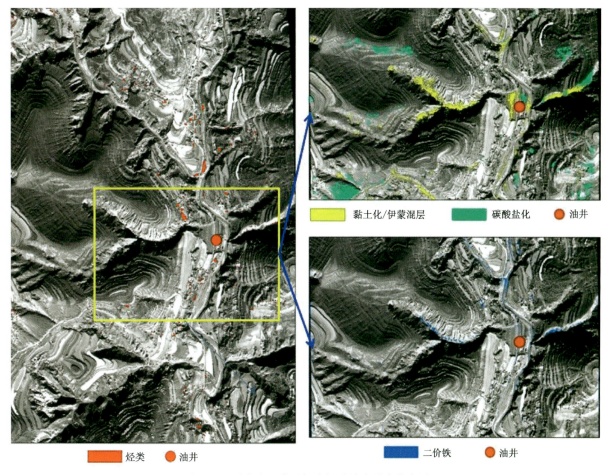

图 7-12　西峰油田附近提取烃及蚀变异常分布图

从 2013 年起，在中国地质调查局油气资源调查中心的支持和西安煤炭遥感局、成都理工大学、中国地质大学(北京)的配合下，在准噶尔盆地东南部吉木萨尔油田，进一步开展了航空高光谱油气探测技术研究与示范应用。利用 CASI/SASI/TASI 航空高光谱成像系统、地面 ASD 光谱测量系统、航空激光雷达系统，在研究区进行了数据采集，获得该区 2500 多 km^2 高空间分辨率的高光谱遥感数据(CASI/SASI/TASI 光谱分辨率分别为 15nm/20nm/110nm；空间分辨率分别为 1.8m/0.8m/1.8m；波段数分别为 36 个/101 个/32 个)，航空激光雷达数据和地面准同步地物光谱定标数据等，开展了 SASI/CASI/TASI 航空光谱遥感数据辐射校正、几何校正、大气校正、光谱重建、图像镶嵌等数据处理，得到真实的地面反射率数据。在此基础上，提取烃及其蚀变，进行了光谱特征识别和分析，对比已知光谱库中烃、碳酸盐、黏土的光谱特征进行端元提取，最后选择混合调制匹配滤波法与航空高光谱影像匹配，进行油气异常信息填图。整个数据处理的流程见图 7-14，填图结果见图 7-15～图 7-17。

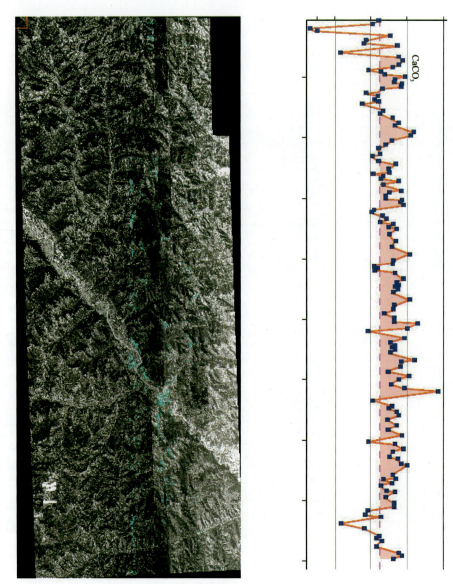

图 7-13 西峰油田Ⅳ剖面碳酸盐化异常与化探指标碳酸盐含量分布对比图

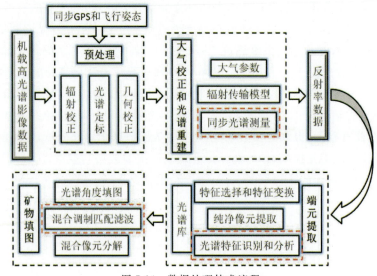

图 7-14 数据处理技术流程

图 7-15 吉木萨尔地区烃分布图(红色代表烃信息)

图 7-16 吉木萨尔地区碳酸盐蚀变分布图(蓝色代表碳酸盐蚀变信息)

图 7-17 吉木萨尔地区黏土蚀变分布图(黄色代表黏土蚀变信息)

此后的研究发现,烃在1730nm处有特征吸收峰,而塑料薄膜、柏油路、油漆屋顶、红柳树干等在1730nm处也有特征吸收峰。另外,油气可以形成碳酸盐化和黏土化,而二者也可以由热液作用形成,黏土化甚至可以由风化作用形成。因此,航空高光谱提取出的这些异常实际上是多解的,从而影响到对油气渗漏的正确判断。

通过对克拉玛依-乌尔禾典型油气渗漏异常的地面光谱测量、处理、建库和分析,建立了油气渗漏新模型,利用新模型成功地排除了干扰因素,并对传统的填图技术从思路、模型、方法几方面进行了改进,并开发了具有自主知识产权(专利)的波段分类提取法。对吉木萨尔地区油气信息重新进行了填图和异常信息提取,经野外查证和室内鉴定、分析化验,比起前述的传统方法取得的效果与野外实际更加吻合。从航空高光谱遥感所填的油气异常分布图(图7-18)上可明显看出,研究区南部裸露—半裸露区,即山前断褶带地区,分布有二叠系、三叠系和侏罗系的大部分地层,但只有其中的二叠系芦草沟组、梧桐沟组、三叠系小泉沟群和侏罗系八道湾组4个层位与油气有关,而其他层位与油气无关。这与地质上对该区的生油层和储油层的认识相一致。从图7-18可看出,油页岩地层的展布格局受褶皱构造(向斜和倾伏背斜)控制。图7-19甚至还可以清晰地看出堆放油页岩的矿石堆的场地。根据油气渗漏异常信息识别标志,可从航空高光谱遥感油气异常分布图上,圈定出18处油气渗漏异常地段(图7-20)。油气渗漏异常所在地层主要为砂岩,与油页岩受褶皱构造不同,是受断裂(图7-21a)和不整合面(图7-21b)控制。

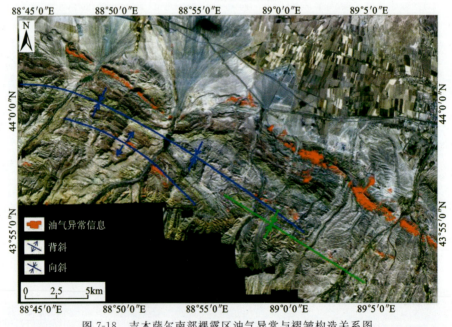

图7-18 吉木萨尔南部裸露区油气异常与褶皱构造关系图

针对吉木萨尔地区筛选出的油气渗漏异常区,进行了野外验证和化学分析,以及重点异常区的评价。在航空高光谱油气异常分析和异常区评价的基础上,结合地质、地球物理、地球化学等资料的综合分析,并通过航空高光谱异常区与已知油气藏(田)的高光谱油气异常信息相似性的对比,优选了油气勘查有利目标区,提出6处值得重视的油气渗漏异常地段(图7-22)。

利用航空高光谱遥感数据源、新模型和新的填图方法,在新疆吉木萨尔地区确定出哪些地层与油气有关,哪些地层与油气无关,这对新区的油气探测至关重要。同时,提取出该区油页岩的空间展布范围和在不同地段油气信息的强度,为该区页岩气的开发从区域上提供了新的信息;圈定的油气渗漏异常区,为地勘部门提供了新的找油气线索,显示出航空高光谱遥感技术在油气地质调查的应用前景。

第 7 章 油气高光谱遥感探测与应用

图 7-19 提取的油页岩矿石的堆放场野外照片

图 7-20 提取的油气渗漏异常分布图

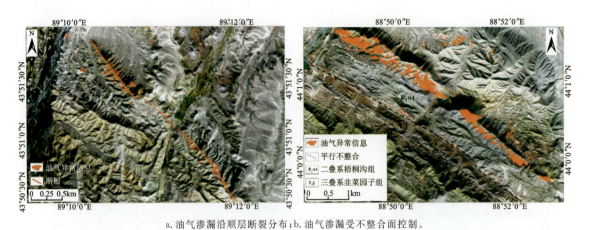

a. 油气渗漏沿顺层断裂分布；b. 油气渗漏受不整合面控制。

图 7-21　吉木萨尔南部受断裂和不整合面控制的油气渗漏异常图

图 7-22　吉木萨尔南部野外查证后圈定的有利油气渗漏地段分布图

7.8　高光谱遥感油气探测方法

总结国内外高光谱遥感油气探测的方法主要有光谱特征参数识别法，烃类及其蚀变信息填图法和植被异常提取法等。

7.8.1　光谱特征参数识别法

利用光谱特征参数识别法寻找油气勘查有利地区。首先，以反射光谱学和油气渗漏理论为基础，结合野外采集样品的检测结果，利用 ASD 等地面高光谱仪器，对研究区的地面土壤、岩石进行光谱测量；

第7章 油气高光谱遥感探测与应用

其次,对所测地物的光谱数据进行处理,提取土壤、岩石反射光谱的吸收特征,包括吸收波段深度、位置、宽度和对称度等,建立特征光谱库;再次,分析测区的地物光谱,将典型含油气区的光谱曲线的全波段特征与特征波段相结合,综合应用小波变换的PCA、K均值聚类、SAM等数学工具,进行光谱数据分类,提取测区主要蚀变矿物的丰度信息;最后,综合分析确定油气勘查有利地区。

7.8.2 烃及其蚀变信息填图法

为了获取烃及其蚀变信息异常的分布,通常采用比值法、主成分分析法和光谱匹配法。

比值法:提取黏土矿物,选取反射高值2.135 μm和低值2.205 μm进行比值处理。比值后黏土矿物的理论值为1.281~1.770。三价铁离子选取反射高值1.285 μm和低值0.894 μm进行比值处理,比值应介于1.335~2.89之间,二价铁离子选取反射高值1.749 μm和低值1.184 μm(波段)进行比值处理,比值至少介于1~5之间。提取烃类物质,选取2.07 μm的高值位置和1.725 μm的低值位置进行计算。提取碳酸盐矿物,考虑到其特殊的光谱特征,利用热红外数据提取效果会更好。

主成分分析(PCA)法:是当前遥感蚀变信息提取最常用、最有效的方法。它是利用谱段之间的相互关系,在尽可能不丢失信息的同时,除去谱段间的多余信息,将谱段的图像压缩到少数几个谱段,进而达到蚀变信息与背景信息分离,以提取蚀变信息。

光谱匹配法:将已知矿物的光谱曲线与未知矿物的曲线进行光谱匹配,是据光谱匹配程度来确定矿物种类的一方法。该方法的实施常采用沙漏技术流程,即通过MNF变换(最小噪声分离变换)→PPI计算(像元纯度指数计算)→光谱分析→光谱匹配[常用光谱角(SAM)和调制匹配滤波方法(MTMF)]→矿物制图等步骤实现。

7.8.3 植被异常提取方法

土壤烃异常是由地下油气管道或天然油气渗漏造成的。土壤中的大量油气可使植被的叶绿素减少,叶秆枯黄,长势变差(图7-23),而植被的生长状况可以通过光谱反射曲线来检测。油气渗漏使植被的光谱发生变化,包括红光到近红外波段(红边)的反射率突然上升、坡度、拐点和高度的变化。通过植被的光谱曲线来确定植被的种属,然后再确定同种植被不同地区之间光谱曲线的差异,以此确定由油气渗漏造成的植被异常区,这种方法由于受种种因素影响在应用方面有一定限制。

图7-23 油气渗漏30天影响玉米(a)和小麦(b)叶片颜色的变化

油气渗漏时进入土壤中的大量甲烷、乙烷使土壤的氧气大量减少,造成植被因缺氧而发生光谱变化。乙烷使玉米的反射光谱在580nm处的反射率增长(图7-24),对植被指数小于0.75的区域,利用

HYMAP 传感器 R440/R740 对油气渗漏区的探测效果较好。当 NDVI 大于 0.75 时,利用 HYMAP 传感器 R740/R720 对油气渗漏的探测效果较好。最理想的遥感探测植被受油气渗漏影响的波段,在可见光和近红外几个比较窄的波段。油气渗漏对植被的影响在图像上有时呈圆形特征,植被指数或高斯过滤器对提高信息精度会有较好的效果。

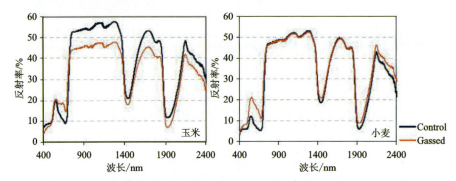

图 7-24 玉米和小麦在油气渗漏区(Gassed)与正常情况(Control)光谱曲线对比

从上不难看出,油气渗漏与植被生长的状况有较密切的关系,诸如植物生长叶面颜色不同及出现枯萎等现象,因此其反映的光谱特征与曲线呈现出明显的特征差异。这些都可用作识别分析探测油气的标志依据。

7.9 高光谱遥感油气探测的技术流程

油气异常信息产品(包括烃异常信息产品、蚀变矿物异常信息产品、铁异常信息产品和植被异常信息产品等)和油气勘探综合异常区产品的有效生成是油气高光谱遥感的最终目的。综合考虑卫星数据获取、预处理等各个环节后,油气高光谱遥感探测工作流程如图 7-25 所示。

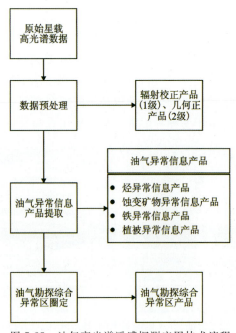

图 7-25 油气高光谱遥感探测应用技术流程

数据预处理工作主要包括:①选择有效的波段组合;②去除死像元列;③去除条带噪声;④大气校

正;⑤图像降噪。

在进行油气勘探综合异常区圈定时,需要进行相应的野外地质实验与进一步的数据分析。地物光谱测量与研究,是成像光谱数据处理及分析应用的基础。规范化的测量方案,是获取高质量地物光谱数据的有力保证,进而也是成功进行高光谱遥感数据处理、匹配、数据分类和专题制图的关键之一。因而,应尽可能在对工作区内的各种地物合理分类基础上,进行全面科学的测量。

在外业测量过程中,应尽量不遗失计划点,并且尽量接近计划坐标点进行测量。一般情况下需要用汽车加步行的方式既保证外业工作效率,又能够尽量接近目标。对于地形十分恶劣的点采取迂回战术进行测量,即在其旁边进行多测点以进行补救。例如某次测量中,地形导致仅能到达距目标点 2km 处,此时则需在其周围选 2 个或 3 个距离 2km 的地方进行取点,以保证不遗失。单个测量点的误差距离基本都在 2km 以内。测量过程如下:①选择合适的测量区域,尽量选择未遭到人为破坏的区域;②对区域内 5 个地貌相近的点进行光谱测量;③对测量后的区域内进行采样;④对测量的区域拍照,一张近景照,一张远景照。

野外工作期间,每天适时进行数据整理,即每天将所测光谱和照片按测线、测点整理成电子文档,保证了测量数据的有序性,避免了混乱。并将实测点和采样点按坐标投影到设计图上生成实际材料图。

7.10　高光谱遥感油气探测的产品类型

与油气高光谱遥感探测相关的产品按照递进关系有 2 个级别:油气异常信息产品(包括烃异常信息产品、蚀变矿物异常信息产品、铁异常信息产品和植被异常信息产品等)和油气勘探综合异常区产品。按照一般情况下的定义,卫星下行数据为 0 级产品,经过辐射校正的数据定义为 1 级产品,经过几何校正的产品定义为 2 级产品。

2 级以上的产品则为高级数据产品,是针对相关的典型地质应用生成的数据产品。油气高光谱遥感探测高级数据产品如下:①烃异常信息产品;②蚀变矿物异常信息产品;③铁异常信息产品;④植被异常信息产品;⑤油气勘探综合异常区产品。

第8章　境外矿产遥感调查与评价的实例分析

"十一五"末,在国土资源部(现自然资源部)和中国地质调查局的推动下,我国启动了全球矿产资源遥感"一张图"工程,旨在利用先进的遥感技术在全球陆地完成不同尺度的遥感地质矿产调查与评价,为境外矿产资源勘查部署和我国矿业企业"走出去"提供矿产资源信息及技术支撑。本书选择境外地质矿产遥感调查与评价的若干典型实例予以论述和分析。

8.1　非洲大陆成矿背景地质调查与评价实例分析

8.1.1　非洲大陆矿产资源概况

1. 成矿时代

非洲大陆的成矿时代,大致归纳为3个时期:前寒武纪、古生代和中—新生代。前寒武纪是地质作用频繁强烈的时期,主要表现为多期多阶段的作用、裂谷作用、火山喷发、岩浆侵入作用和混合岩化等变质作用,也是大规模成矿作用的形成时期,在前寒武系中发育了多个含矿建造。

(1)前寒武纪时期:太古宙绿岩带含金建造、含铁建造(BIF)、新太古代含金和金刚石砂砾岩建造;古元古代绿岩带含金建造和含金(金刚石)砂砾岩建造;中—新元古代含铜(钴)砂页岩建造和含锰建造等。这一时期形成了金、铜、铬、铂族、锰、铁、镍、钒、钛、铀、石墨和金刚石等多种矿产,是非洲矿产资源的主要形成时期。

(2)古生代时期:主要是伴随着多期多阶段的大规模海水进退和盆地升降作用而发育的含煤地层。

(3)中—新生代时期:主要是伴随着强烈的裂谷作用和大范围的岩浆活动,以及现代沉积作用等,形成了丰富的石油和天然气、金刚石、铀、磷块岩及各种砂矿资源等。

2. 主要控矿因素

(1)前寒武纪的含矿建造是最主要的控矿因素。
(2)韧性剪切带控制了含矿石英脉型和断裂蚀变岩型金矿的产出与分布。
(3)东非大裂谷控制了与岩浆作用有关矿床的发育与分布。
(4)基性超基性杂岩体和岩墙中发育有铬、铂、镍、钴等,金伯利岩筒发育金刚石。
(5)新生代风化淋滤作用形成红土型镍、铝等矿种。
(6)几内亚新生代沉积型铝土矿。
(7)现代沉积作用形成钛铁矿、金红石和锆石等砂矿。

3. 主要优势矿产

非洲大陆是地球上最古老的大陆之一,在矿产资源及其生成条件方面称得上是全球最富饶的大陆,

第 8 章 境外矿产遥感调查与评价的实例分析

金、金刚石、铂族金属、铝土矿、钴、铀等重要矿产资源储量均居世界首位；铬、锰、钒、钛、铜、镍、石油和天然气等矿产资源也非常丰富。全世界铀和铬铁矿储量的 20%、锰矿和铝土矿储量的 30%、钒和钛储量的 20% 以上、钴矿储量的 50% 以上、铂族金属储量的 90%、金资源量的 50% 以上、金刚石储量的 60% 和磷矿储量的 50% 都集中分布在非洲。此外，铅、锌、锑、重晶石等矿产资源储量也很可观，而且大多数矿床品位高、分布连续、易于规模化开采。2007 年，非洲已探明的原油储量为 157.33 亿 t，约占世界总储量的 8.6%。近年来，几内亚湾沿海和近海又有新的油气重大发现。非洲已探明的天然气储量约 138 600 亿 m³，占世界的 7.9%，投资潜力很大。

8.1.2 控矿主导因素遥感识别与提取

基于 ETM 卫星数据制作的非洲 1:500 万卫星影像镶嵌图，参考非洲 1:500 万地质图、MODIS 卫星影像图、地形图、模拟地球图像（Simulated earth image）和 4 级以上地震分布图，采用人机交互解译，解译出非洲 1:500 万图面上大于 2cm 的线性构造，直径大于 1cm 环形构造图，再叠加到卫星影像镶嵌图上，编制了非洲线性与环形遥感解译图（图 8-1）；然后综合分析非洲大型—特大型矿床分布与 1:500 万地质图等多元数据的相关性，提取出主要控矿因素（图 8-2）。

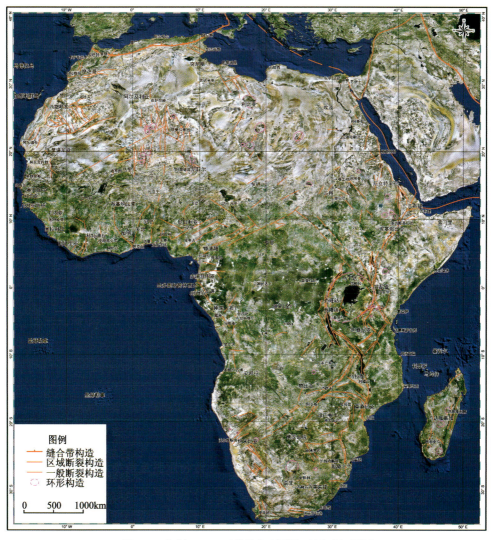

图 8-1 非洲 1:500 万线性与环形构造遥感解译图

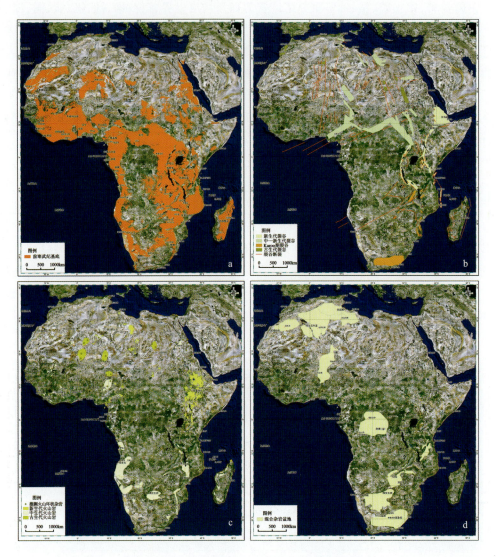

a.前寒武纪基底;b.裂谷构造;c.岩浆事件;d.混合杂岩盆地。

图 8-2 非洲主要控矿因素遥感解译图

8.1.3 非洲大陆成矿带遥感综合分析与评价

1. 主要成矿带划分

综合分析非洲构造地质、矿产资源特征与遥感地质解译成果,特别是非洲成矿主要控制因素(前寒武系含矿建造、裂谷构造和岩浆获得事件等)和大型—特大型矿床分布规律,划分出 7 个重要成矿带(图 8-3)。

1) 阿尔及利亚-摩洛哥成矿带

阿尔及利亚-摩洛哥成矿带位于非洲西北缘,即阿特拉斯造山带,它是阿尔卑斯造山带的重要组成部分。该成矿带在地理上跨越摩洛哥、阿尔及利亚、突尼斯。阿特拉斯成矿带以磷和重晶石矿产为特色,同时还有石油、天然气、金、铀、汞、锰、铅锌和钾盐等矿产。

第8章 境外矿产遥感调查与评价的实例分析

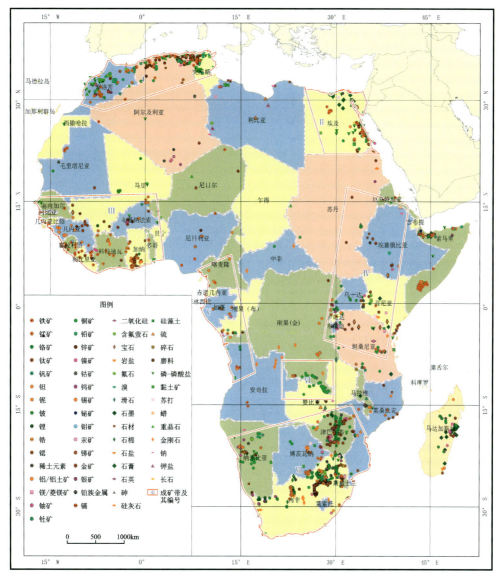

图 8-3　非洲大陆 7 个重要成矿带分布图

2）埃及成矿带

埃及成矿带位于埃及东南部地区，埃及的金属矿产主要有钛铁矿、铌、钽、金、铜等。另外，非金属矿藏比较丰富，主要有天然气、石油、大理石、白砂、黑砂、石膏等。

3）几内亚-加纳成矿带

几内亚-加纳成矿带主要为西非克拉通和部分泛非造山带的分布区域，在地理上包括几内亚、马里、布基纳法索、塞拉利昂、利比里亚、科特迪瓦和加纳等国家和地区。该成矿带以规模大的红土型铝土矿为特色，另外有金刚石、金、镍、铁、锰、金红石和磷等矿产。

4）埃塞俄比亚-坦桑尼亚成矿带

埃塞俄比亚-坦桑尼亚成矿带位于非洲东部，其构造背景主要为东非大裂谷和部分泛非造山带的地区，包括苏丹、埃塞俄比亚、肯尼亚和坦桑尼亚等国家，主要矿产有金、铂、铌钽、铁、镍、金刚石、铜、钾盐、磷和石油等。

5）喀麦隆-安哥拉成矿带

喀麦隆-安哥拉成矿带位于中非西部海岸带附近地区，刚果克拉通和周缘非造山带地区，包括喀麦隆、加蓬、刚果（布）和安哥拉等国家，主要矿产有铝矾土矿、金红石、金刚石、金矿、锰、铀、铅锌、镍、铁和锰等。

6) 刚果(金)-赞比亚成矿带

刚果(金)-赞比亚成矿带主要为刚果克拉通和周缘非造山带的地区,在地理上包括刚果民主共和国和赞比亚。该成矿带发育非洲乃至世界最重要的铜、钴和金刚石。此外,铅锌、金、铁、锡、铌、钽和锰等丰富。

7) 南非-津巴布韦成矿带

南非-津巴布韦成矿带主要为卡拉哈里克拉通、达马拉造山带和开普造山带的分布区,包括纳米比亚、博茨瓦纳、津巴布韦和南非等国家。该成矿带主要矿产有金刚石、黄金、锰、钒、铬铁、钛、钽铂族金属等。此外,锑、铀、铅、锌、铜、镍、锰和磷等矿产也比较丰富。

2. 非洲大陆具优势矿产国家

在非洲大陆重要成矿带内,结合各国成矿地质背景及现有矿产资源产量和储量,参考中国地质调查局全球矿产资源信息系统数据库、中国有色网和新华网等相关资料,提出了18个具优势矿产的国家(图8-4,表8-1)。

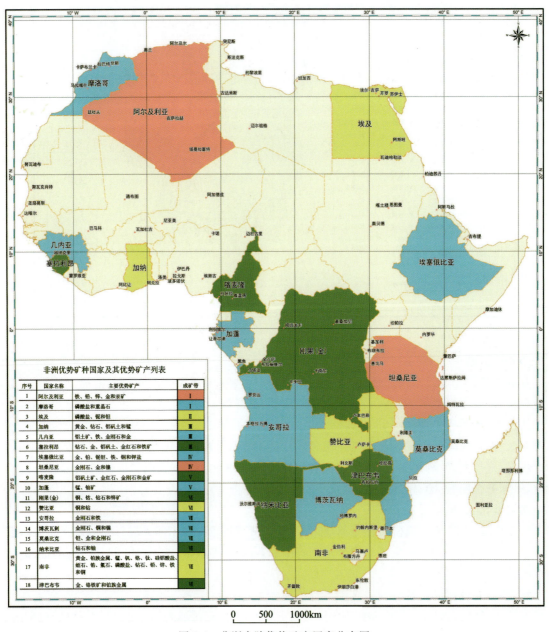

图 8-4 非洲大陆优势矿产国家分布图

第8章 境外矿产遥感调查与评价的实例分析

表 8-1 洲大陆优势矿产国家一览表

序号	国家名称	主要优势矿产	备注
1	阿尔及利亚	铁、铅、锌、金、铀和汞矿	重晶石占全球储量的 4.5%，居非洲第二
2	摩洛哥	磷酸盐和重晶石	磷酸盐占全球储量的 75%；重晶石占全球储量的 5%，居非洲第一
3	埃及	磷酸盐、铌和钽	
4	加纳	黄金、钻石、铝矾土和锰	黄金占全球储量的 3.4%
5	几内亚	铝土矿、铁、金刚石和金	铝土矿占全球储量的 30%，居全球第一
6	塞拉利昂	钻石、金、铝矾土、金红石和铁矿	
7	埃塞俄比亚	金、铂、铌钽、铁、铜和钾盐	
13	安哥拉	金刚石和铁	
9	喀麦隆	铝矾土矿、金红石、金刚石和金矿	已探明金红石储量为全球第一
10	加蓬	锰、铀矿	锰矿占全球储量的 10.4%，居全球第五
11	刚果（金）	铜、钴、钻石和锌矿	铜矿占全球储量的 15%，居全球第二；钴矿占全球储量的 47.8%，居全球第一；钻石占全球储量的 25.8%，居全球第一
12	赞比亚	铜和钴	铜矿占全球储量的 3.4%，居全球第十一；钴矿占全球储量的 4%，钴产量占全球需求量的 20%
16	纳米比亚	钻石、铀	铀矿占全球储量的 4.2%，居全球第五
14	博茨瓦纳	金刚石、铜和镍	金刚石矿占全球储量 22.4%，居全球第二
15	莫桑比克	钽、金、金刚石	钽矿储量居世界第一
8	坦桑尼亚	金刚石、金和镍	
18	津巴布韦	金、铬铁矿和铂族金属	铬铁矿和铂族金属储量均位居世界前列
17	南非	黄金、铂族金属、锰、钒、铬、钛、硅铝酸盐、蛭石、锆、萤石、磷酸盐、钻石、铅、铁、铜	全球上五大矿产国之一。黄金、铂族金属、铬、萤石、硅铝酸盐的储量居全球第一；锰、蛭石、锆居全球第二；钒、磷酸盐居全球第三；钛、钻石、锑居全球第四；铀居全球第五；铅居全球第九；铁矿石居全球第十二；铜居全球第十三

注：备注中矿产资源所占百分比与排位是根据《2007~2008 世界矿产资源年评》（国土资源部分信息中心，2009）数据统计的结果。

8.2 赞比亚铜(钴)矿遥感调查与评价实例分析

8.2.1 矿产资源概况

1. 成矿时代

赞比亚的成矿作用主要集中在伊鲁米迪(Irumide)造山运动(1300~1100Ma)和卢弗里安(Lufilian)造山运动(950~450Ma),共分为4期。

(1)穆瓦超群(Muva)中部含矿岩系——黑云石英片岩和二云石英片岩的层控型铜矿建造,由最早期的成矿作用形成,矿化类型为黄铜矿、黝铜矿、辉铜矿,多呈条带状、透镜状、蛇曲状等形态,平行黑云石英片岩和二云石英片岩片理展布。

(2)加丹加群下罗安组中部含矿岩系——砾岩、页岩、石英岩和砂岩的沉积型铜矿建造,矿化类型主要为水胆石、孔雀石、蓝铜矿,多呈星散状、侵染状、斑杂状、团块状等,属第二期成矿作用所致,可能与第一期成矿作用形成铜矿床的矿源碎屑物有关,也是赞比亚最主要的成矿时期。

(3)穆瓦超群(Muva)中部含矿岩系——黑云石英片岩和二云石英片岩变质改造型铜矿建造,矿化类型为黄铜矿、黝铜矿等铜硫化物方解石石英岩脉,穿切含矿岩系黑云石英片岩和二云石英片岩的片理,带状和透镜状黄铜矿集合体,属第三期成矿作用的产物,可能与第一期成矿作用造成的铜矿物的变质分异提供的矿源有关。

(4)加丹加群上罗安组中部含矿岩系——长石石英砂岩中填充的热液型铜矿,矿化类型为黄铜矿和黄铁矿石英脉。该类型铜矿是最晚一期成矿作用形成的。

2. 控矿要素

(1)具体的控矿构造为卡弗埃(Kafue)背斜、Luswishi、Solwezi、Mwombihezi 和 Kabompo 等穹窿构造。

(2)赋矿地层为穆瓦超群中部含矿岩系(黑云石英片岩和二云石英片岩)、加丹加群含矿岩系(下罗安组中部的砾岩、页岩、石英岩、砂岩和上罗安组中部长石石英砂岩)。加丹加群下罗安组、上罗安组等地层都经历了不同程度的区域变质作用。下罗安组为低绿片岩相,岩性为绢云石英岩片岩、绿泥石英片岩、含石墨绿泥片岩、绢云绿泥片岩等,其矿物组合为石英+绿泥石+绢云母+石墨,局部可见到团块状黑云母雏晶,岩石普遍发育构造片理,局部原始层理和沉积组构仍然依稀可辨,可肉眼恢复原岩。上罗安组遭受极低级变质作用,岩性为千枚岩、板岩、变长石石英砂岩、大理岩化白云岩,变质矿物为硬绿泥石+微粒绢云母+石英+微粒绿泥石等,沉积层理和原始组构保存良好,可肉眼恢复原岩。

3. 矿化特征

赞比亚铜(钴)矿床主要有铜的氧化物和硫化物两种类型。

1)氧化物型

地表覆盖物较薄,渗透性好,致使矿体遭受了强烈的风化和氧化作用,形成了明显的铜氧化矿物带,主要为孔雀石,含少量铜蓝、自然铜以及少量黄铁矿、黄铜矿、斑铜矿。脉石矿物主要由白云母、绢云母、石英、长石、方解石和硬石膏等组成。铜矿物以细粒浸染状为主,细脉浸染状和团斑状次之。

2) 硫化物型

氧化物矿带之下为硫化物矿体，硫化物呈细粒浸染状，硫化物的粒度与沉积岩中岩屑的粒度基本一致。矿石矿物为黄铁矿、斑铜矿、黄铜矿和辉铜矿。脉石矿物为白云石、绢云母、石英、长石、黑云母、方解石、方柱石、硬石膏等。

此外，还常见有后期热液沿裂隙贯入。黄铜矿、斑铜矿呈团斑和团粒状，伴随石英形成斜穿层理的硫化物细脉，对矿体有轻微改造富集作用。

8.2.2 控矿构造及赋矿岩层识别与提取

利用 ETM 和北京一号卫星数据制作了 1:100 万卫星影像镶嵌图，参考了赞比亚 1:200 万矿产地质图及 SRTM 立体阴影图和航磁图，建立了线环构造和矿赋矿地层的解译标志。通过人机交互解译，解译了赞比亚图斑大于 2cm 的线性构造，直径大于 1cm 环形环构造图，图面大于 1cm² 的地质体，然后将其叠加到卫星影像镶嵌图上，形成赞比亚线环构造遥感解译图（图 8-5）。结合赞比亚铜（钴）矿成矿地质特征与大型—特大型矿产分布规律（图 8-6），提取出控矿断裂、环装褶皱构造和赋矿层（图 8-7）。

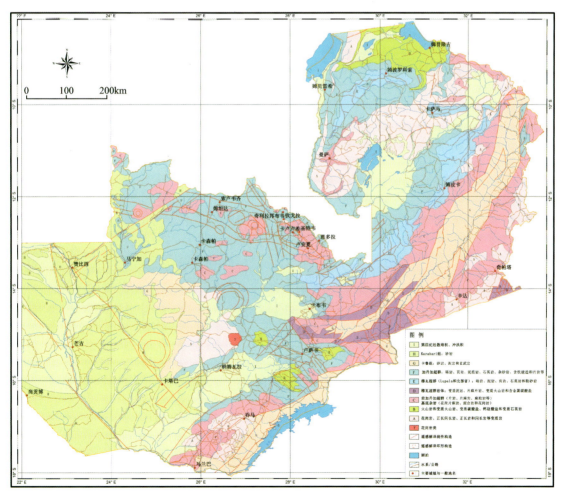

图 8-5　赞比亚 1:100 万地质遥感解译图

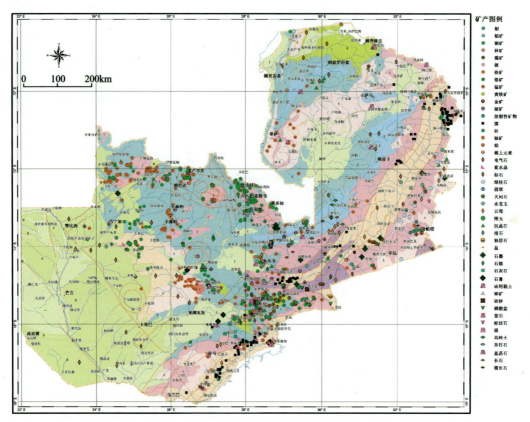

图 8-6 赞比亚矿产资源分布图

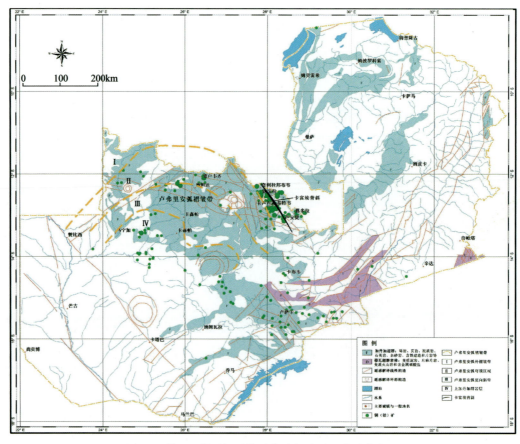

图 8-7 赞比亚铜(钴)矿控矿构造与矿赋矿岩层分布图

8.2.3 蚀变矿物信息提取与分析

根据赞比亚铜（钴）矿类型，结合试验区矿化蚀变特征，在现有蚀变矿物提取方法的基础上，优化了提取流程与技术方法模型，完成了赞比亚全国蚀变矿物信息提取图（图 8-8、图 8-9）。

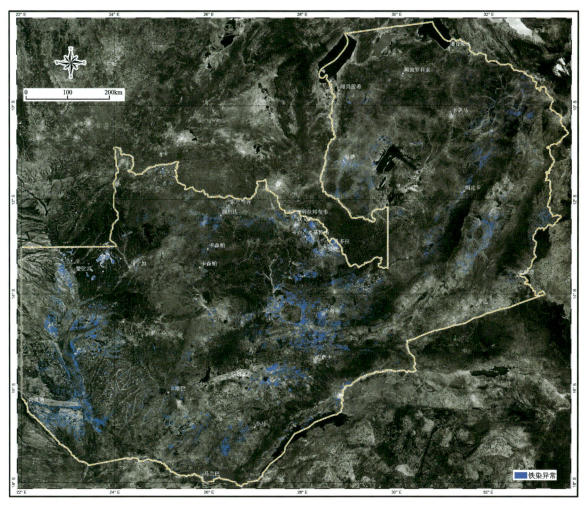

图 8-8　赞比亚 1∶100 万铁染异常分布图

1. 赞比亚砂岩型铜（钴）矿成矿区划分

根据砂岩型铜（钴）矿成矿地质特征，综合控矿构造与赋矿地层、蚀变矿物特征与大型—特大型矿产的分布规律，圈定出赞比亚砂岩型铜（钴）矿成矿区（图 8-10）。

2. 赞比亚砂岩型铜（钴）矿成矿远景区圈定

首先，基于卫星影像图，部分参考 1∶25 万地质图、局部参考 1∶10 万地质图，建立了不同影像单元遥感解译标志，解译和编制了赞比亚铜（钴）矿成矿带 1∶25 万遥感地质解译图；其次，利用 ASTER 数据，开展了铜（钴）矿成矿带铁染蚀变矿物、铝羟基类矿物组合和碳酸盐化矿物信息提取，编制了相应矿物组合信息分布图；最后，在成矿区采用证据加权法、逻辑回归法和神经网络法进行了遥感找矿预测，并结合成矿区成矿地质特征，以遥感示矿信息为主，经综合分析后圈定了 9 处遥感找矿远景区（图 8-11），包括 4 个 1 级，4 个 2 级铜和 1 个 3 级铜（钴）矿遥感找矿远景区。

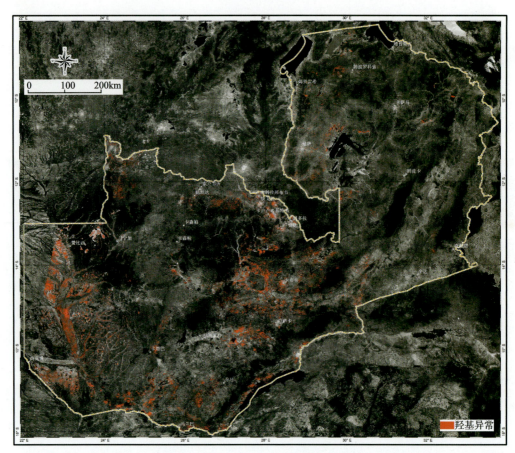

图 8-9　赞比亚 1∶100 万羟基异常分布图

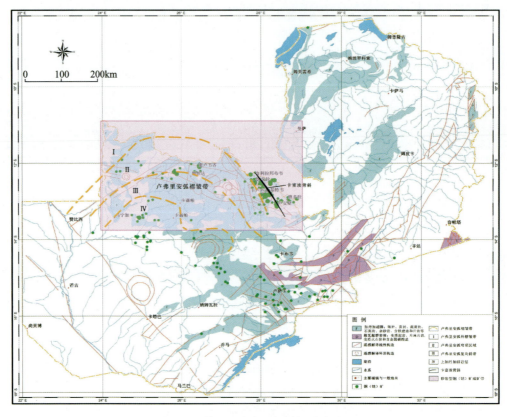

图 8-10　赞比亚砂岩型铜(钴)矿成矿区

第8章 境外矿产遥感调查与评价的实例分析

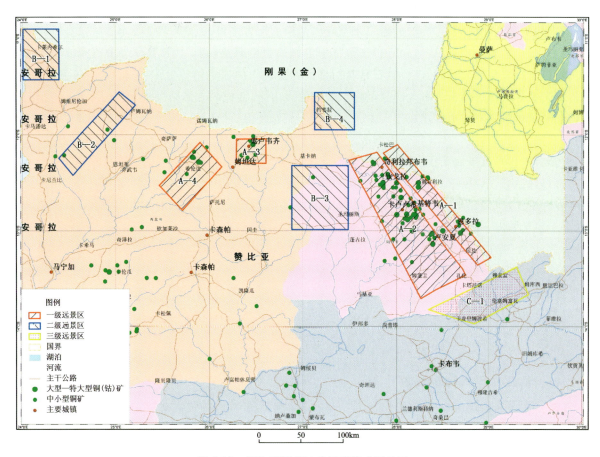

图 8-11 赞比亚铜(钴)矿遥感找矿远景区

8.3 秘鲁阿雷基帕地区斑岩铜矿遥感调查与评价实例分析

8.3.1 斑岩铜矿成矿带矿床地质特征

秘鲁阿雷基帕地区所在的安第斯造山带是世界上最重要的铜矿成矿带之一。据美国地质调查局 2007 年公布的数据,秘鲁铜产量(约 120 万 t)仅次于智利(560 万 t),居世界第二位。全秘鲁大致可分北部、中部及南部 3 个铜矿带。其中以南部斑岩铜矿带最重要,该带从最南部的托克帕拉矿床往北西延伸长约 1km,主要矿床有安塔米纳(Antamina)、密执基莱、莫罗科查、廷塔亚、塞罗贝尔德、夸霍内(Cuajone)、克亚维科和托克帕拉(Toqulpala)等十多个大型—超大型的斑岩铜矿床,储量占总储量的 97%。这些矿床的铜储量约占世界铜总储量的 1/4。因此,从成矿地质条件分析,研究区具有良好的铜成矿条件和找矿前景。主要成矿地质特征如下。

1. 斑岩铜矿带时空分布规律

(1)按板块构造观点,斑岩铜矿床位于太平洋板块的纳兹卡次级板块与南美大陆板块结合处的大陆板块一侧(即位于板块俯冲带的上盘),板块缝合线呈近南北向带状分布。各个矿床的具体位置距板块结合处往往有一定距离,大约 200km,如秘鲁塞罗维德、夸霍内和托克帕拉铜矿。

(2)斑岩铜矿床产出部位和区域构造岩浆活动关系密切。从秘鲁的托克帕拉矿床到塞罗维德矿床，成矿母岩和矿体的底板岩石，大部分为侵入到喷出的中酸性岩浆岩，如塞罗维德矿床的成矿岩体是始新世的英安斑岩、石英闪长岩，矿体底板岩石是晚中生代的火山岩系；夸霍内矿床的成矿岩体是始新世的闪长岩、石英粗安斑岩，矿体的底板岩石是晚白垩世到古近纪的托克帕拉世的一套火山岩（主要是安山岩）。斑岩铜矿矿体的底板岩石大部分是晚中生代的火山岩，而成矿岩体则大多是新生代中—晚第三纪（古近纪+新近纪）的酸、中性浅成侵入体。这种侵入斑岩是由早期闪长岩、花岗闪长岩及花岗岩组成安第斯山的基体侵入后进一步演化侵入而成。斑岩类型有花岗斑岩、英安斑岩、石英二长斑岩、粗安斑岩等。斑岩铜矿床形成于大面积出露的中—新生代火山岩，而含矿斑岩的侵入又是和形成这些大面积分布的火山岩的构造活动密切相关。

(3)太平洋东部斑岩铜矿成矿带具有带状分布、成群集中的特点。南秘鲁铜矿带在长约1000km范围内有十多个铜矿床成带分布，矿床的成群集中尤为突出。如南秘鲁铜矿带，在莫奎巴省附近约400km^{2}范围内，就有托克帕拉、夸霍内和盖亚维科3个大型铜矿床，构成一个大的矿田，往北不远还有塞罗维德、圣何塞、恰帕等铜矿床。

(4)矿床产出的构造位置一类是在两组断裂交会处，另一类在大断裂旁侧。如秘鲁夸霍内铜矿就产生在北西及近东西向两组断裂的交错处。这里构造破碎，岩石蚀变强烈，矿化发育，是形成铜矿的有利部位。对于同一个时代侵入的同一个成矿岩体，如不具备上述构造、岩体条件和蚀变作用，矿化就差，或不含矿。

2. 斑岩铜矿床含矿岩体的特点

该地区的斑岩铜矿床与中酸性浅成斑岩有关，各矿床成矿母岩的侵入时代、岩石成分、蚀变类型及规模大小有相同之处，也存在一定差异，具体包括以下几点。

(1)成矿母岩侵入时代较新，从南到北大致有由新变老的趋势。如从整个安第斯成矿带来看，铜矿带最南端的智利特尼恩特矿床，成矿岩体英安斑岩年龄为4Ma，向北不远的里奥勃兰姆科安第纳铜矿的成矿母岩年龄为4.9Ma，智利北部庄荃卡马塔矿床的成矿母岩丘基卡马塔花岗斑岩年龄为28Ma，再往北到智利最北部和秘鲁交界处莫恰铜矿的成矿母岩年龄为56Ma。进入秘鲁境内的夸霍内，托克帕拉铜矿的成矿母岩石英粗安斑岩、英安斑岩的侵入时间分别为50Ma和58Ma。其北边的塞罗维德铜矿成矿母岩年龄是58.8Ma。由上可见，智利和秘鲁两国斑岩铜矿的成矿母岩的侵入时间都发生在第三纪。相关资料显示，美国西南部斑岩铜矿的含矿斑岩的侵入时间大致在早第三纪到晚白垩纪。再往北到加拿大西部不列颠哥伦比亚地区的斑岩铜矿，成矿岩体的侵入时间多在白垩纪到侏罗纪。对整个太平洋东部斑岩铜矿成矿带而言，其成矿岩体的时代愈往北愈老。

(2)多期多次侵入，成分比较复杂。不同矿床的成矿母岩类型也不尽一致，种类较多。在秘鲁各个斑岩铜矿的含矿斑岩有英安斑岩、石英粗安斑岩、二长斑岩、石英二长斑岩及花岗闪长斑岩等。

(3)含矿岩体普遍具有强烈的蚀变作用，并伴有矿化。由于岩体和围岩成分不同，以及在岩体的不同部位，蚀变作用可分好几种类型。最常见的也是比较典型的是在含矿斑岩的中心及其深部发育钾化蚀变带，蚀变矿物有钾长石、黑云母和绢云母，金属矿物有浸染状黄铜矿、斑铜矿、黄铁矿和辉铜矿等。钾化蚀变带往往不含矿，或者虽含矿较富但规模不大。钾化蚀变带的外侧是石英绢云母化蚀变带（也称为千枚岩化蚀变带）。它的范围经常是斑岩铜矿主矿体所在的部位，蚀变带主要由石英、绢云母和少量绿泥石组成，金属矿物有黄铜矿、黄铁矿、辉铜矿和少量辉钼矿、方铅矿、闪锌矿等。最外带是青磐岩化蚀变带，围绕着石英绢云母化蚀变带分布，范围较大，主要蚀变矿物有绿泥石、绿帘石、方解石等，还有少量绢云母、石英、硬石膏等，有的矿床还见电气石，金属矿物主要是黄铁矿。因此，一般也将该带看作黄铁矿晕的范围。除上述典型的蚀变分带外，还经常有次生泥化带、次生黑云母化及硅化带发育，如丘基卡马塔矿床，在石英绢云母化蚀变带外侧，广泛发育有黏土化泥化、高岭土化蚀变，主要由黏土矿物高岭

第8章 境外矿产遥感调查与评价的实例分析

土、蒙脱石、绢云母等组成,金属矿物有黄铜矿、黄铁矿、少量辉铜矿,也是主要矿体所在部位。良好的蚀变分带,为找矿提供了重要线索,如秘鲁夸霍内铜矿,上部被厚20~240m的流纹岩、凝灰岩覆盖,只在河流切割较深处才见到含矿岩体的露头,但地质人员根据岩体的蚀变作用的特点,经过综合分析找到了隐伏的大型斑岩铜矿床。

(4) 含矿斑岩体的规模较小。夸霍内铜矿的含矿石英二长斑岩、石英粗安斑岩岩体,面积只有 $0.5km^2$;特尼恩特矿床的成矿体岩体英安斑岩其范围也不足 $1km^2$;丘基卡马塔花岗斑岩的规模也不大;其他如托克帕拉、塞罗维德铜矿的含矿斑岩英安斑岩、二长斑岩及石英二长斑岩等也都是一些分布范围不大的小岩体或小岩枝。

3. 铜矿体的特点

1) 赋存部位

矿体赋存部位主要有两种情况:一是主要产在含矿的侵入斑岩中,如秘鲁塞罗维德铜矿体主要赋矿岩体为英安斑岩、二长斑岩及石英二长斑岩,含矿岩体的围岩是早期侵入的闪长岩、前寒武纪片麻岩等;二是主要产在含矿岩体的围岩或其底板岩石中,而含矿岩体本身所含的矿体并不重要。除上述两种情况外,还有一种矿体产在含矿岩体侵入之后的角砾岩筒中,如秘鲁塞罗维德铜矿有一小部分铜矿体产在成矿岩体侵入之后沿北西向构造带分布的电气石-石英角砾岩筒中。

2) 形态简单,规模巨大

大部分矿体在平面上表现为圆形、椭圆形,剖面上为一个倒立的圆锥体或梨状,上部较大、往深部逐渐变小,一般延深都很大。由于秘鲁和智利两国生产矿山目前大部分都在采次生富集矿,对下部的原生硫化物矿体只作一般控制,所以控制程度比较高的虽然只在地表下500m左右,但矿体的实际深度可能远远大于这个数字。

矿体的规模很大,一个主矿体的铜储量大多数超过100万t,有的达1000万t以上,如秘鲁塞罗维德铜矿,矿体长2200m(包括两个矿体),宽800m,控制深度500m,铜储量800万t;夸霍内铜矿矿体长1200m,宽约1000m,控制深度在400m以上,铜储量约500万t(早期数据)。

3) 主要矿物成分及有用元素

铜矿床由于受到后期较强烈的次生淋滤作用,矿物组成种类较多,如在氧化带有孔雀石、硅孔雀石、水胆矾、块铜矾等;次生富集带则有辉铜矿、铜蓝及少量自然铜;原生硫化物矿带有黄铜矿、黄铁矿、斑铜矿、硫砷铜矿、黝铜矿、方铅矿、闪锌矿等。

矿石铜含量一般在1%左右,目前各矿山所采矿石铜品位大多数在1%以上,只有塞罗维德和夸霍内矿床矿石品位较低,在1%左右。大部分矿床含钼为0.3%~0.4%,有的高达0.5%,铜和钼是主要的有用元素。除此以外,不少矿床中还有少量的金、银、铂族元素等,可综合回收。

4) 良好的分带性

斑岩铜矿床中金属矿物及其有用元素,无论在矿体的水平方向还是垂直方向,都有大致的分带性。

水平分带:矿体中间部分有黄铜矿、斑铜矿、硫砷铜矿、辉钼矿,往外有黄铁矿、辉铜矿,矿体边缘则有赤铁矿(镜铁矿),少量方铅矿、闪锌矿。黄铜矿和黄铁矿的含量比例也有类似的变化。矿体中心黄铜矿含量要高于黄铁矿,有的可高出几倍。自中心向外,黄铁矿含量增加,黄铜矿的含量相对降低,矿体边缘黄铁矿含量大大高于黄铜矿,黄铜矿的含量减少。当铜含量小于0.5%时,不属矿体范围。从金属元素看由矿体中心向外侧也大致有个变化规律,即按钼—铜—锌—铅的次序分布,最外边还可见含锰矿物。

垂直分带:矿体上部普遍见有红帽(即铁帽)和绿帽(铜的硫化物被淋滤氧化而成的孔雀石、硅孔雀石),前者一般不具工业价值,但是良好的找矿标志。次生富集带,主要由辉铜矿、铜蓝等矿物组成,是斑岩铜矿中最富和最有经济价值的带,矿石含铜大多在1%以上,最高可达3%以上。矿体厚度一般为几十米,在构造裂隙发育部位最厚可达几百米。矿体形态往往呈板状或不规则状,平面上其范围和原生硫化物矿体相一致,它同上部的氧化矿石带和下部原生硫化物矿石带均为过渡关系。一般铜矿体的厚度越大,次生富集带的厚度也相应较大。目前,秘鲁的矿山大多是开采此矿带的富矿石,矿石入选品位都大于1%。最下部的原生硫化物矿石带是斑岩铜矿床的主体,主要矿物有黄铜矿、黄铁矿、斑铜矿、辉钼矿和铜的硫砷化物。矿石含铜在1%以下,平均含铜为0.5%~0.8%,对铜矿资源非常丰富的这两个国家而言,显然不是目前主要的开采对象。但从长远看,处于深部的原生硫化物矿石将是十分重要的铜矿资源。

8.3.2 斑岩铜矿示矿信息提取

1. 遥感地质解译

根据研究区成矿地质背景与遥感影像特征,建立遥感解译标志,主要包括前寒武纪的变质岩建造,中生代的磨拉石建造、陆相和浅海相火山岩建造,对图像上面积大于 $1cm^2$ 的地质体均予以详细解译。对于规模较小,在图像上难以反映,但对找矿又十分重要的地质体,如与斑岩铜矿成矿相关的斑岩体,在图像上以放大的图例或符号表示。参考了研究区部分1:10万地质图编制了秘鲁阿雷基帕地区遥感地质解译图。

2. 蚀变矿物信息提取

在该研究区主要利用主成分分析方法,结合 ASTER 数据的特点,分别构建了不同的提取模型,并针对研究区主要蚀变类型进行异常信息提取试验。实际研究过程中,首先对研究区干扰地物,如水、阴影、云、植被等进行掩膜处理,掩膜处理可以大大减少后期处理过程中的干扰因素和干扰信息。其次利用 ASTER 数据进行波段主成分分析,通过对主成分变换后的异常主分量的分析,分别提取 Al-OH、Mg-OH 和碳酸盐蚀变矿物组合信息。对于主成分分析后得到的异常图像一般要进行异常分割,选择合理的阈值表示异常信息,对于提取的异常信息还要进行滤波处理,以滤去孤立点。最后进行异常筛选和异常信息成图。根据研究区所在成矿带的矿产地质特征,特别是其典型蚀变带蚀变矿物组合,在研究区主要提取了白(绢)云母、高岭石、明矾石、蒙脱石和伊利石等 Al-OH 蚀变矿物组合,绿泥石、绿帘石和碳酸盐化蚀变矿物组合,结合研究区矿化蚀变特征,认为是泥化-似千枚岩化类和青磐岩化类蚀变信息。

研究区斑岩铜矿蚀变主要类型为黏土化和石英绢云母化蚀变带(似千枚岩化蚀变带),主要蚀变矿物包括白(绢)云母、高岭石、明矾石、蒙脱石和伊利石等。其标准吸收谷在 $2.2\mu m$ 附近,对应 ASTER 数据 Band6,构建4波段主成分分析模型(Band1、Band4、Band6、Band7)提取白(绢)云母、高岭石、蒙脱石和伊利石等蚀变矿物。异常主分量(PC4)的本特征向量具有 Band7 和 Band4 的贡献系数与 Band6 的贡献系数符号相反,而且 Band6 和 Band4 绝对值相对较高。再以 PC4 统计出像元灰度值平均值和标准离差(σ),分别按照 2σ 和 2.5σ 设立阈值,切割出2级蚀变信息,提取出泥化-似千枚岩化类蚀变信息。经过去干扰信息后处理编制研究区泥化-似千枚岩化类蚀变信息分布图(图8-12)。

8.3.3 斑岩铜矿找矿靶区的遥感预测

基于区域构造地质、遥感解译与蚀变信息提取的成果,结合重点地区遥感地质解译图、泥化-似千枚岩化类蚀变信息和青磐岩化类蚀变信息分布特征,秘鲁阿雷基帕地区划分出了4个斑岩铜矿预测靶区

第 8 章 境外矿产遥感调查与评价的实例分析

图 8-12 秘鲁阿雷基帕地区青磐岩化类蚀变信息分布图

(图 8-13)。其中,T-1 和 T-2 为重点找矿靶区,T-3 为一般靶区,而 T-4 为已知特大型斑岩铜矿床(塞罗维德铜矿)。

研究区的核查工作侧重于重点优势区域的现场核查,在某些区域,与现有矿床或现有地球化学/航磁异常相互核查相结合,以及高分辨率卫星图像核查,用于提高遥感综合调查评价结果的可靠性。在秘鲁阿雷基帕地区斑岩铜矿预测靶区,从成矿地质特征分析标明 T-1 重点找矿靶区中部构造交叉部位(图 8-14 中 A 区)和左上角环形构造边缘(图 8-14 中 B 区)处位于控矿构造有利部位,且有较好的泥化-似千枚岩化类和青磐岩化类分级蚀变信息分布。QuickBird 高分辨率卫星影像图清晰地显示了中部构造交叉部位(图 8-15)已开始建矿山,部分地区已开始露天开展,而在左上角环形构造边缘(图 8-16)已开始大规模的网格化地面勘探工作,说明该套技术方法具有好的应用效果。

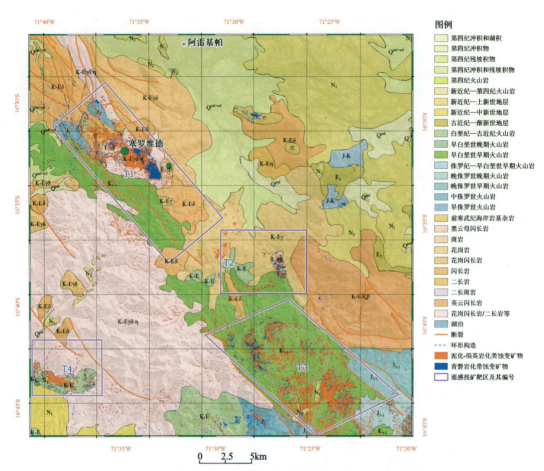

图 8-13 秘鲁阿雷基帕地区斑岩铜矿成矿预测靶区分布图

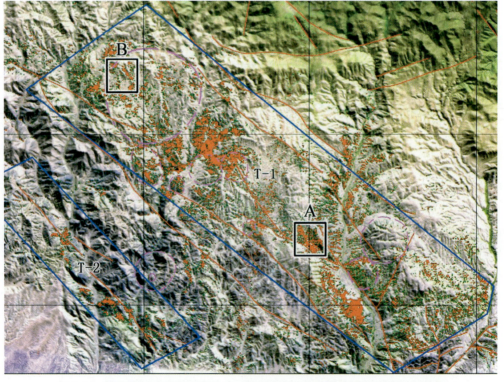

图 8-14 斑岩铜矿成矿预测靶区 T-1 高分辨率卫星影像验证区（黑框）示意图

第 8 章 境外矿产遥感调查与评价的实例分析

图 8-15 斑岩铜矿成矿预测靶区 T-1A 区高分辨率卫星影像图

图 8-16 斑岩铜矿成矿预测靶区 T-1B 区高分辨率卫星影像图（北东向痕迹为勘探线）

8.3.4 境外矿产遥感调查与评价的几点启示

（1）ETM 卫星数据可满足区域中、大比例尺遥感地质解译的需要，通过与已有地形图对比，发现经正射校正的 ETM 卫星数据定位精度可用于境外 1:5 万～1:10 万遥感地质矿产资源调查与评价工作。

（2）ETM 卫星数据遥感蚀变矿物信息提取技术流程已相对较成熟，但消除其中的"干扰"信息技术仍然是一项较复杂的工作。在后处理消除"干扰"信息的过程中，往往会无意识地制造了"干扰"信息。因为当我们把某一异常区附近的"干扰"信息去除时，会使自己或使用者误以为保留的异常是极具价值的。实际上大多情况并非如此，"干扰"信息的去需要具有一定的地质专业背景。同时，必须在遥感影像底图（遥感蚀变矿物信息提取时所采用的卫星数据）的基础上参考地质图进行适当的"干扰"信息去除。一般情况建议只删除冰雪边或水体（海洋、湖和湿地）边缘、干河道、冲积区、薄云、薄冰、冰块等引起的异常。

（3）应重视遥感蚀变信息的解释分析，正确认识与使用遥感蚀变矿物信息。现有基于 TM/ETM 和 ASTER 卫星数据提取出的矿物蚀变信息不是一种定量化信息。由于其波段数有限，目前主要是采用主成分分析和比值法，由统计计算提取出可能是蚀变矿物的信息，而且阈值的确定也是通过统计获取，如果阈值变化提取的结果也将大不一样。因此，使用者要充分认识与理解基于 TM/ETM 和 ASTER 等多光谱卫星数据提取的遥感矿物蚀变信息，应以遥感矿物蚀变信息提取所使用的遥感影像和地质背景来解释和应用。

（4）针对具有特定的成矿地质特征和找矿目标的矿权区或勘查区，可根据该区矿床成矿类型及其蚀变特征，开展针对性的蚀变矿物或蚀变矿物组合信息提取，以便获取直接找矿标志。

（5）伴随遥感与信息技术的快速发展，地质矿产遥感调查与评价（也可称之为遥感找矿预测）技术方法也不断进步，卫星数据源从最初的 MSS、TM/ETM 已增加到 SPOT、ASTER、ALOS 和 SPOT，以及更高分辨率的 QuickBird、WorldView-1/2 和 Hyperion 等数十种。技术手段也从最初的线性和环形构造、线-环-色-带-块遥感找矿 5 要素，发展到近几年半定量的遥感异常、蚀变矿物组合和定量化典型蚀变矿物信息提取。通过对比分析发现，在示矿信息（与成矿相关信息）提取的过程中，主要利用近红外（NIR）波段，特别是光谱范围介于 2000～2500nm 之间的波段，可见传感器若能提供更优越的近红外（NIR）波段（在保证信噪比的同时提供光谱和空间分辨率），将为遥感示矿信息提取提供直接有效的支撑，为遥感地质矿产调查与评价工作奠定良好的基础。

（6）在境外地质矿产遥感调查与评价中，逐步形成了分层次多尺度的地质矿产遥感勘查路线，并明确了服务对象。就找矿效果而言，比例尺越大可靠性相对越小，服务于勘探企业的遥感工作尺度应大于 1:5 万，应根据特定探矿权区及其矿种制定相对应的技术路线和技术方法。

（7）境外遥感综合圈定的找矿靶区验证工作，应当采用重点有利部位实地验证，部分有利地段与已知矿床或化探/航磁异常相互验证，并与高分辨率卫星影像等相结合的验证方式，可提高遥感综合调查与评价的可靠性。

（8）遥感示矿信息提取与矿产资源潜力评价，要密切与地质工作相结合，充分利用已有的地质背景资料，分析研究区控矿因素，建立地质找矿模型，再结合地质矿产遥感勘查技术，提取研究区示矿信息，并建立研究区遥感找矿模型。

从上可知，开展境外地质矿产调查，务必明确目标任务，深入实际调研，运用遥感与地理信息系统一体化等手段，面向目标开展多元综合分析，有的放矢地开展地质调查与评价。

第9章 地质环境遥感调查与监测

遥感技术实现了一览尽收全球万里河山的梦想。航天遥感以一个连续覆盖全球的、可重复观测的图像信息,把复杂、开放的地球表层系统内部各种地物的特性、分布和演变全面地显示出来。这样,人们就能够把不同的地表层作为有机联系的整体来考虑,并在计算技术的支持下,通过"人机交互"的方式,从纷杂的图像"信息海洋"中,依据不同地物所具有的波谱特性,快速、准确地把它们区分开来。从定性到定量开发出满足于宏观决策和区域开发的通用化、模式化的大到全球小到农场的多层面的服务平台。进入 21 世纪,遥感应用则朝着以不同的比例尺、不同的空间高度、不同时间间隔的重复观测、不同的对地面目标的识别精度,显示从陆地到海洋的资源环境的现状和演化。通过计算机软件系统的模式和模型分析,来预测未来的发展方向。

9.1 石漠化遥感调查与监测

石漠化是地球生态环境荒漠化的一种,即在湿润-半湿润气候条件下,由水蚀作用引起的石质荒漠化,主要发生在岩溶地区,或以岩溶为主的地区。石漠化是气候变异和人类活动导致的地表森林植被破坏、土壤侵蚀加剧、土层变薄基岩逐步裸露,并使地表呈现荒漠景观。其结果是直接导致耕地锐减、农业减产和谷物与畜产品为原料的工业崩溃,造成区域经济衰退,严重威胁社会的稳定和经济的可持续发展。

利用环境遥感技术,通过石漠化现状调查,编制石漠化分布图和碳酸盐岩-岩溶地貌图,建立岩溶地区石漠化空间数据库等,可较全面地反映石漠化的分布、程度及发展趋势,为石漠化形成与演化分析、地下水资源计算、岩溶水文地质条件分析等提供基础资料,同时可为石漠化的治理提供科学依据。

9.1.1 石漠化遥感影像特征

碳酸盐分布图是石漠化调查的基础,是岩溶石山区生态环境评价指标体系的重要因子,也是岩溶山区生态环境综合整治规划制定的重要前提。碳酸盐岩分布图可利用 TM 遥感数据制作的 TM5(R)、TM4(G)、TM3(B)合成图像,采用人机交互解译方法,对碳酸盐岩影像清晰区利用遥感影像直接勾绘;对影像模糊地区,则以地质图上碳酸盐岩界线为准进行勾绘。纯碳酸盐岩多形成峰林、峰丛、丘峰、岩溶洼地等岩溶地貌,遥感图像上多呈密集的、粗大的斑点状及蠕虫结构;高植被覆盖地区呈绿色调,多数是棕红色和绿色相间分布。岩溶洼地、谷地呈淡蓝或淡紫色调,岩石裸露区呈灰白或淡紫色调(图 9-1)。

为了更全面地综合分析石漠化现状及演化特征,同时需要编制岩溶地貌图。利用 TM5、TM4、TM3(RGB)合成图像上岩溶地貌独特的遥感影像信息,结合中国西南环境地质图进行遥感影像解译编制,以岩溶地貌组合形态为主进行分类。峰丛洼地会形成一种独特的遥感影像豹斑状形态。以广西百

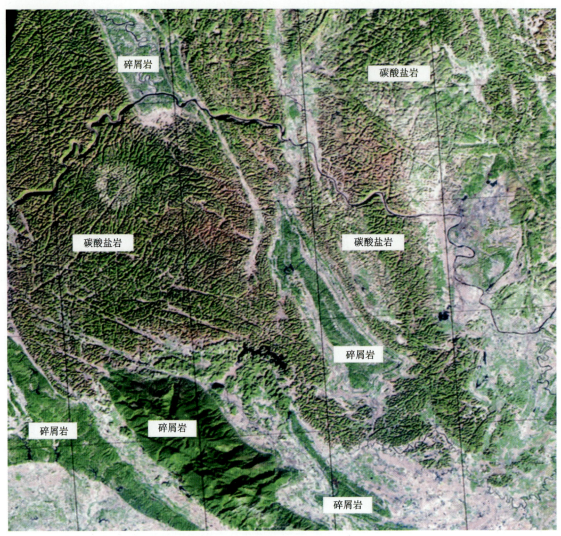

图 9-1 典型碳酸盐岩遥感影像

色地区最具特色(图 9-2a、b),呈网格状、蜂窝状、刀砍状纹理。峰林洼地地貌组合也形成了一种豹斑状形态(图 9-2c),灰白色、浅蓝色斑块为溶蚀洼地,绿色斑块代表峰林影像,一个绿色斑块代表一个峰体。孤峰残丘与岩溶平原形成了独特的影像特征,地势平坦,颜色多为灰白色、嫩绿色,偶有小斑点或疙瘩状色块零星分布其中,为岩溶孤峰或残丘(图 9-2d),是峰林洼地进一步溶蚀作用的产物。岩溶丘陵以具豆状、肾状或馒头状形态为特色(图 9-2e),其影像无峰丛地貌那样明显的纹理,但密度较大。岩溶槽谷影像具有明显的线状纹理构造,纹理间多平行排列,由山脊和槽地组成,明显受地质构造控制,也有一些呈封闭状态,反映的多是褶皱构造的影像特征,以渝东的槽谷地貌最为典型(图 9-2f)。岩溶峡谷地貌由中、高山和峡谷所组成。由于河流深切作用,峡谷特征明显,地势极为陡峻(图 9-2g),主要位于四川西昌及云南昭通等地。峡谷呈近南北方向延伸,很多峡谷与区域南北向大断裂重叠,显示了断裂的控制作用。岩溶山地和岩溶峡谷类似,岩溶山地区岩溶作用微弱,无特别标志,切割较小、高差小,多由中、低山及沟谷组成(图 9-2h)。

图 9-2 典型岩溶地貌遥感影像

9.1.2 石漠化遥感信息提取

石漠化遥感信息提取与解译以计算机自动成图为主,人机交互解译修改为辅。应用遥感信息提取模型,进行计算机自动提取石漠化信息,遥感信息提取模型的平台为 GIS 系统(石漠化信息的计算机自动提取达到 1:25 万精度)。我国西南地区地形高差较大、阴影明显、耕地多为小块零星的耕地,利用二次图像分析分类方法,可以实现石漠化遥感信息提取与成图,准确性较高。图 9-3 显示了广西壮族自治区的石漠化指数图的效果,基本上达到消除不同时相的传感器增益、太阳照度、坡向等的影响。图 9-4 显示了一次、二次图像分类法的石漠化信息提取效果。

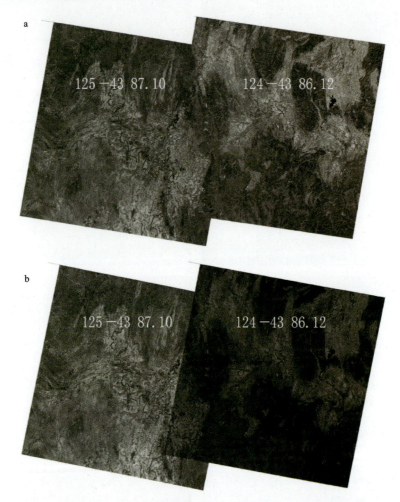

图 9-3　广西壮族自治区的石漠化指数图(a)和 TM3/TM4 的比值运算图(b)

9.1.3　石漠化调查与演变分析

1. 西南岩溶石山地区各省石漠化面积调查分析

图 9-5、图 9-6 是利用遥感调查获取的西南岩溶地区 8 个省(区、市)石漠化分布资料,显示石漠化主要发育在滇、黔、桂 3 个省(区)。据统计,滇、黔、桂 3 个省(区)研究区面积 496 517.98 km²,占西南岩溶石山地区面积的 65.33%;出露碳酸盐岩面积 282 546.49 km²,占西南岩溶石山地区出露碳酸盐岩面积的 67.27%。3 个省(区)石漠化面积总和为 88 091.70 km²,占西南总石漠化面积的 83.85%。

第9章 地质环境遥感调查与监测

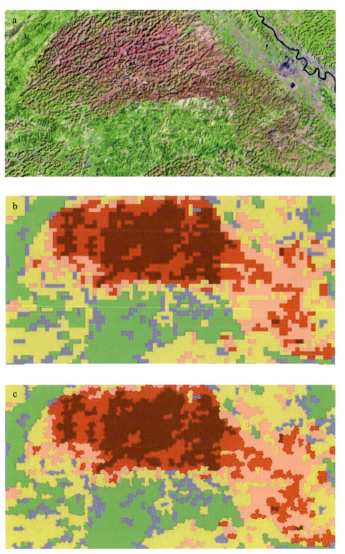

a.广西平果县果化镇 TM5(R)4(G)3(B)影像；b.广西平果县果化镇一次图像分析的信息提取效果；
c.广西平果县果化镇二次图像分析分类法的信息提取效果。

图 9-4　一次、二次图像分析分类法的石漠化信息提取效果对比

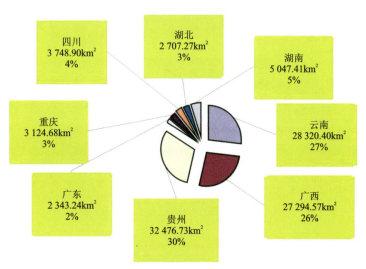

图 9-5　西南岩溶石山地区各省(区、市)石漠化面积及其大概占比

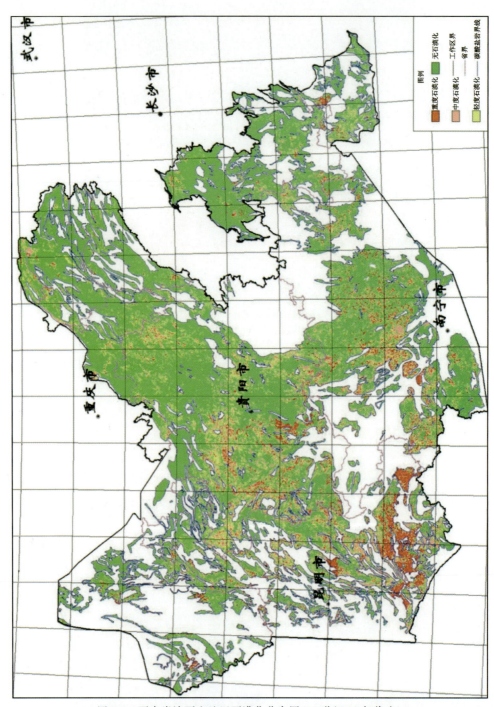

图 9-6　西南岩溶石山地区石漠化分布图(20世纪90年代末)

经过二次图像的比较分析,从20世纪80年代末到90年代末,西南岩溶石山地区的石漠化面积从 82 942.65km²,增加到 105 063.20km²,净增 22 120.55km²(图9-7)。图9-8显示石漠化加剧主要发生在贵州和广西,次为云南和重庆的石漠化加剧面积也较大,全区石漠化加剧率为5.94%(图9-9)。

第 9 章 地质环境遥感调查与监测

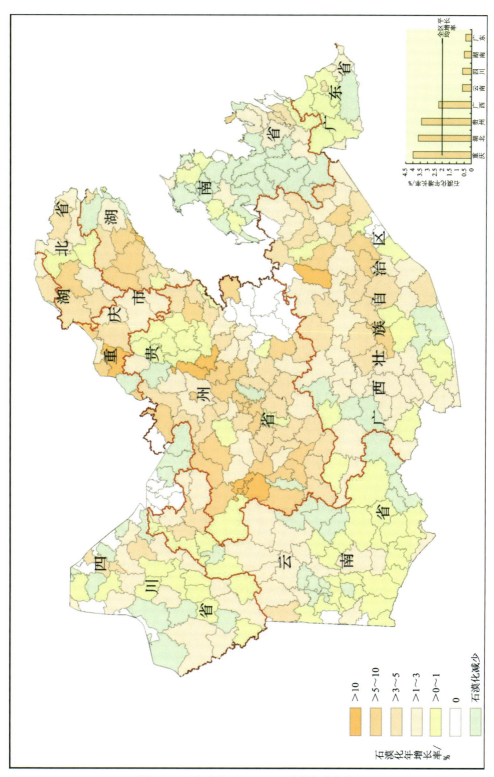

图 9-7 西南岩溶石山地区石漠化年增长率

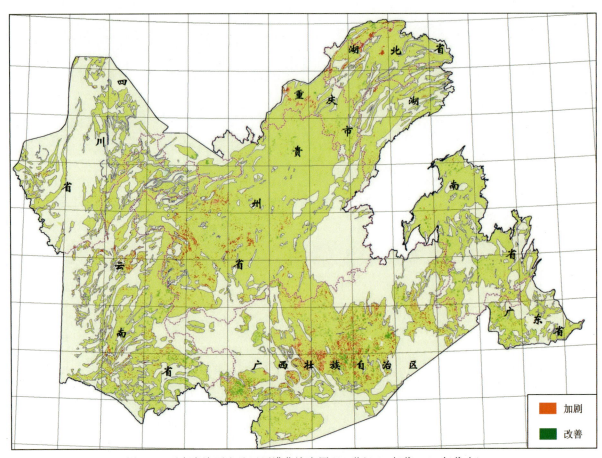

图 9-8　西南岩溶石山地区石漠化演变图(20 世纪 80 年代—90 年代末)

通过遥感调查发现,西南岩溶地区的石漠化在总体上呈恶化趋势,只是在局部地区有所改善。演变具体情况是,石漠化加剧的面积为 24 958.81km^2,其中轻微加剧的面积为 15 175.02km^2,严重加剧的面积为 9 783.79km^2;石漠化改善的面积为 4 869.07km^2,其中轻微改善的面积约 1 809.02km^2,明显改善的面积为 3 060.05km^2,石漠化加剧的面积和改善的面积比约 5.13∶1。

2. 湖南省石漠化在碳酸盐岩地区加剧特征分析

石漠化加剧面积占湖南全省出露碳酸盐岩总面积的 1.49%,高于此水平的县市有 25 个。石漠化加剧比例居前十位的地区依次是泸溪县(14.88%)、澧县(11.39%)、临澧县(11.36%)、麻阳苗族自治县(9.91%)、汝城县(7.32%)、凤凰县(5.33%)、临武县(4.78%)、慈利县(4.52%)、衡阳市(4.51%)和宜章县(3.41%)。碳酸盐岩夹碎屑岩地区的石漠化加剧比例最高,达到 2.26%(图 9-10)。其他类型碳酸盐岩地区的石漠化加剧比例均低于全省石漠化加剧的平均水平。

3. 湖南省石漠化在岩溶地貌区的加剧特征

湖南省各地貌类型中,岩溶槽谷和峰丛洼地的石漠化加剧比例最大,分别为 3.54% 和 3.16%;其他几种地貌类型的石漠化加剧比例均小于全省平均水平(9-11)。

4. 湖南省石漠化在碳酸盐岩地区的改善特征

石漠化改善面积占全省出露碳酸盐岩总面积的 1.03%。高于此水平的县市有 20 个。石漠化改善比重大的前 10 个地区依次是临澧县(8.31%)、双牌县(4.30%)、石门县(3.20%)、东安县(3.04%)、慈利县(2.71%)、新化县(2.70%)、道县(2.66%)、宁远县(2.56%)、桃源县(2.54%)和江永县(2.42%)。

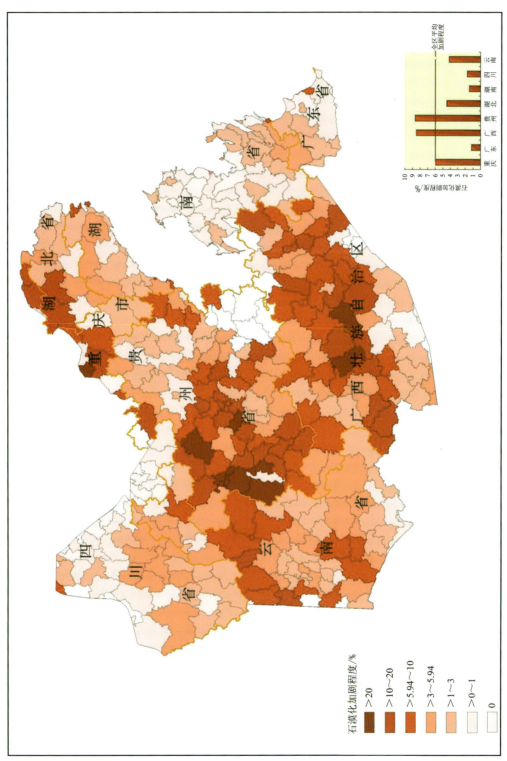

图 9-9　西南岩溶石山地区石漠化加剧程度分布图

从图 9-12 可知,灰岩与白云岩互层中的石漠化改善比例最大,为 1.66%;其次是碳酸盐岩夹碎屑岩,石漠化改善比例略高于全省平均水平,达到 1.12%;纯灰岩、碎屑岩夹碳酸盐岩、纯白云岩地区的石漠化改善比例均低于全省平均水平。

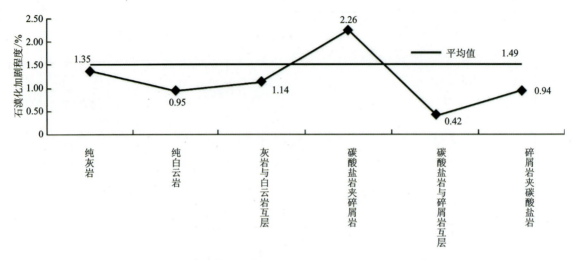

图 9-10　湖南省各碳酸盐岩类型地区的石漠化加剧程度

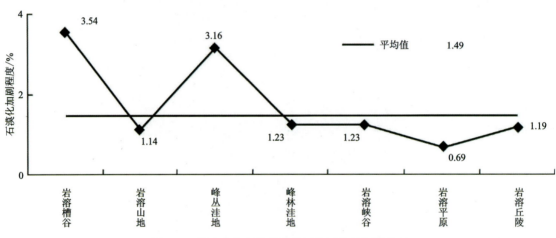

图 9-11　湖南省各地貌类型地区的石漠化加剧程度

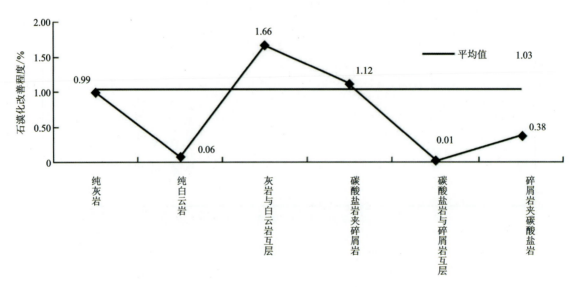

图 9-12　湖南省各碳酸盐岩类型地区的石漠化改善程度

5. 湖南省石漠化在岩溶地貌地区的改善特征

湖南省各种地貌类型地区的石漠化改善比例也各不相同,峰丛洼地的石漠化改善比例最高,达到 4.43%,其次是峰林洼地,为 3.11%;岩溶平原和岩溶山地的石漠化改善比例略高于全省平均水平,分别为 1.18% 和 1.55%;而岩溶丘陵和岩溶槽谷的石漠化改善比例却小于全省平均水平(图 9-13)。

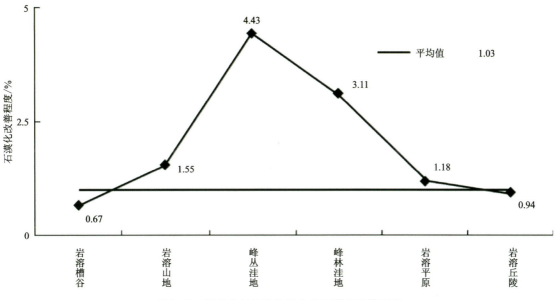

图 9-13　湖南省各地貌类型中的石漠化改善程度

6. 湖南省石漠化改善与 20 世纪 80 年代末石漠化的相关关系

20 世纪 80 年代末石漠化面积为 4737.19km^2,改善面积为 576.99km^2。其中,重度石漠化的改善面积为 191.26km^2,占 80 年代末石漠化面积的 4.04%,占石漠化改善总面积的 33.15%;中度石漠化的改善面积为 200.54km^2,占 80 年代末石漠化面积的 4.23%,占石漠化改善总面积的 34.75%;轻度石漠化的改善面积为 185.19km^2(图 9-14),占 80 年代末石漠化面积的 3.91%,占石漠化改善总面积的 32.10%。

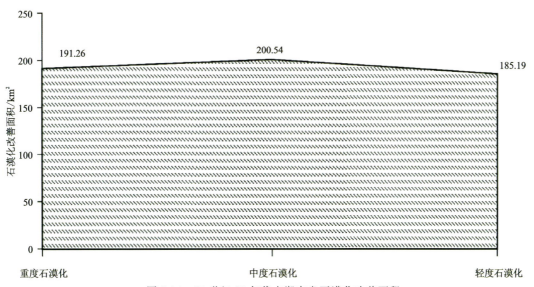

图 9-14　20 世纪 80 年代末湖南省石漠化改善面积

9.2 矿区环境遥感动态监测分析

针对我国矿产资源开发比较粗放，无证开采（图 9-15）、乱采滥挖等违法行为频繁发生的状况，自然资源部开展了矿产资源开发状况遥感动态监测，取得了良好的监测效果，确定了实施监测的技术路线与方法，建立了问题发现和查处的措施，解决了定性难的问题。这项工作的开展对自然资源部行使政府职能，适时地获取客观基础数据，提高监督管理质量，及时打击违法开采和威慑乱采滥挖等违法活动，维护正常的矿产资源管理秩序，以及矿区环境的综合整治都具有十分重要的意义。图 9-16 反映某开采点的遥感监测的效果，对乱采滥挖、非法开采起到了一定的震慑作用，获得了很好的社会效益。

图 9-15　无证铁矿开采点遥感监测与实景

图 9-16　塌陷坑群遥感监测及实景

根据遥感监测结果，自然资源部要求有关省（区、市）自然资源厅组织查处。大部分自然资源厅十分重视，对监测的情况进行了核实和查处，取缔了各类非法开采点，打击了私开乱挖行为。

9.3 自然景观遥感研究

遥感技术作为一种非接触的、远距离的探测技术,广泛应用于对地观测领域的地物识别与分类,其具有覆盖面积大、空间分辨率高、获取成本相对低等优势。遥感技术从 20 世纪 90 年代就广泛应用于地质调查相关工作中,在区域地质、矿产地质及环境地质调查中发挥了重要的作用,成为地质调查不可或缺的手段之一。随着近几年地质遗迹调查项目的逐步开展,遥感技术也开始有了新的应用领域。通过开展遥感地质遗迹自然景观(天坑等)调查,对确定地质遗迹自然景观资源的外部形态及分布范围起到了重要的作用,已逐渐成为该类调查研究工作必不可少的一环。

近年来,随着我国对自然生态环境的保护与利用程度不断提升,先后开展了一系列关于自然景观的调查研究工作。地质遗迹作为自然景观的重要组成部分,进行广泛而深入的调查研究显得尤为重要。在大范围地质遗迹调查研究的过程中,遥感技术被广泛应用,取得了良好的实用效果。接下来,以"汉中天坑群地质遗迹调查"项目中的遥感部分为例,展现遥感技术在地质遗迹自然景观调查中的技术方法及应用成效。

9.3.1 自然景观遥感影像数据类型及应用

根据获取方式的不同,地质遗迹自然景观遥感调查研究常用的遥感数据主要分为航天影像数据、航空摄影数据。航天影像数据发挥其大范围、多光谱、长时序的特点,用以解译区域地质遗迹自然景观要素,诸如地形地貌、地层岩性、植被覆盖、地表水体等,为开展地质遗迹自然景观遥感解译、动态监测与变化检测提供基础。通过航空摄影平台获取的影像,其优势在于高分辨率以及实时影像数据获取,可以对规模较小的景观类型进行识别。依托航空摄影平台,运用倾斜摄影和三维可视化技术构建的三维模型可以全方位、立体式地展现地质遗迹特征及微地貌景观,有助于进一步细化解译成果,进行精确的地理信息数据量测与采集,为进一步开展遗迹景观评价及形成机理研究提供基础数据。

除常规多光谱遥感影像外,航空或航天激光雷达获取的三维点云数据可以精确提取地形测绘与植被特征数据。高光谱影像包含更多的光谱信息,可以更细致、准确地识别自然景观中的矿物、植物物种等。

航天卫星遥感主要的优势在于数据覆盖面大、种类多、具有多种不同的空间尺度,在汉中南部岩溶地质遗迹资源的前期调查中,能够全面把握工作区内地质遗迹的分布特点,结合地形地貌,快速准确地进行工作部署。针对不同类型的卫星影像在光谱特征及空间分辨率上具有一定的差异,结合工作区内不同类型的地质遗迹资源,有针对性地选择相应的卫星影像进行遥感解译。例如:ETM 数据光谱范围较大,影像色调丰富,对识别区内主要断裂构造、半裸露石林及大型塌陷型天坑具有一定的优势;而高分辨率的高分系列、资源系列、SPOT、WorldView 及 IKONOS 数据则充分利用了其较高的地物识别率,可以解译出褶皱、中型天坑及岩溶洼地等相关地质遗迹要素。通过前期对各种卫星影像进行数据处理及遥感解译,同时开展了适当的野外验证工作,圈定了一大批具有一定规模的岩溶区地质遗迹点。图 9-17 是不同数据源对岩溶区地质遗迹自然景观资源的识别对比。

随着汉中天坑群地质遗迹调查工作的不断深入,传统卫星遥感数据已无法满足开展大比例尺天坑地质遗迹资源调查的需要,为了在较短时间内弄清汉中天坑群的分布范围及准确规模,采用了灵活机动的低空无人机航摄航空遥感技术。无人机航摄系统具有机动灵活、快速高效、精细准确、作业成本低、适用范围广等特点,在快速获取小范围和地形复杂区域的高分辨率影像(图 9-18)方面具有明显的优势。该技术极大地提高了工作效率,为快速开展地质遗迹自然景观调查工作提供了有力支撑。

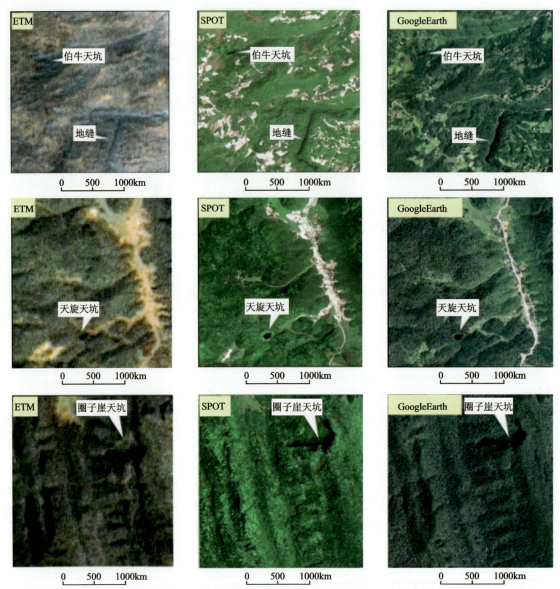

图 9-17　基于卫星影像的典型地质遗迹自然景观资源识别对比

图 9-18　汉中市宁强县禅家岩伏流天坑无人机航摄遥感影像

在具体工作过程中,不仅需要对天坑坑口形态准确判读,并且对于天坑空间数据的量测及三维可视化都提出了新的要求。以往的卫星遥感数据以及无人机正射影像图在结合 DEM 的情况下,虽然可以生成三维模型,但其测量精度及地物精细度均无法满足进一步的需要。通过无人机三维倾斜摄影技术,搭载多台传感器,以不同角度对地面进行快速高效的遥感数据采集,获取不同拍摄角度的遥感影像及相关数据信息。倾斜影像不仅能够真实地反映地物形态,并且依据倾斜影像及飞行平台 POS 数据能够构建精细的三维可视化模型,具有量测精度高、建模速度快、经济效益好等诸多优点。

1)三维可视化

三维可视化可以使野外调查人员在室内全方位、多视角对工作区天坑进行筛查、判读、解译,大大减少野外工作量。既可以有效补充工作区内卫星影像精度低的问题,又能够解决航空正射影像无法直观感受天坑深度及周围地形起伏的不足;既节约了野外调查组工作时间及项目经费开支,又为该领域专家指导工作提供了先见性体验,极大地满足了项目的各类需求。

2)空间坐标获取

根据三维影像很大程度上确定了天坑的规模及地理位置,在后期野外实地调查工作中,调查人员可以根据三维影像所反映的真实地貌及精准坐标,用来设计野外调查路线,避免野外工作中不必要的道路探寻、位置查找、方向迷失等问题,实现野外调查工作精确到点,快速、高效地实施野外调查工作。

3)精确测量

天坑所在地区往往人迹罕至,周围丛林密布,在现场确定坑口形态、坑深、坑口直径等数据难度较大,即便可以获取也十分费时费力。这些工作完全可以在高精度三维模型中完成,建模软件中的距离量算功能可以对坑口横轴和纵轴长度、坑口轮廓、坑深、相对高度等进行准确测量,获得真实数据。在此基础上还可以完成坑底洞穴口径的测量、溶洞洞口朝向测量等工作,极大地提高了工作效率与测量准确度。

4)体积量算

无人机航摄三维模型通过软件中的容积计算功能,只需圈定坑口范围便可根据其生成天坑内部剖分网格,并选取网格节点高程值综合计算出坑内填方量,从而得知天坑内部容积。传统方法需在天坑坑壁进行激光测量,往往需要测量大量数值才能保证其准确程度,因受到植被遮挡、坑壁破碎、通视条件的限制无法得到精确数值。通过建立高精度倾斜摄影三维模型,可以有效避免传统方式的缺陷,大大提高天坑容积的量测精度,为科学研究及天坑规模判定提供有力的数据支撑。

5)成果展示

利用倾斜摄影高精度三维影像,可以完成 360°全域观测,制定飞行模式线路进行沿线观察。同时在天坑后期宣传视频制作、电子沙盘展示、旅游开发规划、全息浸入式体验等方面提供了良好的素材及数据基础,便于天坑以数字形式完美展现,增强调查人员对天坑的直观感受。

雷达卫星具有很多光学卫星不具备的优越能力,突出表现在无论云、雾、雨、雪等天气,它都能穿透大气稳定成像,保持全天时和全天候的遥感能力,雷达卫星的雷达波能穿透土壤和植被,可以探测地表目标。雷达遥感在不同的波段下,对土壤穿透的深度不一样,通过不同波段的 SAR 雷达卫星遥感,还可以反演地表土壤特征,更好地反映出地面的含水量、含盐量,以及地面物体的外形和纹理特征,采用光学卫星遥感影像结合雷达卫星遥感影像(图 9-19)开展综合解译,能更好地解译地质遗迹自然景观目标。

9.3.2 天坑自然景观遥感调查

天坑自然景观遥感调查采用"卫片普查,航测详查"的工作思路,形成"确立工作区范围→影像采集→初步室内解译→野外验证→建立解译标志→二次详细解译→形成遥感解译表→野外详细调查"的工作

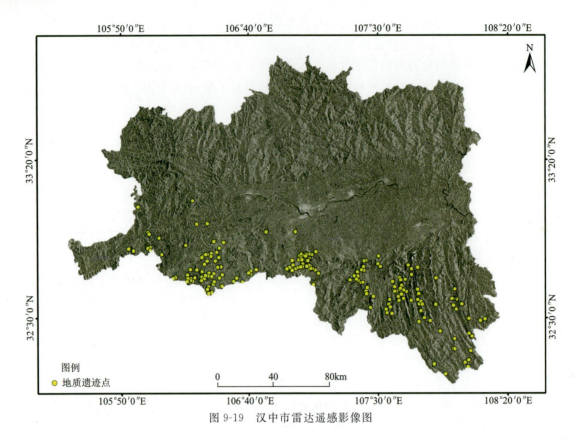

图 9-19 汉中市雷达遥感影像图

方法(图 9-20)。工作中首先利用中低分辨率卫星影像数据(如 ETM、IRS-P6、国产资源卫星系列等)对工作区内地质遗迹资源及常规地质要素进行初步解译,主要识别区内大型岩溶洼地、深切峡谷、岩溶湖泊、地貌景观及地层岩性、区域性断裂构造等相关信息;其次采用高分辨率的卫星影像数据(如国产高分卫星系列、SPOT、WorldView、IKONOS 等)对区内重要地质遗迹资源及典型地质要素进行详细解译,主要识别中大型天坑、峰丛洼地、石林、地缝、岩溶泉及主要褶皱构造,并对其规模及形态进行描述;最后对区内岩溶地质遗迹资源重点区进行低空无人机航摄,主要识别小型天坑、天生桥、岩溶漏斗、竖井、崖壁出水口及具有一定规模的节理裂隙等遗迹类型及地质要素,并开展典型岩溶地质遗迹资源(特别是天坑)的详细调查,采用倾斜摄影技术方法,结合三维可视化对主要天坑地质遗迹资源的外部形态及垂直深度进行量测。通过对工作区开展多层次的遥感解译,充分发挥了遥感技术方法的直观性和准确性,发现了一大批重要的岩溶地质遗迹资源,如位于镇巴的圈子崖天坑、天悬天坑、巴山林罗城、星月湖;位于南郑的伯牛天坑、回龙沟地缝、九重台瀑布;位于宁强的地洞河天坑、西流河峡谷;位于西乡的双漩窝天坑、大河石林等。

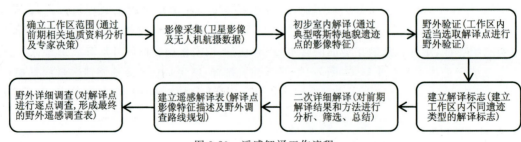

图 9-20 遥感解译工作流程

通过不同类型的卫星遥感综合解译,可以识别工作区内典型的地质遗迹资源,为开展大面积岩溶区前期调查提供了基础资料。经过初步遥感解译,前期基于卫星影像结合雷达影像(图 9-21),共解译

96处与岩溶区天坑地质遗迹相关的解译点（以天坑为主要解译对象）。

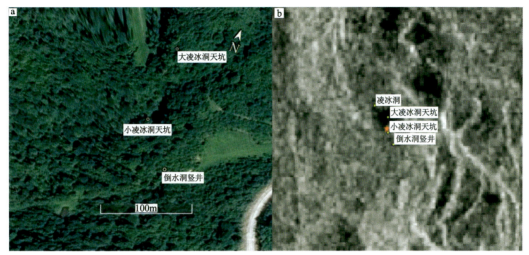

a.高精度光学遥感影像；b.雷达影像。

图 9-21　小凌冰洞天坑遥感影像图

由于工作区主要位于秦巴山区，植被覆盖度较高，加之地形切割较深，卫星数据受到采集时相及阴影的影像，容易产生一定的解译误差（特别是天坑解译点）。通过对解译点的逐一野外验证（图 9-22），最终确定了 54 处卫星遥感解译出的天坑地质遗迹点，其平均解译准确率为 55.3%（表 9-1）。

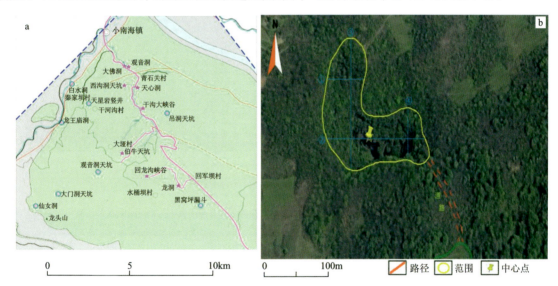

a.汉中市南郑区考察路线图；b.伯牛天坑考察路线图。

图 9-22　野外验证示意图

表 9-1　前期地质遗迹资源卫星遥感解译一览表

序号	遗迹类型	地理位置	室内解译数量/处	野外验证数量/处	解译准确率/%
1	天坑	西乡县骆家坝镇	5	3	60
2	天坑、落水洞、洼地	南郑县小南海镇	22	15	68.1
3	天坑	南郑县小西河乡	8	3	37.5
4	天坑	镇巴县简池镇	7	3	42.9
5	天坑、落水洞	镇巴县三元镇	20	11	55

续表 9-1

序号	遗迹类型	地理位置	室内解译数量/处	野外验证数量/处	解译准确率/%
6	天坑	城固县大盘乡	5	3	60
7	天坑	西乡县大河乡	3	2	66.7
8	天坑	镇巴县大池镇	4	2	50
9	天坑、洼地	宁强县水田坪乡	7	4	57.1
10	天坑	宁强县禅家岩乡	4	2	50
11	天坑	宁强县二郎坝乡	8	4	50
12	天坑	宁强县毛坝河镇	3	2	66.7
		汇总或平均	96	54	55.3

通过前期卫星遥感影像的综合解译，圈定了汉中南部岩溶区地质遗迹资源重点分布区，主要分布于南郑区小南海一带、西乡骆家坝一带、宁强禅家岩一带及镇巴三元镇一带。采用哈苏 H4D-50 数字测绘相机进行无人机数字航空摄影（图 9-23），共完成 1∶2000 无人机低空摄影 8 个架次，摄影面积 270km²。

a. 无人机影像；b. 雷达影像。

图 9-23 镇巴县三元天悬天坑遥感影像图

无人机正射影像由于采集时间灵活，加上其较高的空间分辨率（优于 20cm），对小型天坑、漏斗及洼地等岩溶地质遗迹资源识别度较高。经过室内解译，基本可以确定各种遗迹类型的规模及形态，共解译出 34 处与天坑相关的地质遗迹点，平均解译准确率达到 75.5%（表 9-2）。

表 9-2 地质遗迹资源无人机航摄遥感解译一览表

序号	遗迹类型	地理位置	室内解译数量/处	野外验证数量/处	解译准确率/%
1	天坑、落水洞、洼地	南郑小南海一带	12	8	66.7
2	天坑	西乡骆家坝一带	12	10	83.3
3	天坑	宁强禅家岩一带	8	6	75.0
4	天坑	镇巴三元镇一带	13	10	76.9
		汇总或平均	45	34	75.5

9.3.3 遥感技术方法综合应用研究

从传统的卫星遥感到现有的无人机航空遥感,遥感技术迅猛发展,汉中天坑群地质遗迹调查充分运用了先进的遥感技术,不仅仅在地貌、构造等的解译上显示了其技术特点,在天坑群资源量调查及天坑的形成机理研究方面也起到了一定的指导作用。

1. 天坑自然景观资源量调查研究

调查区隶属于秦巴山区,山高林密,地面调查相当困难,即使抵达坑边也很难对天坑有一个整体的把握,因此对天坑的规模及坑口测量都极为困难。运用卫星遥感技术和无人机低空摄影技术,形成高分辨率遥感影像,能够更为直观地寻找和测量汉中南部的天坑地质遗迹点。运用历史卫星影像进行区域范围内的扫描工作,快速解译出疑似天坑,再对重点区域施以无人机飞行,获得更高分辨率的遥感影像,充分发挥无人机航摄的技术特点,不仅分辨率高,可识别能力强,而且对天坑还可进行相关量测,更为快速、准确地开展调查工作。运用三维建模技术,对天坑进行三维可视化,使得调查工作更进一步深入。通过各类遥感技术相结合的方法,基本可以查明区域内的天坑分布情况,且准确度极高。通过最终的成果研究充分肯定无人机遥感技术在天坑调查中的重要性,将无人机遥感技术的各个特点发挥充分。

1)直观性

真实反映地物是低空无人机航摄影像的基本特征,高分辨率使其对地物的细节反映更为充分,对地物的各类量测精度显著提高。高分辨率数据对于天坑规模的量测极其准确,在无人机飞行的时候具有固定高度,通过对高度的计算可以得出一定的轨迹,通过轨迹研究推算出高程值,同时对于天坑深度测量也具有一定的指导意义。使用 Context Capture 软件进行三维建模,形成真三维模型,在所形成的模型上直接进行三维量测,数据真实可靠且直观性强,运用该技术进行天坑直观规模测量(图9-24)。

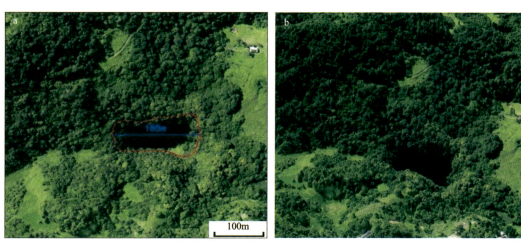

a.小南海伯牛天坑量测图;b.小南海伯牛天坑三维图。
图 9-24 基于航摄影像的二、三维测量

2)快速性

天坑调查需要快速准确定位天坑具体位置,为开展实际的地面调查打好基础,充分发挥低空高分辨率航摄数据的特点。尤其是在此类山高林密地区,地面调查极其困难,对天坑的实地测量困难也较大,运用遥感解译的方法,通过对影像不同纹理及色调的变化,主要特征为:浑圆状的阴影面,纹理较为平滑,且多发育在地势较为平缓的地区。依照以上特点,遥感目视解译快速完成。经过实地验证,准确度极高,且提供资源量的速度极快,解译天坑如图9-25所示。

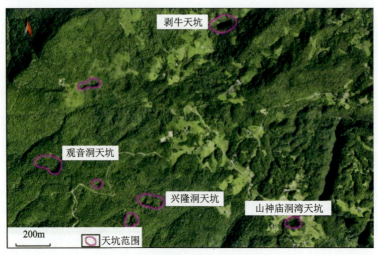

图 9-25　遥感解译天坑分布图

2. 遥感解译在天坑机理研究中的应用

存在溶蚀、侵蚀作用强大的地下河系统及集中的地表水流是天坑发育的动力条件。综合分析天坑形成的主要条件包括：①连续沉积厚度巨大的碳酸盐岩层；②岩层产状平缓及断裂发育的地质构造条件；③地下水流高强度的动力作用及其物质输出的功能等。可见，地下水系统是形成天坑的重要因素，天坑与地下河呈串珠式结构，天坑位于地下河通过的途径上。因此，分析地下水的流向就显得尤为重要，高分辨率影像的遥感解译可以间接地解释整个地区的地下水展布及影响地下水分布的原因。

下面以小南海地区为例。小南海地区的天坑主要分布在大垭台原之上，地层平缓，但构造相对发育（主要的构造展布见图 9-26），与武隆天坑等相比较具有一定差异性，现有的天坑大多没有大断层通过，多受"X"节理、裂隙控制显著，但大垭台原受区域构造的影响使其构造活动较为活跃，但大构造对天坑所构成的影响，在遥感解译中可以有一定的诠释。整个大垭台原受到北东向、北西向两组构造控制，台原面次级构造较为发育，且存在交错关系，次级构造的发育对天坑分布具有一定的导向作用。

1）阻水性

对构造展布形态分析可知，对地下水流向有直接影响的构造多为该地区的次一级构造（小断层、裂隙、节理等），走向多为近东西。图 9-27 中相对较老的近东西向正断层，由于构造面上的泥化、碳化作用，阻断了原有地下水的流通通道，受其影响，地下水则沿断层向低位流动，同时水流沿着裂隙和节理方向选择性地流动（北东向），从而形成了观音洞天坑地下水未流入北东向的伯牛天坑。

2）引导性

根据遥感解译结果，台原上部的地下河流为北东向。经实地调查，几个主要天坑内部的洞穴节理、裂隙均为北东向，从而推断节理、裂隙是形成地下暗河的主导因素。同向节理的诱导因素也为区域内的次级构造，主要为近南北向的平移断层；而且近南北向的构造与近东西向的构造存在交错关系。另外，南北向的断层时代较新，在平移剪切过程中，形成了近 45°的剪切分力，方向为北东，与区域内的北东向、北西向两组裂隙展布方向大体一致，从而解释了新构造运动对区域内的地下水流向的直接引导作用。

整个调查区（南郑县、宁强县、西乡县、镇巴县）均处在巴山弧断裂带腹地，构造较为发育，这造成了陕西的天坑成因机理有别于其他地区的天坑，现调查的中国南部天坑与构造关系不如汉中天坑紧密，受大构造单元的控制，南郑县、宁强县、西乡县的天坑特征有别于镇巴县天坑的展布，这在遥感构造解译及天坑资源量的解译中也可以明显看出。

经过上述分析，可以看出遥感技术在构造及地貌单元的解译工作中，对天坑形成机理有一个强有力的印证，对于快速完成天坑群成因机理研究提供了一个可靠的方法，相较以往的调查工作具有一定的创

第 9 章　地质环境遥感调查与监测

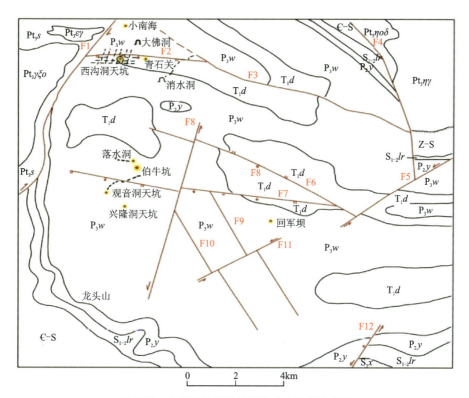

图 9-26　小南海地区地质遗迹分布及构造简图

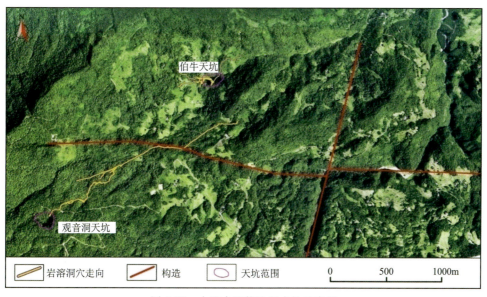

图 9-27　大垭台原构造阻水性示意图

新性。

综上所述，无论是在前期地质遗迹资源的普查中，还是在后期开展的重点工作区详细调查中，遥感技术方法在地质遗迹自然景观调查中发挥了举足轻重的作用。遥感调查工作所采用的影像数据从卫星遥感中低分辨率到高分辨率，从无人机影像的分米级到重点景观厘米级，再到高精度三维实景模型。从根本上解决了自然景观调查研究工作受特殊地形、环境影响的问题，客观准确地展现景观的诸多要素特征，不仅提高了对遗迹景观资源的识别精度，也大大提高了工作效率，节约了调查研究成本，有助于开展综合研究，全面提升对自然景观形成机理及表现形式的综合认识。

9.4 黄河上游生态遥感研究

2019年起，为全面支撑我国生态保护修复工作，中国地质调查局统筹部署了"生态地质调查工程"，重点开展了我国重点生态功能区1∶5万生态地质调查，其中西北地区旨在进一步查明冻土消融、荒漠化、水土流失等典型资源环境问题及其地质控制要素与互馈机理，遥感技术作为天-空-地一体化调查的主要手段发挥了重要作用。本案例展示内容是黄河上游地区生态状况调查监测的主要情况。

9.4.1 区域地质地理概况

1. 地形地貌特征

兰州以上黄河上游，横跨青藏高原东北边缘和黄土高原，巨大的地形反差和强烈的构造运动使黄河切开了一系列山间和山前盆地，不仅使盆地中的新生代低层暴露地表，而且还形成多达7级以上的河流阶地，并为其后数百米厚的黄土地层所覆盖，地貌和地层所覆盖。兰州以上河段主要支流有白河、黑河、大夏河、洮河、湟水、大通河，形成了龙羊峡（唐乃亥）以上黄河、龙羊峡至刘家峡的龙刘区间（洮河）、刘家峡至兰州的刘兰区间（湟水）三大水系。干流唐乃亥以上、洮河、湟水的上游，位于海拔3000m以上的青藏高原东北部的边缘地带，河源段从卡日曲始，经星宿海、扎陵湖、鄂陵湖到玛多，绕过阿尼玛卿山和西倾山，穿过龙羊峡到达青海贵德。地形复杂，河流曲折迂回，地貌类型较多，有古盆地和低山丘陵、高山峡谷、湖泊、沼泽、雪山、草地，人类活动较少，气候高寒阴湿，是黄河上游大洪水和径流的来源地。三大水系的下游河谷位于海拔1000～2000m的西北黄土高原西侧，地形破碎、土质疏松、黄土覆盖层厚、林草生长缓慢、人类活动频繁、雨量稀少、植被差、水土流失严重，是黄河上游主要泥沙来源区。从青海龙羊峡到宁夏青铜峡部分为峡谷段，该段河道流经山地丘陵，有龙羊峡、积石峡、刘家峡、八盘峡、青铜峡等20个峡谷，峡谷两岸均为悬崖峭壁，河床狭窄、河道比降大、水流湍急。从宁夏青铜峡至内蒙古托克托县河口镇部分为冲积平原段，该段流经区域大部为荒漠和荒漠草原，基本无支流注入，干流河床平缓、水流缓慢，两岸有大片冲积平原，即著名的银川平原与河套平原。沿河平原不同程度地存在洪水和凌汛灾害。

2. 地质与土壤特征

从青海卡日曲至青海贵德龙羊峡以上部分为河源段。河源段从卡日曲始，经星宿海、扎陵湖、鄂陵湖到玛多，绕过阿尼玛卿山和西倾山，穿过龙羊峡到达青海贵德。该段河流大部分流经三四千米的高原上，河流曲折迂回，两岸多为湖泊、沼泽、草滩，水质较清，水流稳定，产水量大。

从青海龙羊峡到宁夏青铜峡部分为峡谷段。该段河道流经山地丘陵，因岩石性质的不同，形成峡谷和宽谷相间的形势：在坚硬的片麻岩、花岗岩及南山系变质岩地段形成峡谷，在疏松的砂页岩、红色岩系地段形成宽谷。

从宁夏青铜峡至内蒙古托克托县河口镇部分为冲积平原段。黄河出青铜峡后，沿鄂尔多斯高原的西北边界向东北方向流动，然后向东直抵河口镇。沿河所经区域大部为荒漠和荒漠草原，基本无支流注入，干流河床平缓、水流缓慢，两岸有大片冲积平原，即著名的银川平原与河套平原。沿河平原不同程度地存在洪水和凌汛灾害。河套平原西起宁夏下河沿，东至内蒙古河口镇，长900km，宽30～50km，是著名的引黄灌区，灌溉历史悠久，自古有"黄河百害，唯富一套"的说法。

研究区土壤属青南高原山土区系,由于青藏高原地质发育年代轻,脱离第四纪冰期冰川作用的时间不长,现代冰川还有较多分布,受地质运动的影响,海拔差异大,且高海拔山地多,形成明显的土壤垂直地带性规律。随着海拔由高到低,土壤类型依次为高山寒漠土、高山草甸土、高山草原土、山地草甸土、栗钙土和山地森林土,其中以高山草甸土为主,沼泽化草甸较为普遍,冻土层极为发育。沼泽土、潮土、泥炭土、风沙土等为隐性土壤。高寒生态条件不断强化,致使成土过程中的生物化学作用减弱,物理作用增强,土壤基质形成的胶膜相对原始,区内土壤大多厚度薄,质地粗、保水性差、易侵蚀,造成水土流失。

3. 气候特征

黄河上游地处中纬度地区,深居内陆,海拔高,海洋对其影响微弱,属大陆性气候。冬半年气候干燥、寒冷,降水量稀少,多大风;夏半年降水集中。所以春季比较干旱,夏季温度偏高,秋季时间短暂,冬季相对漫长。黄河上游降雨面积大、历时长、雨强小、强连阴雨。因为夏季高温多雨,冬季寒冷少雨,所以黄河有明显的汛期和结冰期,且在夏季水位高,冬季有枯水期。黄河特殊水文特征是有凌汛,主要发生在冬春季节的上和下河段。黄河上游地势差距较大,跨越青藏高原,所以气候随着地势的高低而变化。西北地区温度要比东南低,日照也会减少,但是降水量会增多。上游地区的气温温差很大,冰冻期比较长,像秋涝、霜冻、春旱这些气象灾害很多,其降水量、温度等由于地形的影响会各不相同。

黄河上游流域位于东亚季风区,降水的年内变化主要受夏季西南及东南气流控制。降水的季节分布很不均匀,流域内年降水量有60%~80%集中在6月、9月,最少月为12月、1月,汛期月与枯水月相差悬殊,平均7月份降水量是12月份降水量的98倍,并且受流域内各地所处位置、地形、地势差异的影响,降水在流域内的空间分布差异很大。干流龙羊峡水库以下沿河一带及洮河、湟水水系的中下游地区年降水量一般在300~500mm之间。降水强度小、夜雨多是降水的另一特点。1990—2005年黄河唐乃亥以上年平均降水量为506.4mm,龙羊峡至刘家峡区间年平均降水量为450mm,刘家峡至兰州区间年平均降水量为398mm,在空间上唐乃亥以上流域的降水量略偏多,龙刘区间少11%,刘兰区间少4%。从兰州以上整个流域看基本接近常年均值。

9.4.2 黄河上游自然资源与生态退化动态监测

1. 黄河上游土地利用多时相动态变化监测

为掌握黄河上游近40年土地利用现状,分析各类土地资源空间格局变化,开展了黄河上游地区土地利用多时相遥感动态监测,多时相土地利用监测数据时间包括20世纪70年代末期(1980年)、80年代末期(1990年)、90年代末期(2000年)、2010年、2020年5期,其中1980年土地利用数据的重建主要使用Landsat-MSS遥感影像数据,1990年、2000年、2010年各期数据的遥感解译主要使用了Landsat-TM/ETM遥感影像数据,而2020年土地利用数据更新主要使用Landsat8遥感影像数据。时相上主要选择7—9月的数据进行解译。

土地利用遥感监测数据分类系统采用二级分类(表9-3):一级分为6类,主要根据土地资源及其利用属性分为耕地、林地、草地、水域、建设用地(城乡、工矿、居民地)和未利用地;二级主要根据土地资源的自然属性,分为24个类型。

表 9-3 土地利用遥感监测分类说明表

一级类 编码	一级类 名称	定义	二级类 编码	二级类 名称	说明
1	耕地	指种植农作物的土地,包括熟耕地、新开荒地、休闲地、轮歇地、草田轮作物地;以种植农作物为主的农果、农桑、农林用地;耕种三年以上的滩地和海涂	11	水田	指有水源保证和灌溉设施,在一般年景能正常灌溉,用以种植水稻,莲藕等水生农作物的耕地,包括实行水稻和旱地作物轮种的耕地
			12	旱地	指无灌溉水源及设施,靠天然降水生长作物的耕地;有水源和浇灌设施,在一般年景下能正常灌溉的旱作耕地;以种菜为主的耕地;正常轮作的休闲地和轮歇地
2	林地	指生长乔木、灌木、竹类,以及沿海红树林地等林业用地	21	有林地	指郁闭度>30%的天然林和人工林。包括用材林、经济林、防护林等成片林地
			22	灌木林	指郁闭度>40%、高度在2m以下的矮林地和灌丛林地
			23	疏林地	指林木郁闭度为10%~30%的林地
			24	其他林地	指未成林造林地、迹地、苗圃及各类园地(果园、桑园、茶园、热作林园等)
3	草地	指以生长草本植物为主,覆盖度在5%以上的各类草地,包括以牧为主的灌丛草地和郁闭度在10%以下的疏林草地	31	高覆盖度草地	指覆盖>50%的天然草地、改良草地和割草地。此类草地一般水分条件较好,草被生长茂密
			32	中覆盖度草地	指覆盖度在>20%~50%的天然草地和改良草地,此类草地一般水分不足,草被较稀疏
			33	低覆盖度草地	指覆盖度在5%~20%的天然草地。此类草地水分缺乏,草被稀疏,牧业利用条件差
4	水域	指天然陆地水域和水利设施用地	41	河渠	指天然形成或人工开挖的河流及主干常年水位以下的土地。人工渠包括堤岸
			42	湖泊	指天然形成的积水区常年水位以下的土地
			43	水库坑塘	指人工修建的蓄水区常年水位以下的土地
			44	永久性冰川、雪地	指常年被冰川和积雪所覆盖的土地
			46	滩地	指河、湖水域平水期水位与洪水期水位之间的土地
5	城乡、工矿、居民地	指城乡居民点及其以外的工矿、交通等用地	51	城镇用地	指大、中、小城市及县镇以上建成区用地
			52	农村居民点	指独立于城镇以外的农村居民点
			53	其他建设用地	指厂矿、大型工业区、油田、盐场、采石场等用地以及交通道路、机场及特殊用地

第9章 地质环境遥感调查与监测

续表 9-3

一级类		定义	二级类		说明
编码	名称		编码	名称	
6	未利用地	目前还未利用的土地,包括难利用的土地	61	沙地	指地表为沙覆盖,植被覆盖度在5%以下的土地,包括沙漠,不包括水系中的沙漠
			62	戈壁	指地表以破碎砾石为主,植被覆盖度在5%以下的土地
			63	盐碱地	指地表盐碱聚集,植被稀少,只能生长强耐盐碱植物的土地
			64	沼泽地	指地势平坦低洼,排水不畅,长期潮湿,季节性积水或常年积水,表层生长湿生植物的土地
			65	裸土地	指地表土质覆盖,植被覆盖度在5%以下的土地
			66	裸地	指地表为岩石或石砾,其覆盖面积≥5%的土地
			67	其他	指其他未利用土地,包括高寒荒漠,苔原等

在前期收集成果资料的基础上,利用 Landset 卫星数据遥感数据,建立土地利用的遥感解译标志,如表 9-4 所示。

表 9-4 黄河源地区土地利用监测遥感解译标志表

一级类编码与名称	二级类编码与名称	解译标志	影像特征
1 耕地	12 旱地		地块边界清晰,几何特征规则,呈大面积分布,可见农田防护林网格;影像色调多样,浅灰色或浅黄色(春)褐色(收割后)红色或浅红色(夏);有明显耕种纹理或条状纹理
2 林地	21 有林地	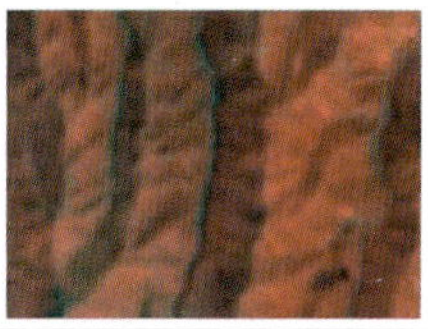	受地形控制边界自然圆滑,呈不规则形状;深红色、暗红色,色调均匀;有立绒状纹理
	22 灌木林	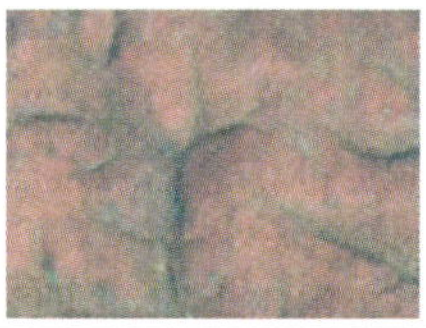	受地形控制边界自然圆滑,呈不规则形状;浅红色、色调均匀;影像结构均一
	23 疏林地	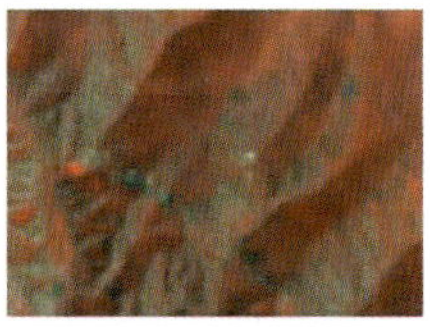	受地形控制边界自然圆滑,呈不规则形状,边界清晰;红色、浅红色,色调杂乱;影像结构不一
	24 其他林地		几何特征明显,边界规则呈块状、不规则面状,边界清晰;影像色调多为绿色或黑色;影像结构不一

续表 9-4

一级类编码与名称	二级类编码与名称	解译标志	影像特征
3 草地	31 高覆盖度草地		面状条带状块状,边界清晰;色调为绿色、淡绿色;影像结构较均匀,无纹理
	32 中覆盖度草地		面状、条带状、块状,边界清晰;色调为绿色、淡绿色、黄色;影像结构较均匀,无纹理
	33 低覆盖度草地		不规则斑块,边界清晰;色调为不均匀黄色或红色;影像结构较均匀,无纹理
4 水域	41 河渠		几何特征明显,自然弯曲或局部明显平直,边界明显;色调为深蓝色、蓝色、浅蓝色;影像结构均一
	42 湖泊		几何特征明显,呈现自然形态;色调为蓝色、蓝绿色、蓝黑色;影像结构均一
	43 水库坑塘		几何特征明显,有人工塑造痕迹;色调为深蓝色、蓝色、蓝黑色;影像结构均一
	44 永久性冰川、雪地		几何特征明显,呈现自然形态;色调为蓝色、蓝绿色、蓝黑色;影像结构均一

第9章 地质环境遥感调查与监测

续表 9-4

一级类编码与名称	二级类编码与名称	解译标志	影像特征
5 城乡、工矿、居民地	51 城镇用地		几何形状特征明显,边界清晰;色调为青色,灰色,杂有其他地类色调;影像结构粗糙
	52 农村居民点		几何形状特征明显,边界清晰;色调为青色,灰色,杂有其他地类色调;影像结构粗糙
	53 其他建设用地		边界清晰;色调为灰色或色调不均;影像结构较粗糙
6 未利用地	61 沙地		逐渐过渡,边界清晰;色调为白色或淡褐黄色;影像结构比较均一
	64 沼泽地		几何形状明显,边界清晰;色调为粉红色、红色、黑色;影像结构细腻
	65 裸土地		边界清晰;色调为白色或色调不均;比较均一
	66 裸地		边界清晰;色调为灰色或色调不均;比较均一

利用 5 期土地数据开展了多时相遥感动态监测,结果(图 9-28)显示黄河源的生态趋势并没有明显变好,草地退化较为严重,冰川退化也较为严重,黄河源范围内生态恢复还需加强。

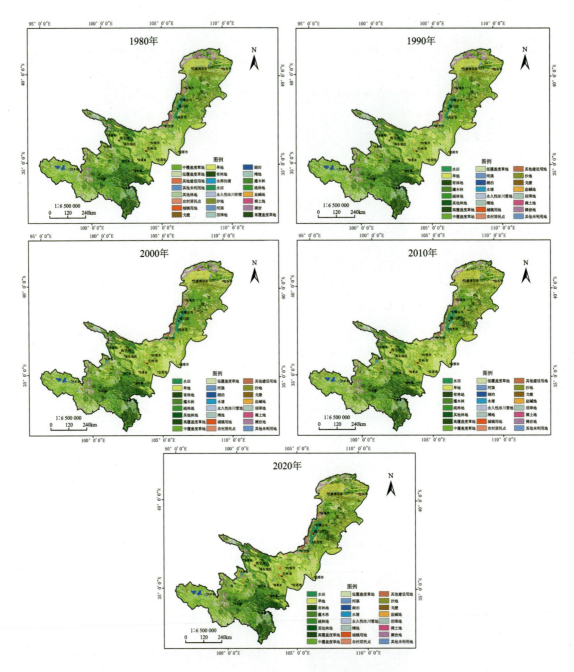

图 9-28 黄河上游地区土地利用遥感解译图

1980—2020 年期间黄河上游生态趋势虽有波动,但并没有明显变好,总的来看耕地、林地、建设用地面积有所增加,旱地减少水田增多,但草地退化较为严重,河渠、湖泊和冰川也均有退化。其中,冰川面积退化主要集中于 1990—2010 年期间,黄河上游范围内生态恢复还需加强。

从表 9-5 和图 9-29 可以看出,1980—1990 年期间,土地利用的变化不是十分明显,基本保持原有的利用类型,地类变化主要发生于近 30 年间。黄河上游地区建设用地面积持续增长,其他地类面积变化均有增有减,其中耕地与草地面积变化波动最大,且呈相反趋势。1990—2000 年期间耕地急剧增加,草地退化严重。到 2000—2010 年期间,耕地面积减少,草地退化速率变小,近 10 年间,两者面积变化有所减缓。总体在 2000—2010 年期间,草地退化面积共 3 952.05 km²,耕地增加 279.208 km²;林地与未利用地变化速率最大,均呈增长趋势;未利用地急剧减少。1980—2020 年期间林地共增加 1 151.073 km²,

未利用地减少 937.092km²。水域面积总体呈先减少后增加趋势,但永久性冰川面积 1980—2010 年期间持续减少,共计减少 163.06km²,近 10 年面积维持不变。

表 9-5　黄河上游土地利用遥感监测

一级类型	二级类型	1980—1990 年增减面积	1990—2000 年增减面积	2000—2010 年增减面积	2010—2020 年增减面积	1980—2020 年增减面积
耕地	水田	0.003	793.637	−67.200	−182.908	594.419
	旱地	−0.048	2 485.951	−2 578.471	−76.084	−315.212
林地		−0.033	15.014	1 039.671	137.648	1 151.073
草地		0.141	−3 201.124	−54.700	−427.534	−3 952.050
水域	河渠	0.003	−327.077	116.324	86.720	−92.039
	湖泊	0.004	−193.296	−13.161	−47.435	−173.956
	水库坑塘	0	239.617	62.656	198.697	509.375
	冰川积雪	0	−153.489	−9.577	0	−163.063
	滩地	−0.004	72.634	−92.197	−102.555	−96.462
建设用地		0.003	553.015	826.903	1 811.762	3 474.868
未利用地	沙地	0.028	−467.052	1 978.103	−978.155	298.500
	戈壁	−0.001	−24.197	216.727	−322.213	46.763
	盐碱地	0.002	255.311	802.184	−109.956	940.829
	沼泽地	−0.001	−197.357	282.695	30.403	79.053
	裸土地	−0.004	41.635	230.891	87.530	356.062
	裸岩	−0.021	106.673	−2 739.866	−105.858	−2 656.217
	其他未利用地	0	0	−0.986	−725.306	−2.082

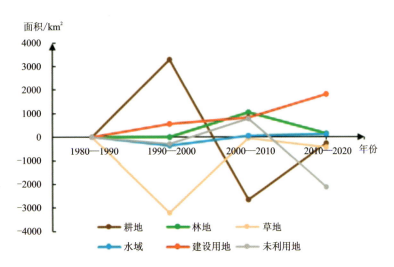

图 9-29　黄河上游地区土地覆被面积变化折线趋势图

为了确定不同时期的土地转化方向,本次工作计算了研究区 1980—2000 年,2000—2020 年的土地利用转移矩阵(表 9-6～表 9-9),进一步揭示研究区各覆盖类型间的转化情况。

表 9-6　黄河上游 1980—2000 年土地利用转移面积矩阵　　　　　　　　　　　　　　　　　单位：km²

类型	草地	耕地	建设用地	林地	水域	未利用地	总计 1980 年	减少
草地	252 667.83	3 774.73	211.01	315.25	288.22	1 217.87	258 474.92	5 807.08
耕地	963.75	49 087.44	290.41	92.90	179.00	191.52	50 805.01	1 717.58
建设用地	5.66	16.54	4 885.98	0.97	0.54	4.16	4 913.85	27.87
林地	253.02	145.41	10.03	31 907.53	9.78	53.58	32 379.35	471.82
水域	411.04	412.81	30.71	21.90	7 542.80	214.28	8 633.53	1 090.73
未利用地	972.51	647.74	38.73	55.82	251.58	49 822.92	51 789.30	1 966.38
总计 2000 年	255 273.82	54 084.66	5 466.86	32 394.37	8 271.92	51 504.32	406 995.96	
新增	2 605.98	4 997.23	580.89	486.84	729.12	1 681.40	2 605.98	
净增加	−3 201.10	3 279.65	553.01	15.02	−361.61	−284.98		

表 9-7　黄河上游 1980—2000 年土地利用转移比例矩阵　　　　　　　　　　　　　　　　　单位：%

类型	草地	耕地	建设用地	林地	水域	未利用地
草地	97.75	1.46	0.08	0.12	0.11	0.47
耕地	1.90	96.62	0.57	0.18	0.35	0.38
建设用地	0.12	0.34	99.43	0.02	0.01	0.08
林地	0.78	0.45	0.03	98.54	0.03	0.17
水域	4.76	4.78	0.36	0.25	87.37	2.48
未利用地	1.88	1.25	0.07	0.11	0.49	96.20

表 9-8　黄河上游 2000—2020 年土地利用转移面积矩阵　　　　　　　　　　　　　　　　　单位：km²

类型	草地	耕地	建设用地	林地	水域	未利用地	总计 2000	减少
草地	242 545.39	3 449.09	1 440.25	2 323.00	646.33	4 869.61	255 273.67	12 728.28
耕地	4 277.38	46 223.15	1 746.63	545.04	405.05	887.40	54 084.64	7 861.49
建设用地	306.53	429.94	4 563.62	23.22	20.94	122.61	5 466.85	903.23
林地	1 725.29	233.75	135.43	30 140.76	68.25	90.87	32 394.36	2 253.60
水域	463.87	269.11	73.26	33.28	7 043.79	388.58	8 271.89	1 228.10
未利用地	5 204.19	479.23	429.52	465.16	433.02	44 493.13	51 504.24	7 011.11
总计 2020 年	254 522.65	51 084.27	8 388.71	33 530.45	8 617.37	50 852.19	406 995.65	
新增	11 977.26	4 861.12	3 825.09	3 389.69	1 573.58	6 359.07		
净增加	−751.01	−3 000.37	2 921.86	1 136.09	345.49	−652.05		

表 9-9　黄河上游 2000—2020 年土地利用转移比例矩阵　　　　　　　　　　　　　　　　　单位：%

类型	草地	耕地	建设用地	林地	水域	未利用地
草地	95.01	1.35	0.56	0.91	0.25	1.91

续表9-9

类型	草地	耕地	建设用地	林地	水域	未利用地
耕地	7.91	85.46	3.23	1.01	0.75	1.64
建设用地	5.61	7.86	83.48	0.42	0.38	2.24
林地	5.33	0.72	0.42	93.04	0.21	0.28
水域	5.61	3.25	0.89	0.40	85.15	4.70
未利用地	10.10	0.93	0.83	0.90	0.84	86.39

1980—2000年期间（表9-6、表9-7），草地、水域与未利用地呈退化状态，其中草地、耕地与未利用地耕地转化为其他地类的面积较大，耕地转入面积大于转出面积。草地与耕地间互相转换，耕地转换为其他地类面积共计1 717.58 km^2，主要转化为草地面积为963.75 km^2，草地转换为其他地类面积共计5 807.08 km^2，其中转化为耕地面积为3 774.73 km^2；未利用地与水域也主要转化为草地与耕地；由于草地转出大于转入面积，因此草地面积总体呈减少状态，共计减少3 201.10 km^2，主要转化为耕地与未利用地。

2000—2020年期间（表9-8、表9-9），各地类转换面积均高于1980—2000期间，草地、耕地与未利用地呈退化状态，其中草地主要转换为耕地、林地与未利用地；耕地主要转换为草地与建设用地，其中转换为建设用地面积1 746.63 km^2，从2020年分类图中可看出，兰州、白银等及黄河上游东北部城镇地区建设用地面积扩张明显。

2. 黄河上游地区景观格局变化分析

景观指数可以定量地描述景观格局，建立景观结构与过程或现象的联系，更好地理解与解释景观功能。目前描述景观格局的指数很多，但很多指数之间具有高度相关性。参考前人研究和研究区的景观特征，共选取9个景观指数，分别为斑块数量（NP）、斑块密度（PD）、斑块占景观面积的比例（PLAND）、景观形状指数（LSI）、最大斑块面积指数（LPI）、蔓延度（CONTAG）、分离度（DIVISION）、Shannon多样性指数（SHDI）、Shannon均匀度指数（SHEI）。

对FRAGSTATS的计算结果进行统计，得到了研究区各景观类型特征指标和景观水平指标变化状况（表9-10、表9-11）。

表9-10 1990—2020年黄河上游各景观类型特征指标

景观类型	斑块密度(PD)/(个·100hm^{-2})				斑块所占景观面积的比例(PLAND)/%				景观形状指数(LSI)			
	1990年	2000年	2010年	2020年	1990年	2000年	2010年	2020年	1990年	2000年	2010年	2020年
耕地	0.067 4	0.058	0.024 2	0.024 5	12.483	13.288 8	2.047 7	2.116 6	364.036 6	360.660 6	155.557 5	155.015 1
林地	0.065 2	0.064 8	0.063 8	0.037	7.955 4	7.959 2	8.214 6	12.495 7	320.717 4	321.723 1	324.572 6	219.616 3
草地	0.051 8	0.047 2	0.046 6	0.047 2	63.508	62.720 9	62.706 5	62.536 3	326.206 4	328.207 7	331.539 5	331.956
水域	0.027 6	0.024 2	0.056 1	0.056	2.121 2	2.031 2	12.639 2	12.552 7	160.860 7	154.390 9	371.057 5	370.784 8
建设用地	0.061 4	0.063 5	0.065 2	0.064	1.207 4	1.343 4	1.546 5	8.238 5	188.091 3	189.513 9	200.492 1	324.095 3
未利用地	0.043 8	0.04	0.036 9	0.064	12.725 1	12.655 8	12.845 6	2.060 4	210.405 1	209.878 6	217.509 4	192.133 7

表 9-11　1990—2020 年黄河上游景观水平指标

时间	斑块数量(NP)/个	最大斑块面积指数(LPI)/hm²	蔓延度(CONTAG)/%	分离度(DIVISION)	Shannon多样性指数(SHDI)	Shannon均匀度指数(SHEI)
1980 年	129 100	31.452 5	57.087 8	0.874	1.146 9	0.640 1
1990 年	129 100	31.452 5	57.087 8	0.874	1.146 9	0.640 1
2000 年	121 393	30.794 1	56.638 9	0.880 4	1.160 9	0.647 9
2010 年	119 343	30.549 8	56.268 5	0.883 1	1.167 1	0.651 4
2020 年	119 176	31.602 9	55.790 2	0.876 2	1.181 2	0.659 2

(1)在 1980—2000 年间,耕地斑块密度(PD)、斑块占景观面积的比例(PLAND)及景观形状指数(LSI)分别呈减小、增加、减小趋势,耕地斑块密度下降,斑块面积比上升,形状指数进一步减小,说明周围更多的其他景观类型转化为耕地,使其连成了更多大斑块,同时形状变得更为规则和单一。2000—2020 年斑块密度(PD)、斑块占景观面积的比例(PLAND)及斑块形状指数(LSI)均呈减小趋势,该类景观破碎化现象减弱,斑块面积比下降,形状指数进一步减小,结合土地利用类型变化分析,耕地在这 20 年间面积减少,以前部分破碎的小斑块转化为其他地类,破碎化显现减弱形状也变得更为规则和单一。分析 2000 年以前耕地扩张严重,2000 年后实施退耕还林还草,这一时期研究区大量耕地被退耕正是这一变化的原因。

(2)在 2000—2020 年间,林地斑块密度(PD)、斑块占景观面积的比例(PLAND)及景观形状指数(LSI)分别呈减小、增加、减小趋势,在此期间林地景观破碎度减弱,斑块面积比升高,形状指数进一步减小,说明周围更多的其他景观类型转化为林地,使其连成了更多大斑块,形状变得更为规则和单一。

(3)在 1980—2020 年间,草地斑块密度(PD)、斑块占景观面积的比例(PLAND)及景观形状指数(LSI)分别呈减少、减少、增加趋势,在此期间草地景观破碎度减弱,斑块面积比降低,周围破碎斑块转化为其他地类,且形状呈不规则变化,草地退化。

(4)在 2000—2010 年间,水域斑块密度(PD)、斑块占景观面积的比例(PLAND)及景观形状指数(LSI)均呈升高趋势,2010—2020 年间区域平稳。2000—2010 年间破碎度增加,斑块面积比升高,有其他地类转入其中,形状更为复杂。

(5)在 1980—2010 年间,建设用地斑块密度(PD)、斑块占景观面积的比例(PLAND)及景观形状指数(LSI)均呈增加趋势,2010—2020 年间呈减少、增加、增加趋势。说明 1980—2010 年间其破碎度增加,有其他地类转入,斑块面积比上升,形状更为复杂;2010—2020 年间,破碎度降低,中间其他地类斑块转入其中,使建设用地斑块更为聚集,周边斑块形状更为复杂。

(6)在 1990—2020 年间,未利用地斑块密度(斑块数量/景观总面积)增加,斑块占景观面积的比例下降,可见未利用地景观类型发生了破碎化现象,以前的大斑块一部分破碎变为更多的小斑块,另一部分则直接转变为了其他景观类型,导致原有斑块的数量和面积减少;同时未利用地景观类型的形状指数则呈先增加后减小的趋势,景观形状指数(LSI)增加表示景观形状变得更不规则和复杂,认为这是因为该类景观发生了破碎化,产生了众多形状不规则的小斑块,后又聚合为大斑块,而小斑块的产生更多的是因为经济发展建设等将未利用地转化为其他地类结果,后趋于稳定。

表 9-11 列出了研究区的景观水平指标,可以归纳出如下的景观格局变化特征:1980—1990 年间,研究区土地利用类型及各景观形状指数无变化;1990—2010 年间,研究区内景观的斑块数量及最大斑块面积均减少,反映了在此期间研究区各地类破碎化现象减弱,说明以前的小斑块逐渐相连接,但同时最大斑块面积的下降又反映出研究区内的大斑块还在破碎,只是破碎速度较为缓慢;蔓延度的降低则显示

出研究区内部的聚合度下降,优势斑块呈现分散退化趋势;分离度增加反映了研究区内景观分布更为分散;而多样性和均匀度指数的增加说明研究区内景观异质性上升,各景观斑块之间的面积差异减小。2010—2020年间,研究区内景观的斑块数量减少,最大斑块面积增加,说明各斑块逐渐连接,破碎化减弱;蔓延度下降反映研究区内部的聚合度下降,优势斑块呈现分散退化趋势;分离度的下降则意味各景观类型的分布更聚集;多样性和均匀度指数在此期间均有增加,研究区内景观异质性上升,各景观斑块之间的面积差异减小。

9.4.3 河源段主要生态地质问题调查及监测

生态地质问题是指人类活动扰动与自然条件变化引起的生态地质条件改变,导致生态系统结构和功能失调的现象。在此处,生态地质问题是指能引起生态系统结构、功能与状态发生了改变,这些改变是由地质作用引起的,由生态地质环境各组成要素彼此间相互刺激和相互作用而导致的。其包括了滑坡、崩塌、外动力剥蚀和搬运作用、土地退化、冰川退化、冻土退化、荒漠化等自然因素引起的变化,也包括水土污染、放牧、采矿、采石、乱采滥挖引起的生态变化等。

经野外调查和综合分析,黄河源区主要发育生态地质问题有以下3种:一是以冻土退化为主引起的生态环境变化,包括水资源变化、植被变化和冻融灾害等;二是以冰川变化为主引起的生态环境变化,包括冰川退缩、水资源变化和冰积灾害等;三是以气候、构造隆升等自然因素为主引起的生态环境变化,包括湿地变化、土地退化、荒漠化等。

1. 冻融荒漠化

冻融荒漠化是冷高原所特有的荒漠化类型,其是因冻融作用引起的土地退化、草场退化等过程。本项目利用荒漠化数据,结合冻融作用(碎屑流、冻融滑移等)特有的特征,对黄河源地区冻融荒漠化进行了遥感解译,并选择部分点进行了验证,对数据进行了重新校正。与此同时,通过源区冻融荒漠化调查,在前人总结的冻融作用基础上,补充完善了冻融作用过程和分布,总结完善了高寒生态系统冻融荒漠化生态与地质相互作用模式。

黄河源地区冻融荒漠化主要分布在高海拔地区冻土分布区,特别是鄂陵湖—扎陵湖周缘高海拔平原及山地地段,另外,玛沁、久治、兴海、泽库等地3900m以上的高海拔区域亦有局部冻融荒漠化区域分布(图9-30)。

黄河源地区昼夜或季节性温差较大及岩体或土壤长期受剧烈的热胀冷缩作用造成结构破坏或质量退化,形成冻融荒漠化。调查发现,近年来在气候变异以及人为活动的双重作用下,高海拔地区多年冻土发生退化,季节融化层厚度增大,地表岩土的冻土地质地貌过程进一步得到强化,黑土滩植被衰退、土壤退化、地表裸露化、破碎化等土地退化过程有加速趋势。

针对源区冻融荒漠化生态地质问题,从地质、地形地貌、植被、土壤、水文等生态地质条件入手通过地球关键带结构特征、作用机理的剖析,在前人冻融荒漠化研究基础上,进一步总结完善了高寒生态系统中冻融荒漠化生态与地质相互作用模式。

在总结黄河源"两湖地区"冻融荒漠化相关研究成果的基础上,将调查范围扩大到整个黄河源地区。通过近40年来黄河源地区的表生生态遥感调查与监测,针对黄河源植被退化、湿地萎缩、冻土退化、雪线上升、冻融荒漠化、沙化等典型生态地质问题,从地质、地形地貌、植被、土壤、气象、水文等生态地质条件入手,开展了1∶25万区域尺度的遥感监测与路线调查、1∶5万尺度的典型地区生态地质调查,剖析了黄河源地区地球关键带结构特征,特别是在寒冻风化作用、冻融作用下的表生生态过程。

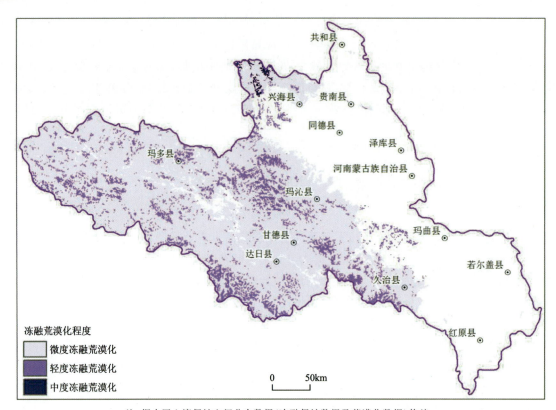

注：据中国土壤侵蚀空间分布数据（冻融侵蚀数据及荒漠化数据）修编。

图9-30 黄河源地区冻融荒漠化分布图

1）冻融荒漠化现状

黄河源地区冻融荒漠化一般发育于海拔3900～5300m之间的冰冻土发育区域（泽库县泽雄镇多吉塘，海拔3945m仍见岛状多年冻土，而黄河两湖地区海拔5200m左右山地仅有零星永久积雪覆盖）。海拔低于3900m则以水蚀荒漠化、风蚀荒漠化为主，高于5300m则多为常年冰川、积雪区域（玛积雪山的唯格勒当雄冰川2020年10月冰舌前沿海拔为4 437.02m）。源区海拔相对较低，水热条件相对较好，雪线、冻土极易受到气候变化影响，随着冰雪消融和冻土退化，局部地区冻融荒漠化加剧。源区的冻融荒漠化表现为高海拔山区因寒冻风化作用形成的寒冻风化裸岩、岩屑坡（包括石川、石海、岩漠）；山丘斜坡或漫岗地带多见冻融作用形成的冻融蠕移、冻融滑塌和冻融泥流；缓坡麓、宽缓河谷和平原地区则多见冻胀融沉作用形成的冻胀丘、石环和热融塌陷、草皮坡坎、草地秃斑等土地退化甚至裸露现象（图9-31、图9-32）。

2）冻融荒漠化加剧的机理分析

（1）黄河源地区冻融荒漠化正在加剧。多时相监测表明，近代黄河源区高海拔山体顶部寒冻风化岩屑坡有下移、扩大趋势，不断压覆植被。研究发现，寒冻风化岩屑坡的形成与带有水分、较大温差的负温条件下寒冻风化作用有关，结合近年来青藏高原以8mm/a的隆升速率上升的结论，认为中—大起伏高山山体顶部，在构造隆升和冻融共同作用下达到新的临界高度使寒冻风化作用加剧，可能是岩屑坡碎石流不断扩大、下移（图9-33），屑坡面积增大的主要原因。

（2）源区冻融作用引起的冻融沉陷和冻融滑移也有加剧趋势。冻融沉陷分布于河谷平原区及山间滩地地形平缓、开阔地区，因冻胀-融沉作用，形成冻胀丘、石环、热溶塌陷等，使原本平坦的草地形成大小不等的凹坑，破坏土壤、植被结构的完整性。冻融滑移分布于斜坡地带，因冻融作用使草皮蠕移下滑，先期的冻融蠕移具"毯式滑移"特点，后缘形成多级拉张缝、多级滑移台坎和阶步，改变下垫面介质，最终造成山地斜坡粗糙化，引起草场破坏、植被退化，其普遍发育多级冻融蠕移，蠕移体不仅破坏上部土壤植被，还压覆下部土壤植被层，在后期流水及其他作用下，最终向裸地发展（图9-34）。

第 9 章 地质环境遥感调查与监测

麦秀镇哈藏村西北岩屑坡

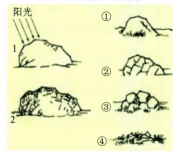
寒冻风化作用过程

图 9-31 泽库北杂玛日岗山寒冻风化岩屑坡荒漠化

和日镇唐德村冻融泥流群

冻融垮塌(泽雄镇多吉塘)

图 9-32 斜坡地带冻融荒漠化(泽库县)

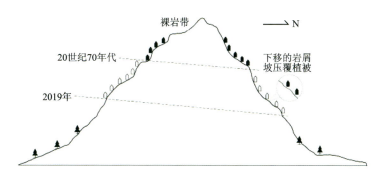

图 9-33 寒冻风化岩屑坡扩大模式图(据张森琦等,2004 修编)

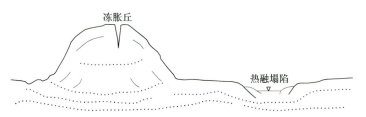

图 9-34 冻胀-融沉作用对土壤植被破坏模式图(据张森琦等,2004 修编)

(3)冰冻圈退缩、冻土活动层增厚打破水平衡,土壤失水干燥化加剧。高山顶部冰雪消融,裸岩、岩屑坡扩大;地下水位下降,植被退化,干涸融沼、秃斑、裸地等渐次出现;土壤有机质分解加速,胶结力减弱,泥质等细颗粒物被强风吹移而逐渐沙质化;另外,交替冻融作用使细颗粒物下沉而粗颗粒物被分选抬升,土壤表层向粗化、砾质化发展。

3)冻融荒漠化垂直分带及破坏模式

经大范围调查研究认为,冻融荒漠化总体受海拔与地形双重控制且具垂直分带规律,从高至低呈现裸岩、岩屑坡带(山顶,融冰/融雪侵蚀+寒冻风化作用)→冻融蠕移、滑塌带(斜坡,冻融作用)→冻胀、融沉带(倾斜平原/台地、谷地,冻融作用)(图9-35),同时其发生和发育程度还与坡向息息相关,一般来说垂向上各冻融荒漠化带在阴坡的发育部位比阳坡更低,发育规模比阳坡更大。

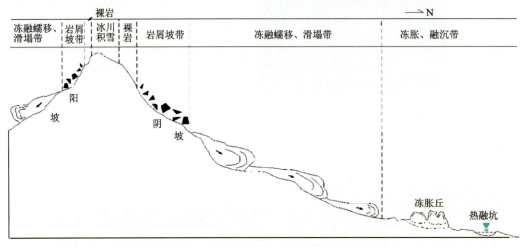

图9-35 高山—平原冻融荒漠化垂直分带及破坏模式图

4)冻融荒漠化修复保护建议

冻融荒漠化主要是自然因素作用产生,人为因素助推加剧冻融荒漠化的发展。因此,保护修复建议应以自然修复为主,人为干预为辅。

对于高山地带的岩屑坡,主要由气候条件下的冰雪冻融作用引起,此类型荒漠化建议以自然修复为主,不宜加以人为干扰。

对于斜坡地带冻融荒漠化(蠕移、滑塌、泥流)、平原地区的冻胀、融陷荒漠化,主要由冻融等自然因素作用引起,过度放牧或人类工程活动可能加速了其发展过程。对这类型冻融荒漠化,应当施以适当的人为干预措施。

(1)政策措施。①提高环保意识。开展生态环境警示教育,提高公民的生态环境保护意识,树立可持续发展的观念,科学保护生态的观念,全局利益与局部利益、长远利益与短期利益、经济利益与环境利益统筹兼顾的观念;节约资源的观念;预防为主、保护优先的观念;养成严格执法,自觉守法的社会氛围。②草地生态综合治理措施。依据黄河源区高寒草甸、高寒草原、山地草原、沼泽草甸等主要草地类型、草地生产力和草场载畜量,建议有关部门在黄河源区草地资源可持续利用的基础上,通过持续的生态工程调控、政策调控、管理调控和环境容载力调控四大方面对源区草地进行管控。

(2)工程措施。①过饱和湿地适量人工排水,节约水资源;②萎缩湿地人工排输水,扩大湿地面积;③在条件适宜的沟谷区进行截流,抬升地下水位,抑制湿地萎缩;④降水面流区集排水设施,合理排灌,即滋养植被,又减少土壤侵蚀;⑤在条件适宜的斜坡蠕移滑塌区建砾质挡土坝,减缓排水作用,减少土壤流失,抑制蠕移、滑塌继续发展。

2. 土地沙化

1）沙化土地分布情况

黄河源地区多年来一直受到局部沙化困扰，特别是在共和盆地、星宿海西北、星星海南部、玛多县黄河乡—达日县优云乡、泽库和日镇、玛曲—若尔盖地区湿地局部都存在不同程度的沙化现象（图9-36、图9-37），而共和盆地是黄河源地区沙化最严重地区。

a. 贵南县黄沙头；b. 泽库县和日镇；c. 玛曲县齐哈玛镇；d. 玛多县星星海。

图 9-36　黄河源地区典型沙化区景观照

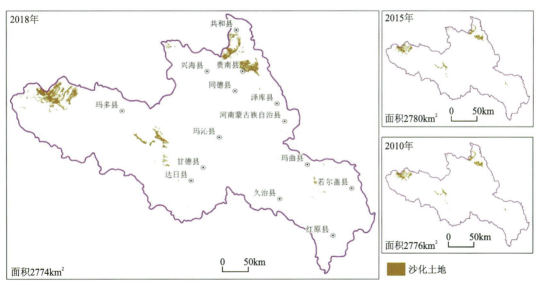

图 9-37　黄河源地区 2010 年、2015 年、2018 年沙化土地分布图

2010年、2015年、2018年多期次Landsat遥感数据监测显示，黄河源地区沙化土地面积分别为2776km²、2780km²和2774km²，呈波动的减少态势。

多年来国家和地方政府在黄河源地区不断进行沙化土地的治理，虽然沙化面积减小幅度不大，但是治理成效逐渐显现。

2）玛曲—若尔盖地区沙化现状及演化

玛曲—若尔盖地区（若尔盖盆地）位于青藏高原东北部，包括甘肃省玛曲县、四川省若尔盖县和红原县的大部分和四川省阿坝县、青海省久治县、甘肃省碌曲县的一部分。黄河从玛曲县阿万仓乡流入盆地，自玛曲县欧拉乡流出盆地，在盆地中的干流长度为291.94km。

区内的沙化总面积为7518hm²，其主要分布在玛曲县和若盖尔县的黄河干流两侧（图9-38）。玛曲县的河岸或阶地上分布的主要是横向沙丘、古河道和三角洲区域的风沙地貌类型多样，平原区沙丘走向与当地主风向一致。野外调查中常见的风蚀地貌有风蚀洼地和风蚀坎。多数风蚀洼地与固定和半固定沙丘伴生，风蚀洼地多出现在沙丘的迎风坡。其形成风蚀地貌的主要原因为沙质草原风蚀，加上高寒区冻胀和热融作用，容易形成风蚀洼地。

图9-38 玛曲—若尔盖地区沙化分布图

沙源分析：玛曲的大面积风沙地貌发育在流水地貌之上，流水过程为其形成提供了物质来源和场地。玛曲草地的表层土壤多为高寒草甸土，其下伏的母岩则为容易风化的砂岩、板岩和片岩等，形成土层间的上下岩性差异，在高寒气候和冻融作用下容易发生地表破坏。在玛曲的山地分布大量沙地，应该与地表及其下层间的岩性差异关系密切。河流搬运和汇集风化产物，为区域风沙地貌的形成提供了物质基础。

通过本次实地调查，结合多期次恢复和沙化影像对比可以看出（表9-12，图9-39），从2000年实施草场保护措施以来，沙化得到了明显的控制，沙化面积有所减少。但2010年以后，由于畜牧量加大，沙化面积又开始扩大。鉴于此，当地政府从2015年起进行了禁牧等措施，使沙化得到了一定程度的控制。玛曲、若尔盖等草原的植被主要是高寒草甸，草本植物占优势，植被比较脆弱。玛曲的植被生长期短，植物生长缓慢，草皮一旦破坏，沙化便迅速蔓延，治理和恢复比较困难。草原的沙化治理，更重要的是预防和保护。

表 9-12　玛曲—若尔盖地区沙化变化情况一览表　　　　　　　　　单位:hm²

参数	1980 年	1990 年		2000 年		2010 年		2015 年		2018 年	
沙化值	9 333.55	9 031.36		9 268.99		7 313.77		8 378.12		7 518.03	
变化情况		恢复	沙化	恢复	沙化	恢复	沙化	恢复	沙化	恢复	沙化
		−377.65	75.46	−26.51	264.14	−2 072.85	117.63	−1 742.98	2 807.34	−1 398.06	537.97
净增		−302.19		237.631		−1 955.22		1 064.36		−860.10	

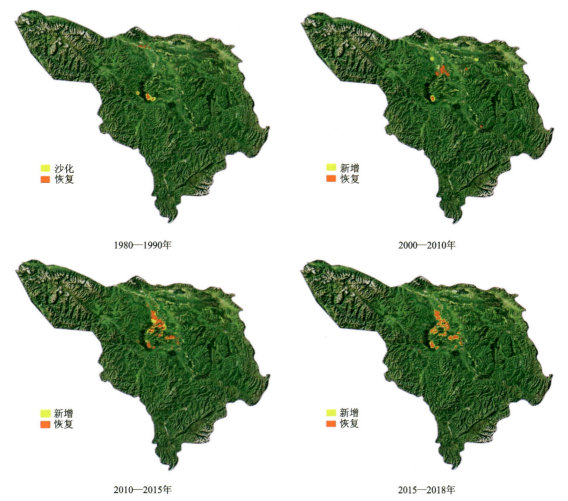

图 9-39　玛曲—若尔盖地区沙化趋势图

3) 泽库地区沙化现状及演化

(1) 沙化分布特征。泽库县域总面积约 6550km²（约 982.5 万亩；1 亩＝666.67m²），草场面积占 98%，可利用草场面积占 92.94%，人均占有草场 121 亩,是一个以藏族为主体民族的纯牧业县,属于全省人均占有草场最少的县,也是全省 15 个深度贫困县之一,在生态保护上位置重要、任务艰巨,具有代表性、典型性。

青藏高原隆升,全球气候变暖,以及过度开垦与放牧,导致土地沙化现象在泽库县不同程度地蔓延开来,沙化土地面积已超过全县土地面积的 2%,达到约 20 万亩,其中较严重沙化面积达 8.96 万亩,而沙化重灾区主要分布在泽库县和日镇地区,沙化土地面积超过 2.2 万亩。

通过本次实地调查,结合1990年以来的卫星影像资料分析,发现沙化势头已得到明显控制,沙化程度有所减弱,中度及重度沙化面积明显减小,目前仅在和日镇直干木村有小面积严重沙化区域,还有少量流动沙丘存在(图9-40)。

图9-40 泽库县日镇智和茂村沙化影像图

调查发现,和日镇、王家乡沙化土地面积约有11.13万亩,其中轻微沙化面积约8.8万亩,中度沙化面积约1.91万亩,重度沙化面积约3873亩,沙化形态以片状分布的固定沙丘沙地为主,其次是岛状分布的固定—半固定沙丘沙地,流动沙丘仅在国道G573(泽库—兴海)直木干桥附近的直干木曲西侧局地分布。

(2)沙化演化特征。对比多年遥感影像(1990年、2000年、2010年、2019年)土地沙化解译结果(图9-41~图9-44)可知,重度、中度沙化区域近30年来已经得到明显遏制,已从以往的连续片状分布,减弱至零散的岛状分布状态,一度蔓延至国道G573的流动沙丘已退缩至距国道115m处,威胁减弱(表9-13)。从1990年至2019年,土地沙化面积已从2.2万亩缩减至1.11万亩,其中重度沙化区面积从8174亩缩减至3873亩。

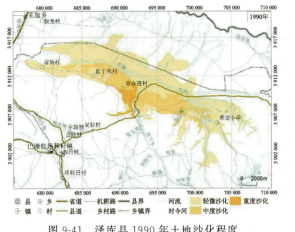 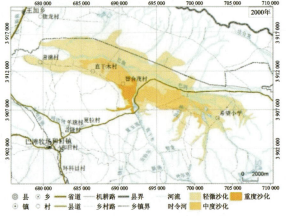

图9-41 泽库县1990年土地沙化程度　　　　图9-42 泽库县2000年土地沙化程度

第 9 章　地质环境遥感调查与监测

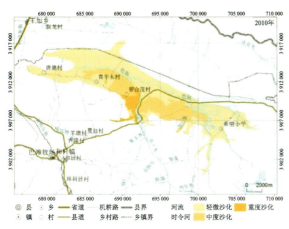

图 9-43　泽库县 2010 年土地沙化程度

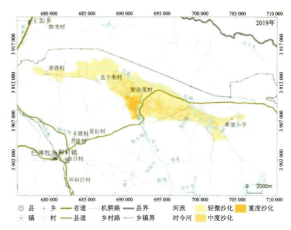

图 9-44　泽库县 2019 年土地沙化程度

表 9-13　泽库县和日镇、王家乡 1990—2019 年土地沙化面积对比

时间	沙化程度	沙化形态	面积/亩	资料来源
1990 年	轻微沙化	固定沙丘沙地	166 585.830	遥感解译
	中度沙化	固定—半固定沙丘沙地	45 638.205	
	重度沙化	半固定—流动沙丘	8 173.680	
	总面积		220 397.715	
2000 年	轻微沙化	固定沙丘沙地	155 718.090	遥感解译
	中度沙化	固定—半固定沙丘沙地	44 720.100	
	重度沙化	半固定—流动沙丘	8 173.680	
	总面积		208 611.870	
2010 年	轻微沙化	固定沙丘沙地	132 740.355	遥感解译
	中度沙化	固定—半固定沙丘沙地	41 259.690	
	重度沙化	半固定—流动沙丘	8 173.680	
	总面积		182 173.725	
2019 年	轻微沙化	固定沙丘沙地	88 266.030	调查、遥感解译
	中度沙化	固定—半固定沙丘沙地	19 121.865	
	重度沙化	半固定—流动沙丘	3 873.045	
	总面积		111 260.940	

（3）沙化原因调查。

a.重点区沙化调查研究

为了解沙化地区土壤类型、植被类型、地形地貌、岩性及沙化程度，本项目对重度沙化区进行了剖面测制，并选择较好的天然垂向剖面，对沙化地风化壳结构进行了解剖。重度沙化区地貌类型主要为丘陵、平原、风蚀残丘和洼地、风积新月型沙丘；风蚀残丘和洼地、风积新月型沙丘主要分布于沙化较严重的地区（图 9-45）；风蚀洼地主要呈南东向分布且该处锦鸡儿灌丛较发育。沙化区植被主要有黑褐苔草、垂穗披碱草、蕨麻、海韭菜、早熟禾、马先蒿、小蒿草、披针叶黄花、燕麦、蒲公英、狼毒、风毛菊等，另见有多段锦鸡儿灌丛；其中黑褐苔草为主要的植被类型，垂穗披碱草、早熟禾、马先蒿和燕麦等属于后期人工种植形成的牧草地；狼毒和风毛菊属于毒草，牛羊等牲畜不将其作为食物。沙化区土壤类型主要为草毡

土和风沙土,土壤厚度不均一,腐殖层厚度较薄。沙化区岩层出露较差,仅可在局部见到基岩露头,岩性以砂岩为主,局部夹有泥岩,倾角为62°～71°,岩石风化强烈,局部地段较为破碎。

贵南沙漠、和日镇沙漠影像图

贵南沙漠中的新月形沙丘链

贵南沙漠、和日镇沙漠立体图

和日镇沙漠中的新月形沙丘链

图 9-45 贵南县黄沙头与和日镇沙化对比图

b. 沙化原因分析

物质来源:通过调查发现风沙土粒度较粗,砂石与附近出露的基岩岩性——砂岩一致,且四周有高山阻挡,据此判断其成因为原地岩石风化或土壤退化,土壤固土效果变差,风蚀作用土壤类型由草毡土变为风沙土所致。另外,随着区内畜牧业的发展及过度放牧,使原本脆弱的高寒草原失去自然恢复能力,加大了巴河河流的含沙量,大量的沙粒在河流平缓区沉积,随着河面的收缩,水位下降,使原来河流中的沙带逐渐露出水面,扩大了沙地面积,形成新的沙源。经过治理目前沙化已得到部分程度的控制,但治理后部分地段再次出现草场退化现象,因此沙化治理工作仍然艰巨。

气候条件:泽库县地处青藏高原东部,属大陆性半干旱高山草原气候,区内年日照时数达 2 612.3h,每年大风日数 38.5d、沙尘暴日数 1.1d,区内年平均风速 2.9m/s,最大风速 26.5m/s,霜期 335d。区内地下水主要接受降雨补给,但区内年平均降水量 493.1mm,年蒸发量 1 224.9mm,土壤水分补给量小于损失量,有了发生沙化的倾向。另外,区内植物群落简单,盖度稀疏,多数群落的盖度在 5%～15%之间,流动沙地植被盖度常在 1%以下,有的地方几乎无植被覆盖。严酷的自然环境致使植物生长不良,植株矮小,风力直接作用于沙质地表,使土地风沙化。

人为因素:泽库县产业结构以畜牧业为主,受降雨量少、蒸发量大、海拔高及无霜期短等气候因素的制约,自然植被较为稀少,牧民群众对牲畜的惜售思想严重,出栏偏少。牲畜数量每年增加,草场严重超载,过度放牧、滥牧,使原来脆弱的高寒草原加剧了自身的草场退化。加之鼠害严重,植被越来越稀疏,致使地表裸露,土壤侵蚀强度加大,草原荒漠化和沙化发展速度加快。

(4)防治措施建议。因该区特殊的地理环境,建议在流动沙丘和半流动沙丘区设置沙障,面积约

12km²;固定沙丘区采用封沙育林(草)、人工造林、种草等措施。对此提出具体要求如下:①突出重点,集中连片,规模治理。生物措施与工程措施相结合,固沙阻沙与林草相结合,根据实际情况集中人力、物力、财力,一个滩、一条沟、一座山头、一面坡集中连片治理。宜林则林、宜草则草、灌草结合,多层次立体种植。②治理与保护并重。根据区内气候条件,结合原始植被类型,选择适应性强、具耐寒耐旱、防风固沙等特性的锦鸡儿、白刺等沙生植物为主,草种以针茅、老麦芒为主。做到治理一片、见效一片,建设一片、保护一片,在抓好林草植被建设的同时,加强管护,巩固治理成果,立足成效。③依靠科技,质量优先。大力推广应用吸水剂、生根粉、生物固沙技术和沙地造林应用技术,保证造林成活率和保存率,力争在较短的时间内使林草覆盖率达到30%以上。

9.5 湿地遥感监测技术

9.5.1 湿地概述

按照湿地公约的定义,湿地系指不问其为天然或人工、长久或暂时之沼泽地、湿原、泥炭地或水域地带,带有或静止或流动、或为淡水、半咸水或咸水水体者,包括低潮时水深不超过6m的水域。目前国际上还没有统一的湿地分类系统。1990年6月,第四届《湿地公约》缔约国大会把湿地分为人造湿地、内陆湿地、海洋湿地三大类型。包括为海洋湿地12类、内陆湿地20类、人工湿地10类。由于湿地类型分布的地区差异,各国对此并没有统一采用,而是根据各自需要制定了适合本国的分类系统(唐小平等,2003)。2009—2013年我国开展第二次全国湿地调查时,把湿地划分为近海与海岸湿地、湖泊湿地、沼泽湿地、河流湿地和人工湿地五大类34种类型。

虽然湿地类型复杂多样,但是从湿地生态系统及其环境特征来看,其基本组成要素可以划分为水、土、动植物。水分不仅是湿地生态系统重要的景观组成要素,而且是决定和影响湿地生态系统生成和演变的重要环境要素。水分与土壤和植被不同的组合,形成了不同类型的湿地,如开放水面构成了河流、湖泊、水库等湿地;水分与土壤组合在景观上形成了洪泛湿地、泥滩、盐碱地等湿地;水分与植被形成了如草本沼泽、泥滩沼泽、森林/灌丛沼泽等类型湿地。湿地生态系统的这些基本景观要素共同构成了对湿地开展遥感监测的基础。

由于湿地具有"有水不能行舟,有陆不能行走"的特点,传统的湿地调查和监测方法不仅需要耗费大量人力和物力,还受到很多条件限制,很难获得准确统一的数据。利用遥感技术对地球进行周期性的观测,可以让我们更为准确客观地了解湿地在不同时期的分布;利用这些不同时期的遥感影像,可以制作成不同时期湿地地图,进而了解湿地的变化状况,确定湿地的退化面积,反映出受损湿地生态系统的现状。利用遥感技术进行湿地资源调查具有客观、准确、经济、高效等优势。

遥感湿地调查监测主要是利用湿地组成要素对不同波长电磁波反射或自身发射的电磁波的信号差异来实现的,通过对遥感影像的处理,可以解译出湿地的相关信息。由于遥感影像上的湿地光谱特征与其他地类的光谱特征既存在明显差异,又具有很多相似性。因此利用遥感技术开展湿地监测时需要结合湿地光谱特征的同时,也要考虑不同湿地类型的环境等特点进行地学分析,建立相应的湿地遥感分类方法。

湿地遥感制图与监测主要包括目视解译和计算机辅助分类两大方法。目视解译是根据预先建立的各地类在遥感影像上的标志直接对影像进行判读,确定其类型属性。直接解译标志包括地物的光谱特征(即遥感图像上的颜色、亮度等)、结构信息(遥感图像上各类地物形状、大小、纹理等)。该方法虽然效率相对较低,但是目前湿地分类制图准确度最高的方法。

计算机辅助分类方法主要有两种:非监督法和监督法。非监督法只需根据图像数据本身的特征,即这些数据所代表的地物光谱特性的相似性和相异性来分类,分类过程几乎是自动实施的,但分类后通常需要进行类别合并等后处理。监督法需要事先知道地物类别并由人工选取各类别的样本来训练分类器,然后再对图像进行分类,该方法制图的精度更多地依赖于样本的质量。计算机辅助分类方法是实现湿地遥感自动监测的基础。

常用的非监督分类方法为 K-Means 和 ISODATA。监督分类方法包括最大似然法(ML)、最小距离法(MD)、支持向量机法(SVM)、光谱角匹配法(SAM),以及(结合图像)纹理特征法等。图 9-46 是不同方法分类结果。

由图 9-46 和表 9-14 可见,监督方法总体优于非监督方法;结合图像纹理特征的方法在湿地和植被判别能力上的优势较为明显,总体分类精度最高,其次是经典的 ML 法;各分类方法对湿地的判别能力均相对较低。

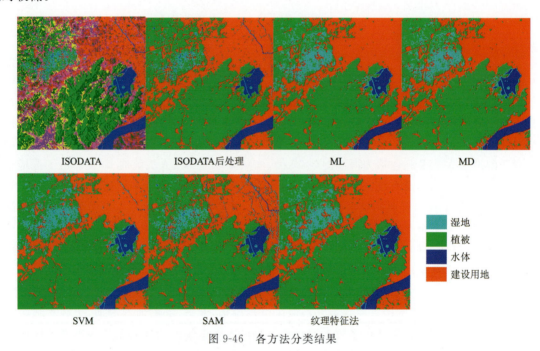

图 9-46　各方法分类结果

表 9-14　各方法分类结果的混淆矩阵百分比、总体分类精度和 Kappa 系数

分类方法	混淆矩阵百分比/%				总体分类精度/%	Kappa 系数
	湿地	植被	水体	建筑用地		
ISODATA	56.19	95.96	96.79	94.10	88.288 5	0.847 9
ML	76.35	95.38	98.80	95.92	92.478 9	0.909 5
MD	66.41	92.35	97.92	87.63	87.793 6	0.841 9
SVM	74.73	95.56	98.19	91.84	91.556 1	0.895 8
SAM	66.86	94.84	97.14	87.79	89.032 9	0.859 6
纹理特征法	78.74	96.80	98.97	95.43	92.981 2	0.910 5

9.5.2 西溪湿地遥感信息提取与制图

西溪湿地是中国第一个集城市湿地、农耕湿地、文化湿地于一体的国家湿地公园,具有降解污染、保护土壤涵养水源、固定二氧化碳和释放氧气、构建生物栖息地、循环营养物质等功能和休闲旅游、研究与教育等用途,对杭州有着无可取代的作用。

进入 21 世纪以来,杭州西溪湿地的面积受到严重破坏,其中包括水质恶化、水体富营养化、植被面积减少、土地功能改变、地下水位变化等。国内外相关研究表明,造成湿地景观格局变化的驱动因素主要包括自然因素(地质、地貌、气候、水温、植被、土壤等)和人为因素(人口、经济、政策等)。自然因素常在较大的时空尺度上作用于景观,在大环境背景上控制着湿地的变化,而人为因素则是在较短的时间尺度上影响湿地资源动态变化的重要驱动力。

利用多源多时相遥感技术方法,可以对西溪湿地的遥感影像进行时空格局演变分析,对湿地面积锐减的干扰源进行探索,并在此基础上尝试提出西溪湿地的保护措施建议,为西溪湿地资源的合理利用和可持续发展提供依据。

为了研究这一问题,通过分析西溪湿地周边区域内的近期遥感影像数据,首先确定湿地变迁的概略时间节点,分析湿地演变的趋势及程度,并进一步明确 2000 年来研究区内湿地演变的关键时间节点;根据确定的时间节点以及高分辨率遥感影像(例如 QuickBird、IKONOS、WorldView-1/2 等)存档结果,选择 2000 年、2007 年和 2012 年的高分遥感数据作为主要数据源(表 9-15,图 9-47)。

表 9-15 高分辨率遥感影像

数据类型	获取时间	空间分辨率
IKONOS 多光谱及全色数据	2000 年 1 月 20 日	多光谱 4m/全色 1m
QuickBird 多光谱及全色数据	2007 年 1 月 28 日	多光谱 2.44m/全色 0.61m
WorldView-2 多光谱及全色数据	2012 年 5 月 17 日	多光谱 1.8m/全色 0.5m

IKONOS融合数据(2000年1月20日)

WorldView-2融合数据(2012年5月17日)

Red:Band_2　Green:Band_4　Blue:Band_3

图 9-47 研究区域高分辨率遥感影像

对多期高分遥感数据集进行数据处理,主要包括正射纠正、配准、几何精矫正、融合、镶嵌、裁切等处理,保证每期高分影像都能完整覆盖研究区域,并使得多期遥感影像间的几何精度均方误差在 0.5 个像元以内。

在湿地公约组织通过的国际湿地分类(国家林业局《湿地公约》履约办公室,2001 年)等湿地分类规则文件的基础上,根据西溪湿地的实际情况,结合湿地的定义及其生态特征,将西溪湿地内的类型分为水域、绿地、裸地、建筑4种一级类别和对应的河流、库塘、沼泽、草地、灌丛、林地、岸滩、休耕地、建筑、道路10种二级分类。利用ArcGIS软件分别对2000年、2007年和2012年的遥感影像进行处理,获取西溪湿地遥感分类的空间分布结果(图9-48)。

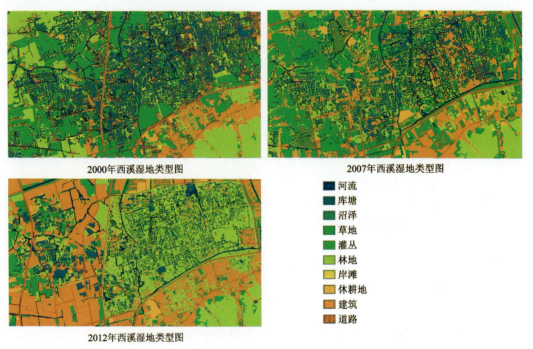

图9-48　2000年、2007年和2012年西溪湿地类型图

通过对比分析的方法,可以分析水域、植被和建筑3种主要地物类型的面积变化情况(表9-49)。

图9-49　2007—2012年间3种主要地物类型的空间格局动态变化

分析结果表明,湿地中心区域的水域面积大幅度减少,植被有所增加,这是由于在政府规划保护政策的作用下,受到人为破坏影响较少。但在西溪湿地公园保护区周边,植被、水域面积均呈现减少的趋

势。非湿地面积增加及减少部分与植被面积变化正好相反，增加的面积正是建立在减少的湿地类型面积之上，说明随着城市化进程的加快，研究区内建设用地面积不断增加，并逐渐连接成片，使得整个湿地景观更加倾向于人文性，逐渐演变为人工湿地，降低其自然生态价值。

9.5.3 杭州湾湿地遥感监测

杭州湾湿地是我国南北沿海湿地的分界线，是我国典型性滨海湿地(Wu,2010)，同时是东亚—澳大利亚候鸟迁徙的中转站(Wu,2010)。政府虽然重视对滨海湿地的保护，但是仍受到人类活动的干扰，导致湿地资源破坏、生态威胁、海岸侵蚀等问题(刘甲红等,2018)。淤泥质海滩的过度围垦是滨海湿地丧失和退化的主要原因(刘甲红等,2018)。近年来，杭州湾海岸带滩涂资源遭受大规模的围垦与开发，并在未来还将持续进行(刘甲红等,2015)。杭州湾滨海湿地正面临着来自内陆的人为干扰以及来自海域的海平面上升的双重威胁。利用遥感技术，可以研究双重影响下杭州湾湿地演变趋势，为资源合理开发、防止湿地功能退化提供科学依据。

主要技术方法和分析研究过程可以分为3个部分：①多期湿地空间信息提取，结合研究区实际，制定湿地分类体系和解译标志，利用目视解译及人机交互方法对2006年、2011年、2016年3期遥感影像进行分类，得到3期湿地空间分布图，并对分类结果进行精度评价；②湿地景观格局动态分析，在多期湿地分类结果和景观格局指数基础上，从湿地面积的变化与变化速率、湿地景观格局动态变化等方面对研究区近10年的演变特征进行分析；③湿地演变驱动机制分析，从自然和社会两个方面对杭州湾南岸湿地的驱动机制进行分析。

对2006年、2011年、2016年3期遥感影像空间分布结果如图9-50所示。通过将相近时期的Google高分辨率影像对2006年和2011年的分类结果进行验证及将野外调查数据对2016年分类结果进行验证可知，各湿地类型的制图精度及用户精度均高于80%。2006年分类结果的总体精度为89.41%，Kappa系数为0.88；2011年分类结果的总体精度为89.43%，Kappa系数为0.88；2016年分类结果的总体精度为0.89，Kappa系数为0.85。

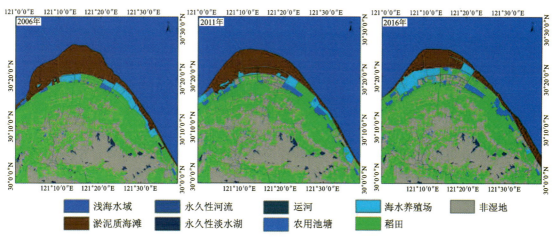

图9-50 遥感影像信息提取结果

为研究湿地类型间及湿地与非湿地间的动态变化特征，进一步对杭州湾一级分类类型(自然湿地、人工湿地、非湿地)在2006—2011年和2011—2016年两个时间段的动态变化进行分析，2006—2011年和2011—2016年杭州湾动态变化如图9-51所示。

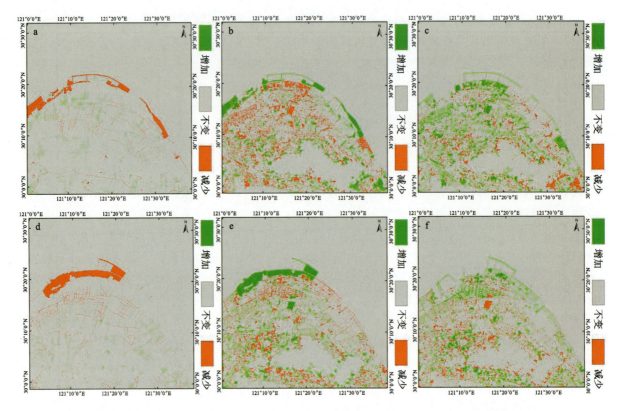

a. 2006—2011年自然湿地面积变化；b. 2006—2011年人工湿地面积变化；c. 2006—2011年非湿地面积变化；
d. 2011—2016年自然湿地面积变化；e. 2011—2016年人工湿地面积变化；f. 2011—2016年非湿地面积变化。

图 9-51 2006—2011年和2011—2016年杭州湾一级分类类型空间格局动态变化

从自然湿地面积变化图 9-51a、d 可以看到，自然湿地在 2006—2011 年与 2011—2016 年间大幅度减少，其中，海岸带区域减少较为明显。人工湿地面积变化图 9-51b、e 表明，人工湿地在 2006—2011 年与 2011—2016 年间面积变化较大，其中，增加的区域较为集中，多位于海岸带区域；减少的区域分散于整个研究区域。从非湿地面积变化图 9-51c、f 可发现，非湿地面积变化较大，且总体呈增加状态，尤其在 2006—2011 年间，面积增加明显。因此，在 2006—2016 年这 10 年间，自然湿地面积下降，人工湿地增减变化较大，非湿地面积增加。

9.6 地下水资源遥感研究

遥感技术已广泛用于地下水资源研究，主要是因为地下水与地表特征之间存在密切联系。遥感数据可以提供地表信息和环境参数，如地形、地质、地表温度、植被覆盖、土壤含水量、岩性等，这些参数又可以反映地下水的分布、流动、水位和水质等情况(Meijerink,1996；Jaiswal et al.,2003；Singh et al.,2010)。通过遥感技术的图像处理和分析，可以获取大范围、高分辨率的地表信息，并进行可视化展示，从而间接地对各类地下水的研究和管理提供重要支持(Jha et al.,2007)。

9.6.1 地下水的形成、分布和补给

降水和地表水入渗到地下在储层中积蓄形成地下水。地形对这一水文过程有显著的控制作用，能

够影响地下水流动方向和通量(Condon and Maxwell,2015)。土地利用和地表覆盖对这一过程亦存在一定的影响,例如林地和草地可以增加降雨的入渗量和减少水土流失,从而促进地下水补给,而裸地和建筑用地则具有较弱的地下水补给能力。农田灌溉、城市化等人类活动会改变土地利用方式,从而影响地下水补给(Prabhakar and Tiwari,2015)。因此,利用不同的遥感数据源获取多个环境因素,建立多因子综合模型用于地下水资源评估将具有更高的准确度(Lu et al.,2021)。Omolaiye等(2020)同时采用陆地卫星Landsat7数据生成土地利用和线性构造,用高级星载热发射和反射辐射仪(ASTER)数据生成坡度和排水密度,构建地下水势模型评估地下水分布。在同样的遥感数据下,Al Saud(2010)还考虑了降水、岩性和岩石裂隙情况用于评估地下水储量。合成孔径雷达(SAR)可以通过探测地下反射波的变化,评估地下水补给量和补给速率,获取地下水的位置、厚度和储存容量等信息,进一步揭示地下水的形成和分布规律。Alshehri等(2020)从中分辨率成像光谱仪(MODIS),哨兵一号(Sentinel-1),土壤水分和海洋盐度卫星(SMOS),ASTER中获取可见光、合成孔径雷达、热红外和地表高程遥感数据并建立相关的地质、水文地质、地形、土地利用、气候和遥感数据集,最后通过构建人工神经网络(ANN)和多元回归(MR)模型来绘制浅层地下水,监测水位的变化,了解地下水的形成和补给情况。植被是地下水的重要调节因素之一,多光谱遥感可以通过线性组合光谱指数反映出植被类型、覆盖度等属性,通过覆盖植被与地下水之间的耦合关系揭示地下水资源的情况。Ollivier等(2021)使用Terra和Aqua中分辨率成像光谱仪获取的增强植被指数(EVI)评估植被动态,并构建整合植物蒸腾和土壤蒸发过程的蒸散模型,评估蒸发蒸腾对含水层地下水流速的影响。

图9-52展示了Radarsat观测到的一个发育良好河道,该河道像格子一样,具有明显的结构控制,叠加在较老的结构控制洪水地貌之上。图中的白色箭头指向结构受控河流地貌的边缘,而黑色箭头指向相邻基岩中的平行断层。

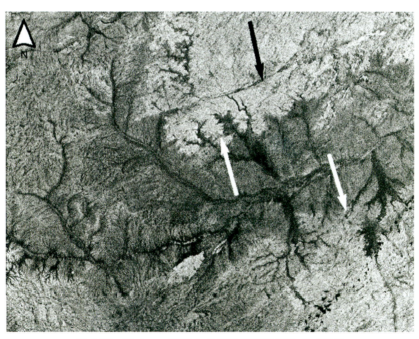

图 9-52　Radarsat 图像上的格子状河道(Elbeih,2015)

9.6.2　地下水的地球化学性质与水质

遥感可以获取地表覆盖、地形、岩性等相关数据,通过对这些数据进行建模和模拟,可以模拟出地下水化学成分或污染物的扩散过程与程度。地表覆盖信息对地下水污染具有重要影响,通过对地表覆盖信息的研究,可以确定地下水污染的来源和传播途径,如农业、工业、城市化等。Asadi 等(2007)通过光学遥感卫星 IRS-1D 的数据提取了地表覆盖与土地利用、排水等级等信息,研究了地下水水质与现有土地利用类型之间的相关性,发现硝酸盐、总溶解固体物(TDS)、氯化物和氟化物等化学物质在住宅和工业密集地区偏高,地下水质较差。地形对地下水的影响通常体现在流动速度和方向的差异,降水量和气候条件的不同会影响地下水中溶解物质的浓度。高程遥感数据源,如 SRTM、ALOS 和 ASTER 获取方式简易,空间分辨率高,可以在地下水质研究中充分体现地形要素。Elmahdy 和 Mohamed(2012)应用 SRTM 和 ASTER 高程数据提取地形属性并预测地下水盐度的空间分布。Jasrotia 等(2013)将 IRS-1D,IRS-LISSⅢ 光学遥感和 SRTM 高程数据与土壤、季风前和季风后时期地下水位深度、地下水位波动、静态水位等补充信息整合,分析了 Western Doon 河谷的地下水钙、镁、总硬度和硝酸盐等含量,以划分水质等级。岩性对地下水化学成分和水质具有重要影响,不同种类的岩石具有不同的化学和物理特性,这些特性可以影响地下水的溶解度、离子交换作用、吸附作用等过程,从而影响地下水的化学成分和水质。Tahiri 等(2020)采用 Landsat-8 光学遥感数据和 ASTER 高程数据与地球化学分析结合的方法发现岩性和地质构造特征对研究区地下水资源物理化学性质的多样性中起着主导作用,Liassic 灰岩通过地质断层与三叠纪盐渍黏土接触,导致该区域地下水的高盐度值,污染水体参与的地下水与地表水循环,导致 Oum Rabia 河流盐度异常。Jat Baloch 等(2022)利用 Landsat8 光学遥感数据计算归一化差异植被指数(NDVI)和归一化差异累积指数(NDBI)发现岩石风化是地下水水文地球化学成分的最重要来源,硅酸盐风化在含水层中起主要作用。

图 9-53 为 Landsat TM 波段 5 图像观测到的一座盐构造,该盐构造周围是冲积扇或堆积冰盖,其中包含盐的砾石和细颗粒物质也被运输到河床,使地下水变得含盐。

注:salt dome. 盐穹;bahada with salt deposits. 巴哈达盐矿;saline river. 塞纳河。
图 9-53　Landsat TM band5 观测到的一座盐构造(Meijerink et al. ,2007)

9.6.3　地下水对植被生态系统的作用

地下水对植被生态的影响中主要表现在含水层埋深和化学性质的差异。在干旱地区地下水是植物生长主要的水分来源,随地下水埋深增大,水汽传递能力减弱,植被根系难以延伸到地下水面,土壤湿度受限于土壤毛细作用的最大上升高度,进而影响不同空间尺度下的植物分布与结构,这种被地下水影响的植被被称为依赖地下水的植被(GDV)。Terrett 等(2020)使用 Sentinel-1 合成孔径雷达数据来大规模识别这种依赖地下水的陆地植被生态系统。

不同类型植被具有不同的根系结构,对地下水埋深有不同的需求和适应能力,遥感技术可以分析不同类型植被的分布情况和生长状况。Yang 等(2019)与 Zhang 和 Wang(2020)使用 MODIS 卫星遥感数据提取 NDVI 和 EVI 参数分别评估了中国西部典型的干旱半干旱过渡地带和鄂尔多斯高原的地下水埋深对植被生长状态的影响,结果表明植被类型、生长状况和多样性不同,对浅层地下水的敏感性存在差异。苟芳珍等(2021)使用资源三号卫星(ZY-3)提取了比值植被指数(RVI)、差值植被指数(DVI)、土壤调节植被指数(SAVI)用于内陆盐沼湿地植被生物量的研究,并得出相同结论。高光谱遥感数据能够实现全面的植被参数提取和分析,如吸收、反射、透射等,从而对植被类型、生长状态、叶绿素含量等进行分析。王家强(2021)通过高分五号(GF-5)高光谱数据发现由于地下水深埋深度增加而产生干旱胁迫,使植物叶片中的光合原料减少,气孔关闭,进而导致光合作用减弱,迫使植物叶片各化学成分发生动态变化。遥感还可以获取长时序的植被指数数据,通过对比分析不同时间段的生长状况、生长速率、植被盖度变化等,了解植被生长和地下水利用的情况,从而评估地下水对植被的动态影响。Aly 等(2016)使用来自 Landsat-4、Landsat-7 和 Landsat-8 遥感数据构建长时序(1987—2013)NDVI 数据集,调查沙特阿拉伯中部植被覆盖退化情况,发现地下水盐渍化是重要诱因之一。Hartfield 等(2020)利用国家航空摄影计划(NAPP)和国家农业影像计划(NAIP)提供的 1996—2019 年高分辨率的 NDVI 数据和激光雷达的点云数据评估下吉拉河沿岸植被物种、覆盖率、健康状况的变化,发现上游筑坝、农业抽取等人为活动对地下水的干扰解释了河道内外区域植被的衰退。图 9-54 是基于 MODIS NDVI 产品提取出的伊比利亚半岛潜在地下水依赖植被空间分布情况。

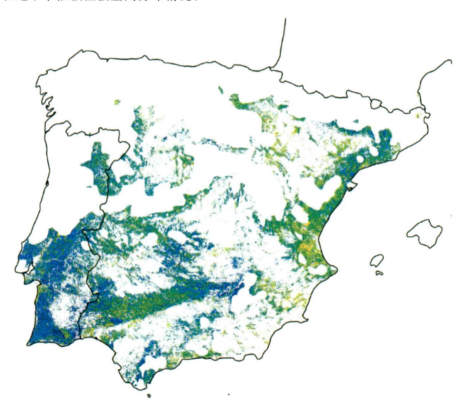

图 9-54　MODIS NDVI 提取的伊比利亚半岛潜在地下水依赖植被空间(Páscoa et al.,2020)

第 10 章　城市格局与生态环境的遥感分析

随着城市化进程的加剧,作为人类文明发展重要标志的城市,面临着严重的生态环境与可持续发展问题,进而出现了所谓"城市病"。如何监测、管理、分析这些问题,为城市规划与管理提供决策支持,需要有充足的信息支持。遥感提供从空中对城市的多分辨率、多时相、多平台观测,是监测城市生态环境与城市扩展的有效信息源。目前,城市遥感已在城市化及其生态环境动态监测和综合评价中发挥着重要作用,成为城市规划、建设、管理和可持续发展的有力支持,能为数字城市的建设提供最为重要的信息源,是遥感应用最为成功的领域之一。

10.1　城市遥感的基本原理和研究内容

10.1.1　基本原理

城市是由各种自然和人文现象组成的复杂混合体。对城市土地覆盖、地表要素、物理环境和各种人文社会现象及其动态过程进行监测和评价是城市遥感的基本内容和主要任务。从城市这一特殊研究对象的性质特点和遥感的基本原理来看,城市遥感的理论依据主要体现在以下 3 个方面。

(1)城市地理空间和土地覆盖/利用的构成、结构、状态、变化趋势等都与一定的地表状态或地理过程密切联系,具有其明显不同的光谱特征和时态特征,在遥感影像上具有或强或弱的显示,能为城市遥感应用提供重要信息。

(2)一些城市社会经济信息虽然不直接具有明显的遥感影像标志或特征,但往往与从遥感影像上获取的信息具有特定的关系,因此,可通过影像内容与统计分析实现遥感应用。

(3)城市资源、生态、环境、土地等方面的遥感应用既具有资源遥感、生态环境遥感、土地遥感的特点,又因处于城市这一特殊的系统内而具有其独特的空间和光谱特征。

10.1.2　研究内容

城市遥感涵盖的研究内容非常广泛,以下结合国际城市遥感大会的主要议题予以分析。

(1)城市遥感的新型数据源和传感器(new data & sensors for urban area remote sensing),包括城市遥感新的卫星/机载观测系统、描述城市特征的多源数据(多光谱、高光谱及高分辨率遥感数据等),同时包括城市区特点的处理技术(如配准、阴影影响改正、三维、地籍调查等)和城市遥感新型地面观测技术(如 LiDAR 等)。

(2)城市地区结构探测和特征化描述(structure detection and characterization in urban areas),包括

第 10 章　城市格局与生态环境的遥感分析

国家开发区的状态和变化调查、面向合法和非法城市用地的土地覆盖/利用制图、SAR 和高分辨率影像中的目标(街道、建筑物等)探测,采用 LiDAR 和 InSAR 城市目标/现象和地表沉降的三维监测,通过数据融合的二维/三维特征合并与分解。

(3)城市地区遥感数据解译算法和技术(algorithms and techniques for remotely sensed data interpretation in urban areas),包括高分辨率遥感影像的目视分析和解译分析、GIS 与影像的融合、多源遥感数据融合、新型分类算法等。

(4)城市遥感应用的算法和技术(algorithms and techniques for urban area applications),包括遥感城市风险评估算法、城市水文/地质环境评价算法、城市灾害管理算法、城市公共安全相关的应用算法、国家/区域/地区层次的遥感变化检测、城市环境和地球物理参数的定量反演。

(5)遥感的城市气象学、地质学和地质灾害(urban climatology, geology, and geohazards)研究,包括城市热岛效应、空气质量评价、地面沉降、水文学,以及地震/火山/滑坡和泥石流等地质灾害、沿海灾害、环境监测(土壤和地表水污染)等。

(6)遥感在社会科学中的应用(RS applications to social science),包括遥感在人口统计中的应用、遥感与健康、社会科学中的遥感和 GIS 应用、公共安全和应急管理中的遥感应用、遥感在大型社会活动(如奥运会、世博会等)中的应用、遥感和 GIS 在考古中的应用等。

(7)遥感在城市规划和保护中的应用(RS applications to urban planning and conservation),包括城市规划、数字城市、城市保护,以及基于遥感和其他模型的城市模拟。

(8)城市发展和扩展格局(urban development and growth pattern),包括城市发展建模、遥感与城市轨迹理论和城市精细结构变化等。

(9)城市/城市周边地区生态学(urban/peri-urban ecology),包括景观生态遥感、生态安全遥感评价、生态过程建模等。

由以上可看出,城市遥感涉及传感器和数据源、遥感影像处理与分析、遥感与 GIS 集成、面向不同专题的遥感应用等,其中尤以遥感影像处理分析与城市遥感应用为当前的研究热点。

10.2　城市遥感的技术关键

实现遥感信息源到城市遥感专题应用的关键是遥感图像信息处理与解译。

10.2.1　城市遥感信息的处理方法

当前最重要的城市遥感信息处理方法包括:①城市综合或专题要素信息提取;②城市土地利用/覆盖分类;③城市化与城市扩展遥感动态与变化监测;④遥感信息反演城市生态环境和地学参数;⑤多源遥感数据融合及遥感与其他信息、数学模型的结合;⑥城市三维建模与地表沉降分析;⑦面向城市应用的遥感与 GIS 集成。

10.2.2　城市遥感解译的重点

综合近年来国内外城市遥感应用方面的研究进展,以下几个方向的研究是当前国内外城市遥感解译的重点。

1) 城区范围确定和城市扩展监测

利用多时相遥感图像,确定城市城区的范围与扩展趋势,以实现对城市化水平的量化描述。最常用的方法是通过遥感图像确定城区范围,描述多时相分类结果,分析城市扩展的数量、方向和分布特征。多时相遥感影像变化监测也是最为常用的方法,通过对变化信息的统计分析、描述城市扩展趋势。由于城市扩展主要集中于城市边缘区或城乡交错带,因此,通过遥感影像自动或半自动提取城市边缘区作为分析依据也是城市遥感信息处理的一个研究热点。近年来,由遥感数据派生的物理指标,如地表温度、不透水层等监测分析应用得到了不断发展。

2) 城市土地覆盖/利用遥感分类

土地调查、规划、评价、管理等都涉及对城市土地利用的分类识别,基于遥感影像进行城市土地覆盖/利用进行分类,作为城市土地调查、分类、统计等的依据,是遥感在城市应用中的重要内容。早期的研究内容主要是以中等分辨率遥感影像统计模式分类为主,如采用最大似然分类器、最小距离分类器等对 Landsat TM/ETM+ 等影像进行分类。近年来,高分辨率遥感数据、高光谱遥感数据正在得到越来越多的应用。同时,决策树、人工神经网络、支持向量机、分类器集合等新型分类器也呈现出了优于传统统计分类器的性能特点。

3) 城市典型要素专题分析

针对不同城市要素的结构、功能、格局、趋势等开展专题研究,也是城市遥感的重要内容,如针对城市植被、城市水体、城市交通、城市湿地、不透水层、违规建筑等的专题分析。其中的研究重点主要包括专题要素信息提取、遥感与专题分析模型结合等,遥感提取城市不透水层是当前一个重要的研究方向。另外,全色、多光谱、SAR、高光谱遥感影像等数据源也得到了充分应用。

4) 城市热环境分析

利用 Landsat、ASTER、CBERS、HJ1A/B 等获取的热红外遥感影像反演地表温度(land surface temperature,LST),研究城市热岛效应,分析城市热环境的格式、过程、机制和趋势,是城市遥感又一个非常重要的研究方向。早期的研究主要集中在地表温度反演和热岛效应描述方面,近年来的研究重点侧重于城市热环境形成和演变的机理、过程、驱动因子、时空模拟等方面,如对比地表温度与归一化差值植被指数(NDVI)、建筑物分布或建筑物指数(NDBI)、不透水层比例等的关系,以此描述城市热环境的影响因素和演变过程。

5) 城市生态环境遥感

其主要内容包括:城市土地利用现状研究及分析;城市绿化系统分析及规划;城市环境污染调查、环境监测;城市气候研究、城市热岛效应研究;城市交通、建设、工业、公共设施现状及分析;城市结构、边缘发展动态分析等。景观生态学是研究城市生态环境重要的切入点,城市景观生态遥感的研究一直是城市遥感的重要内容,在遥感影像分类结果的基础上,利用各种景观生态指标,对城市景观格局的空间结构、功能进行描述,进而评估和预测城市景观生态系统的过程和趋势,以便为城市人居环境建设和生态环境保护提供有力的支持。当前应用最为广泛的景观生态格局统计分析软件是由俄勒冈州立大学(Oregon State University)的 McGarigal 和 Barbara Marks 开发的共享软件 FRAGSTATS。基于城市土地覆盖分类结果、景观生态学指标、生态环境模型等的结合,开展城市生态系统功能、人居环境和生态安全等的评价,进一步推动了遥感在城市生态环境评价与保护中的应用。

6) 城市地表沉降遥感分析

由于地下水开采和其他地下资源开发等因素的影响,许多城市面临地表沉降的问题,成为制约城市发展的重要地质灾害因素。利用遥感技术对城市地表沉降进行分析评价是当前城市遥感研究的重要内容。目前应用最为广泛的技术包括干涉合成孔径雷达(InSAR)和差分干涉合成孔径雷达(D-InSAR)技术。为了满足城市地区 InSAR 和 D-InSAR 数据处理的需求,基于永久散射体的 InSAR 技术(PS-InSAR)和采用角反射器的 InSAR(CR-InSAR)技术等的应用是近年来的研究热点。虽然光学遥感影像也能够通过立体影像三维建模等提供城市三维模型,但在城市地表沉降分析的应用还是存在精度、效率等方面的限制。

7)数字城市三维建模与地理信息采集

数字城市建设是目前国内外城市信息化的重要方面,遥感技术在城市二维地图更新、影像地图制作、专题制图等方面发挥着重要作用,遥感影像及其派生产品已成为城市最为重要的基础地理信息。城市三维建模是近来年城市遥感应用的重要方面。采用 LiDAR、卫星影像、航空影像、地面近景摄影测量影像等,构建真实的城市三维模型,进而为建立虚拟城市、真三维 GIS 等提供支持。

8)城市人文社会要素定量分析

遥感在城市人文社会科学中的应用,是近年来国内外一个新的研究方向,其关键在于遥感观测指标和城市人文社会现象指标之间的关联。最为典型的应用是利用遥感进行人口估算,可采用遥感影像新获得的居住单元来估算人口、以土地利用类型估算人口、以建成区面积估算人口等方法。利用遥感数据分析获得反映城市化水平的各种指标,可为城市发展、管理等提供支持。遥感信息在公共卫生、疾病传播分析、公共安全、城市产业结构评价、城市发展水平评估等都能够发挥重要的作用。

综上所述,作为遥感应用最为重要的一个分支,城市遥感具有重要的应用需求和坚实的理论基础,将为城市可持续发展提供有力的支持。

10.3 城市环境遥感分析实例

城市是一个时代经济、社会、科学和文化的汇聚点,同时也是现代化的起点。改革开放极大地推动了城市化的进程。在全面建成小康社会过程中,我国城市化速度还将进一步加快。城市的功能和结构都将发生巨大变化,如果处理不当就不能形成良性循环,从而导致严重的环境问题。

10.3.1 城市景观结构分析

土地是城市赖以存在的物质基础,城市遥感首先就是调查城市土地利用状况,提供工商业、文化、交通、绿地和水体的分布和面积。绿地是评价城市质量的重要指标,但绿地面积偏少是我国诸多城市的普遍问题,绿地现状的调查亦不易开展。城市绿地成片的不多,大多小而分散,常规调查很难查清,以往多依靠栽树木种草的报表数字来推算绿地面积,很不可靠。遥感调查既不要穿门入院,又不用东奔西跑,仅仅依据绿色植物强烈、独特的红外反射率,就可轻易地从航空彩色红外像片上,还可以将路旁行树、庭院园林、小块草地和花坛等绿地一一判读出来,甚至还可以依据色彩的亮度和色差,把北方城市常见的白蜡、国槐、洋槐、旱柳、垂柳和鸡爪槭加以识别。经过随机选点进行实地获得验证之后,完成城市绿地的遥感制图(图 10-1),计算出绿地覆盖率,并进行生态环境质量评价。

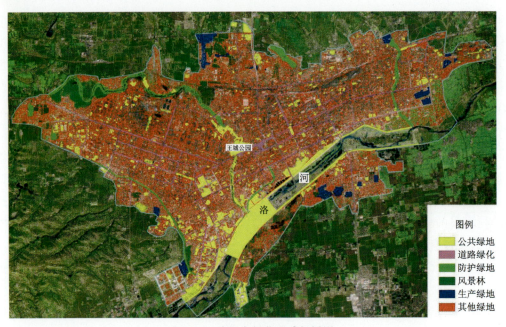

图 10-1　洛阳市绿化遥感解译图

10.3.2　城区道路规划与交通环境分析

　　城市交通网的一大特色是市区内道路和街道合用,车流拥挤,街道的交叉口堵车是普遍现象。要进行车流量调查,就得动员大量人员上街,同时分兵把口,一辆车一辆车、一个人一个人地点数,然后汇总,枉费大量人力物力。利用地面立体摄影测量方法就进了一步,可从大幅面照片上计算车、人数。低空航空摄影对全市车流的瞬时调查,就可几乎同时测出各个路段和交叉路口的机动车和自行车的车流密度,编绘出主要道路交叉口的车流量图,既简便易行,又准确可靠。在交通管理、道路拓宽和过街桥、立交桥选址等方面(图 10-2)也能发挥积极的作用。

图 10-2　城市道路规划遥感影像图

10.3.3 城区变迁分析

古往今来，城市及其环境都在经历着变化。遥感图像所显示的信息异常，尽管只是瞬时信息，但如果能将那些多时相的瞬间痕迹串联起来，就能实现历史过程的再现，并据此对未来的发展进程进行预测。例如，对北京地区1985年、1989年、1991年、1992年的TM数据综合分析，获得北京的城市面积在1985—1989年4年中增加3.3%，而1989—1991年仅两年就增加3.8%。朝阳区城市用地从1980—1989年平均每年增加0.6%，1989年到1992年在举办第11届亚运会的带动下，其增长率达0.9%，同期耕地占有面积年平均减少1%。

10.3.4 城市环境污染分析

"三废"污染物的排放随城市而出现，随城市发展而增大。欲要避免出现环境问题只能是及时治理。受污染损害植物叶绿素降低在彩色红外图像片上红的成分减少，污染程度通过影像色调的变化被记录下来，再参考树木缺株、形态或冠幅变小的程度，就可绘制出分轻、中、重三级的污染程度图。

多光谱遥感监测水体的污染主要是依据彩色图像上的水面颜色变化和相关位置等标志(图10-3)，还难以直接确定其化学成分和指标，但高光谱遥感技术为解决这方面问题带来了希望。

城市高楼林立，工商业集中，人员、车流密度大，导致了热岛效应，产生热污染现象。城区高温热力作用形成了从郊区吹向市区的局地风，把市区向外扩散的污浊气体吹了回来，造成有害气体、烟尘在市区滞留累积，加重了大气污染。航空红外扫描可对城区进行多级(高、中、低空)、多时相(早、午、夜晚)的监测，结合多年的气象资料，能查明市区热岛分布规律。

图10-3 彩色红外航片上显示的污水排放口

10.4 景观格局遥感变化分析实例

徐州市位于江苏省西北部,是华东地区典型的矿业城市,地处苏、鲁、豫、皖四省交界,东经116°22′—118°40′、北纬33°43′—34°58′之间,东西长约210km,南北宽约140km,总面积11 258km²,占江苏省总面积的11%。徐州是淮海平原的一部分,区内以平原为主,平原约占土地总面积的90%,海拔一般为20~50m,丘陵海拔一般为100~200m,区内河流纵横湖泊众多,城市的森林覆盖率为22.5%。下面重点应用遥感技术分析徐州城区(包含西北部的庞庄煤矿区和夹河煤矿区)的景观格局的变化。

选用的多时相CBERS数据包括2001年3月31日、2005年3月18日和2007年4月11日的CCD数据。多尺度数据选用2005年4月13日IRMSS数据的全色波段和2个短波红外波段。各影像辐射校正之后,通过影像-影像的模式进行影像配准,匹配精度控制在0.6个像元之内,最后裁减处理得到研究区域的遥感数据。图10-4为徐州市城区2005年3月18日的CBERS(2、4、3波段分别对应R、G、B分量)假彩色图像。

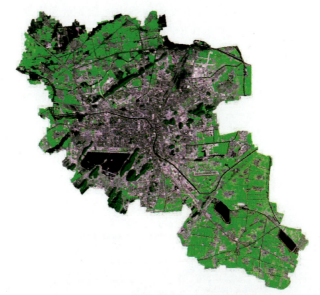

图10-4 研究区假彩色合成影像

从面向城市景观格局总体和特定景观组分的格局分析,以CBERS遥感影像对城市景观格局变化进行了分析:①遥感数据预处理,包括辐射校正、几何校正和图像配准等;②通过人工解译和自动分类的方法对遥感影像进行景观分类;③在类别和景观的分析层次上利用Fragstats软件计算景观格局指数;④分析景观格局变化特点和趋势;⑤CBERS数据的景观格局多尺度分析。

根据试验区的遥感影像地物特性和城市景观格局分析的要求,分别采用最大似然分类器(MLC)、支持向量机分类器(SVM)和面向对象分类方法(OBC),将其分为8个类型:耕地、林地、公共绿地、草地、建设用地、附属绿地、水体和裸地。3种不同分类方法的分类图如图10-5所示,分类精度如表10-1所示。CBERS的CCD数据分类精度要比IRMSS数据分类精度高,其主要原因在于CCD数据的空间分辨率高于IRMSS影像。从3种分类器的比较来看,支持向量机对IRMSS分类精度要比最大似然分类高的多,在CCD数据分类中SVM分类器也得到了最好的分类结果,因此最终采用支持向量机分类器的分类结果进行景观格局分析。

第 10 章 城市格局与生态环境的遥感分析

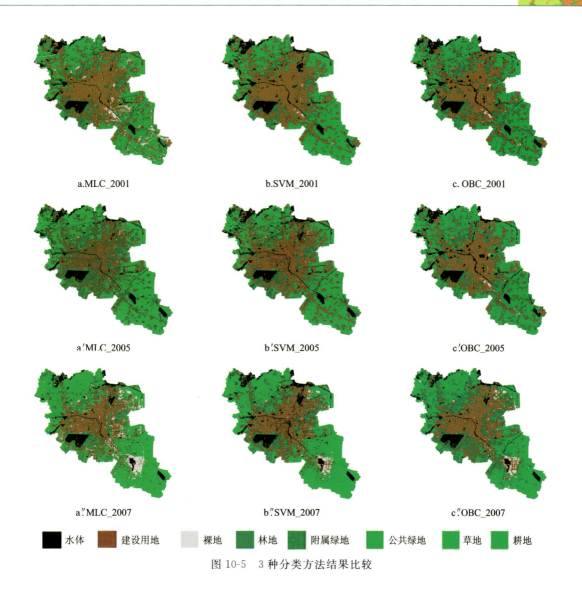

图 10-5 3 种分类方法结果比较

表 10-1 分类方法的整体精度和 Kappa 指数

方法	CBERS(CCD)						CBERS(IRMSS)	
	2001 年		2005 年		2007 年		2005 年	
	Kappa	总精度/%	Kappa	总精度/%	Kappa	总精度/%	Kappa	总精度/%
MLC	0.882 2	90.818 2	0.848 5	88.567 4	0.893 1	91.865 7	0.696 7	74.575 3
SVM	0.900 3	92.284 0	0.902 3	92.544 0	0.927 5	94.592 7	0.837 6	87.360 8
OBC	0.886 8	91.311 4	0.910 8	92.877 7	0.924 5	93.104 3		

景观格局是服务于人居环境变化分析、选择居住地、防止环境恶化和支持其他自然界进程等生态系统能力的一种综合度量标准。运用景观多样性指数、景观形状指数、斑块密度、平均破碎度指数、斑块富裕度和景观优势度等指数来分析景观格局变化。

分析不同时期 8 个景观类型的景观时空变化，进行基于类别尺度的景观格局分析。徐州市景观类型特征指标的特征值如表 10-2 所示。

表 10-2 徐州市景观类型特征指标的特征值

景观	年份	建设用地	耕地	公共绿地	水体	草地	林地	裸地	附属绿地
总面积(TA)/km²	2001	110.216 7	71.407 8	72.755 0	26.994 6	22.147 2	22.953 6	2.787 3	0.027 0
	2005	137.117 7	65.718 0	53.672 4	22.614 3	28.417 5	19.573 2	2.169 0	0.007 2
	2007	142.401 6	51.087 6	66.662 1	23.487 3	20.502 0	21.760 2	3.337 2	0.000 9
斑块数目(NP)/个	2001	1195	682	2003	1143	1514	1060	247	27
	2005	1057	671	2582	703	1729	973	188	8
	2007	1367	996	3036	1334	3678	1607	545	1
斑块密度(PD)/(个·100hm^{-2})	2001	1.893 9	1.080 9	3.174 4	1.811 5	2.399 4	1.679 9	0.391 5	0.042 8
	2005	1.675 2	1.063 4	4.092 1	1.114 1	2.740 2	1.542 0	0.297 9	0.012 7
	2007	2.169 0	1.580 3	4.817 1	1.838 9	5.835 9	2.549 8	0.864 7	0.001 6
边缘密度(ED)	2001	29.014 9	18.254 0	43.855 2	10.486 6	15.499 2	11.518 8	1.936 0	0.054 2
	2005	30.041 9	17.629 3	39.931 7	7.862 1	19.191 6	9.752 9	1.521 4	0.015 2
	2007	36.450 0	17.671 9	47.338 9	9.610 4	27.724 0	12.883 3	3.845 1	0.001 9
景观形状指数(LSI)	2001	43.590 0	34.042 6	81.054 5	31.781 0	51.920 4	37.856 3	18.187 5	5.181 8
	2005	40.452 0	34.275 4	85.877 3	26.000 0	56.702 2	34.769 5	16.171 7	2.666 7
	2007	47.444 9	42.392 7	92.774 3	32.047 6	86.685 7	42.423 2	27.476 2	1.000 0
最大斑块指数(LPI)	2001	12.524 8	1.490 5	1.139 8	0.967 2	0.307 1	0.415 1	0.061 2	0.000 3
	2005	16.689 6	1.374 4	0.342 8	0.911 9	0.471 4	0.355 4	0.051 1	0.000 1
	2007	19.981 6	0.500 7	1.237 4	0.960 0	0.054 7	0.432 0	0.141 5	0.000 1
平均斑块面积分布(AREA_MN)	2001	9.223 2	10.474 0	3.632 3	2.361 7	1.462 8	2.165 4	1.128 5	0.100 0
	2005	12.972 3	9.794 0	2.078 7	3.216 8	1.643 6	2.011 6	1.153 7	0.090 0
	2007	10.708 1	4.322 7	2.126 5	1.918 7	0.687 6	1.424 8	0.884 5	0.090 0
平均形状指数分布(SHAPE_MN)	2001	1.382 9	1.450 1	1.480 0	1.227 0	1.343 0	1.367 0	1.244 4	1.000 0
	2005	1.362 6	1.458 7	1.486 8	1.256 0	1.356 0	1.329 0	1.254 1	1.000 0
	2007	1.301 0	1.411 8	1.428 3	1.223 7	1.330 0	1.260 0	1.190 8	1.000 0
平均破碎度指数(FRAC_MN)	2001	1.056 2	1.063 5	1.059 5	1.040 4	1.057 7	1.060 7	1.046 4	1.001 7
	2005	1.054 3	1.065 5	1.067 5	1.040 4	1.057 6	1.056 9	1.047 7	1.000 0
	2007	1.048 8	1.064 1	1.061 5	1.041 9	1.057 1	1.047 3	1.039 4	1.000 0

对不同类型景观格局变化分析如下：

(1)耕地:从 2001 年到 2007 年耕地面积从 71.407 8km² 减少到 51.087 6km²,而耕地斑块数目从 682 个增加到 996 个,使斑块密度从 1.080 9 个/100hm² 上升到 1.580 3 个/100hm²。景观形状指数和平均破碎指数的上升表明耕地趋于破碎化,这些主要是由人类活动对耕地的改造导致的。

(2)林地:从 2001 年到 2005 年徐州市林地面积减少,而到 2007 年又有所增加,总体来说林地面积没有大的变化,但林地斑块数目增加很多(从 1060 个增加到 1607 个),而且斑块密度,景观形状指数也增长很多,可以得出,自然林地面积减少,而零碎的人工林地面积增加。

(3)公共绿地:从 2001 年到 2005 年公共绿地面积减少 19.082 6km²,而 2005 年到 2007 年却增加 12.989 7km²。这主要是因为 2005 年以来徐州市对城市建设综合整治的结果。在城市整治中,新植大量公共绿地,景观形状指数、斑块数目和密度都增加许多,说明随着城市的发展,城市公共绿地也在逐渐增长。

(4)草地:草地面积在 2001 年到 2005 年间增加 6.270 3km², 但在 2005 年到 2007 年间却减少 7.915 5km²。斑块数目、斑块密度、边缘密度和景观形状指数增长许多。这表明大块面积的草地在减少,零散的草地面积在增加,属于人为的结果。

(5)建设用地:占主导地位的景观,在 8 类景观中它占改造的面积最大。从 2001 年到 2007 年建筑用地面积一直在增加,在这 6 年里建设用地面积增加了 32.184 9km²。斑块数目从 2001 年的 1195 个增加到 2007 年的 1367 个,斑块密度也改变很多,从 1.893 9 个/100hm² 到 2.169 0 个/100hm²。最大斑块指数和平均形状指数分布增加,反映了建设用地向四周延伸的趋势,但是平均破碎度指数分布减少,说明建设用地的连通性增强,呈聚集状分布,完整性也趋于加强,说明城市的发展越来越规范。

(6)附属绿地:从 2001 年到 2007 年附属绿地的面积一直在下降,斑块数目、斑块密度和景观形状指数也减少了很多,居民区的植被越来越少,且大部分被建设用地所占。

(7)水体:水体面积在这 6 年里减少了 3.507 3km²。2001 年到 2005 年斑块数目减少了 440 个。以上现象有可能是由环境、天气和其他人类活动造成的。总的来说,水体从 2001 年到 2007 年没有大的改变。

(8)裸地:裸地(包括秃山)从 2001 年到 2005 年缓慢减少。但是,从 2005 到 2007 裸地却急剧增加,总共增加了 1.168 2km²。斑块数目、斑块密度和最大斑块指数也增长很多。由于斑块数目增加,单个斑块的面积也扩大,表示裸地有扩大的趋势。

在上述研究的基础上,根据 3 期影像的分类结果,进一步计算了 2001—2005 年和 2005—2007 年期间,不同景观组分之间的转移变换情况(表 10-3)。

表 10-3 徐州市景观格局变化比较

景观指数	2001 年(CCD)	2005 年(CCD)	2005 年(IRMSS)	2007 年(CCD)
总面积(TA)/km²	329.289 2	329.289 2	329.289 2	329.289 2
斑块数目(NP)/个	7640	8933	5339	12 812
斑块密度(PD)/(个·100hm⁻²)	12.108 2	14.157 4	8.471 2	20.328 3
边缘密度(ED)	60.400 4	65.569 5	60.226 0	73.919 1
景观形状指数(LSI)	38.922 4	42.167 8	38.792 1	47.379 9
最大斑块指数(LPI)	26.204 4	26.204 4	26.153 5	19.531 8
平均斑块面积指数分布(AREA_MN)	8.258 9	7.063 5	11.804 7	4.919 3
平均斑块形状指数分布(SHAPE_MN)	1.386 3	1.361 1	1.453 1	1.306 8
平均破碎度指数(FRAC_MN)	1.059 0	1.056 5	1.070 8	1.051 2
斑块富裕度(PR)	8	8	8	8
优势度(D)	0.593 442	0.524 942	0.419 442	0.518 542
相关斑块富裕度(RPR)	100	100	100	100
Shannon 多样性指数(SHDI)	1.486 0	1.554 5	1.660 0	1.560 9

从表 10-3 可以看出,2001 年到 2007 年斑块数目增加了 5172 个,平均斑块面积分布呈现减少的趋势,而斑块密度逐年增长。随着斑块数目的增长,平均形状指数分布和平均破碎指数呈减少趋势,并且斑块形状趋于简单化。多样性指数有上升的趋势,显示影响景观格局的因素增加,且景观结构也趋于复杂化。这些现象都是人类活动和城市发展造成的。

总之,徐州生态环境类型整体处于良好状态。一方面表现在由大部分的林地、耕地与公共绿地组成的景观有保证;另一方面表现在建设用地破碎度趋于减小,完整性加强,城市规划越来越好,景观多样性提高，景观优势度不太大，而且有减小的趋势。这表明区域内各景观类型所占比例差别不大，彼此间共同发展。值得注意的是，城镇建设用地的急速增长，不仅占用了耕地、附属绿地等，在一定程度上，也破坏了自然生态平衡，这在未来的城市建设和发展中，应引起足够的重视。

上述研究表明，应用遥感图像进行城市景观分析和动态监测具有广阔的应用前景。

10.5 城市热岛效应分析实例

近年来，随着快速城市化进程的推进，城市热岛效应已成为现代城市气候的主要特征之一。热岛效应指由城市下垫面的变化、大量不透水层的出现造成的城市温度明显高于郊区温度，形成类似高温孤岛的现象。热岛效应会改变城市气候，加重城市空气污染，并对城市人居环境产生极为不利的影响。本实例选择上海作为研究区，选择 HJ-1B 的热红外波段（分辨率为 300m）为数据源（获取时间为 2009 年 5 月 7 日和 2009 年 10 月 21 日），采用改进后的单窗算法来反演地表温度。2 期影像的地表温度反演结果见图 10-6。上海市 2009 年 10 月 17 日 HJ-1A 多光谱影像（分辨率 30m）分类结果见图 10-7，分类方法采用支持向量机（RBF 核）。

2009年5月7日　　2009年10月21日

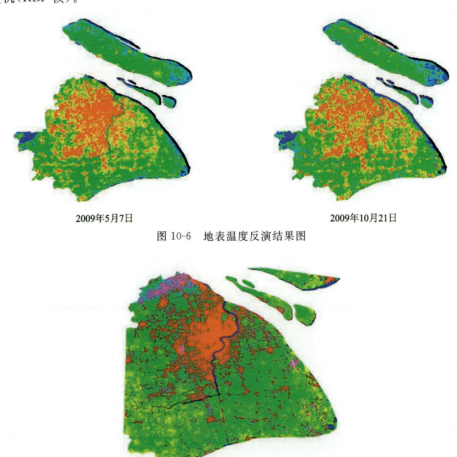

图 10-6　地表温度反演结果图

图 10-7　HJ-1A/B 多光谱数据分类结果

2009 年 5 月 7 日的地表温度范围为 281.36～288.765K（0℃＝－273.15K），10 月 21 日的地表温度范围为 279.625～289.435K。从图 10-6 和图 10-7 可以看出，上海市城市热岛的空间分布基本和建设用地的轮廓一致,城市热岛空间分布格局呈现出从城市中心向郊区地表温度逐渐降低的趋势。上海城区,尤其是建筑、人口密集的地区,地表温度明显高于周边地区,说明城市热岛效应非常明显。

10.6　城市地表不透水层分析实例

研究城市不透水层及其发展,对城市规划及环境治理有着重要意义。由于不透水层上的生态物理性质以及对城市发展的影响,因此将其作为主要影响因子来研究城市的人居环境质量。由于城市结构、功能和基础设施的差异,城市土地覆盖成分与城市土地利用类型之间的相关关系的不确定性,给城市不透水层的估算带来了一定的困难。Weng(2008)将遥感数据提取不透水层的方法归纳为:①遥感影像分类;②多元回归;③亚像元分类;④人工神经网络;⑤分类和回归树方法。

目前提取不透水层的数据源主要是 Landsat TM/ETM+,ASTER 等国外中分辨率多光谱数据为主,而利用国产卫星数据提取不透水层的研究正在推广。城市下垫面的组成复杂多样,地表组成均质性较差,光谱特性极为复杂,利用传统的遥感影像分类技术提取不透水层精度较低。虽然 Carlson 和 Arthur(2020)利用植被覆盖度(fractional vegetation cover,FVC)与不透水层之间的负相关关系,研究了适合城市建成区不透水层信息提取的方法,但不同季节会对植被覆盖度的提取产生影响,从而进一步影响不透水层的提取。利用多层感知器和自组织神经网络估算印第安纳波利斯不透水层,也取得了良好效果。研究区选择江苏省徐州市城区,数据源选择 2 景 CBERS 和 1 景 HJ-1A/B 的多光谱数据(获取时间分别为:2001 年 3 月 31 日、2005 年 3 月 18 日和 2009 年 3 月 14 日),3 景数据均重采样至 20m,选择线性混合光谱分解模型和多层感知器神经网络模型进行不透水层提取,并利用 QuickBird 多光谱影像和 ALOS 全色影像进行精度检验。图 10-8 为徐州市城区 2005 年 CBERS 假彩色影像图。

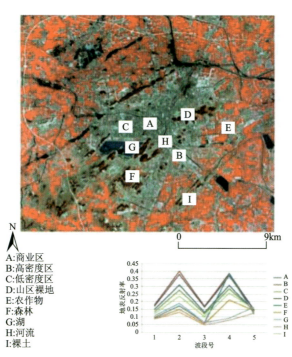

图 10-8　研究区 2005 年 CBERS 假彩色影像

根据 V-I-S 模型框架,城市由植被、不透水层、土壤 3 个因子组成,选择这 3 个端元就可以进行模型的求解。但是城市是一个复杂的综合体,尤其是城市不透水层包含了很多种地物类型,光谱差异很大,直接提取城市不透水层,端元的光谱值无法确定,提取效果并不理想。Wu 和 Murray(2003)对城市的不透水层进行综合分析,得出城市不透水层是由高反射率地表与低反射率地表两种类型组成:前一类包括水泥路面、屋顶、堆场等;后一类包括水体、沥青路面、建筑阴影等。按照这一模型,本书确定植被、土壤、高反射率地物和低反射率地物作为4个端元成分,然后通过低反射率地物、高反射率地物计算城市不透水层。

首先,通过最大噪声分离和像元纯净指数结合N维可视化确定上述4种纯净端元;然后,以线性光谱混合模型(Linear Spectral Mixture Model,LSMM)和3层结构的多层感知器(Multilayer Perception,MLP)模型进行混合像元分解得出4种端元的丰度图;最后,不透水层的结果通过计算高低反射率地物丰度之和得出。根据LSMM和MLP得出的3期不透水层结果如图10-9、图10-10所示。

a.2001年CBERS图像　　b.2005年CBERS图像　　c.2009年HJ-1图像

图 10-9　基于 LSMM 的不透水层结果

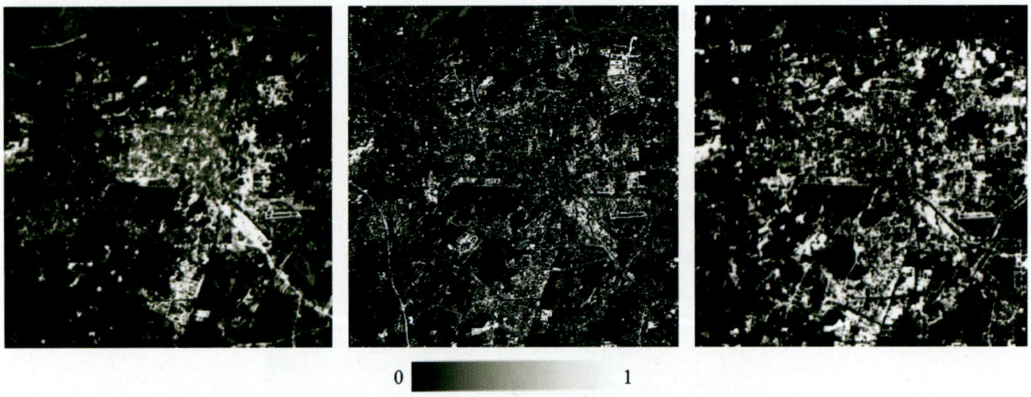

a.2001年CBERS图像　　b.2005年CBERS图像　　c.2009年HJ-1图像

图 10-10　基于 MLP 的不透水层结果

以覆盖徐州市中心区域的QuickBird多光谱影像(获取时间2004年11月26日,分辨率2.44m)和ALOS全色影像(获取时间2008年11月12日,分辨率2.5m)目视解译结果作为地表真实数据,对2005年和2007年获取的不透水层覆盖度进行精度验证。将高分辨率影像与CBERS和HJ影像精确配准后重采样至2.5m空间分辨率。为减小影像配准误差的影响,在对应的TM影像上选择3×3窗口作为精度检验样本,每个样本均对应高分辨率影像上24个×24个像元。为了定量评价不透水层的估算精度,选择均方根误差RMSE和系统误差SE 2个指标以及真实值和估算值的复相关系数作为评价指标,RMSE和SE计算公式如下:

$$\text{RMSE} = \sqrt{\frac{\sum_{i=1}^{N}(\hat{X}_i - X_i)^2}{N}} \tag{10-1}$$

$$\mathrm{SE} = \frac{\sum_{i=1}^{N}(\hat{X}_i - X_i)^2}{N} \tag{10-2}$$

式(10-1)(10-2)中：$\hat{X}_i$ 为第 i 个样本不透水层覆盖度的估算值，X_i 为第 i 个样本不透水层覆盖度的"真实"值；N 为总样本数。

评价结果如表 10-4 所示。

表 10-4 不透水层的评价结果

类别	RMSE	SE	R^2
2005-LSMM	0.153	0.131	0.693
2005-MLP	0.122	0.107	0.818
2009-LSMM	0.149	0.127	0.683
2009-MLP	0.147	0.126	0.735

由表 12-4、图 10-9 和图 10-10 可以看出，CBERS 和 HJ-1A/B 影像提取不透水层覆盖度均有一定的误差，与 MLP 和 LSMM 比较，MLP 的均方根误差和系统误差相对较小，而与"真实值"的回归方程的复相关系数较大，说明利用国产卫星提取城市不透水层，MLP 的精度要优于 LSMM。

10.7 城市废弃物遥感动态监测

随着城市化的进展，废弃物的堆放逐渐成为一个影响城市环境的主要矛盾和问题，也为城市治理和管控提出了新课题，如何及时发现和监控废弃物的不合理处理是政府部门关注的核心问题。针对这一问题，提出将卫星遥感技术、无人机遥感技术和地面调查技术相结合的城市废弃物识别方法，根据城市废弃物遥感监测技术流程对监测区的废弃物进行识别。

随着传感器技术的发展，遥感数据获取手段越来越多，遥感数据的种类也越来越丰富。城市废弃物遥感动态监测作为一种新型的监测方法，具有高时空分辨率，能与 GIS 融合，成本效益高等优势。通过遥感数据的获取和解译，可以实现对城市废弃物的实时监测和分析，从而为城市废弃物管理和规划提供重要的信息支持。同时，遥感具有客观性、现势性、直观性和宏观性等诸多优势，能满足动态监测垃圾场变化的需求，是进行城市废弃物监测的先进、便捷手段。通过遥感监测，不仅能获得城市废弃物的统计数据，方便业务管理部门及时掌控监测范围内城市废弃物的准确属性、位置信息空间地理信息和后续的增减动态与发展趋势。还可以掌握其宏观分布状况，进一步为城市废弃物的整治决策提供依据。然而，城市废弃物遥感监测还面临一些挑战，包括数据精度、更新频率、技术设备等方面的限制。为解决这些挑战，可以采取提升技术、更新卫星数据、加强监测平台建设等措施。通过技术的不断进步和多方合作的支持，城市废弃物遥感动态监测有望在未来发挥更大的作用，促进城市废弃物的可持续管理和利用。

10.7.1 城市废弃物的分类与分布特点

城市废弃物通常包括可回收物、有害物、可堆肥物和其他垃圾等不同类型，其分类与分布特点主要受到城市化程度、人口密度、经济发展水平、生产方式等多方面因素的影响。大城市和人口密集地区通常产生较多废弃物，主要来自居民生活、商业活动和服务业等，而经济发展水平较高的城市可能产生较多工业固体废物和电子垃圾。废弃物的分类与分布特点对于废弃物管理和资源回收利用具有重要意义,也受到政府政策、废弃物管理制度和市场需求等因素的影响。如果不能对城市废弃物进行有效处理,最终将导致城市生态系统的崩溃,加快城市废弃物处理已经刻不容缓。城市废弃物的分类至今尚无体系,而且各家研究的侧重点不同,分类方法和类型也不尽一致。归纳起来,有如下几种常见的分类方法。

(1)可回收垃圾、不可回收垃圾、有害垃圾。可回收垃圾包含塑料、拉罐、废纸、金属、玻璃等;不可回收垃圾是指果皮、饭菜残渣等不可循环使用或不可再生利用的垃圾;有害垃圾如电池、日光灯管、杀虫剂容器、油漆桶、过期药品等需要单独收集处理的垃圾。

(2)湿垃圾、干垃圾、有害垃圾和大件垃圾。湿垃圾主要指厨房产生的厨余、果皮等含水率较高的生物性垃圾;干垃圾主要指废纸张、废塑料、废金属、废玻璃等可直接回收利用或再生后循环使用的含水率较低的垃圾;有害垃圾指对人体健康或者环境造成现实危害或者潜在危害的废弃物,同时也包括对人体健康有害的重金属或有毒物质的废弃物;大件垃圾指废旧家具、办公用具、废旧电器等混入城市一般生活垃圾一起清运有困难的大型的固体废弃物。

(3)产业垃圾与生活垃圾。产业垃圾是以盈利为目的各种产业活动产生的废弃物质,如工业生产排出的各种工业垃圾和建筑垃圾,商业活动排出的产品包装纸屑、塑料等商业垃圾等;生活垃圾是指以消费为目的的居民生活过程中排出的各种废弃物质,包括以蔬菜、果皮、煤灰为主的厨房垃圾,以废旧塑料、报纸、电池、铁制品和废家用电器及家具为主的家庭生活垃圾等。

(4)有机垃圾与无机垃圾。有机垃圾也叫可燃性垃圾,包括废纸浆、废塑料橡胶、皮革、油、煤等矿渣污泥等有机可燃成分;无机垃圾也叫非可燃性垃圾,包括陶瓷、玻璃、砖瓦、废旧电器、炉渣、煤灰等无机成分。

(5)其他分类方法。垃圾除了上述分类外,按其形态还可分为固体垃圾、液体垃圾和混合垃圾;按其处置方式可分为填埋型垃圾、焚烧型垃圾、堆肥型垃圾和热解型垃圾等。

城市废弃物的分布特点主要受城市化进程、人口密度、经济发展水平、产业结构和城市规划等多种因素影响,可以总结为以下几点。

(1)集中分布:城市废弃物在城市中通常呈现集中分布的特点。城市中的人口密集区、商业区和工业区通常是城市废弃物产生量较大的区域。这主要是因为人口密集区和商业区产生的生活垃圾多,而工业区产生的工业废弃物也较多。

(2)交通便利区域:城市废弃物通常在交通便利的区域分布较多。这包括靠近交通枢纽、交通干线或交通节点的区域,如港口、车站、机场等,因为这些地区通常是物流和交通流动频繁的地方,便于废弃物的运输和处理。

(3)产业化区域:城市废弃物的分布还与城市的产业结构有关。不同产业和企业可能会产生不同类型和数量的废弃物。例如,工业区通常产生大量的工业废弃物,而商业区和服务业区则主要产生生活垃圾和办公室废纸等。

(4)城市规划影响:城市规划对城市废弃物的分布也有一定的影响。城市规划中的垃圾处理设施、回收站点和垃圾填埋场等都会对城市废弃物的分布产生影响。一些城市规划还可能将垃圾处理设施或垃圾填埋场集中布局在城市的特定区域,从而对城市废弃物的分布产生一定的限制。

综上所述,垃圾分类是城市废弃物处理的紧迫问题,城市废弃物无法有效处理最终会导致城市生态系统的崩溃,迫切需要加快城市废弃物处理的步伐。城市废弃物的分类方法众多,包括可回收垃圾、不可回收垃圾、有害垃圾、湿垃圾、干垃圾、大件垃圾、产业垃圾和生活垃圾、有机垃圾和无机垃圾等多种分类方式。这些分类方法尚无统一体系,各家研究侧重点不同,导致分类方法和类型的不一致。城市废弃物的分布特点主要受城市化进程、人口密度、经济发展水平、产业结构和城市规模等多种因素影响,呈现复杂多样的特点。解决城市废弃物处理问题亟须加强垃圾分类管理，推动科技创新，完善废弃物处理设施，促使城市废弃物实现资源化、减量化和无害化处理，实现可持续城市发展。

10.7.2 遥感动态监测的技术方法和流程

遥感动态监测技术是一种获取地表信息的有效手段，能够提供丰富的地表特征信息，以及对地表变化的监测和预测。其中，基于光学遥感的监测方法主要利用卫星或航空平台上的传感器获取高分辨率的遥感图像，通过图像解译或自动识别算法对图像进行处理，实现对地表特征的实时监测和变化检测。光学遥感技术具有分辨率高、重复周期短、获取成本低等优点，可以广泛应用于土地利用、资源环境监测、自然灾害评估等领域。而基于雷达遥感的监测方法则主要利用雷达传感器的全天候、全时段的监测能力，通过测量目标与雷达波之间的相互作用，获得地表的散射特征，从而实现对地表动态变化的监测。雷达遥感技术具有能够穿透云层、植被、土壤等障碍物，具有高度准确性和稳定性的特点，可以广泛应用于海洋监测、森林资源监测、地震预警等领域。

遥感动态监测是一个比较复杂的过程，通常包括数据获取、数据预处理、特征提取、变化检测和结果评估等步骤。首先，需要获取地表的遥感数据，包括卫星或航空平台上的遥感图像或雷达图像。接下来，对遥感数据进行预处理，包括大气校正、几何校正、辐射校正等，以保证数据的质量和一致性。在数据预处理之后，需要通过特征提取算法，提取遥感图像中的地表特征，如纹理、形状、光谱等，用于后续的变化检测。接着，利用变化检测算法，对不同时间的遥感图像进行比对，检测地表的变化，并进行结果评估，如精度评估和验证。遥感技术的应用可以帮助人们更好地了解地表的动态变化，及时发现和预警自然灾害、环境污染等问题，对环境保护和资源管理具有重要意义。

10.7.3 城市废弃物遥感动态监测的技术方法与流程

卫星遥感技术具有宏观、动态和高空间分辨率特点，在固体废弃物的监测和识别方面具有重要优势。利用遥感卫星影像和软件结合人工解译提取固废垃圾堆放区、固废承载地（影像上表现为裸地）、在建工地和自然水体，并采用外业实测和无人机遥感监测相结合的方法对解译结果进行验证，同时，研发外业核查 App 和核查整治系统，支撑外业核查和整治清理工作，汇总外业核查数据，进行成果入库、统计分析，实现排查成果数据的规范化、一体化管理、分析和展示。最终得到精确的固体废弃物遥感影像一张图。充分利用卫星影像回归周期短的优势，实现短时间内的多次监测，为城市固体废弃物监测提供动态的时空数据支持。城市废弃物遥感动态监测技术方法与流程主要针对城市废弃物这类特定目标，通过遥感技术的应用，实现对废弃物的监测与分析。最终形成"图斑下发—实地核查—现场举证—规范整治—报告上传"的闭环工作机制，对城市废弃物整治进行全过程监管，固体废弃物识别技术路线（图 10-11）。

固体废弃物识别的主要操作步骤：

(1)卫星数据采集与预处理。首先，对获取到的卫星影像按照《国家基本比例尺地图 1:5000、1:10 000 正射影像地图(GB/T 33182—2016)》《基础地理信息数字成果 1:5000、1:10 000、1:25 000、1:50 000、1:100 000 数字线划图(CH/T 9009.1—2013)》等相关技术要求进行多光谱数据辐射定标、大气校正，获取表观反射率数据，再进行正射校正处理，获取多光谱正射影像；其次，对全色影像进行辐射定标和大气校正获取表观反射率数据，再进行正射校正，获取全色正射影像；最后，对多光谱正射影像和全色正射影像进行影像融合，获取融合多光谱数据。

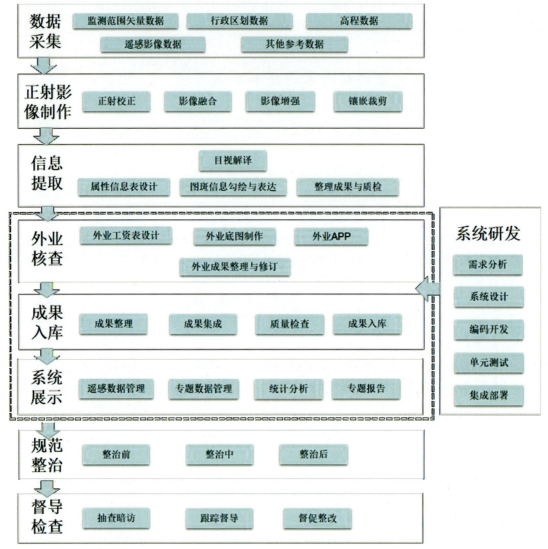

图 10-11 城市固体废弃物识别技术路线

(2)建立固体废弃物的解译标志。根据获取的历史卫星遥感资料、无人机影像和生产经验,建立固体废弃物解译标志,判读固体废弃物堆放点位置和各堆放点占地面积等。根据固体废弃物堆放点的面积将固体废弃物堆放点分为 4 级:$100\sim400m^2$、$400\sim1000m^2$、$1000\sim5000m^2$ 和 $>5000m^2$。

(3)固体废弃物堆放点与承载地类型识别。根据解译标志建立影像解译样本,结合人工目视和利用 ENVI 软件对影像进行解译,提取固体废弃物堆放点与承载地类型。解译结果经过分类后处理(聚类、腐蚀等)、二值化处理后得到分类结果并进行矢量化。分类结果满足精度要求后,制作分类专题图和外业核查路线图,外业调查采取无人机结合现场详查的方式进行,最终提交标准化后的矢量数据。

(4)成果入库。在固体废弃物提取精度核查中,利用无人机遥感技术,按照设计的航线,针对区域目标获取影像数据。对获取的无人机多光谱影像进行辐射定标、影像镶嵌和正射校正处理,获取研究区域的无人机正射影像。根据无人机高分辨率正射影像对根据卫星影像提取的固体废弃物堆放点进行精度验证与核查后进行数据入库。

(5)系统研发。研发遥感监测核查与整治系统、手机移动端核查 App,实现城市废弃物卫星遥感监测核查与整治成果的综合展示与统计分析,为各市、县(区)开展疑似非正规垃圾堆放点图斑核查提供信息化管理平台。

第 10 章　城市格局与生态环境的遥感分析

(6) 外业核查。外业核查以行政区划为单位，按要求对遥感影像提取的城市废弃物图斑的位置、属性逐一进行实地核查、信息填报、拍照取证和综合研判，并经过内业图斑修订最终形成外业排查核实工作目标。

(7) 督导检查。定期对各地已整治的城市废弃物堆放点进行实地抽查暗访，梳理问题清单，核查问题原因，形成书面报告。对发现的问题跟踪督导，直至整治彻底，对措施不力、行动迟缓、整治不到位或问题突出的非正规垃圾堆放点上报省级监管单位发督办函督促各地立行整改，确保全省农村生活垃圾治理工作取得新成效。

10.7.4　城市废弃物遥感动态监测的应用

以高分二号、高分七号、北京二号为主要数据源，完成农村生活垃圾季度遥感监测，解译疑似非正规垃圾堆放点，研发核查整治系统、外业核查 App，严肃查处生活垃圾乱堆乱放违法行为，形成了"图斑下发—实地核查—现场举证—规范整治—报告上传"的闭环工作机制，对生活垃圾整治进行全过程监管，提升了农村生活垃圾治理工作效率和水平，持续改善全省农村人居环境，如图 10-12、图 10-13 所示的非正规垃圾堆放点及现场核查照片和核查整治系统。

图 10-12　疑似非正规垃圾堆放点及现场核查照片

10.7.5　城市废弃物遥感动态监测的发展方向

高时空分辨率遥感技术：高时空分辨率遥感技术是目前城市废弃物遥感监测中的一个重要发展方向。高时空分辨率遥感数据可以提供更为详细和精确的城市废弃物信息，如识别城市废弃物的边界、类

图 10-13 核查整治系统

型和时空变化等。通过高时空分辨率遥感数据，可以更准确地评估城市废弃物的数量、质量和分布情况，为城市废弃物管理与规划提供更精细化的数据支持。同时，高时空分辨率遥感数据也可以帮助监测城市废弃物的来源和去向，以及与周围环境的关系。因此，高时空分辨率遥感技术将在城市废弃物监测中扮演越来越重要的角色。

多源遥感数据融合技术：多源遥感数据融合技术是一种将不同传感器的遥感数据进行融合的技术。通过多源遥感数据融合技术可以充分利用不同传感器的优势，提高城市废弃物监测的准确性和可靠性。通过多源遥感数据融合，可以获得更全面、多维度的城市废弃物信息，包括废弃物的数量、种类、空间分布和变化趋势等。这些信息可以为城市废弃物管理和规划提供更全面的数据基础，为城市废弃物管理和治理提供更为科学、可靠的决策支持。

时序遥感影像分析技术：时序遥感影像分析技术是一种对城市废弃物时空变化进行监测的方法。城市废弃物分布是一个动态变化的过程，因此时序遥感影像分析技术对于城市废弃物遥感监测十分重要。通过对多时相遥感影像数据进行时序变化检测和趋势分析等，可以深入了解城市废弃物的演变过程，为城市废弃物管理和规划提供更详细的信息。同时，时序遥感影像分析技术也可以帮助预测未来的废弃物变化趋势和分布情况，从而为城市废弃物治理提供更为科学的决策支持。

空间分析和 GIS 技术：遥感技术和 GIS 技术的结合可以为城市废弃物管理和规划提供更全面的信息和决策支持。例如，在进行城市废弃物分布分析时，遥感技术可以提供高分辨率、大范围的废弃物分布数据，而 GIS 技术则可以提供其他城市数据集的支持，如土地利用、人口分布等，从而实现空间叠加和关联分析，深入挖掘城市废弃物与城市发展之间的内在关系。这种综合分析的结果可以为城市废弃物管理与规划提供更全面的信息和决策支持，例如，确定废弃物的处理方法、制定废弃物管理的政策和标准等。

精准监测方法：随着遥感技术的不断发展，精准监测方法将得到更广泛的应用。这些方法可以提高城市废弃物监测的准确性和精度，从而为城市废弃物管理和规划提供更好的支持。例如，基于高光谱遥感数据的废弃物成分识别和分类方法可以精确地区分不同类型的废弃物（如生活垃圾、工业废料、建筑垃圾等），有助于制定不同类型废弃物的处理方法和政策。基于目标形状和纹理的城市废弃物检测方法可以实现对废弃物的快速、准确的检测和定位，从而提高废弃物的监测效率和处理效果。这些方法的不断发展和应用将促进城市废弃物管理和规划的智能化和精细化发展，有助于推动城市可持续发展的进程。

第 11 章　地质灾害的遥感调查与三维可视化分析

11.1　地质灾害遥感调查与监测

地质灾害包括崩塌、滑坡、泥石流、地裂缝、地面沉降、地面塌陷，岩爆、坑道突水、泥、瓦斯、煤层自燃、黄土湿陷、岩土膨胀、砂土液化、土地冻融、水土流失、土地沙漠化及沼泽化、土壤盐碱化，以及地震、火山、地热等。就地质灾害成因而论，可分为自然地质灾害（主要由自然变异导致的地质灾害）和人为地质灾害（主要由人为作用诱发的地质灾害）。就地质环境或地质体变化的速度而言，可分突发性地质灾害和缓变性地质灾害两大类。突发性地质灾害如崩塌、滑坡、泥石流等，即习惯上的狭义地质灾害；缓变性地质灾害如水土流失、土地沙漠化等，又称环境地质灾害。

据不完全统计，发展中国家每年由地质灾害造成的经济损失达到生产总值的 5% 以上。在我国灾害及其所造成的环境问题中，由地质灾害造成的损失约占整个灾害损失的 35%。其中崩塌、滑坡、泥土流和人类工程活动诱发的浅表生地质灾害所造成的损失约占 55%。这些灾害的一次性规模虽小于地震、洪涝灾害等，但其发生频度和涉及范围则远远高于和广于这两种灾害，一年的总损失约 200 亿元。我国从青藏高原向云贵高原和从云贵高原向长江中下游平原过渡的两个大陆坡度带范围内，仅 20 世纪 80 年代以来所发生的一次性伤亡人数在 10 人以上或直接经济损失在数千万元以上的灾难性崩滑事件就达十余起，仅这些灾害所造成的人民生命损失已超过 1000 人，直接经济损失超一亿元，善后处理和事后整治费用则高达近 10 亿元，而由于灾害对社会带来的影响所产生的间接损失则更是无法估量。

随着遥感技术及其他相关高新技术的高速发展，地质灾害遥感调查正由示范性实验阶段步入全面推广的实用化阶段。遥感技术可贯穿于地质灾害调查、监测、预警、评估的全过程。地质灾害遥感调查监测的主要内容包括以下几个方面。

11.1.1　孕育地质灾害的背景调查

地质灾害的孕灾背景主要有 8 种因子：①时日降水量；②多年平均降水量；③地面坡度；④松散堆积物的厚度及分布；⑤构造发育程度（控制岩石破碎程度和稳定性）；⑥植被发育状况；⑦岩土体结构（反映岩土体抗侵蚀、破碎的能力）；⑧人类工程活动程度等。

由于气象卫星可实时监测降雨强度与降水量，陆地资源卫星不仅具有全面系统调查地表地物的能力，其微波波段还具有调查分析地下浅部地物特征的作用。因此，在上述 8 种因子的孕灾背景中，第①与第②种因子可通过气象卫星与地面水文观测站予以调查统计，其他因子可通过遥感并结合适当的实地调查资料得以查明。利用遥感技术有效地调查研究地质灾害孕灾背景是地质灾害调查中最基础又最重要的工作内容。

11.1.2 地质灾害现状调查

地质灾害作为一种特殊的不良地质现象,无论是滑坡、崩塌、泥石流等灾害个体,还是由它们组合形成的灾害群体,在遥感图像上呈现的形态、色调、影纹结构等均与周围背景存在一定的差别。因此,对崩、滑、泥等地质灾害的规模、形态和孕育特征,均能从遥感影像上直接判读圈定。通过地质灾害遥感解译,可对目标区域内已经发生的地质灾害点和地质灾害隐患点进行系统全面的调查,查明其分布、规模、形成原因、发育特点、发展趋势以及危害性和影响因素等。在此基础上,进行地质灾害区划,圈定地质灾害易发区域,评价易发程度,为防治地质灾害隐患、建立地质灾害监测网络提供基础信息。

11.1.3 地质灾害动态监测与预警

地质灾害的发生是缓慢蠕动的地质体(如滑坡体等)从量变到质变的过程。一般情况下,地质灾害体的蠕动速率是很小而且稳定的,当突然增大时预示着灾害的即将到来。由于全球卫星定位系统(GPS)的差分精度高达毫米级,可满足对蠕动灾体监测的精度要求。因此,利用卫星定位系统可全过程地进行地质灾害动态监测,有效地进行地质灾害的预测、预报,甚至临报和警报。

11.1.4 灾情实时(准实时)调查与评估

地质灾害的破坏包括人员与牲畜伤亡,村庄、工矿、交通干线、桥梁、水工建筑等财产损失,以及土地、森林、水域等自然资源的毁坏。遥感技术应用于地质灾害调查,除人员与牲畜伤亡难以统计外,对工程设施和自然资源的毁坏情况均可进行实时或准实时的调查与评估,为抢灾救灾工作提供准确依据。

滑坡是斜坡上的岩体由于种种原因在重力作用下沿一定的软弱面(或软弱带)整体地向下滑动的现象(图11-1)。滑坡是常见的地质灾害之一,它不仅能直接成灾,而且经常为泥石流、崩塌等灾害提供物源,形成更大的自然灾害,威胁工程设施和生命财产的安全。人们已经提出很多种利用遥感技术对滑坡地质灾害的研究方法。遥感图像可用于滑坡地质灾害的分析,包括评价滑坡产生的地质背景、地理分布

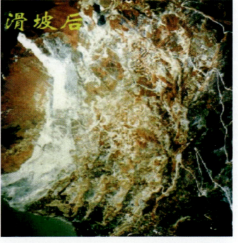

图 11-1 遥感滑坡动态监测图(彩色红外摄影像片显示了滑坡发生前后地面景观变化)

和强度,识别易于发生这些灾害的地带。滑坡等地质灾害发生后,通过遥感图像上显示的滑坡的后壁、侧壁、堆积体、裂缝、凹地等要素可识别滑坡灾害,并圈定其边界,计算其规模,确定其类型、活动状态及其周围的地质地貌环境,与邻近滑坡、崩塌的关系等。

2000年4月9日,西藏自治区波密县易贡地区发生了罕见的大滑坡,雅鲁藏布江的支流易贡藏布河被堵塞,引起了洪灾。至5月9日滑坡上端发展到海拔5100m处,高达2850m,受淹面积较4月13日增加15.99km²,达33.99km²。受淹区内有农场、公路和居民点。图11-2是2000年西藏易贡滑坡的遥感监测情况。

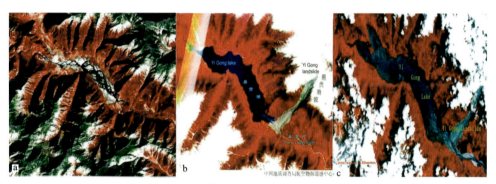

a.1998年11月15日易贡湖地区TM图像;b.2000年产5月9日CBERS卫星上显示的易贡滑坡;
c.2000年6月16日SPOT图像上显示的溃决后的易贡滑坡。

图11-2 易贡滑坡的遥感监测情况

11.1.5 区域性地面沉降监测

地面沉降是自然因素或人为因素作用下形成的地面标高损失。自然因素包括构造下沉、地震、火山活动、气候变化、地应力变化和土体自然固结等;人为因素指开采地下流体资源(油、气、水)和固体矿产(金属矿、煤、盐岩等)。地面沉降会导致防洪排涝能力下降,洪涝灾害加剧等,甚至造成地表建筑和地下设施的破坏,严重影响了人类生存环境和安全,是目前人类面临的一种重大地质灾害。

干涉雷达(InSAR)是应用于地面沉降制图的重要手段。对于大面积地面塌陷和沉降制图来说,与传统的调查方法相比较,SAR干涉图像能够从地理学理解角度对地面形变的分布进行制图,而且可获取更高精度的监测结果(图11-3)。

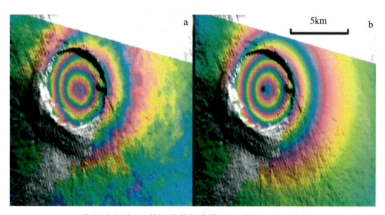

a.雷达干涉图;b.利用最佳拟合模型生成的预测干涉图。

图11-3 Darwin地区火山活动地表形变干涉图像

在矿区,地面的变化主要是由采矿活动引起的(地面沉陷、覆盖层位移、地裂缝等),也可能是与季节变化(这主要是与两幅图像获取的时间有关)、不同的天气情况(雪覆盖)以及崎岖的地形有关。

德国、波兰等欧洲国家率先进行了煤矿开采沉陷地表差分干涉雷达(D-InSAR)监测的研究工作,并取得了一些成果。试验表明 D-InSAR 能监测到开采沉陷盆地边界微小的变化及沉陷地表的演变趋势,并可测得下沉速度,从而指导矿区和建筑物、铁路、公路、管线等的保护。

遥感图像三维可视化技术是计算机图形学、多媒体、人机接口等一系列高新技术的集成技术。遥感图像三维可视化能精确地重建地形,提升遥感图像信息深度挖掘与应用效果,与地球信息科学相结合,形成了对遥感技术的表达、模拟、仿真、延伸。

遥感图像三维可视化主要是基于地形高度场几何模型和遥感影像,显示绘制实时动态的三维地形景观。数字高程模型(DEM,Digital Elevation Model)能较真实地反映出地形起的伏特征,而高分辨率遥感图像能真实地表现出地貌和地物特征,二者有机结合能更加逼真地突出地形、地貌的视觉效果。

建立地形三维可视化的原理,是将 DEM 高程值作为 Z 值,在叠加平面二维数据的基础上给二维数据赋予三维空间属性,形成可直观、形象地表示地形起伏的三维地形模型。通过遥感图像信息复合、高精度数字高程模型(DEM)生成和影像复合等工序,按照一定比例尺生成某一地区的虚拟三维地形图,具有直观性强、信息负荷量大、现势性强的优点。采用纹理映射技术,把地表纹理图像映射到地形高度场几何模型上,按照工作需要在 DME 上覆盖遥感图像、地理要素和文字符号等标注,生成三维地形影像,来模拟地表形态,宏观、多视角逼真地反映研究区的地形、地貌和自然景观。

11.2 地质灾害的三维可视化分析

11.2.1 三维遥感地质灾害调查的发展与应用

遥感技术应用于地质灾害调查,主要内容包括地震、崩塌、滑坡、泥石流、水土流失、地面塌陷、地裂缝、土地沙漠化、火山爆发等,除地震、火山爆发外,其余地质灾害往往与人为因素有关。以往的地质灾害研究工作多以常规人工调查方法为主,调查成果多以示意图的形式表示。因此,缺乏对地质灾害的直观、动态的认识。随着遥感向多平台、高空间分辨率、高时间分辨率、高光谱分辨率、高定位精度及立体三维成像方面发展,三维遥感技术应用于地质灾害的调查,尤其是斜坡类地质灾害的调查,能更加宏观、综合、准确、直观、动态地反映地质灾害的特征,为政府减灾防灾工作提供信息,减少地质灾害对人民生命和财产的损失。

三维遥感技术能很直观地展示出地貌、岩性、地层、构造等特征,突破了传统地质灾害调查的限制,发挥其逼真、形象、宏观、真实的特点,有效地降低了解译工作的难度。通过对建立的三维地形模型旋转、平移、多角度进行地质、地貌分析,提高对遥感影像的解译能力。

综上可知,三维遥感技术的主要优势如下:

(1)可形象地显示地形、地貌纹理特征,直观地反映地质灾害的环境影像因子。

(2)直观、形象地显示地层的三维空间特性,包括地层的相对厚度、叠置关系,地层的走向、倾向、倾角。

(3)形象地显示区域构造特征,包括背斜、向斜(褶曲轴向和两翼地层产状)、线形构造和环形构造及断层的产状、性质。

(4)可从宏观上反映全区的地质灾害分布特征。

(5) 有助于观察滑坡、崩塌和泥石流等地质灾害之间的相互关系及其受地形因素的影响。

(6) 三维遥感技术的优势还体现在宏观上和动态上。

三维遥感技术可应用于所有三维实时显示的场合，尤其适合大范围、不规则地形的三维可视化表达，具有重要的研究意义和广阔的应用前景。目前，我国已经全面部署了全国地质灾害严重县（市）1∶50 000 的地质灾害详细调查工作。同时，三维遥感技术还将在以斜坡类灾害调查为主的地质灾害详查工作中发挥积极作用，其应用前景广阔。

11.2.2 三维遥感可视化的流程和关键技术

1. 遥感图像三维可视化的步骤和技术流程

遥感图像三维可视化是基于正射遥感影像、数字高程模型，以及不同分辨率的地理、地质数据，进行整理、处理、加工后建立的无缝 DEM、DOM、地理、地质等空间数据库。建立三维地形模型库和三维仿真系统的步骤和技术流程如下。

具体步骤：①数据预处理；②三维模型库建设；③遥感图像三维可视化。技术流程见图 11-4。

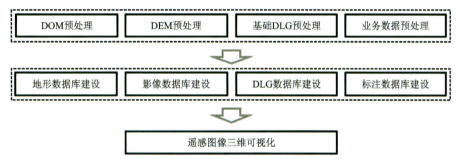

图 11-4 三维可视化的技术流程

1) 数据预处理

在 GIS 和空间信息应用中，空间数据是一个重要部分，整个 GIS 都是围绕空间数据的采集、加工、存储、分析和展示进行的。由于空间信息系统对数据需求的不同和数据格式、结构的差别，大多原始空间数据通常在数据结构、数据组织、数据表达与用户最终的信息系统不一致，需要对原始数据进行转换与处理，如投影变换，格式转换（不同数据格式之间的相互转换，相同格式不同版本之间的转换、升级），以及数据的裁切、镶嵌、拼接等处理（图 11-5）。

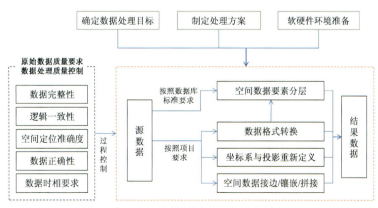

图 11-5 数据预处理流程示意图

下面针对数据处理的一些关键技术作简单分析。

a. 数据分层、整理

数据整理基于原始数据格式,使用各自的软件来整理。数据整理后进行分层一般基于 ArcGIS 软件。

对于需要进行坐标变换、投影变换,格式转换以及数据的裁切、镶嵌、拼接等处理的数据,一般先进行变换和处理,然后再进行数据的分层处理。

数据分层一般遵照国家标准或行业标准,对没有相关标准的数据类型,则按照项目需求来整理。

数据预处理结束后,完成项目所需的结果数据集。该结果数据集可用于数据的进一步处理或入库。

b. 数据格式转换

数据格式转换包括非 MapGIS 数据格式和 MapGIS 数据格式的转换(图 11-6)。

一般数据格式基于 ArcGIS 的数据互操作模块进行。该模块是基于 FME 的空间数据互操作扩展模块,可处理绝大多数常见的空间数据格式。对于 MapGIS 格式的数据,例如,部分基础地理数据和专题数据、基础地质、地质环境数据,由于其数据特殊性,需利用 Map2Shp 专业软件,转换成 Shp 文件格式,以保证数据转换的精度和完整性。

c. 数据坐标投影变换

对多样性的数据源,就需进行投影变换。同样,当对本身有投影信息的数据采集完成时,为了保证数据的完整性和易交换性,要对数据定义投影。

投影变换(Project)是将一种地图投影转换为另一种地图投影,主要包括投影类型、投影参数或椭球体等的改变。在 ArcToolbox 的 Data Management Tools 工具箱,Projections and Transformations 工具集中分为栅格和要素两种类型的投影变换,其中对栅格数据进行投影变换时,要进行重采样。

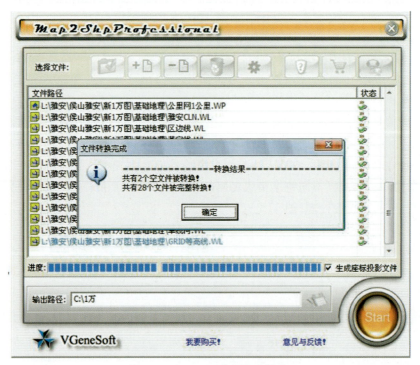

图 11-6　MapGIS 数据格式转换

2) 三维模型库建立

以基于 iTelluro 建立三维模型库为例,iTelluro 支持 TB 级海量、多源(包括 DEM、DOM、DLG、三维模型数据和其他专题数据)数据一体化管理和快速三维实时漫游功能,系统使用高程 DEM 数据,之

第 11 章 地质灾害的遥感调查与三维可视化分析

上可叠加影像数据、矢量数据（映射叠加于地形之上）、标注、线、三维模型等数据类型。iTelluro 的数据组织采用了业界标准的全球离散层次格网（Discrete Global Grids）的数据组织方式。在 iTelluro 中，将其定义为基于哈希格网的改进椭球四叉树空间索引（HEQT）数据组织方式，通过服务器提供数据和服务。iTelluro 的 DEM 数据、影像数据和 GIS 数据都采用了全球离散层次格网（Discrete Global Grids）的数据组织方式，可使用自定义工具或者使用 iTelluro Tools 将已有空间数据转换为 iTelluro 支持的数据格式。

将正射影像、数字高程模型，以及不同分辨率的地理、地质数据，建立无缝的 DEM、DOM、地理、地质等空间数据库，即可应用 iTelluro Tools 对 DEM、DOM、DLG 等数据集进行处理，生成全球离散格网（Discrete Global Grids）的三维模型数据库（图 11-7）。

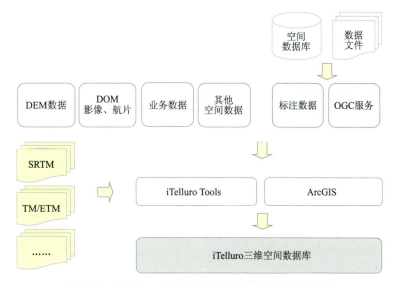

图 11-7　iTelluro 三维空间数据库（模型库）建设流程

如图 11-4 所示，要生成无缝的三维空间数据库，除上述数据集外，还需要使用项目工作区域内及周边不同分辨率的其他多源数据，以生成可自由缩放、漫游的三维仿真系统。研究工作使用了以下数据和方法来生成无缝的三维空间数据库（模型库）。

a. DEM 数据

DEM 数据包括：90m 分辨率的 SRTM 和 30m 分辨率的 ASTER GDEM 高程公开数据，以及其他来源的高精度的 DEM 数据。这 3 个数据源的数据通过 iTelluro Tools 的镶嵌和融合工具被统一处理为分级分块的金字塔结构的数据集。iTelluro GlobeEngine 客户端在进行空间数据可视化时，会根据数据源进行动态插值处理。

b. DOM（遥感影像）数据

遥感影像数据包括全球尺度的 Blue Marble 数据集，全国范围 30m 的 TM（Landsat）数据，以及其他来源的高分辨率的航天航空遥感数据。应用这些数据集，通过 iTelluro Tools 的 DOM 数据预处理模块，将遥感影像数据统一处理为分级分块的金字塔结构的数据，统一存储于高速缓存。

不同的 DEM 和 DOM 历史影像数据和现势数据处理方式一致，可通过 iTelluro 多层影像纹理叠加模块，进行历史影像数据的对比分析，也可使用两期三维场景分析工具进行比较分析。

c. DLG 数据

DLG 数据包括不同比例尺的行政区划、地理、水系，以及基础地质数据集。通过 iTelluro 的数据组织方式处理为分级分块的金字塔结构的数据。

d. 标注数据库

标注数据提取于不同比例尺的基础地理数据和业务数据,以标注数据格式(LabelLayer)存储于 SQL Server 数据库。

e. 业务数据

业务数据根据其类型,可分别处理 iTelluro 的以下数据格式:

标注数据格式(LabelLayer):用于只读点数据集。

切片数据格式(DataLayer):GIS 的点、线、面数据集,原始数据一般为 DLG 数据。

兴趣点数据格式(IconLayer):用于位置、属性经常变化的点数据集,例如监测点、GPS 定位点。

3)遥感图像三维可视化

基于 iTelluro Server,建设的三维空间数据库(模型库),经过入库、配置、分层,即可生成三维数据集,并通过 iTelluro Server 向客户端提供服务(图 11-8)。

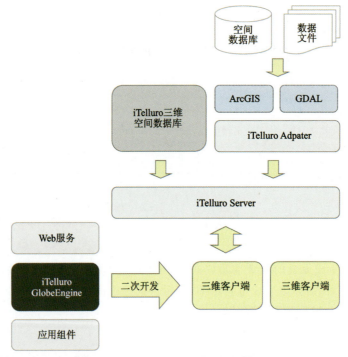

图 11-8　iTelluro 三维可视化构建流程

应用相关工具,系统可访问其他属性和空间数据库,与三维模型库一起为三维系统提供数据和服务。该三维系统可作为立体环境下解译工具包的子系统和数据源,也可单独使用。

2. 关键技术

1)三维地理信息技术

通过三维地理信息技术,为系统提供统一的数据和应用集成平台,并选用三维地理信息系统平台 iTelluro(网图)进行客户端开发。iTelluro 是一款高效、稳定的网络三维地理信息系统平台。它采用面向 Internet 的分布式计算技术和三维可视化技术,支持跨区域、跨网络的复杂大型网络三维应用系统集成。iTelluro 为海量三维空间数据的分析提供了可扩展的开发平台,开发者可方便、灵活地实现网络空间数据的共享和三维可视化。

iTelluro 基于主流技术平台.NET 的开发,产品开放性好、架构灵活、三维功能和 GIS 功能强大、支持 TB 级海量、多源(包括 DEM、DOM、DLG、三维模型数据和其他专题数据)数据一体化管理,并具有快速三维漫游功能。除支持三维空间查询、分析和运算,还可与常规 GIS 软件集成,提供全球范围基础影像资料,方便快速地构建三维空间信息服务系统。同时,可快速将二维 GIS 系统向三维 GIS 系统的扩展。

iTelluro 的三维客户端 GlobeEngine 采用全组件化开发。通过应用工业标准的组件化技术,使得 GlobeEngine 可嵌入任意客户端,并与其他业务系统无缝集成。

2)开源栅格空间数据读写接口(GDAL)

GDAL 是一个操作各种栅格地理数据格式的库,包括读取、写入、转换、处理各种栅格数据格式(有些特定的格式对一些操作如写入等不支持)。它使用了一个单一的抽象数据模型支持大多数的栅格数据。除了栅格操作外,这个库还同时包括了操作矢量数据的另一个库 ogr。因此,该库就同时具备操作栅格和矢量数据的能力。

通过应用 GDAL,可避免使用商业 GIS 软件,极大降低了总成本,并有效减少系统服务器端和客户端的空间占用大小。

3)空间数据管理

基于 ArcGIS 和 iTelluro Tools 实现的空间数据管理工具集,对于项目生产和收集的空间数据,进行处理,并进入三维管理系统。数据管理工具集对正射影像图和数字高程模型、基础地理、基础地质等数据进行转换、入库、管理和导入及导出。

数据管理工具集是系统数据管理、数据交换的关键部分。该工具集可基于 C/S 模式部署于单独的客户端,也可部署于服务器。

11.2.3 地质灾害三维遥感调查平台实现与应用案例

目前,基于 iTelluro 设计的地质灾害三维遥感解译系统,可以遥感数据和地形数据为信息源,应用于地质灾害遥感普查。获取的地质灾害及其发育环境要素等信息,以确定滑坡、崩塌、泥石流和不稳定斜坡的类型、规模及空间分布特征,建立三维环境的地质灾害类型、规模及分布数据库。

1. 系统主界面

系统启动后的主界面如图 11-9 所示,默认包括菜单区、三维视图区、左侧、下部和浮动工作区(通过菜单、工具栏等相关功能调用)。

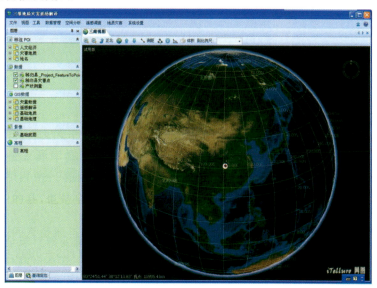

图 11-9 系统主界面

2. 系统功能与应用

地质灾害三维遥感解译系统支持多种数据格式,支持 DOM、DLG、三维标注、三维模型,借助国际领先的三维 GIS 引擎,实现三维的解译及成果展示,能使三维空间数据与属性数据同步和互动,满足业务管理需要。系统数据可与三维地质灾害调查、排查系统和地质灾害详查数据库兼容。系统实现的功能如图 11-10 所示。

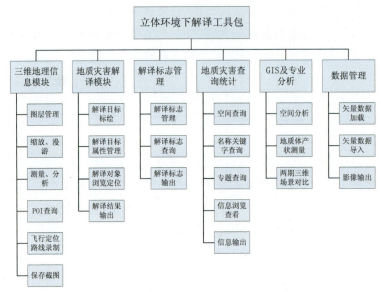

图 11-10　地质灾害三维遥感解译系统功能结构图

1)实验区遥感图像三维可视化

三维可视化是系统的核心功能模块,是系统数据可视化和分析应用的主要载体,也是系统功能实现的基础,其可展示系统内的空间数据(遥感影像和 DEM、行政区划、灾害数据、基础地理、遥感解译结果等)。

图层管理:将数据根据类型和来源组织为树形结构,并灵活控制其显示状态,除可应用 DEM 和影像数据生成基础的三维地图基础图层外,还可叠加点、线、面等 GIS 图层、三维模型、三维标注、三维线和多边形等空间数据。

放大缩小:对地图进行缩放操作,通过按钮或鼠标滚轮来实现。

漫游功能:拖拽地图,实现在三维虚拟地球上的任意漫游、浏览。

改变视图视角:能在任意视图和视角显示高清晰的遥感影像和地形等空间信息。

POI 信息查询与定位:查询 POI 空间信息并快速定位到目标位置。

飞行定位、线路录制:系统能够指定飞行或定位到某个三维空间的某个位置,可将漫游过程记录,并在三维视图中回放。

其他:截取当前视图并保存为图片,显示鼠标当前位置、地面高程、三维地图比例尺等信息。三维可视化效果如图 11-11 所示。

2)地质灾害三维遥感解译

地质灾害三维遥感解译是利用三维空间地理坐标的唯一性,将属性信息与地理空间信息对应建立相应的数据库系统,在实现三维漫游基础上进行目标的遥感地质解译,并应用地灾信息管理模块,实现解译结果的一体化管理、存储。

地质灾害三维解译模块,基于地质灾害遥感解译的工作流程和业务模型,实现了三维环境下的解译标志管理、地质灾害人机交互遥感解译、解译目标属性信息管理和信息计算提取、并具有解译结果查询统计及输出等功能。

第 11 章 地质灾害的遥感调查与三维可视化分析

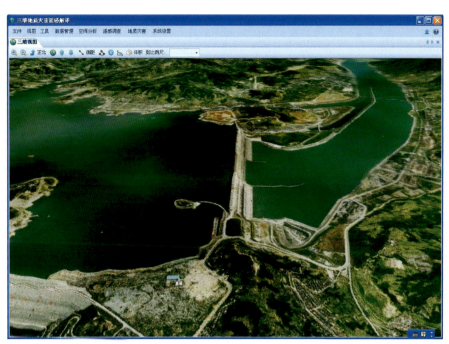

图 11-11　三峡大坝航空遥感图像三维可视化效果图

a. 遥感解译标志

按照中国地质调查局地质调查技术标准《滑坡防治工程勘查规范(DZ/T 0218—2006)》和《区域环境地质勘查遥感技术规程(1:50 000)》(DZ/T 0190—1997)等技术规范，用户可建立地质灾害、地质环境背景、自然地理信息等以作为解译标志。

遥感解译标志模块包括解译标志管理、解译标志查询输出两个子模块。

解译标志管理子模块包括解译标志的建立、保存和删除。实际操作中可在分析收集的地质资料和遥感影像图，第四纪地质、地层、岩性、构造，以及滑坡、崩塌、泥石流等基础信息基础上，通过分析已知地质灾害影像特征，直接建立工作区的地质灾害解译标志(图 11-12)，也可通过野外实地勘测或者相似工作区的已知的典型灾害类型的解译标志，从外部导入，作为工作区解译的标志(图 11-13)。

图 11-12　滑坡解译标志的建立

图 11-13　地裂缝解译标志的建立

解译标志查询输出子模块包括解译标志名称、关键字查询、解译标志浏览查看、解译标志报表输出等。

b. 三维人机交互解译

地质灾害三维解译模块符合中国地质调查局地质调查技术标准《滑坡崩塌泥石流灾害调查规范（1∶50 000）》（DD 2008-02）中对遥感调查部分的要求设计，可进行地质环境背景的解译（包括地层岩性、地质构造、居民点的解译）和地质灾害的室内遥感调查。

以地质灾害三维遥感解译为例，解译操作流程如图 11-14 所示。

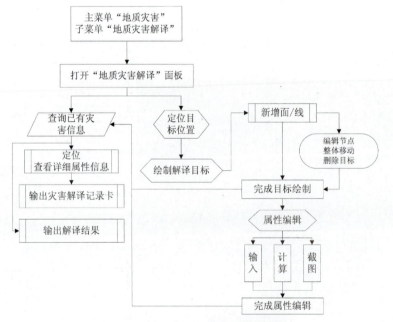

图 11-14　地质灾害三维遥感解译流程

第 11 章　地质灾害的遥感调查与三维可视化分析

地质环境背景条件是地质灾害发生的内在因素和外在因素的总和。内在因素主要有地形地貌、地层岩性、地质构造、坡体结构等。区域地质环境决定了该区域地质灾害的主要灾种、灾害发生的可能性和空间分布规律，以及灾害的规模与强度，同时也是区域地质灾害形成的必要条件。外在因素则是自然与人为触发因素共同构成的触发条件。地质灾害三维解译系统具备区域地层岩性、地质构造、居民区的解译功能，用户可在三维和二维（不旋转时俯视视角的情况）环境下，对区域地质环境背景条件进行解译，达到地质灾害发生背景环境调查的目的。下图示范了该系统对实验区地层岩性和地质构造的解译效果（图 11-15、图 11-16）。

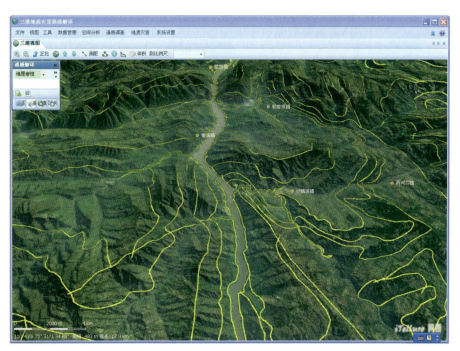

图 11-15　地层岩性的解译图

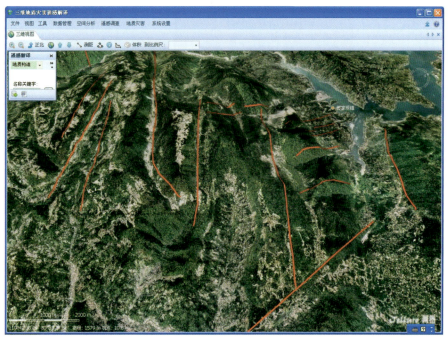

图 11-16　地质构造的解译图

· 315 ·

对于以斜坡类灾害为主要调查对象的地质灾害遥感调查,三维遥感技术有着不可替代的优势。地质灾害三维遥感解译模块可在参考遥感影像、地形地貌、地质等信息,并实现三维环境下的不同空间、属性数据交互可视化,标绘解译目标的空间特征,实现包括点、线、面的基本增删改的编辑功能,并对解译目标(地质体)属性进行编辑、查询、检索和管理。解译对象可实时与地形贴合,符合遥感地质解译的工作要求。崩塌、泥石流、滑坡的三维可视化如图 11-17~图 11-19 所示。

图 11-17　崩塌的解译图

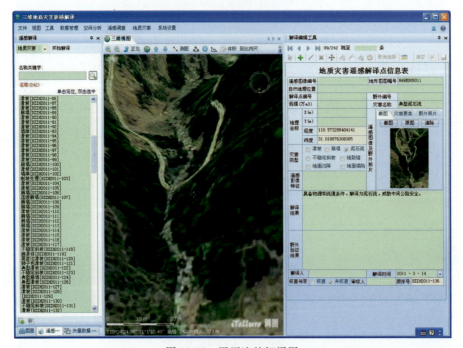

图 11-18　泥石流的解译图

第 11 章　地质灾害的遥感调查与三维可视化分析

图 11-19　滑坡的解译图

按照地质灾害遥感解译的工作流程和业务模型，地质灾害三维解译模块具有野外验证和室内解译结果的修改和完善功能，该模块也支持野外照片的上传与管理。

c. 信息计算提取

参照"地质灾害遥感解译记录卡"的内容，建立了地质灾害属性信息数据模型和管理模块，基于空间分析计算，实现了部分地质灾害目标属性信息（例如滑体坡度、主滑方向、前缘高程、后缘高程、平面规模和滑体纵横比值）的自动计算提取，遥感影像图的半自动截取及保存功能，并可在统一的界面下管理其他相关属性信息（图 11-20）。

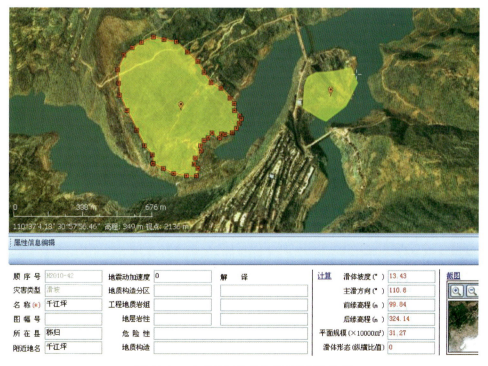

图 11-20　灾害体属性信息管理及提取计算

3)用户数据的三维建模

DEM数据和DOM数据是地球椭球体和三维地形建模的数据基础。一般来说，三维地球椭球体建模采用将地球表面划分为规则的经纬度网格，然后根据球面投影对每个网格进行三维建模的方法，随着数据精度的提高，对每个经纬度网格进行四叉树剖分，逐步细化，直至任意精度。DLG数据作为地理信息专题数据辅助地质灾害的应用和决策。

DEM数据建模可将tiff、txt和dat格式的数据处理为iTelluro(网图)可加载的地形数据格式。DOM数据建模能够通过系统开发的ArcGIS插件工具处理为影像切片数据。DLG数据可由矢量加载工具导入到三维虚拟地球中，为其他应用服务。

4)专题空间数据管理

专题空间数据管理包括数据的导入和空间查询。数据导入功能可将Shp格式、CAD格式矢量数据导入到三维可视化虚拟地球中，导入的数据将作为一个单独的图层实现查看、管理及空间查询，但需要注意的是导入数据必须为正确的数据格式和投影方式。

基于解译结果的空间信息和属性信息，可对地质灾害解译成果数据库进行空间和属性查询(名称、关键字、类型等)，以统计报表格式显示其查询结果(图11-21和图11-22)。

名称关键字查询结果

输出解译灾害一览表　输出查询结果解译灾害记录卡

编号	名称	定位	详细信息	输出记录卡	灾害类型	规模	所在县	图幅号	经度	纬度	附近地名	灾害规模
H2010-1	千江坪滑坡	定位	详细信息	输出记录卡	滑坡	大型			110.60403	30.97138		大型
H2010-10	八字门斜坡	定位	详细信息	输出记录卡	不稳定斜坡	中型			110.74468	30.96704		中型
H2010-2	崩塌示意图	定位	详细信息	输出记录卡	崩塌	中型	秭归		110.62169	30.97647		中型
H2010-3	斜坡	定位	详细信息	输出记录卡	不稳定斜坡	中型			110.67132	30.998		中型
H2010-4	斜坡2	定位	详细信息	输出记录卡	不稳定斜坡	中型			110.68214	30.99035		中型

图11-21　解译标志查询统计结果

灾害类型	滑坡	级　别	中型	遥感影像图	
附近地名		所在县			
坐　标	30° 47′32.88″N　111° 8′39.79″E				
遥感影像特征					
地质构造		地震动加速度	0		
滑体坡度	22.57°	前后缘高程	253.05m，328.12m		
主滑方向	130.2°	平面规模	1.39×10⁴ m²		
滑坡形态	纵横比值：0				
地层岩性					
危险性					
解　译	aaa	aaa	aaa	顺序号	H2010-14

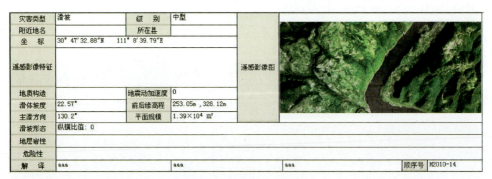

图11-22　结果详细信息

5)空间分析与专业分析

实现了三维环境下的GIS空间分析和专业分析功能，通过两期三维场景对比、加载不同时期的DEM和影像数据、实时联动显示，可直观清晰地开展研究区地质灾害、地形地貌、库岸线变化分析对比。

a.空间分析及检索

该部分实现了常规GIS和三维GIS空间分析功能，包括坐标查询、灾害体空间查询、地形表面曲线、地形三维剖面、空间距离、面积、山体地物体积及坡度/坡向等计算等功能(图11-23)。

b.地质面产状量测

基于DEM数据，应用三维立体几何和地质体的"V"字形法则，实现地质体产状测量功能，为遥感地质解译、系统应用和分析服务。具体功能如下。

解译目标产状量算：在交互解译中，选择解译目标，根据解译目标的节点坐标和节点位置的高程，应

图 11-23　三维环境下地层面和地形的交切关系(左)及产状量测结果图(右)

用三维立体几何公式,计算解译目标的产状坐标,并保存到解译目标属性数据库。

地质体产状交互测量:在三维环境下,通过鼠标交互选择 3 个以上点,例如,在同一断层线或者地层界线等地质体上交互选择 3 个以上点,即可应用选择位置坐标和高程,应用三维立体几何公式,计算解译目标的产状(图 11-24)。

图 11-24　两期三维场景对比分析图

测量结果标绘:其可标绘于单独的产状图层。

c. 两期三维场景对比分析

基于三维 GIS 地形仿真,实现 2 个场景的三维地形模型、专题数据、解译结果的同步显示、浏览和对比,可直观清晰地开展研究区地质灾害、地形地貌、库岸线变化对比分析,为研究库区地质环境及地质灾害变化情况提供直观、准确的工具。

6) 数据输出

数据输出包括解译标志、解译结果和特定范围的影像数据的输出。系统可将建立的解译标志输出为图文一体的报表,并保存为 Excel 等常见的数据文件。解译结果可输出为标准的 Shape 文件,为进一步的工作提供基础资料,同时将解译结果及其属性信息输出为 Excel 报表,并将每个灾害体在三维场景中截图添加到报表。指定地理范围和输出分辨率,可将影像数据输出成图,为其他应用服务。

解译结果的空间信息和属性信息,可对地质灾害解译成果数据库、解译结果进行输出,便于进一步开展相关工作。解译结果输出内容包括:

单个灾害体的地质灾害遥感解译记录卡,Word 格式;

全部或查询统计结果的地质灾害遥感解译记录卡,Word 格式;

地质灾害遥感解译统计表,Excel 格式;

地质灾害解译空间数据文件,Shp 格式,包括解译目标的空间、属性信息。

"三维地质灾害遥感解译系统"面向地质灾害遥感解译,实现了三维环境下的遥感影像、专题数据的一体化管理和可视化、地质灾害人机交互解译、解译目标属性信息管理和信息计算提取,解译结果可供统计查询及输出,实现了三维环境下的 GIS 空间分析和专业分析功能。通过两期三维场景对比、加载不同时期的 DEM 和影像数据、实时联动显示,可直观和清晰地开展研究区地质灾害、地形地貌、海岸(或水库)线变化分析对比。该系统符合遥感地质灾害解译业务模型和工作流程,可提高地质灾害遥感解译精度和工作效率,具有重要的实用价值。

11.3 无人机地质灾害精细遥感

无人机精细遥感主要包括了无人机低空摄影测量及机载 LiDAR 技术,两者可以实现同步获取,即在机载 LiDAR 获取三维地形数据的同时,挂载光学相机同步获取高分辨率的地面影像。

无人机低空摄影测量技术(UAV photography)是基于无人机为平台,采用数字摄影测量为手段的测绘技术,是航空摄影测量的一个重要分支。无人机数字摄影测量随技术演化发展又分为两个分支,即传统垂直航空摄影测量和倾斜摄影测量。传统的航空摄影测量主要用于地形图测绘工作,是将航拍设备垂直对地获取数字影像,经空三解算利用立体相对三维成像绘制测区地形图(DLG),并可得到测区正射影像图(DOM);倾斜摄影测量是测绘遥感领域近年发展起来的一项高新技术,通过垂直、倾斜等不同角度采集影像,获取物体更为完整准确的信息。

LiDAR(light detection and ranging)是激光探测及测距系统的英文简称。机载 LiDAR 是一种新型主动式航空传感器,通过集成定姿定位系统(POS)和激光测距仪,能够直接获取观测区域的三维表面坐标。按其功能分主要有两大类:一类是测深机载 LiDAR(或称海测型 LiDAR),主要用于海底地形测量;另一类是地形测量机载 LiDAR(或称陆测型 LiDAR),正广泛应用于各个领域,在高精度三维地形数据(数字高程模型 DEM)的快速、准确提取方面,具有传统手段不可媲美的独特优势。尤其对于一些测图困难区的高精度 DEM 数据的获取,如植被覆盖区、海岸带、岛礁、沙漠地区等,LiDAR 的技术优势更为明显。

11.3.1 无人机精细遥感技术的优势与特点

无人机摄影测量技术以大范围、高精度、高清晰的方式全面感知复杂场景,通过高效的数据采集设备及专业的数据处理流程生成的数据成果直观反映地物的外观、位置、高度等属性,为真实效果和测绘级精度提供保证。倾斜摄影测量技术不仅能真实地反映地物情况,还能通过先进的定位技术,嵌入精确的地理信息、更丰富的影像信息,这种以"全要素、全纹理"的方式来表达空间物体,提供了不需要解析的语义,一张图胜过千言万语,直观立体的三维模型使得地质灾害全息再现,倾斜摄影技术是当今地质灾害三维建模的一个重要发展方向。机载 LiDAR 数据的获取具有可以不受地域地形限制,不但可以用于无地面控制点或仅有少量地面控制点地区的航空遥感定位和数字影像获取,而且可实时得到地表大范围内目标点的三维坐标,同时它也是目前唯一能测定森林覆盖地区地面高程的可行技术,可以快速、低成本高精度地获取三维地形地貌、航空数码影像等的海量信息。此外 LiDAR 技术还具有受天气影响较小、数据采集速度快、测量数据精度高、外业作业成本低、数据处理自动化程度高等特点。

无人机载 LiDAR 和倾斜摄影技术结合可形成技术优势互补,有效提升数据获取效率和数据的丰富性、真实性,能够快速获取地质灾害隐患点高分辨率、高精度的地貌影像和真实地表地形数据。是卫星遥感的重要补充与完善,可以更为快捷、灵活、低成本的对局域地质灾害体进行观测。无人机低空摄影测量及机载 LiDAR 技术不仅真实地反映地物情况,而且可通过先进的定位技术,嵌入精确的地理信息、更丰富的影像信息,极大地丰富了地质灾害观测手段。

11.3.2 基于无人机数字摄影测量的地质灾害遥感识别技术与流程

采用无人机载 LiDAR 和倾斜摄影技术获取地质灾害隐患点三维空间数据,主要分为无人机外业飞行和内业数据处理两大部分。无人机外业飞行主要包括测区踏勘、检查点布设、倾斜摄影飞行、数字地表模型(digital surface model,DSM)快速处理、LiDAR 变高飞行等。内业数据处理主要包括点云数据预处理和 DOM、DEM、实景三维模型数据生产等。

具体涉及的技术工作论述如下。

1. 无人机低空摄影测量技术

充分考虑研究区高海拔、大高差地形地貌特征,平衡工作效率与数据精度的矛盾,为最大可能提供航拍数据精度,航拍前尽可能布设完善的地面像控点,采用 GNSS RTK 完成像控点测量。但在实际工作中,由于山高坡陡很多大高差区域测量人员无法到达,山顶等像控点布设及测量工作难以开展,为此采用差分 GPS 定位技术,低高程使用地面像控点,高高程航拍采用免像控的 GPS 前差分无人机航拍技术,通过以上措施确保航拍数据精度,同时固定翼、四旋翼无人机联合测量,保证不同高程地形都具有较高的地面分辨率,由此实现高海拔、大高差复杂条件下的航线规划与数据获取。

无人机摄影测量内业处理流程主要包括数据预处理、空中三角测量、影像匹配、影像融合、数字产品生产等。数据成果主要包括 3 种:点云数据 Point Cloud、数字表面模型 DSM、正射影像 DOM。一般无人机摄影测量主要关注三维实景的 DSM 模型和正射影像 DOM,用于分析解译地质灾害隐患的地表裂缝、错台、圈椅状地貌等早期形变特征(图 11-25)。为能高效、准确识别灾害隐患形变迹象,无人机航拍飞行规划时,在保证飞行安全的前提下,应尽量提高地面分辨率。

图 11-25 正射影像及三维模型成果示意图

2. 机载 LiDAR 技术

LiDAR 是一种以激光为测量介质,基于计时测距机制的立体成像手段,属主动成像范畴,是一种新型快速测量系统。无人机倾斜摄影快速生成的 DSM，可作为准确的高程信息，用于 LiDAR 数据获取的精准地形跟随航线设计。无人机保持对地固定高度进行飞行作业，可确保点云密度的一致性，也可确保安全作业。主要流程包括机载 LiDAR 数据获取、数据预处理、DSM 成果的构建、DEM 成果的构建这4个步骤。

高植被覆盖区域地质灾害隐患的早期识别，足够的地面点密度是灾害早期识别、与详查数据获取的关键问题。收集测区自然地理、路况交通、通信设施、基站布设等基本信息。据此信息规划测区航拍方案，同时测试机载 LiDAR 设备并进行 LiDAR 系统检校和飞行检校，消除系统误差。依照机载 LiDAR 数据获取规范要求，做好点云数据获取准备工作。当以上工作完成后，依照天气和空管实际条件，执行测区航飞任务，获取激光测距数据、POS 数据、同步机载影像数据等数据。按照既定的航摄方案进行点云数据获取后，对机载 GPS 数据做后差分处理形成高精度 POS 成果数据，并联合激光测距数据解算生成三维离散点云数据。

生成后开展数据预处理工作，检验数据精度，如不满足精度指标要求，需进行补测工作。对初步检验合格的数据经过去噪滤波、剔除植被和人机交互处理等工作，得到分类后的点云成果数据。根据点云分类成果，利用精化似大地水准面成果进行高程转化，将成果转化到 1985 国家高程基准中，生成数字表面模型(DSM)、数字高程模型(DEM)。同时基于机载同步影像，生成数字正射影像图(DOM)。

获取机载 LiDAR 数据后，大面积、大容量数据是难以在计算机上同时运行的，所以数据分块是数据处理编辑中必不可少的一部分。在计算机硬件允许支持的条件下，首先以灾害隐患范围为主要分块原则，尽量将一个区域或者一个大型灾害为一个图块。进行滤除噪声，保证数据的质量，再进行航带重叠区的冗余数据进行裁切处理。然后可以进行加工生产地表要素的真实反映数字表面模型 DSM。

DEM 模型的构建是在 DSM 成果的基础上，再进一步利用自动滤波方法（又称粗分类），对激光点云数据中的植被、建筑物、电力设施等地物数据分类成非地面点数据，同时将地表数据分类为地面点，从而实现对地表数据的提取。由于地形、植被条件的不同，可采用多种滤波方法平行测试，选效果优者。最终形成能真实反映地表形态的 DEM 格网。

11.3.3　基于无人机精细遥感的地质灾害监测技术与流程

准确识别地质灾害体并确定其具体分布范围和体积是科学评估地质灾害隐患点危险性与危害性的重要前提。在选择地质灾害隐患点数据获取的技术手段时，应充分考虑地形、岩土体出露条件，可采用基岩裸露区使用无人机倾斜摄影技术，植被覆盖区使用无人机载 LiDAR 技术的工作原则。倾斜摄影和 LiDAR 技术生成的高精度实景三维模型、LiDAR 点云数据、DEM 和 DOM 及其衍生特征参数可用于对地质灾害隐患点进行定性和定量分析，并通过二维高分辨率影像、三维精细化模型综合研判，能够实现地质灾害隐患早期识别、边界圈定等。

工作流程为基于无人机遥感(Point cloud、DSM、DEM、DOM)资料，结合星载 SAR 变形分析成果，辅以区域地质、气象水文等资料，初步建立典型地质灾害解译标志，并对已有的各种资料进行分类整理和综合分析，在野外踏勘基础上修正解译标志，充分理解工作区地质、地理背景，建立灾区地质灾害解译标志卡片，开展灾区重点区域地质灾害 1∶10 000 遥感解译工作。根据解译成果，重点在人口集中区、交通干线沿线两侧斜坡区域，对解译出的疑似不稳定斜坡重点灾害隐患点、威胁重大典型区域的灾害点，进行 100% 野外现场核查验证，GPS 现场测点，地质灾害点现场拍照，实地查证地质灾害的各要素信息（包括形态与规模、边界特征、表部特征、变形特征、威胁范围等），填写灾害点现场查证表，编写地质灾害遥感解译调查报告。

11.3.4 无人机精细遥感在地质灾害识别与监测中的应用

1. 略阳县城关镇新谢家坪村杜家山滑坡地质灾害应用

1) 滑坡概况

杜家山滑坡位于略阳县城关镇新谢家坪村杜家山组,滑坡经纬度坐标为东经106°9′32″,北纬33°19′16″。斜坡坡脚处为略阳钢铁厂厂区。滑坡所在位置属于中低山区,地貌依山势自然斜坡西高东低,滑坡体前缘海拔高程约660m,后缘高程约950m,斜坡坡度15°~30°。该滑坡曾于1981年8月发生过滑动,导致王家坪车站遭到严重破坏,迫使略阳钢铁厂停产,滑体后缘房屋大部分倾斜。

据前期研究资料以及现场调查结果,杜家山滑坡为一岩质滑坡,滑体物质组成从上至下主要为残坡积碎块石土、含砾粉质黏土和夹于其间的灰岩块石。滑床为强风化千枚岩,滑坡体底部滑动面主要受基岩面控制,位于第四系坡积层与基岩的土岩接触面(带)。略阳大断层从滑坡体中部通过,该断层为逆断层,呈东西走向,倾向北,断层北侧为下古生界变质岩系,南侧为下石炭统。

2) 杜家山滑坡机载LiDAR解译

图11-26为杜家山滑坡所在区域的植被剔除前后效果对比图,通过激光点云分类技术能够有效剔除斜坡表部植被,地表特征的立体形态十分清晰明显,斜坡的冲沟、陡坎、平台等被地表植被所遮蔽的微地貌特征得以显现。如图11-26a所示,杜家山滑坡所在斜坡表部植被发育茂密,仅从未剔除植被的DSM上难以实现对滑坡体的有效识别。但依据在剔除植被的DEM模型上所显示的微地貌特征,可以实现对滑坡体的识别(图11-26b)。

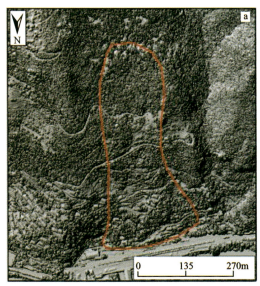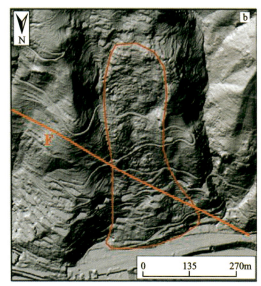

a. 基于未分类点云数据生成DSM(未剔植被);b. 基于地面点云数据生成DEM(剔除植被)。

图11-26 杜家山滑坡剔除植被前后效果对比图

在LiDAR数字高程模型(DEM)上(图11-27),该滑坡体的边界明显,滑坡体形态整体呈舌形,斜坡前缘"凸出",中后部呈现明显的"凹陷"。相比于周边斜坡体,滑坡体整体影像特征更加粗糙、凌乱,滑坡体与早期滑坡后壁之间有明显的"陡坎",形成明显的阴影特征。滑坡体长约600m(南北方向),平均宽约150m(东西方向),滑坡的主滑方向340°~355°。杜家山滑坡堆积体前缘发育一次级滑坡,次级滑坡体形态呈舌形,前缘外凸,滑坡体整体长约300m,宽约150m。

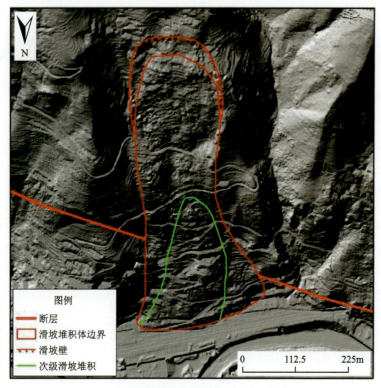

图 11-27　杜家山滑坡 LiDAR 解译图

3）现场调查

项目组于 2019 年 10 月对该滑坡展开了现场调查，杜家山滑坡为一中型规模老滑坡堆积体，滑坡体两侧可见基岩出露，岩性为巨厚层灰岩（图 11-28），滑坡体中后部表面分布有大量灰岩巨石，粒径最大可达 5m 以上，部分巨石堆具有架空现象（图 11-29）。滑坡中前部修有抗滑桩及重力式挡墙等工程治理设施（图 11-30 及图 11-31），抗滑桩单桩长约 4m，宽约 3.5m，挡墙高约 2.5m。现场观察抗滑桩及挡墙等工程治理设施运行良好，未见明显裂缝等变形迹象，滑坡体表部分布的盘山公路及农户房屋等均完好，同样未见明显变形破坏迹象。

图 11-28　滑坡右侧边界基岩出露

图 11-29　滑坡中后部分布的巨石

综合现场调查，由于斜坡中前部修建了抗滑桩以及挡墙等工程治理措施，且治理措施运行良好，并未失效，该滑坡目前处于基本稳定状态，发生整体大规模滑动的可能性较低，但在暴雨以及地震等工况下，滑坡体中上部表面分布的部分巨石存在发生滚落的可能性，对杜家山组农户、略阳钢铁厂铁路专用线王家坪车站、运输车间、略阳钢铁厂综合办公楼等具有潜在影响。

图 11-30 滑坡中前部抗滑桩完好

图 11-31 滑坡中前部挡墙完好

2. 商洛市镇安县高峰镇永丰村滑坡地质灾害应用

商洛市镇安县高峰镇永丰村地质灾害隐患区于曾于1973年发生大规模崩塌,造成房屋倒塌人员伤亡等,2018年中秋节发生小型崩塌,出现落石砸坏房屋及伤人事件。由于隐患植被茂密、高差较大、坡度较陡,高分正射影像图上虽能明显获取陡坎、部分新近堆积体等信息(图11-32),但无法获取陡坎高差、准确展布特征及历史堆积体等重要信息。本次在永丰村地质灾害隐患区完成了1次机载LiDAR测量,累计面积达2.84km²。通过无人机航摄和Lidar数据处理,分别获取了隐患区点云数据、DSM(未剔除植被)、DEM(剔除植被)(图11-33~图11-35)。

图 11-32 镇安县高峰镇永丰村地质灾害隐患区正射影像图

基于剔除植被信息前后的DEM对比分析,非裂缝处高程与邻域高程变化不大,而裂缝处高程与邻域高程相比具有较大变化,故裂缝处点云计算结果会出现较大数值。数据处理后可快速获取崩塌区的陡坎、堆积体及其他微地貌信息,可使掩盖于植被之下的各种山体损伤和松散堆积体暴露无遗,能有效识别隐蔽性地质灾害隐患,实现地质灾害隐患详查和精细化调查。

图 11-33　镇安县高峰镇永丰村地质灾害隐患区点云数据

图 11-34　镇安县高峰镇永丰村地质灾害隐患区 DSM（未剔除植被）

图 12-35　镇安县高峰镇永丰村地质灾害隐患区 DEM（剔除植被）

第 12 章　智能遥感技术与绿色发展地学指标遥感研究

12.1　智能遥感技术

12.1.1　智能遥感卫星系统

世界各国在不同时代对不同尺度下的智能遥感卫星系统提出了不同的设想。例如，美国 NASA 认为智能遥感卫星系统重在用户任务驱动、多成像模式传感器协同、星上数据处理以及相互通信。智能遥感卫星是一种可重构、可扩展的，具有自主任务规划、图像处理、信息提取和星间-星地通信传输能力，可以适应快速、准确、灵活的遥感数据获取和信息产品生产需求的新型遥感卫星。

遥感卫星的智能可以分为单星智能和多星协同的群体智能（王密和杨芳，2019）。在单颗卫星尺度上，张兵（2011）针对卫星载荷相关指标在研制时就已确定，在卫星发射后，面对多样的地面环境背景与复杂的观测目标无法再动态调整的问题。基于先验知识与模型支持下的遥感自适应观测理论，他提出了一种考虑特定地表环境及地物遥感特性差异，具有工作模式优化和自适应调节的智能高光谱卫星成像系统。该系统包含一个前视预判相机，能够通过成像区域地表覆盖与背景辐射信息的初步估算，实现辅助主相机的成像模式优选，实现自适应观测。以李德仁院士为首的武汉大学研究团队基于通导遥一体化思想，提出了包含通信、导航和观测为一体的、各部分高度集成与协同的新一代多功能智能遥感卫星平台（李德仁等，2022）。通导遥一体化思想强调卫星以一种用途为主，兼顾其他功能。武汉大学牵头研制的珞珈三号 01 星就是基于该构想研制的新一代智能测绘遥感科学试验卫星。对于对地观测这一核心功能，珞珈三号 01 星通过搭载 3 台视轴互成固定角度的线阵相机，能够以三线阵、双线阵和单线阵/面阵 3 种体质，根据应用需求智能化对地观测。同时，珞珈三号 01 星具备的导航接收与增强在轨处理能够实现数据的实时高精度定位和信息智能提取、智能高效压缩，然后再通过星间-星地通信传输功能将信息高效传递至用户的接收终端，进而实现全球范围内分钟级延时的遥感信息实时智能服务。

除单星智能以外，李德仁院士在提出的面向下一代的智能对地观测卫星系统（intelligent earth observing satellites，IEOS）中也对多星协同的群体智能进行了设想（李德仁和沈欣，2005）。IEOS 由对地观测卫星和地球同步卫星组成多层卫星网络结构，分别从不同高度对地观测。地球观测卫星星群中设有一个星座长（group lead），所有的对地观测数据均通过星间通信由星座长传输至地球同步卫星，然而再由地球同步卫星通过星地通信传输至地面站。该系统采用事件驱动，以土地覆盖变化为例，所有对地观测卫星在未检测到土地覆盖变化的情况下不进行数据传输，当某颗对地观测卫星检测到土地覆盖变化，则将该信息通过星座长传达给其他对地观测卫星，然后各卫星根据自己的位置自动调整角度和姿态，进而获得同一地区多传感器类型、多角度和多分辨率的遥感数据。

随着卫星技术的不断发展，对地观测组网对象由传统的对地观测卫星发展为轻小型卫星，组网方式也由数颗卫星构成的星座转变为数十颗甚至几十颗小卫星构成的星群(李军予等,2020)。新一代的对地观测卫星星群更强调高低轨卫星联动的突发事件动态应急响应,强调充分利用星群中不同卫星特点,以中高轨卫星获取的目标信息为基础,指导低轨卫星进行观测。具体实现方案是利用中高轨卫星对热点区域进行全天时观测,当探测到应急目标时,再结合星地资源进行任务协同规划,最后调动不同位置、不同传感器类型和不同分辨率的低轨卫星对目标进行多模式、多角度、多分辨率的对地观测。王密和仵倩玉(2022)提出的智能星群中每一颗卫星集观测、处理和传输功能于一体,既是任务观测节点,同时也是计算单元和数据传输节点。通过一星多用、多星协同的方式,星群内部可以组成观测网、处理网和传输网,与卫星通信网集成提供对全球范围遥感信息的实时智能服务。

12.1.2 智能数据处理与信息提取

较为滞后的智能化数据获取和信息提取技术面对庞大的在轨卫星数量,使得人们难以从海量数据中准确、快速地获取需要的卫星数据,导致当前遥感应用中存在数据"既多又少"的矛盾,海量的对地观测数据往往只能解决较少的用户需求(李德仁和沈欣,2005)。这样的困局对遥感数据的加工、处理和分发的自动化和智能化提出了更高的要求。

不同时代的遥感数据智能处理有着不同的内涵和期望,如果将卫星数据下传至地面站视为数据处理前后端的分界线,那么20世纪90年代中期设想的遥感数据智能处理系统主要针对数据处理后端而言。李德仁(1994)当时提出的智能化空间对地观测数据处理系统,设想通过星载GPS改善遥感图像的定位精度,通过发明更高压缩比的图像压缩技术进而实现数据的快速下传,以及通过研发高水平的图像匹配、图像理解、像片判读、数据综合方法,进而提高对接收到的遥感影像的智能化处理水平。

随着计算机、卫星通信及网络等技术的发展,如今的遥感数据智能处理更关注前端,即如何更智能地进行在轨数据处理,从而更为快速、便捷地满足用户需求。李德仁等(2017)提出,星上数据获取→星地数据传输→地面站接收→处理中心处理与产品分发这一传统遥感影像获取和处理链已难满足当今世界遥感影像数据获取和处理要求,以用户任务需求为核心、任务驱动的遥感数据星地协同处理机制成为遥感影像数据获取和处理的发展方向。

在轨数据处理是实现以用户需求作为数据分发的出发点,根据应用需求为用户提供最恰当的数据产品这一目的主要手段。为进一步增强对地观测系统的智能化感知和应急响应能力,李德仁院士面向未来空间信息网络环境,提出了对地观测脑(earth observation brain,EOB)的概念。对地观测脑是一个基于事件感知的智能化对地观测系统,通过结合地球空间信息科学、计算机科学、数据科学及脑科学与认知科学等领域知识,为对地观测系统赋予模拟脑感知和认知过程。

从星上数据获取到信息提取,需要突破影像在轨实时辐射校正与几何定位、典型目标在轨智能检测与提取、影像数据在轨智能压缩、星上通用信息处理平台设计及构建、星地星间实时通信和星地一体化云计算等技术性难题(李德仁,2012)。具体来说,需要对星上数据实时进行辐射校正与几何定位等影像预处理操作,然后对校正后的影像进行典型目标在轨智能检测与提取,再对提取目标的影像进行在轨数据智能压缩,对压缩数据实时下传,从而实现有限宽带下有效数据和信息的实时下传。这样既能实时处理用户需求,也能通过只传输用户所需要的信息进而实现有限传输宽带的高效利用(李德仁,2018)。

在数据处理方面,骆剑承(2000)提出了一个遥感地学智能图解模型(RSIGIM),该模型包含基于数理统计方法的影像基本处理模型、基于神经计算的影像视觉生理认知模型和基于语义知识的逻辑心理认知模型等几个主要部分。其中,影像视觉生理模型和影像逻辑心理认知模型是分别在神经计算模型和符号知识处理模型支持下,模拟地学专家对地学对象和地学过程的逻辑推理、决策分析为主的心理活动,以及以知觉、视觉等生理活动为主的形象思维活动,也是智能化地揭示隐藏在影像数据中的知识和规律的主要技术手段。

随着对地观测进入到由微纳卫星、卫星星座和虚拟星座,以及未来的智能遥感卫星系统构成的天地一体化的空间信息网络时代,多源传感器获取的多谱段、多维度、多时相、多层次、多角度对地观测数据也进入大数据时代,使得传统基于先验知识和物理模型的定量分析方法越发不能满足遥感大数据的处理精度的效率,由此推动遥感数据处理技术进入以数据自身驱动的智能信息提取时代(张兵,2018)。

数据驱动的遥感智能信息提取的本质是以大样本为基础,以机器学习等信息提取方法为手段,通过自动学习地物对象的遥感本征参数特征,进而实现信息智能化挖掘。其中主要技术手段以基于深度学习的神经网络模型为主,包括神经网络及其各种变种(卷积神经网络、全卷积神经网络、深度卷积神经网络、二维卷积神经网络、全连接神经网络等)。上述模型已经在大区域目标快速检测、影像分类、图像分割以及地表参数反演等领域展现出优异的性能和巨大的潜力。

一个典型的应用实例是 Brandt 等(2020)以人工标注树和灌木冠层轮廓作为训练样本,在亚米分辨率卫星图像切割出的 256×256 像素斑块图像上,利用深度学习模型对西非撒哈拉地区、萨赫勒地区和半湿润地区的树木进行了识别,在近 130 万 km^2 沙漠地区共识别出 18 亿个树冠,远超此前同类研究。由于该项工作根本性地改变人们思考、监测、模拟和管理全球陆地生态系统的方式,将遥感森林观测从侧重于综合景观尺度的测量提升至大范围乃至全球尺度上对每棵树的位置和树冠大小的绘制,被 *Nature* 杂志评选为 2020 年十大科学发现之一。

虽然基于深度学习的神经网络模型具有精度高、速度快等优点,然而对训练样本数量的巨大需求也极大地制约了其应用范围。此外,遥感图像观测尺度大、场景复杂,也在一定程度上加重了该方法的样本制约。例如,Chen 等(2018)通过迁移学习将计算机领域成熟的目标检测算法用于飞机检测时,由于训练样本单一、数量少,在试验区内效果很好的方法却无法泛化应用于更大的范围。同样,Brandt 等(2020)为了避免样本对识别精度的影响,在上述研究中用到沙漠地区近 9 万棵树和灌木冠层作为训练样本。

12.1.3 遥感智能服务

根据美国忧思科学家联盟(the union of concerned scientists,UCS)数据,截至 2022 年 1 月,我国卫星数量已是全球第二(王密和仵倩玉,2022),然而我国现有的通信、导航、遥感卫星系统各成体系,且卫星运控、数据接收、数据处理和应用分发等环节独立工作,服务模式链路长、系统响应慢,导致服务滞后(李德仁,2012)。

中国科学院于 2019 年发布的"地球大数据共享服务平台"是我国为尽力破除这种长链路式数据服务的最新尝试。该平台面向公众免费开放,用户根据自己的兴趣,不仅能通过中国科学院地球大数据银行(CAS earth databank)系统获取 1986 年以来 20 万景长时序的多源对地观测数据即得即用(ready to use,RTU)产品集以及重点区域的亚米级 RTU 产品集,还能获取基于中国国产高分辨率遥感卫星数据制作的 2m 分辨率动态全国一张图、利用中外卫星数据制作的 30m 分辨率动态全球一张图等遥感产品(He et al.,2018)。

除了将已有数据和产品更便捷地提供给用户之外,按照用户需求智能化地提供数据或信息也是实现遥感智能服务的有力途径,而空间信息网络中通信、导航和遥感卫星进行一体化集成与协同应用是实现遥感信息实时智能服务的关键(李德仁等,2022)。结合人工智能、5G/6G 等技术,构建集遥感影像在轨处理、星地星间链路传输、遥感信息产品终端分发于一体的星群智能服务体系,使用户能够直接通过智能终端发布需求、查看进程、下载数据,为用户提供获取端到用户终端的快、准、灵的智能服务。

空间信息网络能够为智能遥感卫星的运行提供环境基础,为智能遥感卫星的实时传输提供基础保障,人工智能的发展能够极大地提高在轨数据处理的自动化和智能化水平,为卫星的智能化发展提供强有力的支撑(王密和杨芳,2019)。将星座与分布式云计算相结合的协同计算平台作为新一代空间通信与计算基础设施,将星群视作一个具有原始数据集与分布式计算资源的算力云资源池,使用云计算的运维方式对星群的存储、计算资源进行调度与管理,进而实现依托于天基的多星在轨协同计算。

李德仁院士在对地观测脑的基础上,根据空间数据获取的不同尺度,在 2018 年提出了更为微观的智能手机脑。其基本观点是随着物联网技术的发展和智能手机的普及,城市和个人尺度也进入到大数据时代,面对爆炸式增长的数据,城市和智能手机也需要更为智能地感知、认识空间数据,并驱动决策支持的智能化。受限于当时移动 CPU 性能制约,手机智能脑的设想还停留在利用手机自身传感器(例如加速计、麦克风、摄像头、陀螺仪、定位装置等)收集的各类数据,并根据这些数据提供一些基于位置的服务(location based services,LBS)。

近几年移动端 CPU 技术飞速发展,智能手机在遥感智能服务中的角色不仅仅局限于充当提交需求和接收信息的前端,而是可以本地化地对接收到的遥感数据进行处理。苹果公司(Apple Inc.)2022 年发布的 M2 移动 CPU 已大致达到英特尔(intel)公司 2021 年发布的酷睿(Core)12 代 i7 桌面 CPU 性能水平,而另一家移动 CPU 巨头高通(Qualcomm)公司同年发布的骁龙(Snapdragon)8GEN2 在性能上也与 intel 公司 2016 年发布的 Core 7 代 i7 桌面 CPU 相当,这使得手机 CPU 不仅能处理自身传感器采集到的空间数据,还能作为计算单元直接参与遥感图像处理。相比于数据在轨处理,基于智能手机的数据处理不仅能通过开发手机 App 的方式,以较低的成本满足各式各样的需求,而且在 5G/6G 网络技术的支持下,庞大的用户基数使得基于手机的分布式计算性能远超在轨处理能力,能突破星上处理的性能瓶颈,为遥感智能服务提供了更难以估量的应用前景。

12.2 绿色发展的科学内涵

人类社会发展史显示,"生态兴则文明兴,生态衰则文明衰",世界自然基金会固定发布的《地球生命力报告》持续强调人类活动正在不断地给地球施加压力,资源、能源供给日趋紧张,生态环境恶化,全球性环境问题频发。这些问题促使人们开始反思传统发展观的弊端,绿色发展逐渐成为各国解决资源环境多重挑战、应对气候变化和金融危机的共同方案。

绿色发展的提出,最早可追溯到 20 世纪 60 年代美国学者博尔丁的宇宙飞船经济理论,以及戴利、皮尔斯等人有关稳态经济、绿色经济、生态经济的系列论述。1987 年,联合国环境与发展会议发布研究报告《我们共同的未来》(*Our Common Future*),阐述了可持续发展的概念。2002 年,联合国开发计划署发表《中国人类发展报告 2002:绿色发展,必选之路》,首次提出"绿色发展"是中国的必由之路,是"可持续发展"理念与战略的实现方式。党在十八大报告中首次提出"推进绿色发展、建设美丽中国"的构想,发展绿色经济,推广绿色建筑、绿色施工和绿色消费模式,推动政府绿色职能转变,绿色发展开始渗透社会、经济、生活的方方面面。党在十九大报告中 4 次提及绿色发展,全面阐述了绿色发展的理念、现状和目标,将产业低碳循环发展、绿色技术创新、绿色低碳生活、绿色政策导向等方面作为绿色发展建设的重点,全面推进生态文明建设。党的二十大报告将人与自然和谐共生的现代化列为中国式现代化的 5 个方面的中国特色之一,就"推动绿色发展,促进人与自然和谐共生"作出了战略部署,表明我们要站在促进人与自然和谐共生的高度,扎实推进绿色发展和生态文明建设,谋划经济社会发展,为全面建设社会主义现代化国家奠定坚实基础。2019 年 12 月,欧盟委员会公布了应对气候变化、推动可持续发展的"欧洲绿色协议",希望能够在 2050 年前实现欧洲地区的"碳中和";美国通过加大新能源领域的投入、出台相关法案带动绿色发展;日本政府发布了"绿色增长战略";韩国提出"绿色增长"经济振兴战略;印度尼西亚、南非等发展中国家也纷纷制定了绿色经济战略。

当前,绿色发展已经成为我国新时代发展的主旋律,在推进生态文明建设的背景下,绿色发展逐渐成为当下社会发展和转型的不二之选。绿色发展的科学内涵也在实践中不断丰富和深化,已不再是生态和经济系统两者之间的协调关系与共同发展,而是拓展至经济、生态、社会、生活、政治等多个方面,强调多系统之间的共同可持续发展。其中,国外学者主要围绕"绿色经济(green economy)""绿色增长(green growth)"等概念,以应对气候变化和资源环境保护、促进经济增长并兼顾社会进步,国内学者则主要立足于经济、社会、生态、可持续发展等多个不同视角,但其共同的本质都是追求资源、环境、经济、社会间的协调发展,在经济增长的同时减少对资源环境的影响,走绿色发展之路,推动经济社会领域实现全面绿色转型已成为全社会的共识。

12.3 绿色发展的地学指标及其评价方法

12.3.1 基于遥感的绿色发展地学指标

绿色发展指标是生态文明建设评价的重要内容,科学选择绿色发展指标是定量反映区域绿色发展进程和水平的重要环节。1992 年,联合国环境与发展会议通过了《21 世纪议程》(*Agenda 21*),提倡使用指标体系作为衡量可持续发展的工具。此后,可持续发展指标(SDI)体系逐渐发展起来。这些体系大致可分为单一型指标和综合型指标体系,前者包括世界银行的"真实储蓄"(geniussaving)、联合国"人类发展指数"(HDI)、国际发展重新定义组织"真实发展指数"(GPI)指标、生态足迹(ecological footprint)等,后者包括 UNCSDU、UNECE-Eurostat-OECD TFSD 指标体系等。在我国,2016 年由国家发展和改革委员会制定并发布了《绿色发展指标体系》,相关专家学者从资源利用、经济增长、生态保护等多个方面选取绿色发展指标,构建绿色发展评价体系,开展了基于省、市、县的评价工作。在全国范围内,北京师范大学与国家统计局联合构建了中国绿色发展指数,涵盖经济增长绿化度、资源环境承载潜力和政府政策支持度 3 个方面的 55 个指标,对全国 30 个省(区、市)的绿色发展水平进行了评价。通过对国家发展和改革委员会《绿色发展指标体系》进行调整,郝淑双等选取 44 个指标对全国 30 个省(区、市)进行了绿色发展综合评价。向书坚等则基于绿色生产指数、绿色消费指数和绿色健康指数 3 个维度,筛选 77 个指标,构建了中国绿色经济发展指数评价指标体系。在区域尺度上,吴传清等基于资源利用、环境治理、增长质量和绿色生活 4 个维度,选取 28 个指标构建长江中游城市群绿色发展指标评价体系;任嘉敏等以东北老工业基地 11 个城市为研究区,从资源利用、产业绿色化、经济发展质量、环境保护、绿色人居 5 个方面构建指标体系,分析东北老工业基地绿色发展水平时空演变特征。在省域尺度上,于成学和葛仁东基于资源环境、自然资源、环境政策和投资 3 个维度,选取 49 个指标,构建了辽宁省绿色发展水平评价指标体系;张欢等基于绿色美丽家园、绿色生产消费、绿色高端发展 3 个维度,选取 24 个指标,构建湖北省地级及以上城市、自治州绿色发展评价指标体系。

通过对国内外代表性的绿色发展评价指标体系进行汇总可以看出(表 12-1),这些指标虽然均具有较强的权威性和代表性,但绿色发展涵盖的内容丰富,影响因素众多且影响程度不一,快速、准确、动态地获取各项指标成为评价中的重点和难点。实时掌握资源环境、社会经济等指标,开展定量的动态变化趋势分析,明确区域绿色发展水平与进程,作出科学应对,是改善生态环境、实现生态文明建设的有效途径。

表 12-1 国内外权威绿色发展指标评价体系

作者或机构	评价指标体系名称	一级指标	指标个数
OECD（经济合作与发展组织）	绿色增长评价指标体系	环境与资料生产率、自然资产基础、生活质量与政策响应	23
联合国环境规划署（UNEP）	包容性绿色经济测度指标体系	环境、政策、幸福公平	14
全球绿色增长研究所（GGGI）	绿色增长计划评估指标体系	国家现状、社会发展、资源环境可持续性	5
世界银行（WB）	绿色增长政策评价指标体系	环境效益、经济效益、社会效益	
北京师范大学等	30个省（区、市）与100个环境监测重点城市绿色发展指数指标体系	经济增长绿化度、资源环境承载力、政府政策支持度	55
国家发展和改革委员会等	31个省（区、市）绿色发展指标体系	资源利用、环境治理、环境质量、生态保护、增长质量、绿色生活、公众满意度	56
中国科学院可持续发展战略研究组	可持续发展能力评估指标体系	生存支持、发展支持、环境支持、社会支持、智力支持	45

传统的绿色发展指标获取受数据采集方式的限制，难以在数据时效性和覆盖范围上满足评价要求，卫星遥感技术因其综合、动态、快速、大范围获取数据的优势，可以较好地反映区域绿色发展的指标变化。综合已有的绿色发展指标研究成果（表12-1），以代表性强、易于遥感提取为条件，从生态环境保护与社会经济两方面筛选出了13项绿色发展指标及其对应的遥感参数（表12-2），指标的选取原则如下。

1）科学性原则

绿色发展以经济效益、社会效益和资源环境效益的协调统一为目标，只有明确绿色发展的科学内涵和目标，才能建立起科学的符合绿色发展要求的评价指标体系。为了保证评价结果的真实性和客观性，要采用科学、客观的方法进行指标的筛选。筛选的指标既要具有可得性，又要体现绿色发展的科学内涵，并根据区域发展实际建立起绿色发展指标体系。

2）可行性原则

除了根据相关理论进行指标选取外，作为绿色发展水平测度指标体系，还要考虑所选取的指标必须具有可量化性，以便于最后结果的测算。除此之外，还要考虑数据的来源是否真实可靠，要使得所选取的指标数据能够直接通过实验得出，或是野外进行实地勘测，能够直接地、间接地通过换算得到，或尽量直接从国家和地方的官方统计数据得来，保证结果测算的真实可靠。

3）代表性原则

绿色发展评价的目的主要是检验区域发展的科学性和可持续性，从而对区域未来发展提供相应的借鉴和参考。由于影响绿色发展因素众多，且影响程度不一，显然将这些要素全部位列其中是不现实的，这就要求在指标选取时尽量选取具有代表性和典型性的指标对影响绿色发展要素进行表征，以最少的指标较全面地反映区域绿色发展状况。

第 12 章　智能遥感技术与绿色发展地学指标遥感研究

4）全面性原则

绿色发展涵盖的内容十分丰富，涉及经济、社会、环境等多个要素，且各要素之间相互影响、相互制约，共同影响着绿色发展进程。绿色发展要兼顾经济发展和保障生态环境可持续性的双重目标，因此评价指标的选取不仅要考虑经济发展状况，还要考虑自然环境、资源、社会等多方面的因素，保证指标体系的全面性和综合性，尽可能全面准确地反映区域绿色发展情况。

表 12-2　基于遥感技术的绿色发展指标

一级指标	二级指标	三级指标	遥感数据/对应遥感参数	反映	指标属性
环境与生态	绿色植被	植被覆盖度	归一化植被指数 NDVI 土地利用类型（LUCC）	区域内植被覆盖程度高低	＋
		人均森林面积			＋
		植被净初级生产力	净初级生产力（NPP）	陆地生态系统质量	＋
	环境友好	土地沙化程度	土地利用类型（LUCC）	土壤、大气、地表水等生态环境友好度	＋
		地表蒸散发	MODIS 地表蒸散量数据		－
		PM 2.5 浓度	气溶胶光学厚度（AOD）		－
		水网密度	水网密度指数		＋
	气候变化	年均降水量	气象站点插值数据	气候变化程度	＋
		年均气温			＋
人文经济	经济能源	国内生产总值（GDP）	夜间灯光 NPP-VIIRS 数据	国民经济现状	＋
		人均电力消费		能源消耗量	－
	土地利用程度	土地利用程度	土地利用类型（LUCC）	土地利用程度	＋

注：＋、－分别代表正向、负向指标性质。

12.3.2　基于遥感的绿色发展评价方法

遥感技术已在地表覆被信息提取、生态环境监测等方面得到较多应用，通过遥感技术一方面可以获取长时间序列的动态数据，实现对区域绿色发展的综合动态分析；另一方面通过多时相遥感影像变化检测或分类比较，可实现对小尺度特定指标的监测与变化分析。

采用基于卫星遥感技术的绿色发展水平评价流程包括指标筛选、指标体系确立、指标数据获取、绿色发展水平评价与分级等（图 12-1）。

1）指标筛选

指标筛选主要有两种方式，一种是基于经验的主观式筛选，另一种是定量的客观筛选。两者相比，前者过多依赖先有经验，主观性较强，缺乏数理支撑；后者依据数学方法进行指标筛选，易忽略指标本身的现实意义。在考虑指标现实意义的基础上又保持指标筛选的客观性，推荐采用定量与定性相结合的方式筛选指标。

2）指标体系确立

筛选指标后，确立由不同层级指标构成的绿色发展评价指标体系，并对各指标权重进行赋值。现有的指标权重赋值方法主要为主观赋值法和客观赋值法：主观赋值法主要基于专家的主观判断和经验，常见的有层次分析法、模糊综合评价法、专家评判法等；客观赋值法是基于数学的定量数据分析方法，如主

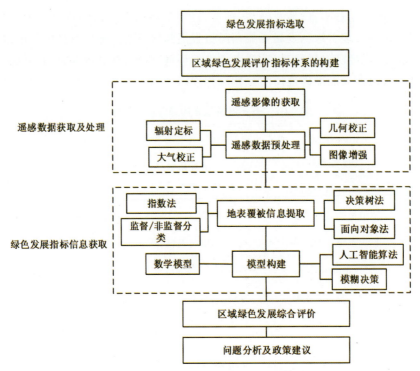

图 12-1 基于遥感的绿色发展评价流程

成分分析法、因子分析法、熵权法等。

3）指标数据获取

遥感监测数据来源多以中高空间分辨率的光学卫星数据为主，如国外的 Landsat、SPOT、QuickBird、IKONOS、MODIS、HYPERION、DMSP/OLS、NPP-VIIRS 等，以及国内的 HJ、ZY、GF 系列卫星等，特别是高分五号、六号卫星的高光谱及多光谱数据等在生态资源监测中将会发挥重要作用。

4）绿色发展水平评价与分级

在指标标准化处理和权重计算的基础上，测算各层级评价值和综合评价值，通常采用指标加权求和计算。计算公式如下：

$$Z = \sum_{i=1}^{N} W_i Y_i (N = 1,2,3,\cdots,55) \tag{12-1}$$

式中：Z 为绿色发展指数；Y_i 为指标的个体指数；N 为指标个数；W_i 为指标 Y_i 的权数。

综合分析：结合研究区特点，对区域绿色发展水平进行综合分析与评价。

12.4 基于遥感的绿色发展生态指标评价

高光谱遥感具有光谱分辨率高、图谱合一的特点，在土壤有机质、水分、土地沙化、植被指数监测等方面均有成功运用。本研究充分结合国产高光谱卫星数据、地面测量和样品光谱分析，提取并建立重点生态地质问题区域沙地、草地、林地等地物光谱特征，在此基础上对生态问题区土地荒漠化程度进行了分级评价，为开展大范围快速检测提供技术支持。

本次研究区选择在陕西省榆林市孤山川流域，地处陕北黄土高原与库布齐沙漠接壤地带（图 12-2）。孤山川是黄河右岸一级支流，发源于内蒙古自治区准格尔旗乌日高勒乡，在陕西省榆林市府谷镇汇入黄河,干流全长 79.4km,流域面积 1 272.07km²。地处毛乌素沙漠与黄土丘陵沟壑区的过渡地带,南北跨越长城内外,流域内地貌类型比较单一,主要是黄土丘陵沟壑地貌类型区,其中上游有少部分黄土盖沙区,下游沿黄河河谷一带为基岩沟谷丘陵区,水土流失严重。在孤山川流域地区综合利用高光谱卫星数据、高空间分辨率多光谱卫星数据、雷达数据、立体像对卫星数据等多源数据类型,开展区域土地沙化及沙化程度识别和监测,以及区域植被类型的分类研究,综合开展区域水土流失风险性区划分析工作。

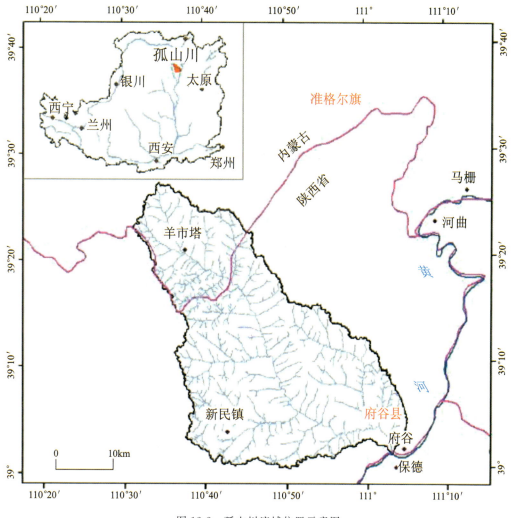

图 12-2 孤山川流域位置示意图

12.4.1 植被类型、分布识别与评价

选取质量较好的高光谱卫星数据进行植被类型识别与提取(图 12-3),采用支持向量机(SVM)和光谱角分类法(SAM)对影像的光谱曲线进行识别,不同类型的光谱曲线代表不同的植被。通过对影像 A、影像 B、影像 C 的样品点光谱曲线进行识别,获取不同类型的光谱曲线(图 12-4~图 12-6),利用支持向量机方法、光谱角分类法进行分类,并采用 Kappa 系数法对其分类结果进行比较和验证(图 12-7)。通过对三幅影像的分类结果验证可知,无论是总体精度还是 Kappa 系数,SVM 的分类结果均优于 SAM。

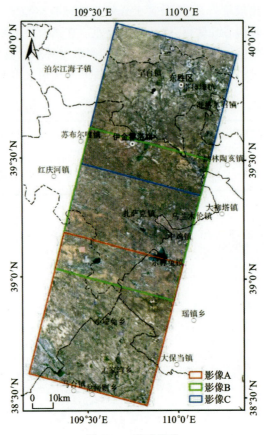

图 12-3 遥感影像

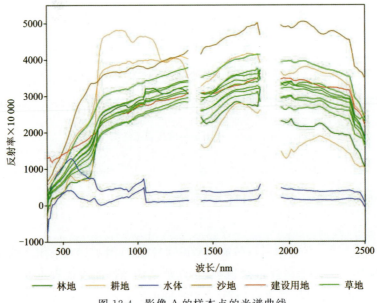

图 12-4 影像 A 的样本点的光谱曲线

第 12 章 智能遥感技术与绿色发展地学指标遥感研究

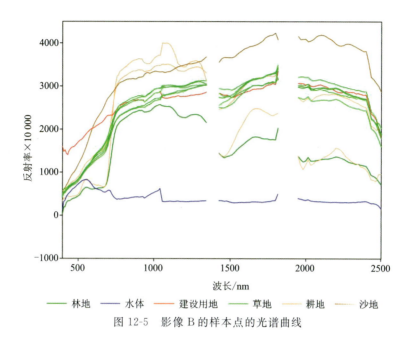

图 12-5 影像 B 的样本点的光谱曲线

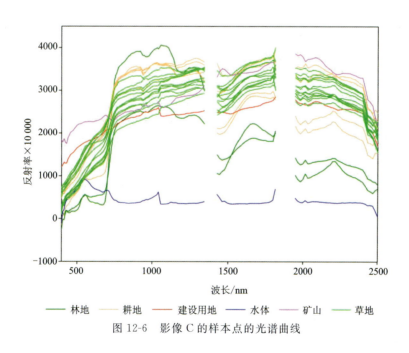

图 12-6 影像 C 的样本点的光谱曲线

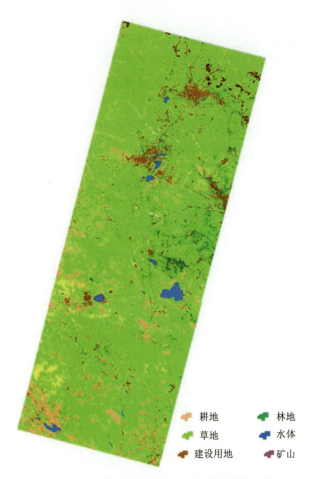

图 12-7 基于支持向量机的研究区植被类型识别及分类

12.4.2 土地沙化识别监测与评价

土地沙化识别首先采用人机交互方式,利用专家经验知识,完成沙质荒漠化遥感解译;在此基础上利用高光谱卫星数据的光谱特征优势,对完成解译工作的地区进一步利用高光谱数据对沙质荒漠化进行识别和提取。

1. 生态脆弱区沙质荒漠化遥感解译

土地沙化遥感监测主要利用遥感数据反演的土地沙化监测指标来完成,而影响土地沙化的因素较多,利用遥感数据反演的遥感监测指标亦多种多样,单一的指标不能全面反映土地沙化过程且监测结果具有一定的局限性。为提高土地沙化的评价效果,本次将影响土地沙化的综合指标作为监测因素。选择可以综合反映土地沙化特征并且能够通过高光谱卫星影像提取或者反演得到的 4 个遥感监测指标:植被覆盖度(FVC)、裸土指数(BSI)、地表反照率(Albedo)、优化土壤调整植被指数(OSAVI),其中植被覆盖度(FVC)和裸土指数(BSI)采用完全约束最小二乘法混合像元分解模型进行提取,地表反照率(Albedo)作为土地沙化监测中地表温度、干燥度或湿度的指示因子,利用大气辐射传输模型建立不同传感器地表反照率的通用计算公式提取参数。优化土壤调整植被指数(OSAVI)基于土壤调整植被指数(soil adjusted vegetation index,SAVI)进行提取,选取最适用于植被相对稀疏的地区的改进型土壤调整植被指数。

2. 基于高光谱卫星数据的土地沙化识别、提取及评估

第四次全国荒漠化和沙化监测技术规定,荒漠化区域按气候类型划分为亚湿润干旱区、半干旱区、干旱区、极干旱区,不同气候区内按照土地沙化程度划分为轻度、中度、重度、极重度4级。以原有土地沙化监测结果为基础,将数字化后的样本图与高光谱反演出的土地沙化遥感监测指标的栅格图进行GIS叠加分析,参照各监测指标在不同土地沙化程度等级下的像元值,确定各指标土地沙化程度判别值(表12-3)。将赋值后得到的各指标进行累加运算,利用决策树分类法利用土地沙化监测指标分别进行工作区土地沙化程度的判定(表12-4,图12-8)。

表12-3 土地沙化监测指标

类型	FVC/%	BSI	Albedo	OSAVI
非沙化区	>65	≤0.24	≤0.18	>0.66
轻度	>50~65	>0.24~0.47	>0.18-0.23	>0.48~0.66
中度	>30~50	>0.47~0.71	>0.23~0.28	>0.35~0.48
重度	>10~30	>0.71~0.88	>0.28~0.31	>0.26~0.35
极重度	≤10	>0.88	>0.31	≤0.26

表12-4 工作区土地沙化监测统计

类型	像元数/个	面积/km²	比例/%
极重度沙化	301 814	271.63	2.71
重度沙化	1 873 171	1 685.85	16.80
中度沙化	6 069 665	5 462.70	54.44
轻度沙化	2 730 861	2 457.77	24.49
非沙化区	173 836	156.45	1.56

3. 监测结果验证

采用已有沙化监测结果对现有结果进行验证。在定性验证方面,现有结果的极重度沙化区和原有结果的重度沙化区套合情况较好,边界明显;造成沙化程度不一致的主要原因是原有沙化监测结果只将沙化程度划分为了重度、中度以及轻度3种级别。在定量验证方面,采用接收者操作特征曲线(ROC)来验证现有结果。采用ROC曲线和原有结果来对现有评价结果进行验证。在ROC曲线分析中,曲线下面积(AUC)与验证精度之间的定量和定性关系可分为差(0.5~0.6)、一般(0.6~0.7)、良好(0.7~0.8)、非常好(0.8~0.9)和优秀(0.9~1)。本次验证结果验证精度AUC值为0.603,与原有结果的匹配程度一般。造成验证结果一般的原因可能是原有结果分类级别存在差异,另外原有结果是人工目视解译矢量数据,在对沙化的精细化表现上不及栅格数据。下一步有必要对土地沙化的识别监测技术进行进一步完善。

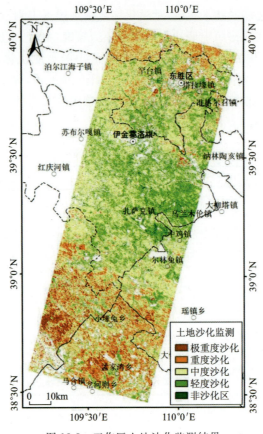

图 12-8 工作区土地沙化监测结果

12.4.3 生态脆弱区水土侵蚀监测与评价

1. 土壤侵蚀评价方法

通用土壤流失方程 USLE 及其修订版 RUSLE 的结构简洁,是目前世界上推广应用最广泛的土壤侵蚀模型方程,我国学者以 RUSLE 为基础并结合我国水土保持措施特点,开发了中国土壤侵蚀方程 CSLE。在区域土壤评价研究的基础上,项目结合 GIS 和 RS 技术,主要依据 CSLE 方程,借鉴中国坡面水蚀预报模型中的浅沟侵蚀因子,完成对每个栅格单元土壤侵蚀量的估算,然后通过与水文观测数据对比方式进行精度评价,完成对研究区的土壤侵蚀评价(图 12-9)。

2. 土壤侵蚀评价因素

土壤侵蚀主要包括水蚀、风蚀等,影响土壤侵蚀的因素很多,主要有气候、地形、土壤、植被和人类活动因子等。项目主要基于中国土壤流失方程式进行评价,评价因素主要涉及降雨因素、地形因素、土壤因素、植被因素、水土保持措施因素及沟道因素等。降雨是导致侵蚀主要的动力因素,以降雨侵蚀力因子 R 表示,根据研究区以往月降雨资料分析表明,降雨量年际差异显著,降雨空间差异显著。不同的降雨量指标需采用不同的降雨侵蚀力计算方法,本次计算数据来源于榆林市和鄂尔多斯市气象局,获得孤山川流域 2011 年与 2020 年的年降雨量值,并采用年降雨量计算降雨侵蚀力因子 R_n 公式计算研究区降水因子 R 的值(图 12-10)。

第12章 智能遥感技术与绿色发展地学指标遥感研究

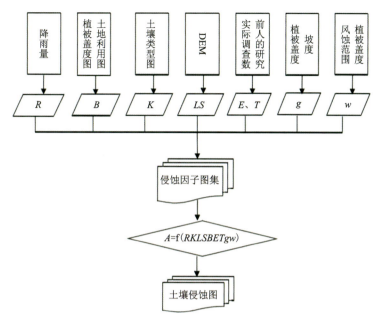

图12-9 土壤侵蚀评价技术流程图

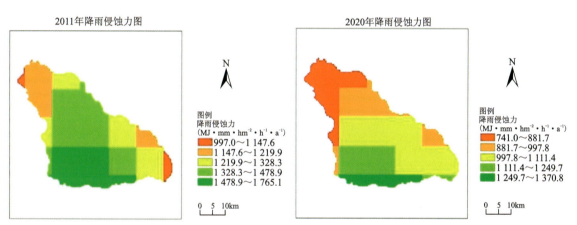

图12-10 孤山川流域降水因子 R 值（2011年、2020年）

土壤可蚀性因子 K，一般根据工作区周边标准小区实际观测资料计算。采用标准小区实测资料计算土壤可蚀性因子时，应确保计算单元土壤类型与标准小区土壤类型相同，且实测资料序列不少于3d。由于缺少数据源，项目土壤可蚀性因子 K 参考了王小燕在《中尺度流域土地利用变化对土壤侵蚀的影响——以孤山川流域为例》一文中的结果，对其进行矢量化，得到了2011—2020年孤山川流域土壤可蚀性因子 K 的数据（图12-11）。

本项目对坡度的提取采用的是D8算法，若得到的值为0，则将栅格值赋为0.1°，以确保栅格之间径流连续。利用生成的Hc-DEM基于ArcGIS中的Surface Analysis生成分辨率为10m的坡度图。坡长定义为从地表的径流源点到坡度减少直至有泥沙沉积出现地方之间的距离，或径流源点到一个明显的渠道之间的水平距离。因为小于2.75°（约5%）的坡面基本不产生侵蚀，所以在具体计算中，径流终点计算的标志是用2.75°（约5%）的坡度来实现的。根据计算的栅格坡长结合径流源点及径流终点来设置坡长，再次结合坡度图计算坡长指数，由坡长指数与流向图进行迭代计算得到流域的累积坡长，并最终获得流域坡长图。项目通过开源数据ASTER GDEM遥感影像获得了研究区DEM高程值，代入坡度坡长公式，算出坡度值，最终求出地形坡度 S、坡长因子 L（图12-12、图12-13）。

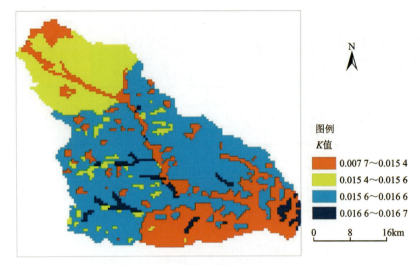

图 12-11　2011—2020 年孤山川土壤可蚀性因子 K 值分布图

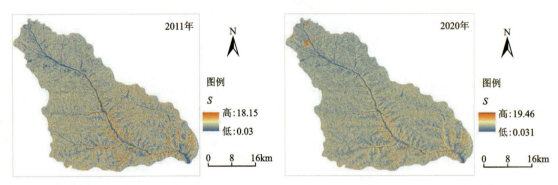

图 12-12　孤山川坡度因子 S 值分布图

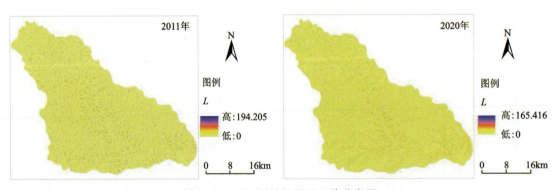

图 12-13　孤山川坡长因子 L 值分布图

水土保持措施因子是指水土保持措施对土壤侵蚀影响的定量指标,在数值上等于无水土保持措施情况下的土壤流失量之比。本模型所指的水土保持措施因子包括生物措施因子(B)、工程措施因子(E)和耕作措施因子(T),三者均为无量纲参数。生物措施因子 B,是指有植被覆盖条件下的土地土壤流失量与同等条件下(即模型中定义的其他因子,如降雨侵蚀力因子、土壤可蚀性因子、坡度坡长因子、耕作措施因子和工程措施因子相同)清耕休闲地上的土壤流失量之比,一般介于 0~1 之间。实施清耕的连续休闲地是计算 B 值的标准对照地面,要求连续休闲,以消除前期耕作活动的影响。项目采用 2011 年、2020 年空间分辨率为 30m 的土地利用图和 Spot-vegetation 网站下载的 1000m 分辨率 SPOT VEG 数据进行 B 值的计算,分别得到孤山川流域的植被覆盖度与生物措施因子 B 值(图 12-14)。

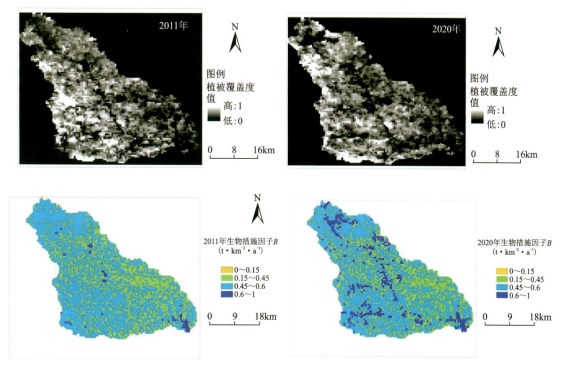

图 12-14　孤山川流域 2011 年和 2020 年植被覆盖度与 B 值分布图

工程措施因子 E 是指采取某种工程措施的土壤流失量与同等条件下（即模型中定义的其他因子，如降雨侵蚀力、土壤可蚀性因子、坡度坡长因子、耕作措施因子和生物措施因子相同）无工程措施的土壤流失量之比。实施水土保持工程措施有助于拦蓄地表径流，增加土壤降雨入渗，改善农业生产条件，建立良性生态环境，减少或防止土壤侵蚀。黄土地区水土保持工程措施主要有淤地坝、梯田、拦泥坝、谷坊、涝池陂塘、水平阶（沟）、沟头防护等。由于孤山川流域面积大，要收集齐流域内所有的工程措施资料需要很长时间，故在本研究中参考谢红霞计算延河流域工程措施因子的计算方法进行计算，主要考虑淤地坝、梯田的减沙效益。由于缺少准格尔旗工程措施方面的数据资料，本研究仅根据榆林市统计年鉴确定府谷县的工程措施实施面积，计算出府谷县 2011 年和 2020 年的工程措施因子 E 值，代替全流域的工程措施因子值。

耕作措施因子（T）是指采取某种耕作措施的土壤流失量与同等条件下（即模型中定义的其他因子，如降雨侵蚀力因子、土壤可蚀性因子、坡度坡长因子、生物措施因子和工程措施因子相同）顺坡耕作或平作情况下土壤流失量之比。耕作措施是以保水保肥为主要目的，以提高农业生产为宗旨，不仅能保墒防旱，少种高产，而且有利于保土保肥，防止水土流失。在 ArcGIS 下，基于研究区坡度图及 2011 年、2020 年土地利用图进行地图代数运算，求得研究区的 T 值图（图 12-15）。研究表明当坡度为 0°或坡度大于 25°时，造成水流方向的不确定或坡面上不能够贮存径流，此时各种耕作措施的 T 因子值都为 1。

3. 土壤侵蚀评价结果

对孤山川流域的土壤侵蚀评价主要依据中国土壤流失方程，并参考中国坡面水蚀预报模型中的浅沟侵蚀因子进行研究区的土壤侵蚀评价。模型计算的基础数据来自各侵蚀因子的专题栅格图层，在 ArcGIS 软件平台上，将获取的各因子通过地图代数计算方法完成模型运算，分别得到研究区 2011 年和 2020 年的土壤侵蚀模数图，从而可对研究区进行土壤侵蚀的定量评价（图 12-16），研究区土壤侵蚀特征统计值见表 12-5。

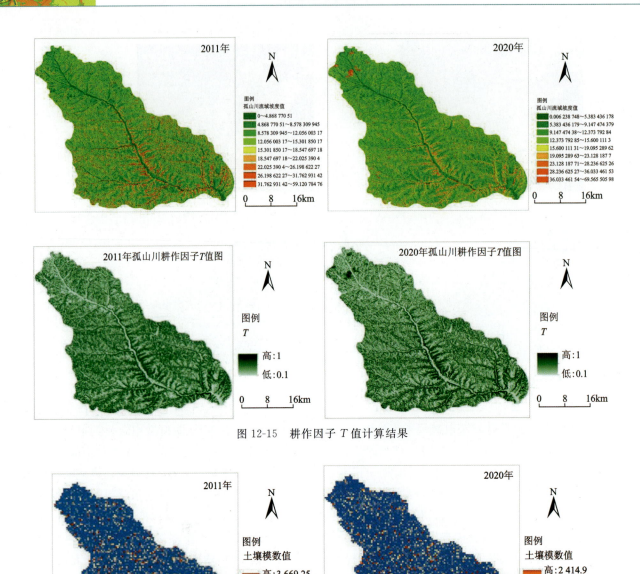

图 12-15 耕作因子 T 值计算结果

图 12-16 孤山川流域土壤侵蚀模数空间分布

表 12-5 孤山川流域土壤侵蚀模数特征统计

时间	最小值	最大值	平均值	标准差
2011 年	0	3 669.25	48.79	125.58
2020 年	0	2 414.90	49.23	131.57

图表结果显示，孤山川流域从 2011 年到 2020 年，土壤侵蚀状况好转，土壤侵蚀模数最大值从 3 669.25t·km^{-2}·a^{-1} 降至 2 414.9t·km^{-2}·a^{-1}。同时，近 10 年来孤山川流域土壤侵蚀面积尤其是中度以上侵蚀减少，流域的土壤侵蚀总量和土壤侵蚀模数也均有明显的降低，即 2020 年水土流失状况较 2011 年明显好转。但仍需引起重视的是平均土壤侵蚀模数从 48.79t·km^{-2}·a^{-1} 增加到 49.23t·km^{-2}·a^{-1}，增加幅度不大。

将土壤侵蚀评价结果与各评价因子叠加分析发现,土壤侵蚀程度中度以上区域与流域海拔较高地区和高降雨侵蚀力值分布区对应关系较好,同时这些地区多为坡度 18°～35°的陡坡地,受到人为因子的影响较大,尤其在陡坡地耕种更容易造成水土流失。流域强烈的水土流失与区内活跃的人类活动有很大关系。因此加强积极的人类活动,如退耕还草等生态工程的实施,可以有效减少流域的水土流失,对流域的生态环境恢复起到积极作用。

12.5 基于遥感技术的区域绿色发展评价应用

随着遥感技术的发展,卫星遥感技术已经在气象、海洋、环境、减灾等众多行业中取得长足的发展和应用,基于卫星数据构建各领域绿色发展指数体系,可实现区域发展质量快速动态的有效评估。

12.5.1 农业绿色发展遥感评价

中国农业在确保粮食安全进而推动社会经济发展方面作出了重大贡献,同时也付出了巨大的生态环境代价,带来了水体富营养化、土壤酸化、大气污染、生物多样性减少等一系列环境问题,开展农业绿色发展评价可有效推动和促进农业发展方式转型。

在农业绿色发展评价研究方面,Scherer(2018)等在欧洲范围内开展了农业可持续集约化研究,Praneetvatakul(2001)在湄公河北部区域完成了农业可持续性评价,Rasmussena(2017)从社会、经济和环境指标尺度上开展了农业商品生产研究。尽管研究者从大范围尺度上对农业可持续发展进行了定量分析研究,整理并使用了相关的绿色发展指标,为农业可持续发展提供了理论依据,但未能进一步耦合社会、经济等关键要素指标。我国学者在国家、省级和县级等不同尺度上开展了相关研究,郭迷(2011)对中国 30 个地区的农业绿色发展水平进行测算,分析区域间发展差异,并提出加快农业绿色发展的对策建议;张建杰等(2020)根据农业绿色发展的科学内涵、基本特征和主要目标,从社会、经济和生态环境等 3 个维度入手,建立了一套适用于科学研究的指标体系,涵盖社会、经济、生产力、资源、环境等 5 个方面;宋晨阳等(2020)利用 NUFER 模型,选取并定量计算了 1988—2017 年海南岛 20 项农业绿色发展指标,研究其时空变化特征,探究制约海南岛农业绿色发展的影响因素,以海南岛为例探讨了大型热带岛屿农业绿色发展的实现途径。李雨濛等以河北省 135 个县(区)为研究对象,围绕社会、经济、生产力、资源和生态环境 5 个维度,选取了 26 项农业绿色发展指标,基于专家意见和统计资料,参照农业绿色发展程度将入选指标从高到低划分为 Ⅰ 级、Ⅱ 级、Ⅲ 级和 Ⅳ 级,并定量分析了 1996 年和 2016 年河北省县域尺度的农业绿色发展指标时空变化特征。

由此可见,遥感技术对农作物生长发育特征信息及土壤等方面信息的提取已日趋成熟,包括在农作物营养诊断、物种识别、长势监测、产量估计、灾害预警等领域已有较多试验并取得应用效果,基于所构建指标体系,同利用遥感技术可以快速定量提取土壤、农作物、水体等多方面指标信息,从而实现农业绿色发展指标理论分析体系构建及农业综合评价。

12.5.2 工业绿色发展遥感评价

我国工业发展迅速,但在工业发展的过程中也同样不可避免地造成了一定程度的生态破坏和环境污染。对工业发展过程中的相关问题进行有效快速的动态评价对于进行产业布局调整优化、环境宏观管理具有重要意义。绿色发展指数为此类评估提供了一种工具,其用可衡量的指数来否定黑色发展、鼓励绿色发展,用具体化的数量指标来判断经济发展的程度与进程。

为达到对区域绿色发展程度进行综合评价的目的,通常选取最能反映工业聚集区绿色发展现状及变化的生态因素作为评价指标,例如土地利用分类、土地利用动态度、植被覆盖、污染负荷指数等。我国学者从土地利用、土地利用变化、植被覆盖以及工业结构形态等方面构建了工业聚集区绿色发展指标体系,明确了计算方法,以南京、武汉、重庆的3个典型工业集聚区为研究对象,对其绿色发展程度进行了评价实验,结果表明各城市发展一定程度上均与各工业区工业结构、土地利用方式等因素相关,评价结果对其工业发展绿色程度具有一定指示性。胡宝荣(2009)选取NDVI、土地利用、海拔高度、地质灾害、人文活动为指标,利用加权分析法对汶川县2006年7月至2008年地震前后的生态环境质量进行了评价,发现震区的生态质量有所恶化,而远离震区的区域几乎不受影响。任娇娇(2019)以长江经济带11个省(市)作为研究对象,基于2008—2017年统计年鉴、环境状况公报和遥感影像等数据,构建了工业绿色发展与大气环境质量的评价指标体系,利用综合指数模型与耦合协调度模型,对研究区工业绿色发展与大气环境质量的协调发展程度进行了深入的类型及时空探讨分析。目前我国遥感在环境质量评价上的应用已有很多,并取得了很多的成就,但仍存在评价指标体系局限性较大,适用性不强,评价指标的提取尚未形成一定规范等问题,仍需进一步改善和提高。

12.5.3 城市景观格局遥感评价

城市是人口、环境和资源等的集合体,随着现代化建设进程不断加快,人口向城市的迁移量逐年增多,土地利用面积持续扩张,亟待利用先进的遥感技术开展城市景观格局评价。我国学者通过不同城市的典型分析,利用GIS系统构建了绿地景观可达性评价等模型,探索了城市绿地景观空间结构要素及其特征,为城市绿地规划提供理论基础和可行方案。例如,张光亮等(2012)基于遥感和GIS技术分析计算了城市公园绿地可达标性,并评价了绿地分布的合理性和建设水平;杨伟康(2014)以杭州市为例,利用遥感影像和测绘局公开数据,结合GIS技术进行了绿地服务水平分析;巴音(2018)等运用综合遥感和GIS技术对白音察干镇绿地系统的时空变化进行分析,构建了白音察干镇绿地斑块时空变化体系,并对绿地建设提出了优化方案;李方正(2018)以北京市中心城为研究对象,基于不同时相遥感影像,计算了北京中心城绿色空间面积和景观格局指数,探讨了绿色空间格局时空变化及其影响因素,并以生态安全维护、游憩需求和文化遗产保护为目标,选取高程、坡度、植被覆盖等共计10项指标来综合表征北京市中心城绿色空间综合格局,构建了绿色空间优化的高-中-低理想格局,分析了生态安全格局敏感性;巩文翰(2019)以郑州市为研究区,基于不同时相遥感影像对其进行温度、NDVI等信息提取,定量分析热岛效应的变化及城市的扩张情况,并从城市发展、生态环境两方面,选取植被覆盖率、景观格局指数、城市热岛效应等共计6个指标,构建了郑州市人居环境遥感评价体系,分析评价郑州市主城区宜居程度。

针对当前高度复合和多样化的城市人文社会经济信息,有待研究者在精细化地理信息系统支持下,从地理国情监测和城镇化规划需求出发,通过基础地理信息数据和经济社会信息空间整合,进一步探索城市地理国情信息监测、城市地理国情分析评价与预警等系列关键技术,开展以社会经济地理要素过程、社会经济地理综合过程评价为重点,从城市化强度、城市景观格局、生态质量、环境质量、生态环境胁迫、公共服务等开展城市绿色宜居质量信息提取、动态监测评价技术研究,为城市人居环境和城市建设规划提供解决方案,为城市今后的改造和开发建设提供有效的参考依据。

12.5.4 区域绿色发展评价应用

选择位于我国西部陕北黄土高原的两个典型城市延安市和榆林市为研究对象,研究区位于我国水土流失最为严重的地区,北部的黄土高原和毛乌素沙地交界处多为剥蚀沙丘和丘间草地,南部为黄土高原丘陵沟壑区。根据区域地理环境特征及主要环境地质问题,综合考虑植被、气候、环境质量、土地利用程度、经济发展等要素,构建了延安—榆林地区绿色发展指标综合评价体系(表12-6)。

表12-6 多源遥感数据的区域绿色发展指标体系

目标层A	准则层B	指标层C	数据来源
延安—榆林地区绿色发展指标综合评价	绿色植被B_1	植被覆盖度C_1	MODIS植被指数数据(MOD13A1)
		人均森林面积C_2	中国土地利用现状遥感监测数据
		净初级生产力NPP C_3	MODIS NPP数据(MOD173AH)
	气候环境B_2	蒸散量C_4	MODIS地表蒸散量数据(MOD16)
		年均降水C_5	中国地面气候资料年值数据集
		年均气温C_6	
		PM2.5年均浓度C_7	气溶胶反演遥感数据
		土地沙化程度C_8	OLI影像提取指标数据
	人文经济B_3	夜间灯光指数C_9	NPP-VIIRS夜间灯光数据
		土地利用程度C_{10}	中国土地利用现状遥感监测数据

1. 数据处理

人均林地面积、土地利用程度两个指标由中国土地利用/土地覆被遥感监测数据库(CNLUCC)获得,本书选取2018年数据进行信息提取及分析。该数据以美国陆地卫星Landsat遥感影像作为主要信息源。按照土地利用类型对生态环境影响的大小,依次对植被、耕地、水域、建设用地、未利用地进行土地利用类型分级标准化取值(表12-7,图12-17)。人均林地面积指标提取基于土地利用类型数据,结合2018年延安市及榆林市年鉴人口统计数据计算生成(图12-18)。

表12-7 土地利用类型分级标准化取值

土地利用类型	植被	耕地	水域	建设用地	未利用地
标准化取值	0.9	0.7	0.5	0.3	0.1

植被覆盖度指标:数据来源于MOD13A1 MODIS植被指数产品,采用最大合成法合成2018年延安—榆林地区NDVI值;净初级生产力NPP数据为MOD17A3H产品,年度NPP来自给定年份的所有8d净光合作用(PSN)产品(MOD17A2H)的总和;蒸散量(ET)为2018年时间尺度MOD16-ET数据,数据空间分辨率均为500m。借助于NASA提供的MRT投影转换工具,得到2018年研究区NDVI、ET及NPP值(图12-19、图12-20)。

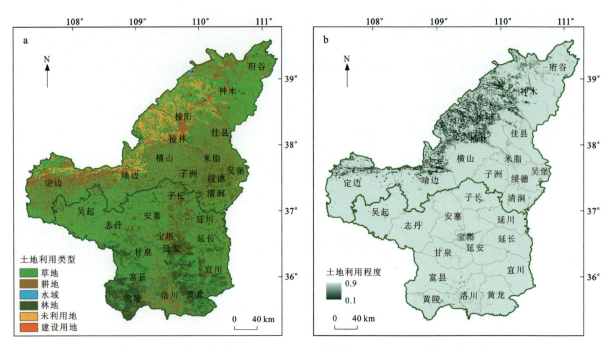

图 12-17 延安—榆林地区 2018 年土地利用类型(a)和土地利用程度(b)图

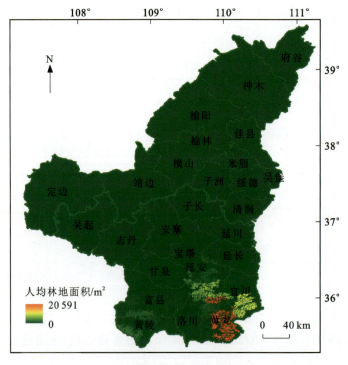

图 12-18 延安—榆林地区 2018 年人均林地面积

第 12 章 智能遥感技术与绿色发展地学指标遥感研究

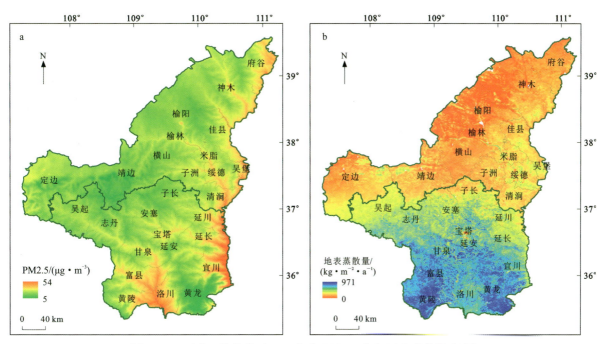

图 12-19 延安—榆林地区 2018 年均 PM 2.5 分布(a)和蒸散量(b)图

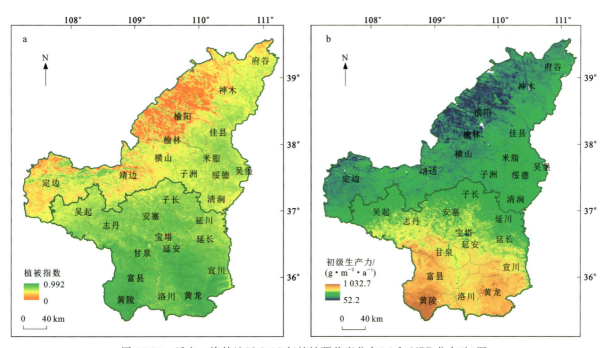

图 12-20 延安—榆林地区 2018 年植被覆盖度分布(a)和 NPP 分布(b)图

PM2.5 数据：来源于大气成分分析组织利用美国宇航局提供的 MODIS 等遥感数据反演得出的栅格数据集，空间分辨率为 $0.01°×0.01°$，本书选取 2018 年数据进行分析。

年均降水和气温数据：来源于中国地面气候资料年值数据集，选取延安—榆林地区各气象站点 2018 年每日降水和气温数据，整理后计算基于 ArcGIS 软件经反距离权重插值法生成 500m 分辨率栅格降水和气温的年均值数据（图 12-21）。

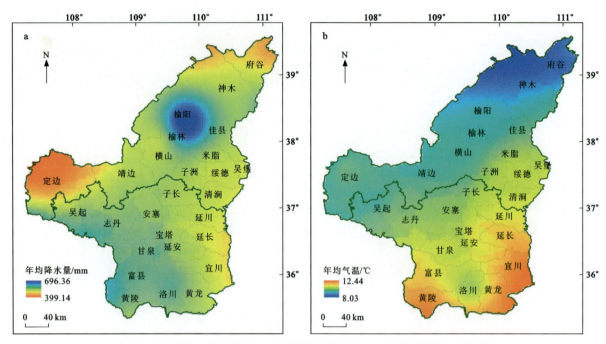

图 12-21 延安—榆林地区 2018 年均降水量分布(a)和年均温度分布(b)图

土地沙化程度数据：由 2018 年延安—榆林地区 7—8 月份 Landsat8 遥感影像预处理、拼接、裁剪后，基于曾永年提出的基于 Albedo-NDVI 特征空间的沙化遥感监测差值指数模型(Difference Index of Desertification)计算生成(图 12-22)。

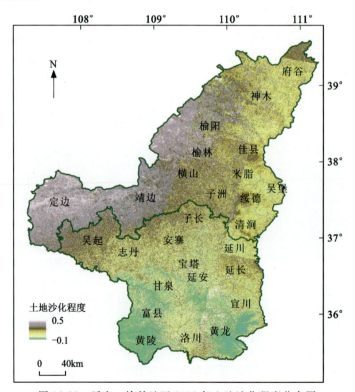

图 12-22 延安—榆林地区 2018 年土地沙化程度分布图

夜间灯光指数数据：由 2018 年 NPP-VIIRS 夜间灯光数据处理获得（图 12-23），来源于 2000—2018 年全球 500m 分辨率的"类 NPP-VIIRS"夜间灯光数据集，已有研究表明夜间灯光数据与区域经济发展存在相关关系。

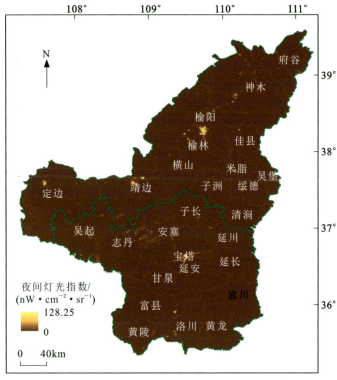

图 12-23　延安—榆林地区 2018 年夜间灯光亮度分布图

2. 计算指标权重

在上述指标构建的基础上，对表中目标层 A 下各层之间的因素两两比较，得出重要性赋值，构造判断矩阵（表 12-8）。根据判断矩阵计算各因素权重，并进行归一化处理和一致性检验，最终得到各指标的综合权重（表 12-9）。

表 12-8　判断矩阵基本形式

A_k	B_1	B_2	B_3	…	B_m
B_1	b_{11}	b_{12}	b_{13}	…	b_{1m}
B_2	b_{21}	b_{22}	b_{23}	…	b_{2m}
B_3	b_{31}	b_{32}	b_{33}	…	b_{3m}
…	…	…	…	…	…
B_m	b_{m1}	b_{m2}	b_{m3}	…	b_{mn}

表12-9 各指标综合权重

目标层	准则层	WB_i	指标层 C	WC_i	$W_综$
延安—榆林地区绿色发展指标综合评价	绿色植被	0.524	植被覆盖度	0.571	0.300
			人均森林面积	0.143	0.278
			净初级生产力 NPP	0.286	0.150
	气候环境	0.141 6	蒸散发	0.171	0.024
			年均降水	0.248	0.035
			年均气温	0.078	0.011
			PM2.5	0.420	0.060
			土地沙化程度	0.083	0.012
	人文经济	0.333 8	夜间灯光指数	0.117	0.056
			土地利用程度	0.833	0.278

3. 综合评价

以 500m 栅格单元为评价单元,计算出各个评价指标后,以栅格运算的方式结合各指标属性,并对其加权求和得到 2018 年延安—榆林地区绿色发展指标综合评价指数(图 12-24)。

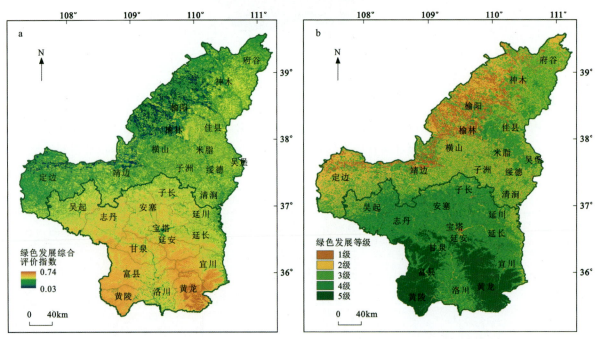

图 12-24 延安—榆林地区 2018 年绿色发展指标综合评价(a)及分级评价(b)图

由图 12-24 可以看出,延安—榆林地区绿色发展程度由南向北西方向逐渐降低,延安市整体高于榆林市。绿色发展最高等级区域主要分布于延安南部,黄龙县绿色发展程度总体最高,富县、宜川县、黄陵县次之,该地区植被覆盖度较高,且人均林地面积较大;中部的宝塔区为延安市主城区,土地利用类型主要为建设用地,虽然反映其经济发展的夜间灯光亮度指标显著高于其他区域,但因其绿色植被与气候环境、土地利用程度均处于较低水平,因此中部地区绿色发展水平总体较低。绿色发展 3~4 级区域主要分布于延安北部以及榆林市东部,榆林市西北部为毛乌素沙漠南缘风沙草滩区,生态环境脆弱,绿色发

第 12 章　智能遥感技术与绿色发展地学指标遥感研究

展程度等级最低;东南部是黄土高原腹地,峁梁纵横交错、沟谷深切,是我国水土流失问题的主要分布区,绿色发展等级处于整个研究区的中下级。本书主要采用卫星遥感数据和产品进行绿色发展评价,结合研究区城市发展现状和地貌、地质条件等实际进行对比,表明了评价结果的有效性和方法的优越性。绿色发展指标体系设计方面,在借鉴已有成果的基础上结合遥感数据的特点进行了完善,应用该方法可对多期次遥感数据进行对比分析,评价区域的绿色发展变化,同时在应用中可进一步根据研究的区域尺度和范围的不同,对指标体系进行了适当调整。

第 13 章　地学遥感展望：谱遥感体检与地球健康

"如何利用遥感科技对地球健康开展有效诊断、识别与评估？"是中国科学技术协会 2022 年评选的十大工程科技问题之一，由中国遥感应用协会、中国地质调查局西安地质调查中心和中国-上合组织地学研究中心卫星遥感应用中心等单位李志忠教授、卫征研究员、洪增林教授、汪大明教授、陈圣波教授、孙萍萍教授、韩海辉研究员、付垒教授、王建华研究员、刘拓教授、郑鸿瑞博士等专家提出，得到童庆禧院士、薛永祺院士、周成虎院士等专家的肯定。

全球人类活动的不断加剧已使得地球生态环境的健康状况逐步下降，地球正在遭受的气候危机、环境危机都会反作用于人类，呈现出范围更广、程度更深的特点，其影响完全不亚于 2019—2022 年全球爆发的新型冠状病毒（简称新冠）肺炎疫情。因此，打造宜居地球是联合国推进人类可持续发展的重要议程和应对全球气候变化的核心议题。世界自然基金会固定发布的《地球生命力报告》持续强调人类对自然的破坏已危及到我们在地球上的健康、安全和生存。地球健康的有效诊断、识别与评估既是重大的科学问题，也是人类可持续发展和构建人类命运共同体的重要支撑。地球体检即在全球范围内开展多圈层、多尺度、多角度、多探测介质的环境监测与评估，开展土地利用覆被和林地草地健康诊断、河道水体健康监测、矿山生态环境健康监测、城市温室气体排放监测、植被"碳汇"评估等"体检"项目。谱遥感技术综合了地物波谱、地学图谱、地表时空演化谱信息，因其综合、动态、快速、大范围获取数据以及图谱合一的优势，可作为全球资源环境动态监测与评估的重要保障。应用谱遥感技术开展地球健康体检，可为人类科学开发资源、维护治理环境、预防管控疾病、应对重大灾害、打造宜居家园等提供科学依据（李志忠等，2021）。

13.1　地球健康与人类安康

地球拥有 46 亿年历史，历经板块撞击、山川巨变，在 35 亿年前已演化出生物，人类文明出现距今不过 1 万年，地球是全人类赖以生存的唯一家园，人类需要健康的地球。

然而，在 2020 年的钟声刚刚敲响时，地球就不断遭遇澳洲大火、东非/西亚蝗灾、新型冠状病毒肆虐、埃博拉病毒再现等冲击，2022 年初汤加火山的爆发更是对全球气候产生巨大影响。在过去的 50 年间，人类屡屡遭受南极臭氧空洞、厄尔尼诺现象、拉尼娜现象及其造成的全球大气升温、飓风、强降雨、暴雪、龙卷风等极端气候。与此同时，传染病从动物到人的物种跨越不断增多和加快，如 20 世纪 80 年代以来的艾滋病（HIV）危机、2003 年的非典病毒、2004—2007 年的禽流感、2009 年的猪流感、2012 年的中东呼吸综合征、2014 年的埃博拉病毒，以及目前依然肆虐全球的新冠等。这些问题的出现，往往源自人类对地球和自然的肆意索取，资源的巨大开发与消耗导致生态环境的巨大变化，严重影响和扰动了地球表层各圈层的自然运行和水、气、碳等基础循环，进而对人类自身的生活和工作造成连锁式的巨大冲击。

2020 年《地球生命力报告》指出"人类正以前所未有的规模开发和破坏自然"。第六版《全球环境展望》（GEO-6）对全球环境状况开展了全面评估，并对未来全球环境健康趋势进行了缜密分析，最后得

第 13 章 地学遥感展望:谱遥感体检与地球健康

出地球健康状况已大不如前的结论。联合国报告警告称,地球环境已遭到严重破坏,人类健康正受到越来越大的威胁,并在第 70 届联合国大会上通过了《2030 年可持续发展议程》,通过该议程,联合国力图尽可能地促成所有国家和所有利益攸关方携手合作,共同执行这一计划,让人类摆脱贫困和匮乏,让地球治愈创伤并得到保护,让世界走上可持续且具有恢复力的道路。因此,迫切需要利用天-空-地一体化先进的技术手段对地球健康和人类健康进行全面系统地认识、科学精准地分析与评价。

13.2 遥感卫星守护地球

对地观测技术应用于环境监测,既可宏观观测空气、土壤、植被和水质动态状况,也可准确、实时、快速跟踪和监测突发环境污染、地质灾害等事件的发生与发展,为及时制定处理措施、减少损失、有效决策并制定相关政策措施等提供科学依据。以星、空、地遥感科技为主体的对地观测系统是空间基础设施的重要组成部分,综合物理、空间、演化和知识的谱遥感则是对地观测的核心技术。

谱遥感技术自 20 世纪 80 年代以来发展迅速,能够获取观测目标成百上千连续波段的光谱图像;通过分析光谱特征曲线,可实现精细识别目标类别、特征属性乃至物质成分,对于地球体检具有巨大的应用价值。以高光谱和多光谱为主的全谱段遥感是谱遥感技术的基础(图 13-1),高光谱数据集通常由带宽相对较窄(5~10nm)的 100~200 个光谱带组成,而多光谱数据集通常由带宽相对较宽(70~400nm)的 5~10 个波段组成(图 13-2)。

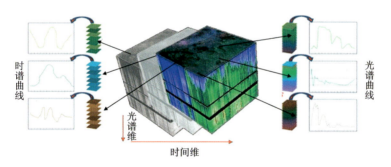

图 13-1 谱遥感地物识别基础

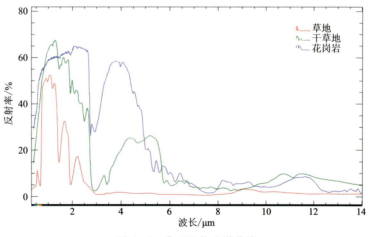

图 13-2 典型地物光谱曲线

相比常规高光谱、多光谱等光学遥感中"谱"的界定,谱遥感既突出了遥感图像直接记录的地物波谱特征(覆盖光学到微波谱段),又强调遥感图像图、谱合一揭示的地表演化谱(地学图谱和时间序列遥感数据);通过波谱维、空谱维和时谱维的综合,能够更好地挖掘地表定性和定量的时空信息,结合知识图谱以更好地服务于地球资源环境监测与健康诊断。谱遥感作为整合遥感数据处理、地面测量、光谱模型应用的强有力系统工具,其显著特点是在特定光谱区域以高光谱分辨率同时获取连续的地物光谱影像,其超多波段信息使得根据混合光谱模型进行混合像元分解,获取"纯像元"或"最终光谱单元"信息的能力得到显著提高,使得遥感应用既能在光谱维上进行空间信息展开,又可以从地学图谱、时空演化谱的角度进行遥感信息解译、认知和挖掘,从而定量分析地球表层生物、物理、化学过程和参数。

13.3 高光谱传感器探寻大地本真

谱遥感地球体检包括两个主要方面的内容:一是明确谱遥感地球体检的要素或项目,即根据地球表层系统、地球关键带理论以及谱遥感能获取到的地球健康信息明确谱遥感地球体检项目;二是确定谱遥感地球体检各项目的参考值,即健康地球的光谱谱系。

13.3.1 谱遥感地球体检项目

地球由大气圈、水圈、生物圈等外部圈层,以及地壳、地幔和地核等内部圈层组成,这些组成部分是地球体检需要关注的内容和检查项目。

地球关键带是陆地生态系统中土壤圈及其与大气圈、生物圈、水圈和岩石圈物质迁移和能量交换的交会区域,也是维系地球生态系统功能和人类生存,不断供应水、食物、能源等资源的关键区,被认为是21世纪基础科学研究的重点区,在地球系统科学研究中扮演着重要的角色。因此,土壤、大气、生物、水体及岩石将是地球体检的重点,可根据谱遥感所能达到的范围及获取到的信息种类,构建具体的谱遥感地球体检项目。

利用谱遥感获取数据具有覆盖广、速度快、光谱连续且蕴藏信息丰富的优势,可以开展陆地表层相关的土地利用/覆盖调查、土壤元素精细识别、农田作物品种分类与病虫害监测、林地草地健康诊断;水体相关的冰川冻土消融监测、河道水体富营养化监测、湖泊水质污染等研究;生物相关的矿山生态恢复、森林采伐监测、草地退化监测;大气相关的大城市温室气体排放和PM2.5监测;地球表面人类活动影响下的城市土地利用变化检测、集镇聚落信息提取、城市夜光分布与人为热排放等各种"体检"项目。

13.3.2 谱遥感地球要素谱系

地物之间存在明显的反射波谱差异,因此,了解地物在多种条件下的光谱特征,并构建标准谱库是谱遥感技术识别地物的基本原理,也是地球健康检查的基础。同类地物的反射光谱大同小异,但也随着其物质成分、内部结构、表面光滑程度、颗粒大小、风化程度、表面含水量及色泽等差异而有所不同。

岩石反射的光谱特征与岩石本身的矿物成分、颜色等密切相关。以石英等浅色矿物为主的岩石具有较高的光谱反射率,在可见光遥感影像上表现为浅色调;以铁镁质等深色矿物为主的岩石总体反射率

第 13 章　地学遥感展望：谱遥感体检与地球健康

较低,在影像上表现为深色调。此外,岩石光谱反射率还受矿物颗粒大小、表面粗糙度、湿度、风化程度等的影响,颗粒较细、表面较平滑的矿物反射率较高,反之则反射率较低。土壤的反射光谱特征主要受到土壤中的原生矿物和次生矿物、土壤水分含量、土壤有机质、铁含量、土壤质地等因素的影响。自然状态下土壤表面的反射率没有明显的峰值和谷值。

植被对电磁波的响应由其化学特征和形态学特征决定,这种特征与植被的发育、健康状况、生长条件等密切相关。健康的绿色植被,其光谱反射曲线几乎总是呈现"峰和谷"的图形,可见光谱内的谷由植物叶子色素引起,叶绿素强烈吸收波谱段中心约 $0.45\,\mu m$(蓝区)和 $0.67\,\mu m$(红区)的能量,因此肉眼觉得健康的植被呈绿色。在可见光波段与近红外波段之间,即在大约 $0.76\,\mu m$ 附近,反射率急剧上升,形成"红边"现象,这是植物曲线最为明显的特征,是研究植物健康与否的重点光谱区。

水体的光谱反射特性来自水体表面反射、底部物质反射和水中悬浮物质反射 3 个方面的贡献。光谱吸收和透射特性不仅与水体本身的性质有关,还明显受到水中各类物质,如有机物和无机物的影响。在光谱的可见光波段内,水中的能量与物质相互作用较为复杂。地表较纯净的自然水体对 $0.4\sim 2.5\,\mu m$ 波段的电磁波吸收明显高于其他地物。在光谱的近红外和中红外波段,水几乎吸收了其全部的能量,纯净自然水体在近红外波段更近似于一个"黑体"。因此,在 $1.1\sim 2.5\,\mu m$ 波段,纯净自然水体的反射率很低,几乎趋近于零。污染水体的光谱则由于其含有的生物、污染物等种类与含量的不同而呈现出不同的特征,例如含沙水的反射光谱一般明显高于纯净水,且随着悬浮物浓度增加,差别增大。

为了能更好地重建健康地物光谱,提高健康地物光谱重建精度并对其真实性进行评价,需要建设具有国际先进水平、长期稳定可靠、开放的国家级光谱遥感几何和辐射定标及综合试验场。通过真实性检验场网等基础设施,采集全球典型地区及典型地物的特征光谱作为"真值",并建立相应的特征光谱库和样本库,形成健康地球的光谱图库。

13.3.3　地球健康状况特征光谱重建与评价

利用高光谱遥感数据,进行地物特征光谱重建与评价,将传感器记录的灰度值(DN 值)转化为地物的本征光谱。除了需要进行常规的波段匹配与校正、数据修复、几何与辐射校正、噪声去除、遥感器定标等处理外,还需要进行图像光谱真实性评价,即利用健康地球的光谱图库对处理后形成的图像光谱进行比对,评价其失真度并进行修正或异常识别。

13.3.4　地球生态健康信息提取与分析

土壤和生态环境对全球环境具有重大影响,利用构建的地球健康指标光谱分析系统,结合地球健康检查指标体系,可对全球典型地区的土壤养分、物化特性、生产力质量和水环境、大气环境、矿山环境等进行分析与评价(图 13-3)。

联合地球表层系统科学、公共卫生、生态环境等领域的权威专家,建立地球健康检查指标体系,结合对光谱影像的高效处理和人工智能解译结果,对每项指标进行专家评分,并根据指标权重形成对地球健康状况的总体评价,进而形成地球体检报告。

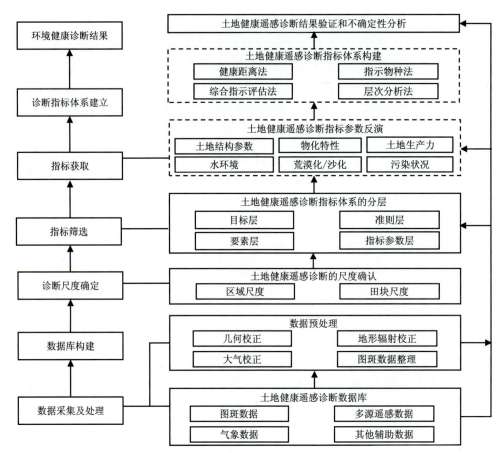

图 13-3 土地健康遥感诊断指标体系构建技术路线（修改自曹春香等，2017）

13.3.5 地球健康光谱监测网络建设

为了有力支持地球体检工作，基于我国真实性检验场网和生态考察站网（如农/牧/林/草业科技站网、国家或行业野外监测站网、水文/验潮站等），结合全球相关站点，共同构建地球健康光谱监测网络，搭建物联网平台，采用北斗、移动通信、ZigBee 无线组网技术进行通信和数据传输，形成协同观测、技术交流、资料交换、数据共享、设施联网、开发利用等合作机制。推进我国高光谱遥感卫星研制、发射，并与其他国家和地区的高光谱遥感卫星协同运行，积极推动便携式高光谱遥感终端发展，形成消费电子级、轻小型、高性价比的手持高光谱仪，尤其是智能手机的高光谱仪器化，可通过云服务和计算资源保障等，实现对地球健康实时监测。

13.3.6 地球健康体检指导生态修复示范

近年来，围绕黄河中上游流域及"一带一路"沿线实施的地质调查项目，系统开展了地球健康体检示范应用并取得积极成效。

一是运用高分、多光谱遥感数据融合技术，进行西部艰险区及境外中亚国家的岩性-构造实体分类、岩石地球化学填图、矿化蚀变信息提取，构建"空地一体"快速勘查技术方法体系，依据地-物-化-遥感综

第13章 地学遥感展望:谱遥感体检与地球健康

合信息新发现西昆仑大红柳滩超大型锂辉石矿等多个矿产地,圈定找矿远景区百余个,有效推动高分、高光谱遥感技术在西部艰险区和中亚、西亚等国家地质调查中的规模化应用(图13-4)。

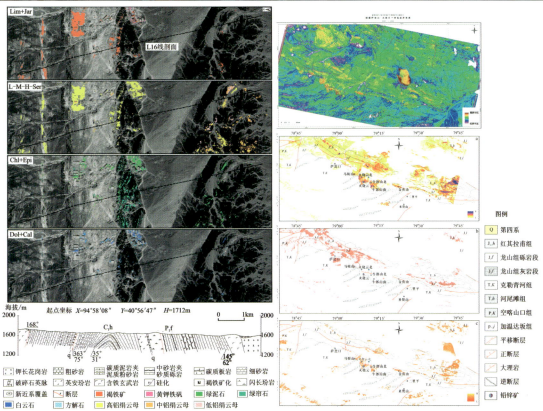

图13-4 高分、高光谱卫星遥感技术找矿应用

二是创新和丰富遥感探测模型和技术应用体系。建立高分高光谱遥感找矿预测模型、土地盐渍化强度遥感反演模型、黄土地质灾害遥感早期识别模型等(图 13-5),形成了"伟晶岩型稀有金属矿的识别方法及系统""基于人工智能的黄土高原区地质灾害遥感识别技术""基于'3S'技术的自然资源空间叠加分析系统"等(图 13-6),技术成果的成功应用极大地促进了遥感技术与地质调查的深度融合。

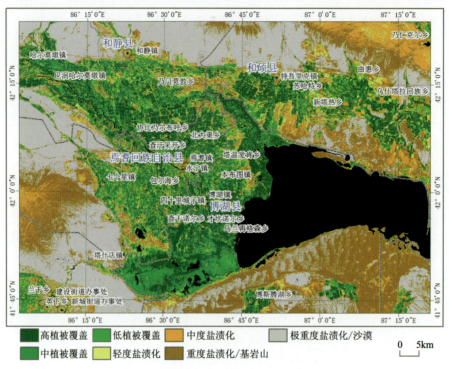

图 13-5 新疆焉耆盆地反演盐渍化分布图

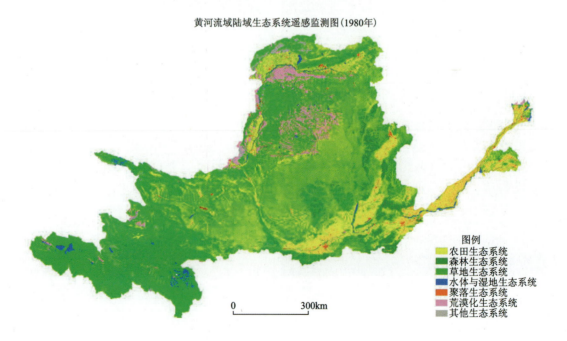

第 13 章 地学遥感展望:谱遥感体检与地球健康

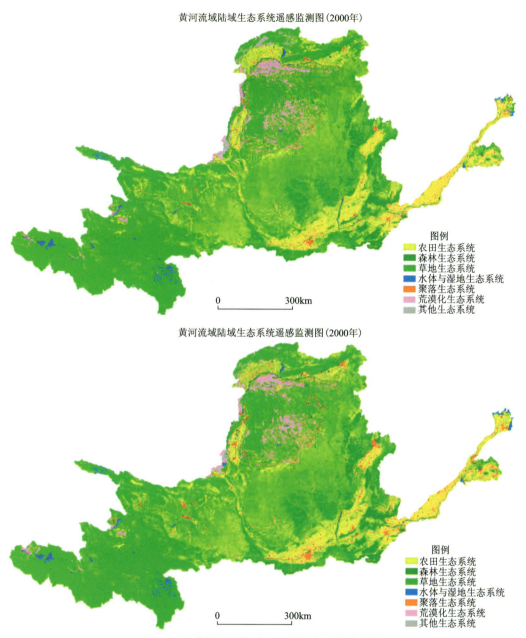

图 13-6 黄河流域陆域生态系统变化遥感监测

三是谱遥感在黑土地监测中取得重要进展。黑土地资源遥感监测成果表明,全球黑土地集中分布于南北半球的温带地区(图 13-7),欧亚大陆黑土区始于欧洲中南部的亚湿润草原,向东断续延伸到俄罗斯和中国东北地区,面积约 4.5 亿 hm^2。全球黑土区有机碳含量(图 13-8)及总初级生产力(GPP)空间差异较为明显,中国东北黑土区有机碳高值呈条带状由北向南展布,GPP 值相对较高;北美黑土区 GPP 东西差异十分明显(图 13-9)。将相关成果与区域气候、经济、人文等因素相结合,将为不同部门及科研人员了解全球黑土地资源演化及合理制定政策提供重要参考。

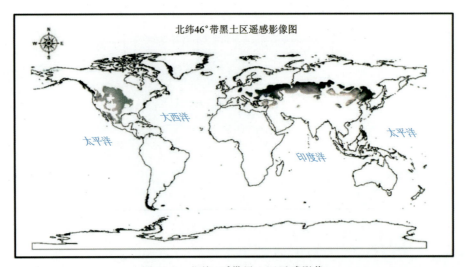

图 13-7　北纬 46°带黑土区遥感影像

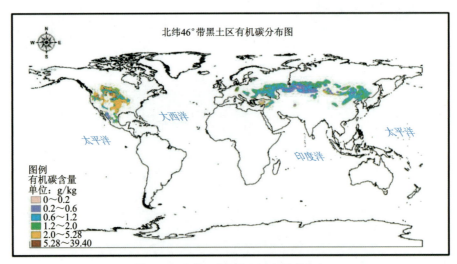

图 13-8　北纬 46°带黑土区有机碳分布

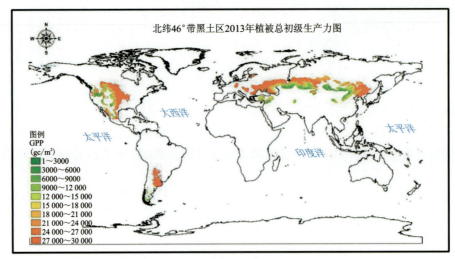

图 13-9　北纬 46°带黑土区总初级生产力分布

13.4 谱遥感助力地球健康体检

谱遥感技术用于地球体检的发展前景广阔,在学科交叉融合、智能化、与大数据结合等多个领域都具有广泛的应用前景。

13.4.1 谱遥感与多学科融合开展地球体检

多学科融合的显著成效已在很多领域有所体现,例如,日本、智利、美国等国由地震造成的死亡人数大幅度减少,这与相关研究中地质学家、建筑师、社会科学家和政府官员的交叉合作密不可分,通过学科交叉不但改进了地震风险评估中图件的质量,还改进了预估强震、改进建筑抗震性能和建筑标准等。未来随着对地观测技术的不断创新发展,高光谱成像技术将进一步提升,谱遥感地球体检不仅要充分利用天-空-地一体化技术,分层次部署开展长时间、大面积动态监测,以及重点区生物、岩石、森林、土壤和水资源等专项模型构建与监测,还将把不同学科背景的学者组织形成团队,围绕同一科学目标,在工作层面实现真正的协同和融合。

13.4.2 谱遥感地球体检智能化

谱遥感技术的大范围应用迫切需要智能化手段提升数据分析工具的高效性和与评估模型的精准度,通过不同谱遥感数据进行自动化处理,可实现地物波谱、地学图谱和时空演化谱的智能综合和自动分析,并实现解决方案的智能化提出。智能化处理可减轻谱遥感海量数据的处理需求,显著提高地球体检工作效率。

13.4.3 时空大数据与谱遥感技术网络化

大数据作为当今世界新兴的数据处理和存储技术,改变了全球、国家和地方各级环境评估的格局。如果大规模的环境评估数据能够得到有效查询和利用,那么在促进环境知识更新等方面将具有巨大潜力。从复杂的数据集中创建数据分析模型,并通过使用算法、建模、查找相关性,如化学污染和航空照片中的位置、谱遥感的表现形式等,得出基于数据化证据的结论并获得支撑决策的有用信息。

13.4.4 地球体检国际网络与大科学平台建设

开展谱遥感地球体检技术,可满足生态保护和高质量发展的需求,有效支撑人类健康发展计划,对推进《积极牵头组织国际大科学计划和大科学工程方案》、增强科技创新实力具有积极深远的意义。通过示范区的前期基础工作,可发起全球性健康地球重大国际计划,争取国际科技合作专项、国家重点研发计划、国家自然科学基金等形式促进地球体检网络与大科学平台建设。

主要参考文献

安国堡,2006.甘肃北山拾金坡金矿床地质特征及成因分析[J].矿床地质,25(4):483-490.

曹春香,陈伟,黄晓勇,等,2017.环境健康遥感诊断指标体系[M].北京:科学出版社.

曹亮,许荣科,段其发,等,2010.甘肃北山南金山金矿床地质特征及深部成矿预测[J].地质与勘探(3):377-384.

查显节,邢立新,2000."3S"技术在土地资源管理中的应用综述[J].世界地质,19(4):402-407.

陈华慧,1988.遥感地质学[M].北京:地质出版社.

陈鸣,李士鸿,刘小靖,1991.长江口悬浮泥沙遥感信息处理和分析[J].水利学报,5:47-51.

陈述彭,1999."数字地球"战略及其制高点[J].遥感学报,3(4):247-253.

陈述彭,1999.遥感大词典[M].北京:科学出版社.

陈述彭,2002.航天遥感应用的若干新理念[J].中国航天,1:3-8.

陈述彭,2007.石坚文存[M].北京:中国环境科学出版社.

陈述彭,童庆禧,郭华东,1998.遥感信息机理研究[M].北京:科学出版社.

陈双,刘韬,2014.国外海洋卫星发展综述[J].国际太空,7:29-36.

程邦瑜,金晓钟,1990.关于遥感技术监测森林火灾能力的估算[J].环境遥感,5(1):38-42.

程胜高,张聪辰,1999.环境影响评价与环境规划[M].北京:中国环境科学出版社.

程益锋,黄文骞,吴迪,等,2018.基于高分一号卫星影像的珊瑚岛礁分类方法[J].海洋测绘,38(6):49-53.

崔进寿,2010.甘肃省西沟金矿床地质特征及找矿方向[J].甘肃科技(6):29-32.

戴昌达,雷莉萍,1989.TM图像的光谱信息特征与最佳波段组合[J].环境遥感,4(4):282-292.

单新建,叶洪,1998.干涉测量合成孔径雷达技术原理及其在测量地震形变场中的应用[J].地震学报,20(6):647-655.

丁贤荣,张鹰,黄志良,1997.长江口北支水下地形遥感测量研究[J].港口工程,4:6-10.

董武,张远洪,张玉贵,等,1994.卫星遥感在森林火灾监测与火险预报中的应用研究[J].森林防火,4:31-33.

董晓军,马继瑞,黄珹,等,2002.利用TOPEX/Poseidon卫星高度计资料提取黄海、东海潮汐信息的研究[J].海洋与湖沼,33(4):386-392.

杜培军,单丹丹,夏俊士,等,2010.北京一号小卫星数据的城市景观格局监测分析——以徐州市城区为例[J].地球信息科学学报,12(6):855-862.

杜培军,袁林山,张华鹏,等,2009.基于多时相CBERS影像分析矿业城市景观格局变化——以徐州市为例[J].中国矿业大学学报,38(1):106-113.

杜小弟,唐跃,刘德长,等,2015.航空高光谱探测技术在准噶尔盆地东部地区油气调查中的应用[J].中国地质,42(1):275-287.

段广拓,陈劲松,张彦南,等,2018.基于LANDSAT8卫星热红外影像反演珠江口海表温度[J].应用海洋学学报,37(3):348-355.

主要参考文献

段世波,阎广建,钱永刚,等,2008.利用 HJ-1B 模拟数据反演地表温度的两种单通道算法[J].自然科学进展,18(9):1001-1008.

方臣,胡飞,陈曦,等,2019.自然资源遥感应用研究进展[J].资源环境与工程,33(4):563-569.

方洪宾,赵福岳,和正明,等,2002.1:25 万遥感地质填图方法和技术[M].北京:地质出版社.

冯东霞,余德清,龙解冰,2022.地质灾害遥感调查的应用前景[J].湖南地质,21(4):314-318.

冯倩,2001.卫星散射计数据处理及其应用[D].青岛:中国海洋大学.

冯士筰,李凤岐,李少菁,1999.海洋科学导论[M].北京:高等教育出版社.

傅碧宏,丑晓伟,1995.烃类物质的反射光谱特征研究及其油气勘探意义[J].遥感技术与应用,10(2):20-22.

傅伯杰,陈得顶,马克明,等,2001.景观生态学原理及应用[M].北京:科学出版社.

傅肃性,2002.遥感专题分析与地学图谱[M].北京:科学出版社.

甘甫平,王润生,2003.遥感岩矿信息提取基础与技术方法研究[M].北京:地质出版社.

高来之,杨柏林,1991.应用于油气资源遥感的近红外石油物质光谱特征研究[J].国土资源遥感(4):9-12.

高文涛,汪小钦,凌飞龙,等,2018.基于纹理的雷达与多光谱遥感数据小波融合研究[J].中国图象图形学报,13(7):1341-1346.

高永伟,曹新志,张旺生,2012.新疆北山 210 金矿床断裂构造控矿作用及成因机制[J].矿产与地质,26(2):114-118.

宫鹏,浦瑞良,郁彬,1998.不同季相针叶树种高光谱数据识别分析[J].遥感学报,2(3):211-217.

苟芳珍,赵成章,杨俊仓,等,2021.苏干湖湿地植被地上生物量空间格局及其对水盐的响应[J].生态学报,41(19):7774-7784.

郭炳火,黄振宗,李培英,等,2004.中国近海及邻海海域海洋环境[M].北京:海洋出版社.

郭炳火,汤毓祥,陆赛英,等,1995.春季东海黑潮锋面涡旋的观测与分析[J].海洋学报,17(1):13-23.

郭华东,2000.感知天地:信息获取与处理技术[M].北京:科学出版社.

国家卫星海洋应用中心,2003.瞰海毓秀——中国海洋一号 A 卫星应用图集[M].北京:海洋出版社.

国土资源部信息中心,2009.2007~2008 世界矿产资源年评[M].北京:地质出版社.

韩潮,章仁为,1999.利用雷达测高仪的卫星自主定轨[J].宇航学报,20(3):13-19.

何强,井文涌,王翊亭,1994.环境学导论[M].北京:清华大学出版社.

何在成,吕惠萍,王云鹏,1996.三种植物受烃类微渗漏引起生态及光谱变化的模拟试验研究[J].矿物岩石地球化学通报,15(2):94-96.

贺军奇,赵同强,陈云飞,等,2023.毛乌素沙区地下水对植被盖度空间格局影响分析[J].水土保持学报,37(2):90-99.

黄春长,1998.环境变迁[M].北京:科学出版社.

黄海军,李成治,1998.南黄海海底辐射沙洲的现代变迁研究[J].海洋与湖沼,29(6):640-645.

黄妙芬,徐曼,李坚诚,等,2004.中巴地球资源 02 星数据特性分析[J].干旱区地理,27(4):485-491.

黄韦艮,傅斌,周长宝,等,2000.星载 SAR 遥感浅海水下地形的最佳海况模拟仿真[J].自然科学进展,10(7):642-649.

黄韦艮,毛显谋,张鸿翔,等,1998.赤潮卫星遥感监测与实时预报[J].海洋预报,15(3):110-115.

蒋兴伟,2001.我国海洋卫星系列发展及其应用展望[J].卫星应用,9(2):1-9.

蒋兴伟,林明森,张有广,等,2018.海洋遥感卫星及应用发展历程与趋势展望[J].卫星应用,5:10-18.

金梅兵,1998.海底地形的SAR影像的仿真与反演[D].青岛:中国科学院海洋研究所.

黎夏,1992.悬浮泥沙遥感定量的统一模式及其在珠江口中的应用[J].环境遥感,7(2):106-114.

李德仁,1994.论自动化和智能化空间对地观测数据处理系统的建立[J].遥感学报,9(1):1-10.

李德仁,2003.数字地球与"3S"技术[J].中国测绘(2):28-31.

李德仁,2012.论空天地一体化对地观测网络[J].地球信息科学学报,14(4):419-427.

李德仁,2018.脑认知与空间认知——论空间大数据与人工智能的集成[J].武汉大学学报:信息科学版,43(12):1761-1767.

李德仁,沈欣,2005.论智能化对地观测系统[J].测绘科学,30(4):9-11.

李德仁,王密,沈欣,等,2017.从对地观测卫星到对地观测脑[J].武汉大学学报:信息科学版,42(2):1-7.

李德仁,王密,杨芳,2022.新一代智能测绘遥感科学试验卫星珞珈三号01星[J].测绘学报,51(6):789-796.

李冠男,王林,王祥,等,2014.静止水色卫星GOCI及其应用进展[J].海洋环境科学,33(6):966-971.

李军予,闫国瑞,李志刚,等,2020.智能遥感星群技术发展研究[J].航天返回与遥感,41(6):34-44.

李娜,李咏洁,赵慧洁,等,2014.基于光谱与空间特征结合的改进高光谱数据分类算法[J].光谱学与光谱分析,34(2):526-531.

李卿,2001.中国地球静止轨道气象卫星的进展[J].航天返回与遥感,22(1):1-4.

李四海,2004.海上溢油遥感探测技术及其应用进展[J].遥感信息,2:53-57.

李新武,郭华东,刘浩,等,2002.干涉雷达在获取地震同震位移场中的应用[J].地震,22(2):29-34.

李增惠,2001.中国有害赤潮发展趋势与对策——香山科学会议第163次学术讨论会[J].中国基础科学(6):38-38.

李志忠,王永江,徐少瑜,2000.微小卫星对地观测及其应用前景[J].国土资源遥感,46(4):1-6.

李志忠,杨清华,孙永军,1999.利用动态遥感技术监测太原市土地变更情况[J].国土资源遥感,3:72-76.

李志忠,汪大明,刘德长,等,2015.高光谱遥感技术及资源勘查应用进展[J].地球科学——中国地质大学学报,40(8):1287-1294.

李志忠,汪大明,王建华,等,2021."谱遥感"与地球体检计划[J].地球科学,46(9):3352-3364.

林明森,何贤强,贾永君,等,2019.中国海洋卫星遥感技术进展[J].海洋学报,41(10):99-112.

刘德长,2005.地球科学研究中的创造性思维[J].地球信息科学学报,7(1):16-19.

刘德长,2013.铀矿地质遥感与铀矿构造研究[M].北京:地质出版社.

刘德长,李志忠,王俊虎,2011.我国遥感地质找矿的科技进步与发展前景[J].地球信息科学学报,13(4):431-438.

刘德长,闫柏琨,邱骏挺,2016.航空高光谱遥感固体矿产预测方法与示范应用[J].地球学报,37(3):349-358.

刘德长,杨旭,张杰林,2009.新型遥感技术数据的铀资源勘查应用[J].地球信息科学学报,11(3):268-273.

刘德长,叶发旺,2004.后遥感应用技术的提出与思考[J].世界核地质科学,21(1):33-37.

刘德富,彭克银,刘维贺,等,1999.地震有"热征兆"[J].地震学报,21(6):652-656.

刘纪远,1996.中国资源环境遥感宏观调查与动态研究[M].北京:中国科学技术出版社.

主要参考文献

刘甲红,胡潭高,潘骁骏,等,2018.2006年以来3个时期杭州湾南岸湿地分布及变化研究[J].湿地科学,16(4):502-508.

刘甲红,胡潭高,潘骁骏,等,2018.基于Markov-CLUES耦合模型的杭州湾湿地多情景模拟研究[J].生态环境学报,27(7):1359-1368.

刘甲红,李炆炆,来周翔,等,2015.近十年来西溪湿地变化机制的驱动力分析[J].杭州师范大学学报:自然科学版,14(3):269-275.

刘建强,吴奎桥,黄润恒,1999.Radarsat卫星渤海海冰监测研究[J].海洋预报,16(3):62-70.

刘黎明,1996.土地资源学[M].北京:中国农业大学出版社.

刘南威,2000.自然地理学[M].北京:科学出版社.

刘沛然,黄先玉,柯栋,1999.赤潮成因及预报方法[J].海洋预报,16(4):46-51.

刘雪芹,夏新,张建辉,等,2002.赤潮监测技术的现状与发展[J].中国环境监测,18(6):64-67.

楼性满,1991.8种金属矿田构造的遥感影像模式简介[J].国土资源遥感(3):11.

卢军,张祖荫,林士杰,等,1995.星载微波辐射计的发展与展望[J].遥感技术与应用,10(1):65-70.

陆应诚,田庆久,王晶晶,等,2008.海面油膜光谱响应实验研究[J].科学通报,53(9):1085-1088.

吕瑞华,夏滨,李宝华,等,1999.渤海水域初级生产力10年间的变化[J].黄渤海海洋,17(3):80-86.

骆剑承,2000.遥感影像智能图解及其地学认知问题探索[J].地理科学进展,19(4):289-296.

马文,2002.中国海洋-1卫星[J].国际太空(7):2-5.

马毅,张杰,张汉德,等,2002.中国海洋航空高光谱遥感应用研究进展[J].海洋科学进展,20(4):94-98.

马占山,高宝嘉,1993.遥感技术在森林昆虫研究中的应用[J].河北林学院学报,8(3):267-271.

马宗晋,2005.中国的地震减灾系统工程[J].灾害学,20(2):1-5.

梅安新,彭望琭,秦其明,等,2001.遥感导论[M].北京:高等教育出版社.

梅燕雄,裴荣富,杨德凤,等,2009.全球成矿域和成矿区带[J].矿床地质(4):383-389.

邱凯昌,丁谦,陈薇,等,1999.南沙群岛海域浅海水深提取及影像海图制作技术[J].国土资源遥感(3):59-64.

任广利,杨军录,杨敏,等,2013.高光谱遥感异常提取在甘肃北山金滩子—明金沟地区成矿预测中的应用[J].大地构造与成矿学,37(4):765-776.

沙志刚,2001.2000年土地利用动态遥感监测成果汇编[M].北京:测绘出版社.

申卫军,邬建国,林永标,等,2003.空间粒度变化对景观格局分析的影响[J].生态学报,23(12):2506-2519.

沈渊婷,倪国强,徐大琦,等,2008.利用Hyperion短波红外高光谱数据勘探天然气的研究[J].红外与毫米波学报,27(3):111-116.

司雪峰,周继强,张玉成,等,2000.甘肃北山柳园金矿化集中区金矿床类型及典型金矿床简介[J].西北地质,33(1):13-26.

孙家柄,舒宁,关泽群,1997.遥感原理、方法和应用[M].北京:测绘出版社.

孙晓霞,张继贤,刘正军,2006.利用面向对象的分类方法从IKONOS全色影像中提取河流和道路[J].测绘科学,31(1):62-63.

汤国安,2004.遥感数字图像处理[M].北京:科学出版社.

田淑芳,陈建平,周密,2007.基于航天高光谱遥感的内蒙古东胜地区油气微渗漏信息提取研究[C].王平,汪民,鞠建华.第16届全国遥感技术学术交流会论文集.北京:地质出版社.

汪利平,邓杰帆,杨杭,2022.基于遥感技术的城市固体废弃物堆场识别与评价[J].测绘标准化,38(2):71-76.

王广运,王海瑛,1995.卫星测高原理[M].北京:科学出版社.

王家强.2021.地下水深埋对胡杨生理学指标的影响及其光谱特征响应[D].武汉:华中农业大学.

王丽丽,丁振宇,章雷,等,2018."中法海洋卫星"成功发射,两国载荷并肩探风测浪[J].中国航天(12):22-28.

王密,仵倩玉,2022.面向星群的遥感影像智能服务关键问题[J].测绘学报,51(6),1008-1016.

王密,杨芳,2019.智能遥感卫星与遥感影像实时服务[J].测绘学报,48(12),1586-1594.

王润生,甘甫平,闫柏琨,等,2010.高光谱矿物填图技术与应用研究[J].国土资源遥感(83):1-13.

王永江,王润生,姜晓玮,2004.西天山吐拉苏盆地与火山岩有关的金矿遥感找矿研究[M].北京:地质出版社.

王智均,李德仁,李清泉,2000.Wallis变换在小波影像融合中的应用[J].武汉测绘科技大学学报,25(4):338-342.

温令平,2001.伶仃洋悬浮泥沙遥感定量分析[J].水运工程(9):9-13.

文质彬,吴园涛,李琛,等,2021.我国海洋卫星数据应用发展现状与思考[J].热带海洋学报,40(6):23-30.

邬建国,2000.景观生态学[M].北京:高等教育出版社.

邬建国,2000.景观生态学——概念与理论[J].生态学杂志,19(1):42-52.

夏俊士,杜培军,逄云峰,等,2011.基于高光谱数据的城市不透水层提取与分析[J].中国矿业大学学报,40(4):660-666.

徐冠华,1996.遥感在中国[M].北京:测绘出版社.

徐丽华,岳文泽,曹宇,2007.上海市城市土地利用景观的空间尺度效应[J].应用生态学报,18(12):2827-2834.

许可,周宁,李茂堂,1999.星载海洋雷达高度计信号处理实时仿真[J].遥感技术与应用,14(1):20-24.

延军平,1999.跨世纪全球环境问题及行为对策[M].北京:科学出版社.

杨柏林,1989.岩矿光谱特征在遥感地质找矿中的作用[J].地质地球化学(5):9-15.

杨金中,2007.多光谱遥感异常提取技术方法体系研究[J].国土资源遥感,19(4):43-46.

杨劲松,王隽,任林,2017.高分三号卫星对海洋内波的首次定量遥感[J].海洋学报,39(1):148-148.

杨明辉,2006.21世纪的地形测绘[J].测绘科学,31(2):13-15.

杨清华,齐建伟,孙永军,2001.高分辨率卫星遥感数据在土地利用动态监测中的应用研究[J].国土资源遥感,4:20-27.

杨日红,陈秀法,李志忠,2013.基于遥感示矿信息的秘鲁阿雷基帕省南部斑岩铜矿遥感综合评价[J].遥感信息,28(2):35-41,46.

杨日红,李志忠,陈秀法,2012.ASTER数据的斑岩铜矿典型蚀变矿物组合信息提取技术[J].地球信息科学学报,14(3):411-417.

姚俊梅,夏响华,张友焱,2000.油气勘探中的化探遥感综合评价技术[J].国土资源遥感,45(3):26-31.

叶荣华,范文义,龙晶,2001.高光谱遥感技术在荒漠化监测中的应用的研究[M].北京:中国林业出版社.

伊武军,2001.资源、环境与可持续发展[M].北京:海洋出版社.

易玲,杨小唤,江东,等,2003.农作物病虫害遥感监测研究进展[J].甘肃科学学报,15(3):58-63.

尹京苑,房宗绯,钱家栋,等,2000.红外遥感用于地震预测及其物理机理研究[J].中国地震,16(2):140-148.

余华琪,齐小平,1999.石油遥感二十年[J].国土资源遥感,3:16-22.

袁道先,1993.中国岩溶学[M].北京:地质出版社.

袁业立,1997.海波高频谱形式及SAR影像分析基础[J].海洋与湖沼,28:1-5.

曾长华,章文忠,孙启江,等,2002.新甘北山东段中南带金矿成矿规律探讨[J].矿床地质(S1):286-289.

翟国君,黄谟涛,谢锡君,等,2000.卫星测高数据处理的理论与方法[M].北京:测绘出版社.

战冠安,何智祖,2014.甘肃北山新金厂金矿床地质特征及找矿思路[J].甘肃科技,30(3):23-25.

张兵,2011.智能遥感卫星系统[J].遥感学报,15(3):415-431.

张兵,2017.当代遥感科技发展的现状与未来展望[J].中国科学院院刊,32(7):774-784.

张兵,2018.遥感大数据时代与智能信息提取[J].武汉大学学报:信息科学版,43(12):1861-1871.

张春桂,李文,2004.福建省干旱灾害卫星遥感监测应用研究[J].气象,30(3):22-25.

张鉴,2003.水色遥感与水色卫星[J].现代物理知识,15(2):15-16.

张杰,2004.合成孔径雷达海洋信息处理与应用[M].北京:科学出版社.

张金存,魏文秋,马巍,2001.洪水灾害的遥感监测分析系统研究[J].灾害学,16(1):39-44.

张森琦,王永贵,赵永真,等,2004.黄河源区多年冻土退化及其环境反映[J].冰川冻土,26(1):1-6.

张学工,2000.关于统计学习理论与支持向量机[J].自动化学报,26(1):32-42.

张永生,2000.遥感图像信息系统[M].北京:科学出版社.

张勇,余涛,顾行发,等,2006.CBERS-02IRMSS热红外数据地表温度反演及其在城市热岛效应定量化分析中的应用[J].遥感学报,10(5):789-797.

张友静,高云霄,黄浩,等,2006.基于SVM决策支持树的城市植被类型遥感分类研究[J].遥感学报,10(2):191-196.

张有广,张杰,纪永刚,2002.机载高度计获取有效波高快速反演算法研究[J].海洋科学进展,20(4):5-10.

张玉君,杨建民,陈薇,2002.ETM+(TM)蚀变遥感异常提取方法研究与应用——地质依据和波谱前提[J].国土资源遥感(4):30-31.

张增祥,2004.我国资源环境遥感监测技术及其进展[J].中国水利(11):52-54.

赵福岳,2000.矿源场-成矿节-遥感信息异常找矿模式法[J].国土资源遥感(4):28-33.

赵骞,田纪伟,赵仕兰,2004.渤海冬夏季营养盐和叶绿素a的分布特征[J].海洋科学,28(4):34-39.

赵锐,1999.中国环境与资源遥感应用[M].北京:气象出版社.

赵思腾,赵学勇,李玉霖,等,2022.干旱半干旱区地下水埋深对沙地植物土壤系统演变的驱动作用综述[J].生态学报,42(23):9898-9908.

赵文吉,段福州,刘晓萌,等,2007.ENVI遥感影像处理专题与实践[M].北京:中国环境科学出版社.

赵文武,张银辉,贾炳浩,2001."3S"技术集成及其应用研究进展[J].山东农业大学学报:自然科学版,32(2):234-238.

赵欣梅,2007.基于烃类微渗漏理论的高光谱遥感油气异常探测方法研究[D].北京:中国地质大学(北京).

郑威,陈述彭,2002.资源遥感纲要[M].北京:中国科学技术出版社.

中国科学院遥感应用研究所,1995.遥感科学新进展[M].北京:科学出版社.

中国空间技术研究院,2003.神舟圆梦——载人航天知识问答[M].北京:中国发展出版社.

周成虎,骆剑承,杨晓梅,等,2001.遥感影像地学理解与分析[M].北京:科学出版社.

周润松,2004.对地观测卫星未来发展趋势[J].卫星应用,12(3):51-55.

朱振海,王文彦,彭希龄,1990.遥感技术直接探测烃类微渗漏的方法研究[J].科学通报,35(16):1257-1260.

朱震达,1998.中国荒漠化(土地退化)防治研究[M].北京:中国环境科学出版社.

左红英,杨忠直,2006.城市废弃物的分类与回收再利用[J].生产力研究(8):115-116.

ADAMS J B, SMITH M O, JOHNSON P E, 1986. Spectral mixture modeling: A new analysis of rock and soil types at the Viking Lander 1 site[J]. Journal of Geophysical Research: Solid Earth, 91 (B8): 8098-8112.

ALPERS W, HENNINGS I, 1984. A theory of the imaging mechanism of underwater bottom topography by real and synthetic aperture radar[J]. Journal of Geophysical Research, 8: 10529-10546.

ALSHEHRI F, SULTAN M, KARKI S, et al., 2020. Mapping the distribution of shallow groundwater occurrences using Remote Sensing-based statistical modeling over southwest Saudi Arabia[J]. Remote Sensing, 12(9): 1361.

ALY A A, Al-Omran A M, SALLAM A S, et al., 2016. Vegetation cover change detection and assessment in arid environment using multi-temporal remote sensing images and ecosystem management approach[J]. Solid Earth, 7(2): 713-725.

ASADI S S, VUPPALA P, REDDY M A, 2007. Remote sensing and GIS techniques for evaluation of groundwater quality in municipal corporation of Hyderabad (Zone-V), India[J]. International Journal of Environmental Research and Public Health, 4(1): 45-52.

BABAN S M J, 1995. The use of Landsat imagery to map fluvial sediment discharge into coastal waters[J]. Marine Geology, 123(3-4): 263-270.

BALOCH M Y J, ZHANG W, ALSHOUMIK B A, et al., 2022. Hydrogeochemical mechanism associated with land use land cover indices using geospatial, remote sensing techniques, and health risks model[J]. Sustainability, 14(24): 16768.

BAMMEL B H, BIRNIE R W, 1994. Spectral reflectance response of big sagebrush to hydrocarbon-induced stress in the Bighorn Basin, Wyoming[J]. Photogrammetric engineering and remote sensing, 60 (1): 87-96.

BEHRENFELD M J, FALKOWSKI P G, 1997. A consumer's guide to phytoplankton primary productivity models[J]. Limnology and Oceanography, 42(7): 1479-1491.

BOSDOGIANNI P, PETROU M, KITTLER J, 1994. Mixed pixel classification in remote sensing [C]. Image and Signal Processing for Remote Sensing. SPIE, 2315: 494-505.

BRANDT M, TUCKER C J, KARIRYAA A, et al., 2020. An unexpectedly large count of trees in the West African Sahara and Sahel[J]. Nature, 587(7832): 78-82.

CARDER K L, REINERSMAN P, CHEN R F, et al., 1993. AVIRIS calibration and application in coastal oceanic environments[J]. Remote Sensing of Environment, 44(2-3): 205-216.

CARLSON T N, ARTHUR S T, 2000. The impact of land use—land cover changes due to urbanization on surface microclimate and hydrology: a satellite perspective[J]. Global and Planetary Change, 25(1-2): 49-65.

CHABRILLAT S, PINET P C, CEULENEER G, et al., 2000. Ronda peridotite massif: Methodology for its geological mapping and lithological discrimination from airborne hyperspectral data[J]. International Journal of Remote Sensing, 21(12): 2363-2388.

CHANG C I, ZHAO X L, ALTHOUSE M L G, et al., 1998. Least squares subspace projection approach to mixed pixel classification for hyperspectral images[J]. IEEE Transactions on Geoscience and Remote Sensing, 36(3): 898-912.

CHEN Z, ZHANG T, OUYANG C, 2018. End-to-end airplane detection using transfer learning in remote sensing images[J]. Remote Sensing, 10(1): 139.

CLOUTIS E A, 1989. Spectral reflectance properties of hydrocarbons: remote-sensing implications[J]. Science, 245(4914): 165-168.

CONDON L E, MAXWELL R M, 2015. Evaluating the relationship between topography and groundwater using outputs from a continental-scale integrated hydrology model[J]. Water Resources Research, 51(8): 6602-6621.

DEKKER A G, Vos R J, Peters S W M, 2001. Comparison of remote sensing data, model results and in situ data for total suspended matter (TSM) in the southern Frisian lakes[J]. Science of the Total Environment, 268(1-3): 197-214.

DOXARAN D, FROIDEFOND J M, LAVENDER S, et al., 2002. Spectral signature of highly turbid waters: Application with SPOT data to quantify suspended particulate matter concentrations[J]. Remote sensing of Environment, 81(1): 149-161.

ELBEIH S F, 2015. An overview of integrated remote sensing and GIS for groundwater mapping in Egypt[J]. Ain Shams Engineering Journal, 6(1): 1-15.

FERRARI G M, HOEPFFNER N, MINGAZZINI M, 1996. Optical properties of the water in a deltaic environment: prospective tool to analyze satellite data in turbid waters[J]. Remote Sensing of Environment, 58(1): 69-80.

FOODY G M, MATHUR A, 2004. A relative evaluation of multiclass image classification by support vector machines[J]. IEEE Transactions on Geoscience and Remote Sensing, 42(6): 1335-1343.

FORGET P, OUILLON S, LAHET F, et al., 1999. Inversion of reflectance spectra of nonchlorophyllous turbid coastal waters[J]. Remote Sensing of Environment, 68(3): 264-272.

FORMAN R T T, GODRON M, 1995. Landscape Ecology[M]. New York: Wiley.

FREEMAN H, 2003. Evaluation of the use of hyperspectral imagery for identification of microseeps near Santa Barbara, California[D]. Morgantown: West Virginia University.

GREEN A A, BERMAN M, SWITZER P, et al., 1988. A transformation for ordering multispectral data in terms of image quality with implications for noise removal[J]. IEEE Transactions on Geoscience and Remote Sensing, 26(1): 65-74.

HARTFIELD K, LEEUWEN W J D, Gillan J K, 2020. Remotely sensed changes in vegetation cover distribution and groundwater along the lower gila river[J]. Land, 9(9): 1-18.

HE G, ZHANG Z, JIAO W, et al., 2018. Generation of ready to use (RTU) products over China based on Landsat series data[J]. Big Earth Data, 2(1): 56-64.

HU X, WENG Q, 2009. Estimating impervious surfaces from medium spatial resolution imagery using the self-organizing map and multi-layer perceptron neural networks[J]. Remote Sensing of Environment, 113(10): 2089-2102.

HÄRMÄ P, VEPSÄLÄINEN J, HANNONEN T, et al., 2001. Detection of water quality using simulated satellite data and semi-empirical algorithms in Finland[J]. Science of the Total Environment,268(1-3):107-121.

HÖRIG B,KÜHN F,OSCHüTZ F,et al.,2001. HyMap hyperspectral remote sensing to detect hydrocarbons[J]. International Journal of Remote Sensing,22(8):1413-1422.

JAISIWAL R K,MUKHERJEE S,KRISHNAMURTHY J,et al.,2003. Role of remote sensing and GIS techniques for generation of groundwater prospect zones towards rural development—an approach[J]. International Journal of Remote Sensing,24(5):993-1008.

JASROTIA A S,BHAGAT B D,KUMAR A,et al.,2013. Remote sensing and GIS approach for delineation of groundwater potential and groundwater quality zones of Western Doon Valley, Uttarakhand,India[J]. Journal of the Indian Society of Remote Sensing,41:365-377.

JHA M K,CHOWDHURY A,CHOWDARY V M,et al.,2007. Groundwater management and development by integrated remote sensing and geographic information systems: prospects and constraints[J]. Water Resources Management,21:427-467.

JOHNSON L F,HLAVKA C A,PETERSON D L,1994. Multivariate analysis of AVIRIS data for canopy biochemical estimation along the Oregon transect[J]. Remote Sensing of Environment,47(2): 216-230.

KELLER P A,2001. Comparison of two inversion techniques of a semi-analytical model for the determination of lake water constituents using imaging spectrometry data[J]. Science of the Total Environment,268(1-3):189-196.

KHAN S D,JACOBSON S,2008. Remote sensing and geochemistry for detecting hydrocarbon microseepages[J]. Geological Society of America Bulletin,120(1-2):96-105.

KRUSE F A,1988. Use of airborne imaging spectrometer data to map minerals associated with hydrothermally altered rocks in the northern grapevine mountains,Nevada,and California[J]. Remote Sensing of Environment,24(1):31-51.

KÜHN F,OPPERMANN K,HÖRIG B,2004. Hydrocarbon index—an algorithm for hyperspectral detection of hydrocarbons[J]. International Journal of Remote Sensing,25(12): 2467-2473.

LEVIN S A,1992. The problem of pattern and scale in ecology:the Robert H. MacArthur award lecture[J]. Ecology,73(6):1943-1967.

LI Y,HUANG W,FANG M,1998. An algorithm for the retrieval of suspended sediment in coastal waters of China from AVHRR data[J]. Continental Shelf Research,18(5):487-500.

LIN W,DONG X,PORTABELLA M,et al.,2018. A perspective on the performance of the CFOSAT rotating fan-beam scatterometer[J]. IEEE Transactions on Geoscience and Remote Sensing, 57(2):627-639.

LIN W,DONG X.,2011. Design and optimization of a Ku-band rotating, range-gated fanbeam scatterometer[J]. International Journal of Remote Sensing,32(8):2151-2171.

LIU J,LIN W,DONG X,et al.,2020. First results from the rotating fan beam scatterometer onboard CFOSAT[J]. IEEE Transactions on Geoscience and Remote Sensing,58(12):8793-8806.

LU D,WENG Q,2006. Spectral mixture analysis of ASTER images for examining the relationship between urban thermal features and biophysical descriptors in Indianapolis,Indiana,USA[J]. Remote Sensing of Environment,104(2):157-167.

LU Z,DENG Z,WANG D,et al.,2021. Overview of the research progress of groundwater resources assessment technology based on remote sensing[J]. Geological Survey of China, 8(1): 114-121.

MA Y, ZHANG J, 2001. Simulation study of imaging of underwater bottom topography by Synthetic Aperture Radar[J]. Journal of Hydrodynamics, Ser. B, 13(3): 57-64.

MA Y, ZHANG J, Cui T, 2003. Preliminary research on dominant species identification of red tide organism by airborne hyperspectral technique[J]. Ocean Remote Sensing and Applications. SPIE, 4892: 278-286.

MALTHUS T J, DEKKER A G, 1995. First derivative indices for the remote sensing of inland water quality using high spectral resolution reflectance[J]. Environment International, 21(2): 221-232.

MARCOS PORTABELLA ARNÚS, 2002. Wind field retrieval from satellite radar systems[D]. Barcelona: University of Barcelona.

MATSON P, JOHNSON L, BILLOW C, et al., 1994. Seasonal patterns and remote spectral estimation of canopy chemistry across the Oregon transect[J]. Ecological Applications, 4(2): 280-298.

MEIJERINK A M J, BANNERT D, BATELAAN O, et al., 2007. Remote sensing applications to groundwater[M]. Paris: Unesco.

MEIJERINK A M J, 1996. Remote sensing applications to hydrology: groundwater[J]. Hydrological Sciences Journal, 41(4): 549-561.

MENG J M, ZHANG Z L, ZHAO J S, et al., 2001. The simulation of the SAR image of internal solitary waves in Alboran Sea[J]. Journal of Hydrodynamics, Ser. B, 13(3): 88-92.

MENG J, ZHANG J, SONG W, et al., 2003. SAR imagery in studying internal waves in the northern South China Sea[J]. Ocean Remote Sensing and Applications. SPIE, 4892: 440-449.

NOOMEN M F, 2007. Hyperspectral reflectance of vegetation affected by underground hydrocarbon gas seepage[M]. Wageningen University and Research.

OLLIVIER C, OLIOSO A, CARRIÈRE S D, et al., 2021. An evapotranspiration model driven by remote sensing data for assessing groundwater resource in karst watershed[J]. Science of the Total Environment, 781: 146706.

OMOLAIYE G E, OLADAPO I M, AYOLABI A E, et al., 2020. Integration of remote sensing, GIS and 2D resistivity methods in groundwater development[J]. Applied Water Science, 10(6): 1-24.

PAOLA J D, SCHOWENGERDT R A, 1995. A detailed comparison of backpropagation neural network and maximum-likelihood classifiers for urban land use classification[J]. IEEE Transactions on Geoscience and Remote Sensing, 33(4): 981-996.

PÁSCOA P, GOUVEIA C M, KURZ-BESSON C, 2020. A simple method to identify potential groundwater-dependent vegetation using NDVI MODIS[J]. Forests, 11(2): 147.

PIERSON D C, STRÖMBECK N, 2001. Estimation of radiance reflectance and the concentrations of optically active substances in Lake Mälaren, Sweden, based on direct and inverse solutions of a simple model[J]. Science of the Total Environment, 268(1-3): 171-188.

POPULUS J, HASTUTI W, MARTIN J L M, et al., 1995. Remote sensing as a tool for diagnosis of water quality in Indonesian seas[J]. Ocean & Coastal Management, 27(3): 197-215.

PRABHAKAR A, TIWARI H, 2015. Land use and land cover effect on groundwater storage[J]. Modeling Earth Systems and Environment, 1: 1-10.

RYAN REED, 1995. Statistical Properties of the Sea Scattered Radar Return[D]. Provo: Brigham Young University.

SAMY I E, MOHAMED M M, 2012. Topographic attributes control groundwater flow and groundwater salinity of Al Ain, UAE: A prediction method using remote sensing and GIS[J]. Journal of Environment and Earth Science, 2(8): 1-13.

SANTOS J R, MALDONADO F D, GRACA P M L A, 2005. New change detection technique using ASTER and CBERS-2 images to monitor Amazon tropical forest[J]. 2005 IEEE International Geoscience and Remote Sensing Symposium, 7: 5026-5028.

SAUD M A, 2010. Mapping potential areas for groundwater storage in WadiAurnah Basin, western Arabian Peninsula, using remote sensing and geographic information system techniques[J]. Hydrogeology journal, 18(6): 1481-1495.

SINGH S, SINGH C, MUKHERJEE S, 2010. Impact of land-use and land-cover change on groundwater quality in the Lower Shiwalik Hills: a remote sensing and GIS based approach[J]. Open Geosciences, 2(2): 124-131.

TAHIRI A, AMRAOUI F, SINAN M, 2020. Remote sensing, GIS, and Fieldwork Studies to assess and valorize groundwater resources in the springs area of oum-Er-rabiaa (moroccan Middle Atlas)[J]. Groundwater for Sustainable Development, 11: 100440.

VAN DER MEER F, VAN DIJK P, Van Der Werff H, et al., 2002. Remote sensing and petroleum seepage: a review and case study[J]. Terra Nova, 14(1): 1-17.

WANG Z, WEI W, ZHAO S, et al., 2004. Object-oriented classification and application in land use classification using SPOT-5 PAN imagery[J]. 2004 IEEE International Geoscience and Remote Sensing Symposium, 5: 3158-3160.

WENG Q H, 2008. Remote sensing of impervious surfaces [M]. Boca Raton: CRC Press.

WU B, XU W, ZHANG Y, et al., 2004. Evaluation of CBERS-2 CCD data for agricultural monitoring[J]. 2004 IEEE International Geoscience and Remote Sensing Symposium, 6: 4025-4027.

WU C, MURRAY A T, 2003. Estimating impervious surface distribution by spectral mixture analysis[J]. Remote Sensing of Environment, 84(4): 493-505.

WU Y, WANG C, YU L, et al., 2010. Using MRF approach to wetland classification of high spatial resolution remote sensing imagery: A case study in Xixi Westland National Park, Hangzhou, China[J]. 2010 Second IITA International Conference on Geoscience and Remote Sensing. IEEE, 2: 525-528.

XIA J S, DU P J, CAO W, 2011. Urban impervious surface extraction from remote sensing image based on nonlinear spectral mixture model[J]. Acta Photonica Sinica, 40(1): 13-18.

YANG Z H, CHEN L, MA H L, 2006. Application of CBERS satellite data for ice flood monitoring of the yellow river[J]. Aerospace China(3): 12-14.

YANG Z, LI W, LI X, et al., 2019. Quantitative analysis of the relationship between vegetation and groundwater buried depth: A case study of a coal mine district in Western China[J]. Ecological Indicators, 102: 770-782.

YUANG F, BAUER M E, 2007. Comparison of impervious surface area and normalized difference vegetation index as indicators of surface urban heat island effects in Landsat imagery[J]. Remote Sensing of Environment, 106(3): 375-386.

ZHANG H, WANG X S, 2020. The impact of groundwater depth on the spatial variance of vegetation index in the Ordos Plateau, China: A semivariogram analysis[J]. Journal of Hydrology, 588: 125096.

ZHANG T L, 2003. Retrieval of oceanic constituents with artificial neural network based on radiative transfer simulation techniques[D]. Berlin: Freie Universität Berlin.

ZHANG Y, PULLIAINEN J, KOPPONEN S, et al., 2002. Application of an empirical neural network to surface water quality estimation in the Gulf of Finland using combined optical data and microwave data[J]. Remote Sensing of Environment, 81(2-3): 327-336.

ZHNAG Y, GU X, YU T, et al., 2005. In-flight method for CBERS-02 IRMSS thermal channel absolute radiometric calibration at Lake Qinghai (China)[J]. 2005 IEEE International Geoscience and Remote Sensing Symposium, 3: 2227-2230.

ZHOU Y, WANG S, ZHOU W, et al., 2004. Applications of CBERS-2 image data in flood disaster remote sensing monitoring[J]. 2004 IEEE International Geoscience and Remote Sensing Symposium. 7: 4696-4699.

ZHU G, BLUMBERG D G, 2002. Classification using ASTER data and SVM algorithms: The case study of Beer Sheva, Israel[J]. Remote Sensing of Environment, 80(2): 233-240.